高海拔地区多功能宜居增压建筑

万吨级多功能试验系统

城市废矿区建造生态园博园

夏热冬冷地区装配式近净零能耗建筑设计方法与应用

装配式钢和混凝土混合结构建筑

援柬埔寨体育场

大唐芙蓉园紫云楼

西安幸福林带地下空间综合体低碳型开发利用

迪拜熔盐塔式光热电站

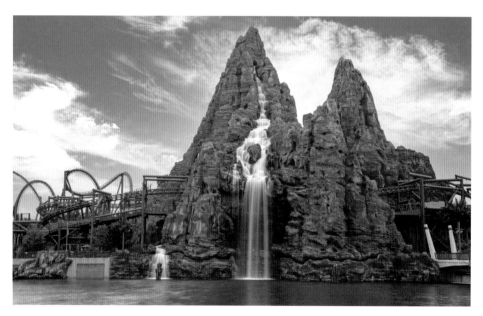

大型游乐工程建造

大型地震工程模拟研究设施混凝土工程关键技术研究及应用

复杂岩溶区大吨位二次转体非对称斜拉桥

高层建筑逃生器及逃生方法

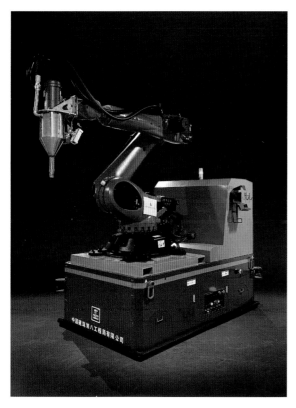

行走式建筑 3D 打印机器

中国大运河博物馆

丙烷脱氢装置成套建造

国家级历史文化博物馆建筑高品质高效建造

唐山 LNG 应急调峰

基于墩梁一体化智能架桥机的装配式高架桥建造关键技术

跨复杂枢纽区大吨位多T构桥梁转体建造

大型航电枢纽工程成套关键技术

中建集团科学技术奖获奖成果集锦（2022 年度）
编辑委员会名单

中建集团科学技术奖获奖成果**集锦**

2022 年度

中国建筑集团有限公司 编

中国建筑工业出版社

图书在版编目（CIP）数据

中建集团科学技术奖获奖成果集锦. 2022 年度 / 中国建筑集团有限公司编. — 北京：中国建筑工业出版社，2023.4

ISBN 978-7-112-28507-5

Ⅰ. ①中… Ⅱ. ①中… Ⅲ. ①建筑工程-科技成果-汇编-中国- 2022 Ⅳ. ①TU-19

中国国家版本馆 CIP 数据核字（2023）第 046106 号

本书为中国建筑集团 2022 年度科学技术成果的集中展示，是科技最新成果的饕餮盛宴。中建的非凡实力、中建人智慧的碰撞跃然纸上，中建的高超技艺、科技之美在图文中流淌。本书涵盖了江苏十一届园博园、北京环球影城、中国大运河博物馆等热点项目。主要内容包括：高海拔地区多功能宜居增压建筑关键技术；万吨级多功能试验系统研制与应用；城市废矿区建造生态园博园关键技术研究与实践；夏热冬冷地区装配式近、净零能耗建筑设计方法与应用；装配式钢和混凝土混合结构建筑设计关键技术；工业固废大掺量制备装配式预制结构构件关键技术及应用；大型游乐工程建造关键技术等。

本书可供建筑企业借鉴参考，并可供建设工程施工人员、管理人员使用。

责任编辑：郭　栋
责任校对：孙　莹

中建集团科学技术奖获奖成果集锦

2022 年度

中国建筑集团有限公司　编

*

中国建筑工业出版社出版、发行（北京海淀三里河路 9 号）
各地新华书店、建筑书店经销
北京鸿文瀚海文化传媒有限公司制版
北京中科印刷有限公司印刷

*

开本：880 毫米×1230 毫米　1/16　印张：24　插页：4　字数：770 千字
2023 年 4 月第一版　2023 年 4 月第一次印刷
定价：**99.00** 元
ISBN 978-7-112-28507-5
　　（40875）

目　录

科技进步奖

技术发明奖

金奖

银奖

科技创新团队

科技进步奖

一等奖

高海拔地区多功能宜居增压建筑关键技术

完成单位：中建三局集团有限公司、中建三局云居科技有限公司、中建铁路投资建设集团有限公司、中建三局安装工程有限公司、中建三局工程设计有限公司

完成人：张　琨、王开强、刘志茂、陈　波、周晋筑、刘业炳、肖开喜、裴以军、叶智武、夏劲松、刘卫军、卢　登、龙　安、周继云、黄大凡

一、立项背景

近年来，青藏高原地区面临新的发展机遇。十九大报告中提出"强化举措推进西部大开发形成新格局"国家战略，是党中央、国务院从全局出发，顺应中国特色社会主义进入新时代、区域协调发展进入新阶段的新要求，统筹国内和国际两个大局做出的重大决策部署。为落实党中央决策部署，交通、能源和旅游板块相继推出"十四五"规划。然而，青藏地区低压、低氧、低温的恶劣环境导致进藏人群易产生高原反应，表现为运动和负重能力下降，感觉、思维、记忆和反应等认知能力下降，工作效率降低等。随着西藏地区开发进度的推进和现代快捷交通手段广泛应用，以及进高原工作、旅游的人群越来越多，对于解决进藏人群易产生高原反应等问题的产品需求日趋强烈。

为了解决现有技术或产品在应对进藏人群高原反应所遇到的困境，中国建筑以建筑为载体，重塑建筑本质功能（构建舒适宜居空间），提出对建筑进行增压的核心理念，可调节室内环境至零海拔地区相当水平，打造舒适宜居环境，有效解决进藏人群面临的急性或慢性高原病等问题，实现了建筑群住宿、餐饮、办公、卫浴、运动、会议多功能覆盖，提供进藏人群长期居住条件，拓展幸福空间。打造高海拔宜居增压建筑需要解决三大技术问题：

（1）大压差下模块化建筑高气密性技术；

（2）大压差下增压建筑设备系统关键技术；

（3）增压建筑低功耗运行控制技术。

课题从以上问题出发，结合参研各方已有技术成果，开展课题研究并进行总结推广。

二、详细科学技术内容

1. 多功能高承载气密性结构设计

创新成果一：提出增压建筑模块化设计理念

创新研究调研了几种应用场景的现有建造方式，得出模块化建造方式特点与青藏高原建设条件契合度较高，可以有效克服高原的恶劣气候及不良施工基础条件，改善青藏地区的建设条件，模块化建造方式在高海拔建筑中具有明显的优势。在广泛需求调研的基础上设计了具有拓展特性和增压功能的标准舱、走道等单体模块，满足居住、办公、会议、运动多元化需求。同时，设计了万向支撑，实现万向调节支撑盘大角度连续调节功能，从高度和角度两个层面满足复杂地形服役条件。见图1、图2。

创新成果二：开发高气密性技术

创新针对高海拔地区特殊的环境和产品压差，提出了从局部到整体的三级气密性构成体系：部品件自身气密性、单体模块气密性和模块间连接节点气密性，部品件包括气密门、气密窗、气密管线等，本套高气密性体系实施后，50kPa实测漏气率为2.7%/h。

图1　标准化模块组装现场

图2　模块化增压宜居建筑

创新成果三：高承载力结构体系设计

创新依据规范要求，结合标准模块和大空间结构荷载情况，采用钢结构设计软件3D3S进行设计分析，设计出了变形量在规范范围内的包括标准舱、走廊、过渡舱、大空间等不同应用模块的高承载结构。见图3、图4。

图3　标准化模块组装现场

图4　高承载力结构软件模拟

2. 创新大压差下增压建筑设备系统关键技术

创新成果一：设计与开发适用于高寒低压低氧环境的增压设备系统

创新设计与开发了空气加压设备、储气罐、调节阀以及传感器等适用于高寒低压低氧环境的增压设备系统，保证了增压宜居建筑在高寒高海拔气候环境恶劣地区的安全、稳定、生态、低噪运行。

创新成果二：研发室内外50kPa压差下人居功能设备系统

创新针对西藏特殊的环境和增压宜居建筑内外的压力差，针对性地研发了提高居住体验水平的设备，包括增压保温给水系统、真空马桶、高压环境特用排水隔膜阀、真空工作站、油烟净化器和将A_2O工艺与MBR工艺进行有机结合的污水污物处理设备。见图5、图6。

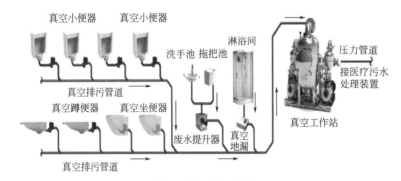

图5　真空排水系统

创新成果三：气流组织设计

创新研发了高密闭空间在无自然通风情况下的新风系统，采用CFD作为辅助设计手段。模拟以室

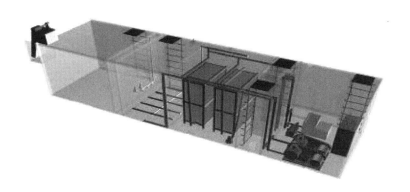

图 6 污水污物处理设备

内气流的均匀性、对人体舒适性的影响（尤其是是否有吹风感）以及室内是否存在 CO_2 气体积聚现象确定送风高度等设计细节，并确定了送风口数量、送风口高度、送风量等数据。

3. 创新增压建筑低功耗运行控制技术

创新成果一：开发满足增压建筑各项人居功能的自动控制系统

创新根据室内环境指标尤其是氧气、二氧化碳浓度，温湿度指标，针对包括人员进出过渡舱（过渡舱自动增减压）、生活舱压力自动稳定（生活舱自动稳压）、日间工作模式运行、夜间睡眠模式运行、断电节能模式运行、人员紧急出舱、运行参数修正等逻辑，使用 PLC 领域广泛使用的 LAD 梯形图语言，采用 STEP7 编程软件进了 PLC 控制系统程序编程，并采用 WINCC 组态软件进行触摸屏控制界面编程，实现了自动控制系统与 IT 系统之间的互联互通。

创新成果二：提出基于舒适度控制的气流组织关键指标

创新制定了日间、夜间、断电等多种设备运行控制模式，大幅降低建筑能耗，营造室内宜居环境，创新了加压功能（低于设定 20%）、补压功能（低于设定 15%～20%）、二氧化碳控制功能（浓度高于 0.35%）、定时换气功能（进气调节阀超过 2h 未进行动作）以及断电模式运行等功能的控制逻辑。

创新成果三：开发新能源应用系统及设备能源回收系统

创新利用太阳能光电技术和余热回收再利用技术，在不考虑采暖的工况下，可以实现能源自给，项目利用高海拔地区丰富的太阳辐射量，根据项目需求，在增压宜居建筑顶部布设一定数量的太阳能电池片，并配备了空压机热能回收机组、储热保温水箱和自动增压泵用于热水供应增压，经过计算和实践，高海拔宜居增压建筑采用清洁能源可提供增压设备系统所需的能源，空压机余热回收系统可提供居住人员的正常生活热水供应。见图 7、图 8。

图 7 太阳能光伏发电系统

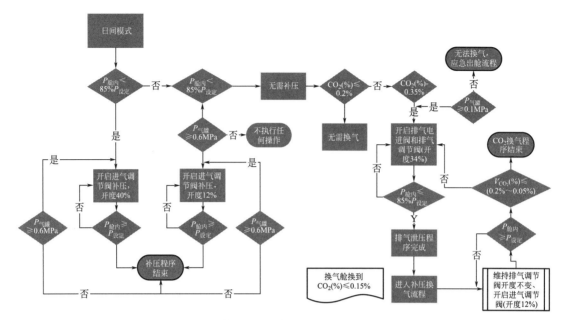

图 8 建筑群日间模式运行控制逻辑图

4. 创新增压建筑消防安全应急系统

创新成果为：开发满足增压建筑的消防安全应急技术。

创新包含了全自动监控和报警系统，并针对增压建筑的特殊情况，发明设计了针对增压环境的逃生门、逃生窗、泄压阀以及应急供电和供氧系统，保障在突发情况下居住人员安全，实现应急情况下人员在 2min 内安全撤离。见图 9、图 10。

图 9 应急逃生窗

图 10 应急逃生门

三、发现、发明及创新点

（1）创新了大压差下模块化建筑高气密性技术。构建了模块化建筑高气密性结构体系，实现了从门、窗、管路管线等部品件层级到标准舱、走道等单体模块层级，最后到多模块组合的多舱建筑群体层级的高气密，在室内外 50kPa 压差条件下整体漏气率远超现有建筑最高气密等级标准。

（2）创新了大压差下增压建筑设备系统关键技术。设计与开发了适用于高寒低压低氧环境的增压设备系统，可长期稳定地对适宜人居的增压建筑进行自动加压，实现室内关键人居环境指标与平原地区相当。研发室内外 50kPa 压差下人居功能设备系统，如卫生间、厨房等，居住人员可如平原地区般体验各项功能。

（3）创新了增压建筑低功耗运行控制技术。开发满足增压建筑各项人居功能的自动控制系统，开发动态环境监控系统，保障了增压建筑稳定运行；提出了基于舒适度控制的气流组织关键指标，制定了日间、夜间、断电等多种设备运行控制模式，大幅降低建筑能耗，营造室内宜居环境。开发适用于增压建筑的新能源应用系统及设备能源回收系统，特定模式下实现建筑的能源自给。

四、与当前国内外同类研究、同类技术的综合比较

较国内外同类研究、技术的先进性在于以下三点：

（1）大压差下模块化建筑高气密性技术，发明了适用于大压差（50kPa）条件下的高气密性建筑门窗等部品件，提出并设计了气密性连接构造，解决了模块之间拼接部位气密性难以保证的难题，设计了可调高度的万向支撑与柔性连接构造，降低了制造和安装的精度要求，实现了模块化增压建筑的快速拼接。在保证模块拼接高气密性的前提下3d完成18个模块拼装，实施以上技术实现模块化建筑在50kPa压差下漏气率为2.7％/h。

（2）大压差下增压建筑设备系统关键技术，该技术构建了一套适用于建筑增压设备系统，可调节室内关键人居环境指标至零海拔地区水平，设计了适用于高原环境（低压、低氧、高寒）的设备系统，并可实现长期稳定运行，研发了50kPa压差下人居功能设备系统，居住人员可像平原地区一样无差别体验各项人居功能。如卫生间、淋浴、厨房等。

（3）增压建筑低功耗运行控制技术，该技术创新提出了以二氧化碳浓度、氧气浓度、压差为核心的气流组织控制指标，提出日间、夜间、断电等多种设备运行控制模式，最大程度降低建筑运行能耗，开发了适用于增压建筑的新能源应用系统及设备能源回收系统，特定模式下可实现建筑的能源自给。

经检索并对相关文献分析，对比结果表明：在所检索到的国内外公开发表的文献中均未见报道，本创新与传统建筑建造技术相比具有明显先进性。

五、第三方评价、应用推广情况

1. 第三方评价

经湖北省科技信息研究院查新检索中心先后三次（编号：2022-b22-600；编号：2021-b22-0528；编号：2022-b22-1625）进行国内外查新，未见与委托课题项目提出的查新要点内容相同的报道，本发明属于打破传统的首创新技术，解决了本行业、本领域的重要技术难题。

2. 推广应用

形成了三代高海拔多功能宜居增压建筑，在西藏那曲、川藏铁路项目、拉萨平措康桑酒店完成示范应用，成功验证了舱内各项人居指标达到平原地区水平，实现了研究成果在重点工程建设项目上的落地应用。同步加工制作多套高海拔多功能宜居增压建筑，已与西藏大学、拉萨部队、新疆慕士塔格气象站等达成了合作协议，拟在医疗科考和部队场景的应用形成突破。

六、社会效益

党的十九大以来，国家对西部地区的国防安全、开发建设、环境保护等方面出台了系列政策方针。青藏高原进入快速发展期，前往该地区工作、科考、旅居和戍边的人数逐年攀升。然而高海拔地区常年低温严寒、空气稀薄、低大气压力和氧分量，地理气候环境恶劣，限制了平原地区人群进入高海拔地区旅居或经济社会建设，高海拔地区增压宜居建筑群的建设将会为高海拔地区居民、支援祖国边疆建设、生产、生活及旅居需求的人群提供较为舒适的居住空间，有力促进高海拔地区社会经济发展和支撑国家边疆地区国防建设，为高海拔地区居住提供"中国方案"，彰显中央企业的家国情怀。

高海拔地区增压宜居建筑群在推广应用过程中取得了良好的社会效益：

（1）本项目通过高海拔增压宜居建筑的重大创新，显著提升了高海拔地区人居环境，并引起行业的广泛关注和学习，截至目前，项目成果进行了数次论坛报告，数十次媒体报道，数十次现场观摩，并得到行业专家的关注。

（2）高海拔地区增压宜居建筑采用模块化模式，生产过程标准化，有效保障建筑质量，拼装方式简单，施工难度小，50kPa 的最大压差范围提升建筑对海拔的适应广度，对改善不同海拔地区的人居环境具有积极意义。

（3）引起了工程技术人员对高海拔人居环境的重视，促进专业人才培养，结合高海拔地区增压宜居建筑群的研发及应用，组织了数次交流宣传，为行业技术发展和进步起到良好的推动作用。

万吨级多功能试验系统研制与应用

完成单位： 中建工程产业技术研究院有限公司、哈尔滨工业大学、中建科工集团有限公司、中建工程试验检测（北京）有限公司

完 成 人： 李云贵、韩俊伟、孙建运、唐　亮、张旭乔、陈华周、谢永兰、杨志东、高　朋、苏田中、邓秀岩、霍　亮、杜得强、陈晓东、李　璐

一、立项背景

近年来，土木工程领域"高、大、特、新"工程越来越多，新型、复杂、巨型结构给设计施工带来巨大的挑战。开展有针对性的结构试验是保证工程安全可靠的重要手段。以往受场地尺寸及设备加载能力所限，通常开展小比例缩尺试验（图1），过小的缩尺试验对结构的力学性能影响较大。有研究结果表明：5组几何相似的RC梁进行抗弯性能试验，随着截面高度由200mm增加到1000mm，构件名义抗弯强度下降50.93％，可见尺寸效应的影响之大。为减小尺寸效应的影响，需要提高缩尺比例，从而对试验加载能力提出更高的要求。

国内外大型试验设备多为隔震支座专用试验机，垂向加载能力为千吨级，加载空间小，无法适应大比例尺甚至足尺结构试验对加载空间的需求；能够进行结构构件测试的试验系统加载能力不足，加载自由度少，无法适应巨型结构的加载需求，也无法准确模拟复杂的边界条件。

在此背景下，为满足新型、复杂、巨型结构的工程化试验要求，解决现有大型结构试验系统加载空间小、加载自由度少、加载能力不足等问题，亟须研制一套万吨级多功能试验系统。

(a) CCTV主楼外框筒节点试验，缩尺比1/10

(a) 典型节点一　(b) 典型节点二
(c) 关键节点一　(d) 关键节点二

(b) 赤石大桥塔墩节段试验，缩尺比1/20

图 1　小比例尺试验举例

二、详细科学技术内容

为满足新型、复杂、巨型结构的工程化试验需求，解决大型结构试验设备加载空间小、加载自由度少、加载能力不足造成的结构试验尺寸效应突出、复杂边界条件难以模拟等问题，采用自主研发模式，针对多项关键技术进行攻关，研制一套加载空间最大、加载功能最全、加载能力最强的万吨级多功能试验系统，形成具有自主知识产权的创新成果。

1. 系统组成

万吨级多功能试验系统由加载框架系统和液压与控制系统两部分组成（图2）。

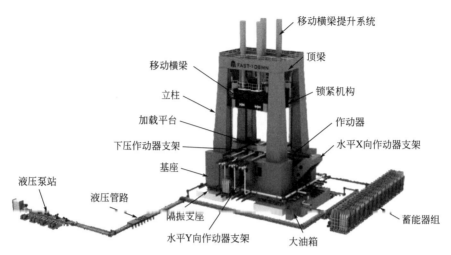

图 2 万吨级多功能试验系统组成

加载框架系统加外形尺寸为 17.1m×13.6m×24.8m，总质量约 6900t，其中钢结构质量约 3500t、基座内部灌注混凝土约 3400t。加载框架系统由顶梁、立柱、移动横梁、锁紧机构、移动横梁提升系统、加载平台、基座、水平 X 向作动器支架、水平 Y 向作动器支架、下压作动器支架、基座周边液压管路支撑平台等组成一套内力自平衡结构系统。为了降低试验时对周围环境的影响，加载框架下部放置了52 个隔振支座。

液压与控制系统包含液压泵站、蓄能器组、大油箱、液压管路、作动器和控制系统等。

2. 主要功能和性能指标

（1）系统功能

万吨级多功能试验系统集静力和动力加载功能于一体，可进行最大高度 10m 的巨型柱、巨型剪力墙和复杂空间节点等结构加载试验，也可满足最大直径 2m 的隔震支座的动静态性能测试；可实现六自由度加载，满足结构复杂边界条件的加载要求。

（2）加载能力

万吨级多功能试验系统垂直 Z 向最大加载能力 10800t、最大位移 +250mm；水平 X 向最大准静态加载能力 ±600t、最大位移 ±1500mm；水平 Y 向最大准静态加载能力 ±900t、最大位移 ±500mm；水平 Y 向最大动态加载能力 ±600t，最大加载速度 ±1500mm/s，最大加载频率 2Hz，最大位移 ±500mm；除了沿水平 X、Y 向和垂向（Z 向）的平动加载功能外，还可以实现绕 X 轴和 Y 轴最大转动角 ±2°、绕 Z 轴最大转动角 ±10°。加载空间万吨级多功能试验系统最大净加载空间 9.1m×6.6m×10m，高度可实现 0.5～10m 之间自动可调。

3. 关键技术

（1）加载框架基座超高精度安装与控制技术

万吨级多功能试验系统加载框架基座采用钢-混凝土组合结构，基座吨位高，体量大，密闭腔体多且现场组装拼焊，基座上部为设备制造立柱及锁紧机构，土木工程与制造业精度匹配至关重要。基座的安装精度直接影响上部加载框架，也决定了整个试验机的加载精度。基座沿着水平面偏移 1°，试验机加载框架的水平偏移可达 288mm。因此，基座安装精度要求极高（图 3），属于钢结构之最。本项目基座钢结构质量高达 1090t，内部灌注 3400t 混凝土，外形尺寸为 17.1m×13.6m×8.3m，形成密闭腔室多（图 4），且需现场组装拼焊，精度控制难度极大。

为此研发了大吨位（4500t）、大体量（17.1m×13.6m×8.3m）、密闭多腔（126 个腔体）钢-混凝土组合结构的基座全过程施工控制系统，攻克了现场施工安装、残余应力及变形控制、高精度动态监测等关键技术，保证了土木施工的基座与制造业加工的立柱及锁紧机构的高精度匹配，解决了万吨级试验系统基座施工的世界级技术难题，实现了基座与四个立柱接触面（3.5m×3.5m）的高精度施工控制（平面度＜0.1mm，水平度＜0.1mm/m，等高一致性＜0.2mm）。

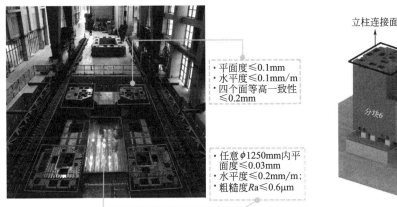

图 3　连接面的精度控制要求

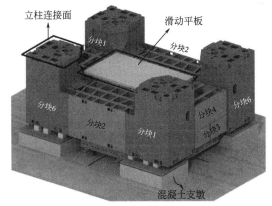

图 4　基座分体构件示意图

　　（2）大吨位微摩擦平面静压轴承技术

　　结构试验机进行压剪试验时，加载平台在轴向重载下，水平剪切运动会产生较大的摩擦力。这不仅会影响试验数据的准确性，降低加载控制精度，还会带来系统能量的浪费，影响加载系统的频率特性。

　　为此提出了一种基于液体静压原理的双油垫平面静压轴承腔室结构及其设计方法，首次研制了2000t级完全油膜承载微摩擦平面静压轴承（图5），解决了高荷载静压轴承设计难题，在现场实现了大尺寸（9.1m×5.2m×0.25m）滑动平板精加工技术，保证了在平面静压轴承直径范围内（ϕ1250mm）内平面度≤0.03mm，整体平面度≤0.1mm，粗糙度Ra<0.6，实现了万吨轴压下加载平台摩擦系数不大于0.25%的极低指标。

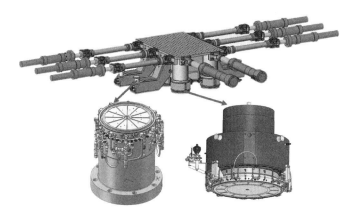

图 5　静压轴承布置

　　（3）超冗余并联驱动控制技术

　　加载平台由14套作动器驱动实现6自由度运动，作动器数目远大于自由度数目，构成超冗余并联机构，从而引发两个关键问题：一是超冗余驱动机构位置精确控制问题。若不能准确获得平台实际位置，会使试验数据存在较大误差；二是超冗余驱动机构内力抑制问题。各作动器动态特性不一致、空间安装误差等会导致系统产生巨大的内力，降低系统效率，严重时会破坏设备。

　　为此研发了一套综合位移指标和力指标的超冗余系统控制技术（图6），提出了基于矢量封闭模型和时变解耦矩阵的位移控制方法，以及基于内力空间的内力抑制力/位移混合控制方法，并自主研发了控制系统，避免了控制软件被"卡脖子"问题，有效地解决了14套作动器驱动6自由度加载平台的超冗余控制难题。相比传统方法，位移精度从4%提高到0.5%，耦合误差从8%降低到1.5%，力加载精度从 8.5% 提高到 3%。

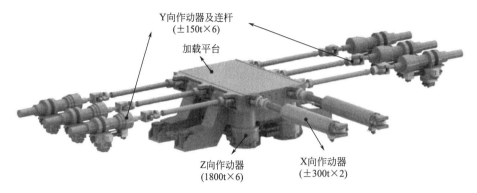

图 6 超冗余并联加载系统

（4）移动横梁大行程自动调整与锁紧技术

为满足高度 0.5m 的隔震支座及最高 10m 的大型构件高载、复杂工况的要求，保证移动横梁大行程自动调整与锁紧技术至关重要。移动横梁总质量约 700t，需实现 0.5～10m 范围内平稳升降且能够在任意位置可靠锁紧，这大大提高了该试验机的设计难度，提升系统和锁紧机构也成为该试验机结构设计的重点与难点。

为此，研制了一套由移动横梁、提升系统和锁紧机构组成的大行程自动调整与锁紧系统（图 7），实现了质量达 700 余吨的移动横梁在 0.5～10m 高度范围内平稳升降，在复杂动静态加载工况下均能可靠锁紧。在极限加载工况下，所有组成零部件的强度满足 2 倍安全系数，加载框架刚度满足 ≤1/2000 的变形指标，所有连接处均未出现开缝现象；试件脆断时齿条上的最大冲击力 11200t，为最大静态加载力的 1.12 倍，齿条在试件脆断时的碰撞均处于安全状态。

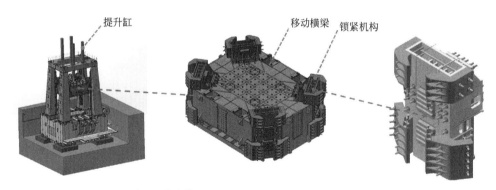

图 7 移动横梁大行程自动调整与锁紧系统组成

（5）瞬时大流量供油技术

在进行隔震支座高速压剪测试工况时，瞬时峰值流量可达 45000L/min。如只靠泵组提供，泵组建设成本将增加至少 15 倍。

为此本项目针对瞬时大流量供油需求进行技术攻关，研发了一套大流量蓄能器组联合泵组供油技术、蓄能器组和氮气瓶优化配置方法及供油压力波动抑制技术（图 8），解决了隔震支座高速压剪工况对瞬时峰值流量高达 45000L/min 的供油需求，显著减少了蓄能器组的占地空间，有效降低了成本，并将高频大流量扰动导致的管路压力波动抑制在 5% 以内。

（6）试件脆断安全保护技术

如试件在万吨轴压下突然发生脆性破坏，存储的应变能高达 1300kJ 并瞬间释放，瞬时功率高达 $2.34×10^9$kW，产生的振动和冲击会导致试验设备损坏，周边建筑及人员安全也受到极大威胁。

为了抑制结构试验机产生的振动和冲击，基于被动耗能与主动卸荷原理，研制了一套集合弹簧阻尼隔振技术、气液缓冲技术和先进控制算法的安全保护系统（图 9）。它有效抑制了万吨轴压下试件脆断

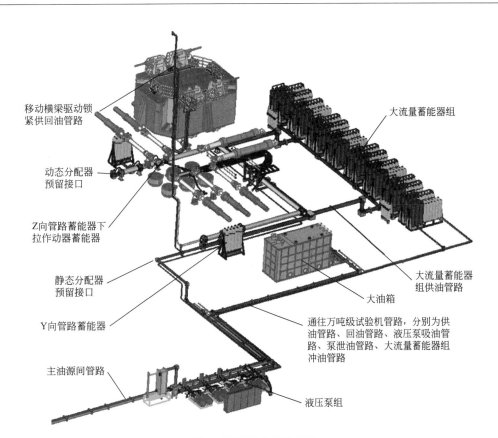

图 8　液压源组成示意图

产生的振动和冲击，解决了大型试验设备隔振效果与位移控制难以兼顾的难题；相比常规固结体系方案，消除了试验机对桩基础 200000kN 的拉力；同时，将试验机自身振动位移控制在 8mm 以内，有效保障了试验机系统安全，特别是硬管高压油路的安全运行。

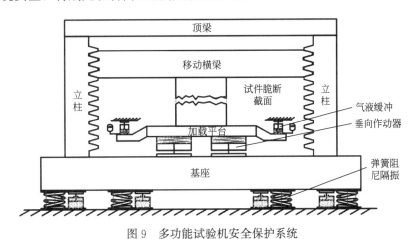

图 9　多功能试验机安全保护系统

三、发现、发明及创新点

十年磨一剑，建成了万吨级多功能试验系统，该系统的主要创新如下：

（1）研发设计了万吨级多功能试验加载系统，具有垂向最大加压 10800t，加拉 1200t，水平双向最大加载分别为 600t 和 900t 的能力；绕双向水平轴最大转角为±2°，绕竖轴最大转角为±10°；试验空间长 9.1m、宽 6.6m、高 10m，加载高度在 0.5～10m 内自动可调；可以进行足尺或大比例试件的六自由度拟静力加载试验和橡胶垫隔震支座动力加载试验。

（2）研发了万吨级多功能试验系统加载框架基座超高精度安装与控制技术，其基座与框架四个立柱接触面 3.5m×3.5m，达到了平面度＜0.1mm，水平度＜0.1mm/m，等高一致性＜0.2mm，实现了基座与框架立柱的高精度匹配。

（3）2000t 级完全油膜承载微摩擦平面静压轴承系统，超大滑动平板（长 9.1m、宽 5.2m、厚 0.25m）的平面度＜0.08mm，实现了万吨轴压下加载平台摩擦系数不大于 0.25％的指标要求。

（4）研发了一套位移和力控制的拟静力和动力加载系统，开发了配套的控制软件，解决了 14 套作动器驱动 6 自由度加载平台的超冗余控制、加载装置安全保护等技术难题。

经科技查新，四项创新技术在国内外公开文献中均未见相同报道。

四、与当前国内外同类研究、同类技术的综合比较

（1）与国内外同类大型结构试验系统进行相比，万吨级多功能试验系统综合加载功能更全、加载空间更大、加载能力更强。

（2）国内外同类型试验系统基座安装及控制精度多无特殊要求或整体精度要求较低，本项目首次对大型结构试验加载设备基座安装提出了超高精度要求，并提出成套安装及控制技术，实现了世界级钢结构安装精度要求。

（3）完全油膜平面静压轴承在国内外大型试验设备中应用较为广泛，但油膜承载能力最高仅为 500t。本项目提出一种新型静压轴承腔室结构，将完全油膜承载能力提高至 2000t 级。

（4）冗余并联机构的运动控制技术在国内外六自由度系统中均有应用，但采用传统控制方法精度较低。本项目提出了新型控制方法，实现控制精度的大幅提升。此外，国内外同类大型结构系统均未考虑隔振。本项目为避免万吨轴压下试件突然发生脆断引起的设备过度振动问题，提出一套综合解决方案，实现了良好的振动控制效果。

五、第三方评价、应用推广情况

1. 第三方评价

2022 年 5 月 18 日，中科合创（北京）科技成果评价中心组织专家对本项目的研究成果进行了评价，专家一致认为：该系统是全球工程结构试验加载能力最强、试验空间最大、作动器行程最长、集静力和动力试验功能于一体的万吨级多功能试验系统，技术难度大、创新性强，成果总体达到国际领先水平。

2. 推广应用

本项目已顺利开展了十余项大型结构试验，为建筑工程、桥梁工程、航空航天及核电能源等领域的国家重大项目和科学前沿技术研究提供了重要支撑，具有良好的社会效益和经济效益。

六、社会效益

本项目建成了土木工程领域加载空间最大、加载功能最全、加载能力最强的万吨级多功能试验系统，具有行业引领作用，为新型、复杂、大型结构设计提供了大比例尺试验条件，为国家重大项目和前沿科学问题提供了技术支撑。

形成了一套具有自主知识产权的高端、复杂试验系统设计与制造核心技术，打破了国外垄断。培养了一批土木工程与机械工程多专业交叉的高素质、复合型人才。

城市废矿区建造生态园博园关键技术研究与实践

完成单位： 中国建筑第八工程局有限公司、江苏省城市规划设计研究院有限公司、中国建筑设计研究院有限公司、东南大学建筑设计研究院有限公司、苏州金螳螂园林绿化景观有限公司、苏州鑫祥古建园林工程有限公司

完成人： 孙晓阳、于健伟、陶　亮、陈新喜、董元铮、颜卫东、张　帅、许碧宇、边　辉、余清江、李　赟、郭　靖、舒　松、沈　凯、房晓宇

一、立项背景

随着我国城市化快速发展，可开发土地资源日益匮乏，城市废矿区的开发再利用，已成为缓解土地资源紧张，拓展城市空间、提升城市功能的重要方向。英、美、澳等发达国家采矿历史久远，在城市废矿区生态修复和开发再利用方面研究较早，均有较多实践。我国对矿山废弃地生态修复的研究起步较晚，20世纪60年代开始复垦实践，大多是在废石场或尾矿库进行简单的平整和覆土绿化。近年来，我国矿山废弃地生态修复典型项目有上海辰山植物园矿坑花园、河南焦作缝山公园、南京牛首山项目，通过矿区废弃地公共文旅景观改造，是较好的生态修复尝试，但仍未实现多元化综合开发、规模化的商业开发利用。

江苏省第十一届园博园项目作为国内规模最大的山地园博园项目，江苏省最大的"生态修复、城市织补"双修示范工程，以矿坑生态修复、工业遗存改造、江苏园林再造重现、休闲配套综合开发，打造集会议、休闲、度假、康养为一体的生态旅游休闲目的地，探索了"两山"理论、文化自信、城市"双修"的融合发展。工程总占地面积345万 m^2，合同额158亿元，具有以下特、难点：

（1）矿坑修复"重生活化"，精品园林"文化转译"，工业遗产"轻重映衬"，会展、会后功能转换"智慧赋能"，综合规划设计，新颖、独特。

（2）254万 m^2 矿山废弃地，23万 m^2 渣土填埋场，20万 m^2 矿坑、泥潭等形成内在结构和功能联动的特色景区，生态治理体量大。

（3）8万 m^2 厂房、烟囱、筒仓及生产设备等工业遗迹"轻介入"改造，重生为绿意盎然的现代园艺展馆难度大。

（4）13个城市展园，复原历史名园片段7个，情境再现创作6个，探索传统园林建筑的现代传承与创新，呈现江苏园林文化特色，品质要求高。

（5）354万 m^2 场地，40余家设计，350余单位，726d工期，跨领域整合规划、设计、采购、施工、运营资源，EPC高效建造管理难。

课题针对上述特、难点开展研究，形成城市废矿区建造生态园博园关键技术，解决了超大型山地园艺博览园的高效管理和建造难题，可为后续类似工程提供借鉴。

二、详细科学技术内容

1. 建立了城市矿区多尺度"新旧共生"设计方法体系

创新成果一：矿坑修复与"重生活化"策略及设计方法

创新提出矿坑修复与"重生活化"策略及设计方法，解决了25万 m^2 废弃矿坑空间功能再生设计难题。通过植入水下植物花园、崖壁剧院灯光秀、矿坑酒店等功能，以复原植被、云雾造景，恢复矿坑生

机，实现了废弃矿坑的空间再生与功能活化。见图1和图2。

图1 矿坑生态功能活化

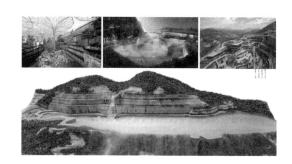

图2 多业态功能植入

创新成果二：精品园林"文化转译"策略与设计方法

首次提出精品园林"文化转译"策略与设计方法，解决了13个城市园林历史复原情境再现设计难题。通过"平远、深远、高远"三远意境与地域文化分区，采用"一城一园"文化转译方法，以13个城市精品园林的历史复原和情境再现，实现了江苏园林内涵精萃的传承和园林文化特色呈现。见图3。

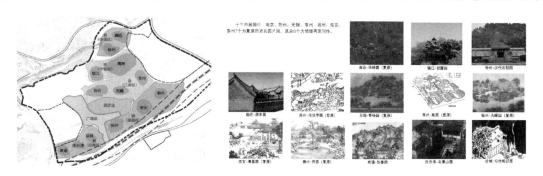

图3 五大地理分区和五大地域分区

创新成果三：工业遗产改造"轻重映衬"策略与设计方法

首次提出工业遗产改造"轻重映衬"策略与设计方法，解决了工业建筑保护、传承与发展适应性设计难题。通过多义性空间设计、"轻重映衬"策略、"轻介入"改造设计等，解决了水泥厂原貌保留与改造难题，实现了8万 m² 保护建筑与功能改造建筑并置及串联利用。最大程度保留了工业风貌延续和细部效果，实现了工业遗产历史文化保护与改造再利用。见图4和图5。

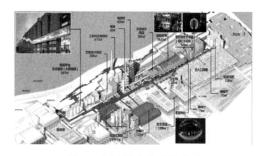

图4 水泥厂改造功能分区

图5 水泥厂筒仓景观群

2. 建立了城市废矿区修复再利用施工技术体系

创新成果一：废矿区矿坑群生态修复与景观营造技术

研发出废矿区矿坑群生态修复与景观营造技术，实现了城市区域废弃矿坑的高效再利用。发明了超高陡峭崖壁建造及地貌复原、废弃泥潭治理与水系景观再造等施工方法，开发了废弃矿坑内深厚淤泥处理及资源化利用技术，解决了10万 m² 崖壁治理、4万 m² 水系修复、54万 m² 生态景观营造难题，节约消险工期 60d，减少泥潭处理深度 40%，节约成本 3200 万元。见图 6 和图 7。

图 6 多平台分级支护 　　　　　　　　　　图 7 矿坑崖壁修复

创新成果二：废矿区工业建筑及设备修复再利用施工技术

研发出废矿区工业建筑及设备修复再利用施工技术，解决了 8 万 m² 工业遗产群艺术价值重生难题。发明了既有工业厂房生产设备修复、超高烟囱结构加固等方法，开发了水泥筒仓结构立体绿化构造、混凝土灯芯绒饰面艺术呈现等工艺，实现了水泥厂遗迹原貌保留与艺术呈现，节约工期 45d，节约成本 3990 万元。见图 8 和图 9。

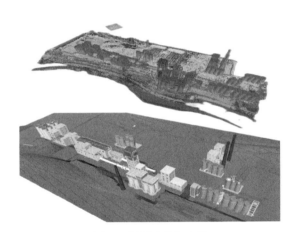

图 8 水泥厂逆向建模 　　　　　　　　　　图 9 生产设备仿旧修复再利用

创新成果三：废矿区工业建筑与改造建筑绿色融合技术

研发出废矿区工业建筑与改造建筑绿色融合技术，解决了工业遗迹与改造建筑"共生映衬"难题。发明了墙面垂直绿化模块化种植、水泥筒仓立体绿化、立体网格轻钢结构等系统及施工方法，将改造建筑"轻介入"工业遗产建筑，节约工期 60d，节约成本 2240 万元。见图 10 和图 11。

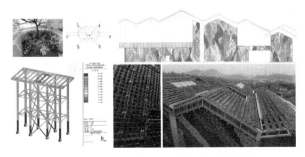

图 10 树池及立体网格模块化垂直绿化 　　　图 11 筒仓垂直绿化

3. 创建了城市废矿区精品园林园艺景观艺术呈现技术

创新成果一：废弃矿坑内"水下植物花园"营建技术

首次提出废弃矿坑内"水下植物花园"营建技术，实现了 2 万 m² 矿坑"天水一色"自然和谐的效果。建立了建筑有机玻璃应用技术标准，发明了 350m 长有机玻璃蓄水天幕面板体系及施工方法，首次研制出 21m 大直径组装式控温棚，解决了矿坑生态修复与特色资源利用，节约工期 50d，节约成本 783 万元。

创新成果二：精品历史名园片段复原施工技术

研发出精品历史名园片段复原施工技术，实现了江苏省十三地市经典园林建筑的复原传承。发明了复杂仿古阁楼钢木组合结构、大型仿古城墙构造及施工、夯混凝土艺术肌理墙、多曲面现代木结构屋面系统等构造及施工方法，解决了特色园林建筑复原和现代化建造难题，智能拆料加工减少损耗 15％，缩短工期 50d，节约成本 1836 万元。见图 12 和图 13。

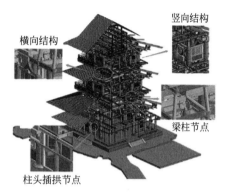

图 12　BIM 模块化设计

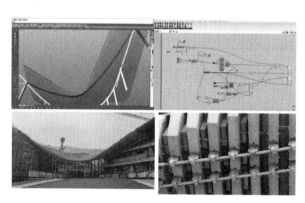

图 13　多曲面现代木结构屋面系统

创新成果三：城市精品园艺景观成套施工技术

研发了城市精品园艺景观成套施工技术，解决了 254 万 m² 园林园艺精细化、高品质施工难题。研发了园林景观斜坡花境绿化、精细化草坪收边、假山人工堆叠、乌桕反季节移植等技术，发明了模块化铺装板材路面结构及施工方法，实现了精品园林景观精细化施工，提高园林园艺工效 30％，节约工期 20d，节约成本 1290 万元。见图 14 和图 15。

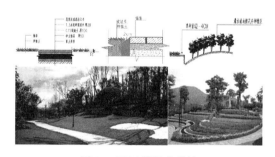

图 14　BIM 模块化设计

图 15　多曲面现代木结构屋面系统

4. 建立了城市矿区建造超大型园博园 EPC 总承包管理技术体系

创新成果一：基于 BIM＋GIS 运维和 5G＋AI 园博智慧平台

开发了基于 BIM＋GIS 运维和 5G＋AI 园博智慧平台，解决了多专业协同和数字化建造难题，提高专业协同效率 30％，缩短调试时长 20％，节约成本 3990 万元。见图 16。

创新成果二：城市矿区建造超大型园博园 EPC 总承包管理技术

研发了城市矿区建造超大型园博园 EPC 总承包管理技术，解决了项目高效管理和施工难题，提高信息协调与管理效率 30％，节约成本 1280 万元。见图 17 和图 18。

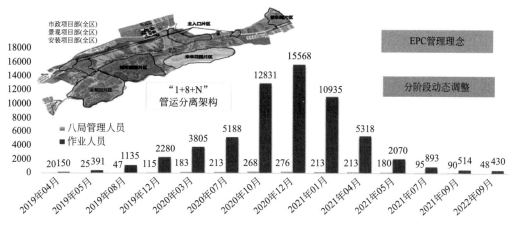

图16　片区划分及人员动态调整

图17　市政管网协同

图18　土方平衡分析

三、发现、发明及创新点

（1）研发了废弃矿坑宕口修复再利用关键技术，提出了矿坑修复与"重生活化"策略及设计方法，发明了超高陡峭崖壁建造及地貌复原治理、废弃泥潭治理和水系景观再造、有机玻璃天幕面板结构等施工方法，实现了城市区域废弃矿坑的高效再利用。

（2）研发了精品展园园艺景观艺术呈现关键技术，提出了精品园林"一城一园"文化转译模式及设计方法，发明了仿古阁楼钢木组合结构、现代夯混凝土艺术肌理墙、大型仿古城墙构造和多曲面现代木结构屋面系统等施工方法，解决了特色园艺博览景观群建造难题。

（3）研发了既有水泥厂工业遗产修复再利用关键技术，创新采用了"轻重映衬"策略及多义性空间设计方法，发明了砖烟囱结构加固、水泥筒仓结构立体绿化构造、既有工业厂房生产设备修复及混凝土灯芯绒艺术饰面效果呈现等施工方法，解决了水泥厂工业遗产保护与改造再利用难题。

（4）研发了超大型园艺博览园EPC总承包管理技术，集成了计划管控模块化管理、5G＋AI园博智慧平台、全过程数字孪生园博建设等技术，形成了超大型复杂园艺博览园EPC总承包成套管理技术体系，实现了项目高效管理和施工。

四、与当前国内外同类研究、同类技术的综合比较

与国内外同类研究、技术比较，先进性见表1。

先进性   表1

创新技术	技术经济指标	国内外相关技术比较
创新1 城市矿区多尺度 "新旧共生" 设计方法体系	1. 提出了基于生态修复-名园重塑-工业遗产保护的城市矿区多尺度"新旧共生"设计方法体系； 2. 创新提出了矿坑修复与"重生活化"，精品园林"文化转译"、工业遗产改造"轻重映衬"策略与设计方法，解决了城市废矿区建造园博园的规划设计难题，完美呈现了江苏历史名园特色，打造了可持续运营的园博景区	国内规模最大山地园博园，江苏省最大"城市双修"示范工程，国内外未见相同报道

续表

创新技术	技术经济指标	国内外相关技术比较
创新2 城市废矿区 修复再利用 施工技术	1. 泥潭淤泥原位固结再造生态水系,减少淤泥处理量40%; 2. 砖烟囱外包钢带法加固法,降低成本40%;水泥厂筒仓灯芯绒混凝土饰及面垂直绿化改造、工业设备仿旧修复,实现水泥厂遗存活化重生,减少建筑垃圾量60%,提高工效30%	国内外未见相同废弃矿坑内泥潭水系改造方法 烟囱钢箍带加固法、筒仓灯芯绒艺术混凝土饰面及功能改造工艺,国内外文献中未见相同报道
创新3 城市废矿区 精品园林园艺 景观艺术呈现技术	1. 不锈钢与有机玻璃伞状水下植物园,轻盈通透,首次实施21m大直径有机玻璃面板室外高空聚合,透光率92%; 2. 木包钢工艺实现仿古阁楼现代化建造,多曲面现代木结构屋面提升园林建筑节能、防水性能30%; 3. 桩基+空腔结构一体化山体塑形,实现仿古城墙建造,降低成本30%。斜坡花境绿化、草坪收边、人工堆叠假山、模块化铺装等精细化施工,提升园艺工效30%	不锈钢与有机玻璃水下植物园为国内外首例应用;3.6万m²多曲面胶合木屋面为国内规模最大已竣工现代胶合木应用工程,未见相同施工工艺报道;空腔一体化仿古城墙施工、斜坡花境、堆叠英石假山等施工工艺,未见相同报道
创新4 城市矿区建造超 大型园博园EPC 总承包管理技术	1. 园博智慧平台技术,全时段数字孪生园博,平台使用率100%,提高信息协调效率30%; 2. 基于园艺博览园的标准化管理技术体系,计划管控模块化管理技术,降低管理成本20%	城市矿区建造超大型园博园EPC总承包管理技术,在国内外未见相同报道

本技术经国内外查新,未见相同报道,具有新颖性和创新性。

五、第三方评价、应用推广情况

1. 第三方评价

2021年4月16日,江苏园博园盛大开园,某院士盛赞:是足可载入世界超大规模工程建造史的震撼之作,是"绿水青山就是金山银山"的生动实践。另一院士评价:南京借助园博园的建设华丽转身,是"两山"理论和生态文明建设时代的城市转型新范本。

2022年6月10日,江苏省土木建筑学会针对"城市废矿区建造生态园博园关键技术研究与实践"科技成果,在南京组织召开了专家委员会成果鉴定。鉴定委员会认为,该成果总体达到国际先进水平,其中废弃矿坑"水下植物花园"营建技术、精品展园园艺景观艺术呈现技术、超大型园艺博览园EPC总承包管理技术达到国际领先水平,一致同意通过鉴定,建议加大推广应用。

2. 推广应用

本技术形成专利47项,其中发明专利26项,主、参编标准7部,获省部级工法15项,发表核心期刊论文31篇。江苏园博园项目完美呈现了"锦绣江苏、生态慧谷"盛景,已成功举办第十一届江苏省园博会、全国矿山生态修复学术交流会等活动,累计接待游客300余万人次,经济效益2.1亿元,已成为江苏省新的文化旅游地标。基于项目的实施效果,多个业主陆续将南京金陵小城、烟台崆峒胜景、新疆那拉提小镇、无锡大拈花湾康养小镇等10多个项目,累计300亿元合同额交由中建八局实施,推广应用情况良好。

六、社会效益

本技术紧密结合了我国城市化发展进入了以存量用地改善城市环境的城市更新阶段,是当前城市更新与产业结构升级背景下城市废矿区再利用亟需的商业化开发模式创新探索,其研究内容不仅具有新颖性和创造性,而且具有很强的针对性和实用性,可为大型城市废矿区开发利用提供强有力的技术支撑。随着我国三、四线城市的产业转型升级,城市废矿区再利用的需求不断提高,本成果对于矿坑治理、工业遗产保护再利用、生态文旅景区的综合开发建造等规划设计、施工、管理等均有很好的参考价值,具有广泛的推广应用前景。

夏热冬冷地区装配式近、净零能耗建筑设计方法与应用

完成单位：中国建筑西南设计研究院有限公司、中国建筑第四工程局有限公司、重庆大学、四川南玻节能玻璃有限公司

完成人：刘　艺、冯　雅、毕　琼、龙卫国、付祥钊、文隽逸、邓世斌、朱　彬、钟辉智、王　欢、唐浩文、钟　佳、李建根、伍　未、杨　华

一、立项背景

建筑工业化与零碳建筑是建筑业发展方向，住房和城乡建设部明确提出，2035 年我国新建建筑将全面执行零能耗建筑标准，2055 年实现零碳建筑，并通过建筑工业化、零能耗建筑等技术创新，推动建筑行业的技术进步与"双碳"目标的实现。

据统计，建筑能耗约占社会总能耗的 30%，而我国绝大部分既有建筑是高耗能建筑，能耗水平比同纬度欧洲国家高一倍。实现近、净零能耗建筑有两个基本途径：一是设计具有优良热特性的建筑和高品质的围护结构；二是提高可再生能源的效率，前者是决定后者用能多少的重要前提。事实上，当建筑本身的节能性能差时，即使设备的效率再高，建筑也不可能成为零能耗建筑。因此，研究近、净零能耗建筑气候适宜的设计方法、高性能围护结构是解决"近、净零能耗建筑"的根本途径之一。

目前，近、净零能耗建筑设计仍以提高围护结构保温性能作为主要手段，缺乏与气候相适应的，以近、净零能耗建筑为目标导向的建筑专业牵头，在项目策划、设计、建造及运维全生命周期中，用装配式方式与可再生能源等综合利用的各专业协同的优化设计思路与方法。

因此，研究气候相适应的近、净零能耗建筑设计方法，研发出多功能一体装配式建筑高性能围护结构，以及适宜的可再生能源应用一体化集成技术需求日益迫切。而现有节能建筑领域面临以下 3 个难题：

（1）缺乏与气候相适应的设计原理与方法，现有节能规范和标准存在较大局限与偏差；

（2）缺乏满足近零能耗建筑要求的装配式高性能围护结构技术；

（3）缺乏适宜夏热冬冷地区的可再生能源的应用技术。

围绕以上三大难题，在国家科技支撑计划、国家自然科学基金及中建集团等科研项目的资助下，通过对节能设计理论与方法的创新、装配式高性能围护结构和可再生能源关键技术的研发等关键科学技术问题，系统地开展研究和工程应用，形成了夏热冬冷区装配式近、净零能耗建筑关键技术和应用的创新成果，并进行规模化工程应用。

成果获发明专利 9 项、实用新型专利 17 项、软件著作权 1 项、学术专著 4 部、工法 4 部、SCI/核心期刊论文 50 余篇；成果被 18 部国家、行业、地方标准和图集所采用；被授予"国家装配式建筑产业基地""中国建筑绿色建造（围护结构）工程研究中心"；在成都天府国际机场、中建滨湖设计总部、中建科技成都办公楼等国家重点工程中应用，应用面积近 1000 万 m^2，近、净零能耗建筑近 20 万 m^2。直接经济效益 33 余亿元，经济、社会和生态环境效益巨大。

二、详细科学技术内容

采用理论研究与案例分析、计算与实验测试相结合的研究方法，以近、净零能耗建筑为目标，利用气候条件，综合平衡主、被动设计策略和可再生资源利用的思路，实现建筑整体最优的设计导向；具体

技术方案是以建筑专业牵头，在项目策划、设计、建造及运维全生命周期中，基于自然通风、光谱选择性采光与遮阳、太阳能等综合利用与耦合优化，建造可量化、可监测、可自我感知和调节的建筑，提出夏热冬冷区装配式近、净零能耗建筑设计方法，本项目开发出夏热冬冷气候区净零能耗建筑的高性能装配式围护结构、可再生能源适宜技术，并进行系统集成创新。其总体思路和技术方案框架如图1所示。

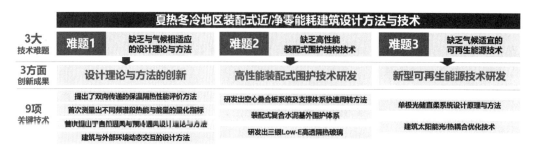

图1　总体思路和技术方案框架

1. 提出了气候适应性的近零能耗建筑设计原理与方法

创新成果一：提出了气候环境与建筑热过程双向传递负荷计算与保温隔热性能评价方法。

提出了夏热冬冷地区热过程在自然通风与采暖空调不同工况下热过程的双向传递，考虑天空和地面长波辐射的修正温度作为围护结构的保温隔热性能计算评价方法。见图2。

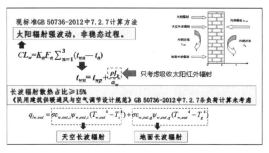

图2　近零能耗建筑围护结构热工与节能设计原理与方法

创新成果二：首次测量出可见光不同频谱段热量与能量的量化指标；解决了国家标准中可见光段辐射传热误差。

首次测量出太阳光380～780nm可见光不同频谱段热量与能量的量化指标。并提出了用"太阳红外热能总透射比"来评价玻璃的隔热性能，解决了国家标准中可见光频段范围内的透射与吸收造成的辐射得热误差，以及透明围护结构"透光不透热"的难题。见图3。

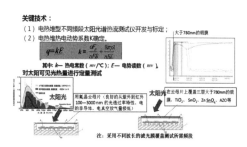

图3　380～780nm可见光频谱段热量与能量的测试原理

创新成果三：首次提出了建筑自然通风与预冷通风设计理论与计算方法。

首次建立了"通风季节"和"通风时段"两个通风概念，以及划分"通风时段"和"通风季节"的方法。提出了夏热冬冷区自然通风与预冷通风舒适区温度范围、舒适通风预冷潜力小时数计算方法。见图4。

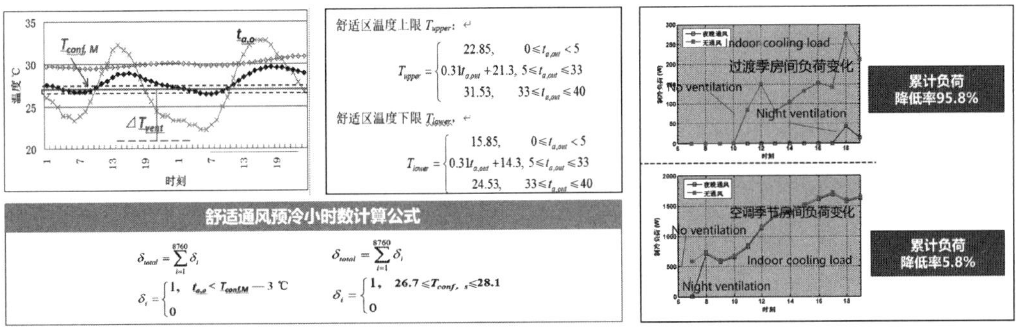

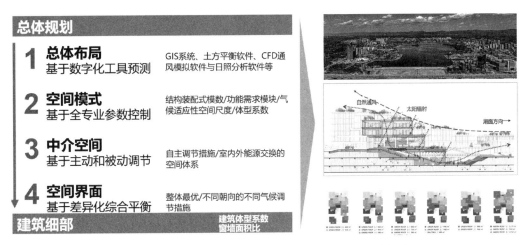

图 4　建筑自然通风与预冷通风设计理论与计算方法

创新成果四：基于上述 3 项基础研究，提出了从总体规划到建筑细部的"四层级"理论，突破了建筑体型系数、窗墙面积比等参数的限制，建立了夏热冬冷地区建筑与外部环境动态交互的设计方法。见图 5。

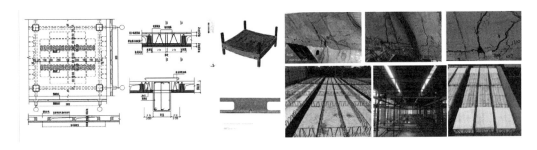

图 5　夏热冬冷地区建筑与外部环境动态交互的设计方法

2. 研发出近零能耗建筑装配式围护结构技术

创新成果一：研发出集保温、隔声、隔热功能为一体的空心叠合板系统及支撑体系快速周转方法。解决了楼板结构安全、保温、隔热、隔声等功能一体化的难题，实现了规模化生产和现场免支撑，提高了建造效率和质量。见图 6。

图 6　空心复合叠合楼（屋）面板

创新成果二：研发出装配式复合水泥基外围护体系。

研发出装配式混凝土零能耗建筑外围护体系的气密性、热桥部位识别、加强设计及处理措施，突破了装配式混凝土与近零能耗建筑两种体系融合的技术瓶颈。见图 7。

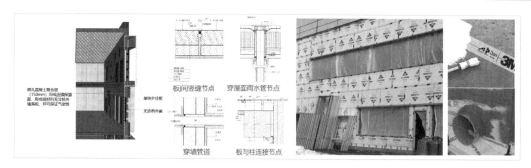

图7 装配式混凝土零能耗建筑外围护体系的气密性处理措施

创新成果三：研发出三银 Low-E 高透隔热玻璃。

发明了纳米级氧化银和磁控溅射镀膜工艺技术，太阳能红外辐射能量透射比＜0.04。超白玻三银 Low-E 中空玻璃可见光透过率≥62%，普通三银 Low-E 中空玻璃可见光透过率≥46%，解决了玻璃透光与隔热的矛盾。见图8。

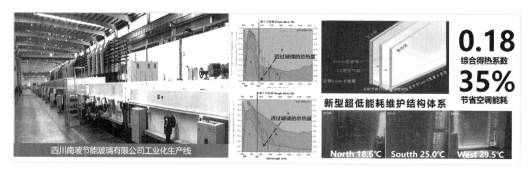

图8 三银 Low-E 隔热玻璃与单银中空玻璃隔热对比

3. 研发出气候适宜性的可再生能源技术

创新成果一：构建了我国单极光储直柔系统设计原理与方法，研发出 IOT 大数据平台和软件，为我国光储直柔工程设计、运维，提供了支撑。见图9。

图9 光储直柔系统 IOT 数据平台和大数据软件

创新成果二：研发出太阳光/热与自然通风综合利用耦合优化技术，解决了长期以来建筑被动与主动、热与电供能模式相分离，系统能效低的难题。见图10和图11。

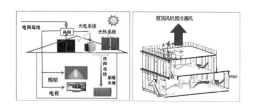

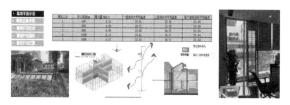

图10 太阳能光热综合利用预冷通风模型　　　　图11 中庭幕墙预冷通风分析与设计

三、发现、发明及创新点

（1）突破了传统设计模式与流程，实现了建筑设计与理论研究、技术研发三个领域的互动整合，建立了基于数据化工具的全专业、全周期与协同平台。成果达到国际先进水平。

（2）首次测量出可见光段热量与能量的量化数据，填补了国内外相关领域的空白，达到国际领先水平。

（3）优化了建筑围护结构热工动态计算方法，建立了考虑长波辐射和热过程双向传递的动态计算模型，大幅减少数据误差，达到国际先进水平。

（4）研发的三银 Low-E 玻璃可见光透过率≥62％，近红外透过率≤4.7％，解决了透明围护结构隔热和透光相"矛盾"的技术难题。

（5）自然通风与预冷通风技术的采用，可将过渡季节空调负荷降低 95.8％，成果达到国内外领先水平。

四、与当前国内外同类研究、同类技术的综合比较

较国内外同类研究、技术的先进性在于以下四点：

（1）提出了气候适应性的近、净零能耗建筑设计方法。建立以建筑专业牵头，在建筑项目策划、设计、建造及使用运维的全生命周期中，基于建筑自然通风、采光与光谱选择性遮阳等被动技术综合利用的耦合优化方法，整合可再生资源利用等技术创新研究，建造可量化、可监测、可自我感知和调节的近、净零能耗公共建筑。

（2）提出了近、净零能耗建筑围护结构热工节能设计方法。提出了夏热冬冷地区建筑自然通风与预冷通风热过程双向传递理论与冷热负荷动态设计方法，提高了 11％的负荷计算精度；提出了划分"通风时段"和"通风季节"的概念和计算方法，给出了建筑通风节能潜力计算方法，通过间歇通风可降低室内最高温度 3～5℃；发明了一种测试太阳能不同光谱热特性的电热堆型太阳辐射测试仪，测量出可见光段热量与能量的量化比例，将可见光频段范围内的透射与吸收造成的热辐射引起的得热误差降低为 0；提出了充分利用可见光，隔绝大于 780nm 近红外太阳光的理想隔热透明围护结构设计原理与方法，以及采用"太阳红外光谱热能总透射率"评价玻璃的得热、遮阳和隔热性能。

（3）开发出装配式近、净零能耗建筑围护结构技术。研发出近、净零能耗建筑装配式空心复合叠合楼（屋）面板系统，解决了楼（屋）面板结构、保温、隔声一体化难题，实现了工厂规模化生产和现场免支持，提高建造效率 40％以上；发明了一种有效遮挡太阳辐射光谱中大于 780nm 的红外辐射能量的三银 Low-E 中空玻璃，解决了透明围护结构隔热和透光相"矛盾"的技术难题；开发出装配式蒸发冷却种植植被隔热构件，屋顶内表面最高温度可延迟 5h。

（4）近、净零能耗建筑自然能源设计与应用。研发出建筑自然通风与相变材料蓄能通风耦合技术，相变潜热≥127kJ/kg；开发出太阳能直流技术，构建了我国单极光储直柔系统设计体系，研发出光储直柔系统 IOT 数据平台和大数据软件，为光储直柔系统工程设计以及系统运维，提供了科学支撑；研发出建筑太阳能光/热综合利用耦合优化技术，建立了建筑太阳能通风、采光与遮阳被动技术综合利用耦合优化方法。

本技术通过国内外查新，查新结果为：国内外公开报道的文献中，除本项目研究团队的相关文献外，其他未见以上各项具体研究内容的文献报道。

五、第三方评价、应用推广情况

1. 第三方评价

项目先后被 5 位院士评价为"成果总体达到国际先进水平，其中理想透明围护结构隔热设计原理与方法、建筑太阳能与通风耦合优化技术达到国际领先水平。"

项目成果在成都天府国际机场、中建滨湖设计总部、中建科技成都研发中心等多个示范工程中应用，获住房和城乡建设部颁发的"中美净零能耗建筑示范工程"以及德国能源署、住建部共同颁发的"被动低能耗建筑示范工程"等认证证书。新兴工业园服务中心等多个项目被认定为住建部《装配式建筑评价标准》AA 级示范工程。

《公共建筑节能构造》等多个项目获得全国优秀工程勘察设计行业奖标准设计一等奖、四川省优秀标准设计一等奖等重要奖项，卧龙自然保护区都江堰大熊猫救护与疾病防控中心等项目获得省部级工程设计一等奖、装配式技术一等奖、绿色建筑创新奖一等奖等重要奖项。

"中建滨湖设计总部"项目获得《新华网》《四川日报》《成都日报》等多家媒体关注报道。专家表示，该项目采用的遇冷通风、温湿度独立空调系统等各项技术非常适合夏热冬冷地区的气候特点，项目在零能耗方面的试点示范，为同气候区办公建筑实现更高程度的绿色、健康和零碳，做出了好的表率。

2. 推广应用

项目成果已在我国夏热冬冷地区多个省市全面推广实施，如十三五期间国家投资最大的民航基建项目——成都天府国际机场、国内首个装配式模块化近净零能耗建筑——中建滨湖设计总部，以及中建科技成都研发中心、四川大学华西天府医院、成都三岔湖 TOD 商业街、南山旅游度假酒店等项目，总应用工程建筑面积达到 1100 万 m^2，直接经济效益达 33 亿元以上。

在南京一中江北校区、深圳长圳公共住房等项目，应用规模达 200 万 m^2；全国约 20 余家建筑工业化生产基地设有轻质微孔混凝土复合大板的生产线，年设计产能在 200 万 m^3 以上。"中建海峡（闽清）绿色科技产业园（启动区）"项目综合楼，挂装面积 2200m^2。中建科技湖南有限公司综合楼-食堂项目，挂装面积 260m^2。

所研发的近零能耗建筑装配式围护结构关键技术及高性能围护结构和材料产品被 18 项国际、国家、行业及地方标准和标准设计图集采用，推动了净零能耗装配式建筑围护结构的标准化发展，市场需求度高。

六、社会效益

本研究的社会效益，主要体现在对促进建设行业进步的贡献，一是建立了低碳净零能耗建筑与围护结构热工节能设计方法，研发出多种装配式净零能耗建筑用围护结构，以及多种可再生能源应用技术，为装配式低碳、净零能耗建筑的发展提供理论基础和实践经验；其二，对于促进我国建筑业转型，迈向更高质量、更高品质、更低能耗的建筑，实现产业升级提供指引方向；其三，通过建筑工业化与低碳、净零能耗建筑被动技术的创新，极大地减少建筑建造阶段和运行阶段的碳排放，为实现住房和城乡建设部提出的 2035 年新建建筑全面执行零能耗建筑标准打下基础，为我国实现"2030 碳达峰、2060 碳中和"目标提供支撑。为推动建筑行业的技术进步与产业升级，实现建筑业的高质量、可持续发展贡献力量。

同时，通过技术创新节约资源、降低能耗，使建筑与自然协调发展，大大降低对自然环境的影响，获得极高的社会效益和生态效益。

装配式钢和混凝土混合结构建筑设计关键技术

完成单位：中建科技集团有限公司、重庆大学
完 成 人：樊则森、孙占琦、芦静夫、董　震、刘界鹏、张　玥、廖敏清、王洪欣、孙小华、陈娟、李　江、肖子捷、房　晨、何　亮、王　昆

一、立项背景

自 2016 年 9 月国务院办公厅发布《国务院办公厅关于大力发展装配式建筑的指导意见》以来，以工业化、绿色化和信息化为特征的工业化建造方式得到了前所未有的大发展。装配式建造方式能有效地发挥工厂生产的优势，建立从研发、设计，到构件部品生产、施工安装、装饰装修等全过程生产实施的工业化。同时装配式建筑有着污染小、装配快、质量优的优势，能够将预制构件提前生产，现场快速施工，且预制构件保养在构件厂进行，减少了施工现场的二次污染，符合当前社会对建筑使用环境和使用品质要求高等需求。

但是，装配式钢和混凝土混合结构建筑的发展仍存在几个关键问题：一是结构竖向承重构件多采用传统钢管柱或钢管混凝土柱形式，使其应用范围受限，在多层建筑应用存在成本过高的问题；二是梁柱连接节点不够完善，结构柱采用混凝土柱时仍然采用现浇的湿作业形式，不符合建筑工业化的发展方向；三是主次结构连接方式不够完善，减震、耗能装置对混合结构抗震性能的影响和作用机理不够清楚；四是缺少系统科学的理论和方法指导工程实践，导致建筑设计、加工制造、装配施工各自分隔，相互间关联度差；五是建筑、结构、机电设备、装饰装修四大要素各自独立，自成体系，专业间乃至全过程各工种间都缺乏协同，最终导致建筑完成品标准低、毛病多、寿命短。

针对以上问题，需要找到合适的理论和方法对装配式钢和混凝土混合结构建筑系统建造全过程进行研究指导。因此，我们应该引入系统工程理论统筹建造的全过程，集成若干技术要素，用设计、生产、施工一体化，建筑、结构、机电、内装一体化和技术、管理和市场一体化的系统整合方法，实现建造过程质量性能、成本效率的最优，并能提供整体最优建筑产品。围绕提质增效和持续发展制定指标体系，选择适宜的技术路线稳步发展。以建筑工业化为抓手，利用系统科学理论指导，必将进一步开拓装配式钢和混凝土混合结构建筑设计及建造的新领域，这对于推动装配式钢和混凝土混合结构建筑的应用有重要意义。

二、详细科学技术内容

1. 建筑系统集成和标准化设计方法

装配式钢和混凝土混合结构建筑系统分为结构系统、围护系统、机电系统和内装系统等四大系统，四大系统下又分为若干子系统。四大系统集成设计方法避免了系统间相互割裂、自成一体的分割状态，可解决主体结构系统、建筑设备系统和内装系统间不能一体化协同设计的问题。"四个标准化"的设计方法，从"平面标准化、立面标准化、构件标准化和部品标准化"的角度，将取得标准化与多样化、建造效率与成本间的平衡，为提高工程建造效率和品质具有重要意义。

2. 多层装配式钢和混凝土混合框架结构建筑体系

多层装配式钢和混凝土混合框架结构由预制混凝土、钢梁、预制叠合板和干式连接节点等预制构件组成。预制混凝土柱与钢梁通过干式连接节点连接，可避免传统方式在节点区支模现浇湿作业而带来的

建造效率低等问题；采用预制预应力叠合板可实现免支模、少支撑大跨度施工作业，在提高建造效率的同时，降低了工程措施费。

针对新型梁柱干式连接节点受力特点，建立装配式钢和混凝土混合框架结构节点简化分析模型和整体分析计算模型，根据数值模拟结果对理论分析方法进行修正，为试验研究奠定基础。在理论分析和数值模拟的基础上，对梁柱节点进行试验研究，验证节点的抗震性能。通过理论分析、数值模拟和试验研究，为装配式钢和混凝土混合框架结构、构件和节点设计提供完善的设计方法。

研究一种免支撑施工跨度大、工业化生产速度快和现场施工效率高的预制预应力叠合板设计方法和一种大跨度叠合板组合楼盖负弯矩区局部释放组合作用的计算方法。通过理论分析和构件试验，研究其受力性能、分析提炼构件承载力计算方法和节点构造措施，弥补普通预制混凝土叠合板普遍存在的免支撑跨厚小、用钢量大和生产效率低等不足，以实现降低楼盖截面高度、减少楼盖自重、提高楼盖刚度和抗震性能的目的及解决大跨度叠合板组合楼盖负弯矩区混凝土开裂问题。

结构系统加上围护系统、机电系统和装饰装修系统组成的装配式钢和混凝土混合框架结构建筑是一种在低多层公共建筑中极具生命力和市场竞争力的装配式建筑。

3. 高层装配式钢和混凝土混合主次结构建筑体系

"主结构＋子结构"的建筑结构形式，便于实现主结构在全生命周期中内部子结构的任意变换，使得建筑功能具有灵动可变的特点，还能节省建筑改造成本，缩短建筑施工周期，极具便捷性与经济性。"弱内框架"子结构及其与主结构的连接方式，在结构整体性能指标没有明显变化的前提下可减少结构用钢量。同时，由于半框架子结构梁柱构件的减少，建筑室内使用面积更大，空间利用率更高。钢构件、钢管混凝土构件、混凝土阳台及楼梯等均可采用工厂预制的构件，以便在施工现场直接进行快速安装，降低生产成本、节能环保，是一种理想的建造方式。

通过对高层装配式钢和混凝土主结构在地震作用下结构体系的变形特点、内力分配关系、塑性发展模式、大震作用下的破坏机制等的分析，提出局部楼层采用屈曲约束支撑和防屈曲钢板剪力墙等减震装置作为主次混合结构的第一道防线的抗震设防方法，并对主次结构屈曲约束支撑的设置进行优化设计。同时，研究柱三分点受侧向力和柱中受水平侧向力作用的钢管混凝土柱考虑挠曲二阶效应的分析和设计方法，解决钢管混凝土柱中部受侧向力时无设计方法问题。

研究与主次结构系统相匹配的围护系统、机电系统和装饰装修系统，保证各系统间功能的有效发挥。

4. 新型装配式钢和混凝土混合结构体系及整体结构抗震分析方法

提出一种新型混合结构体系及整体结构抗震分析方法，通过建立高效抗震分析模型，并开展以概率及可靠性理论为基础的结构易损性分析，定量评估整体结构体系的大震倒塌概率与抗倒塌安全储备。以框架-剪力墙/筒体结构为对象，通过规定地震作用下结构的倒塌概率不得超过一定限值（即为一致风险值）进行抗震设计，提出基于"一致倒塌风险"的结构体系抗震设计方法，该方法在保证安全性的前提下，将显著提升结构体系的建筑功能可使用性和造价经济性。

提出基于高效可更换耗能构件的装配式框架-剪力墙混合结构，通过耗能钢连梁和剪力墙墙脚连接件的合理配置，保证结构优越的抗震性能和震后变形恢复性能。震后高效更换钢连梁或墙脚连接件，可快速恢复结构使用功能，避免结构重建。提出一种新型防屈曲高强度钢腹板可更换钢连梁，连梁变形减小，从而减小可更换结构的整体变形，便于更换；加劲肋紧贴腹板（但不焊接）提供约束，仅与上下翼缘焊接，可减少焊接量。

通过改进边界检测算法与圆孔拟合算法，提出了一种螺栓孔精准定位集成算法。由于可更换钢连梁的施工允许误差仅为2mm，因此有必要采用高分辨率扫描参数进行剪力墙螺栓孔的扫描，从而获得高密度的点云数据。然而，在高密度的点云数据中检测螺栓孔边界，将会造成巨大的计算负荷。为了克服高密度点云数据所带来的巨大计算量问题，通过粗边界与精细边界的提取来减小总体计算量。

三、关键技术

1. 多层装配式钢和混凝土混合框架结构设计关键技术

（1）提出了装配式钢和混凝土混合框架结构建筑一体化、标准化设计方法

构建了装配式钢和混凝土混合框架结构建筑一体化、标准化系统集成设计方法。通过建筑系统的标准化、模块化设计，解决了主体结构系统、建筑设备系统和围护内装系统协同设计问题，同时为主体结构构件及其部品部件的标准化设计、工业化生产、装配化施工提供了可复制的方法，对其他工业化建筑的设计具有广泛的指导意义。见图1。

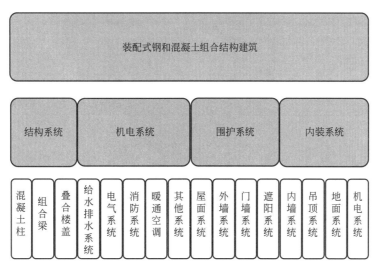

图1　钢和混凝土组合结构建筑体系的系统构成

（2）创新了三种混凝土柱和钢梁干式连接节点

梁柱节点的有效性是保障结构整体性的关键。当前组合结构主要节点形式有梁贯通式节点和柱贯通式节点。对于梁贯通式节点，核心区柱纵筋需穿越钢梁腹板，使得施工难度较大，混凝土浇捣十分困难。柱贯通式节点在节点区内设置了双向腹板以提高节点区抗剪强度，但整体性远逊于前者。为此，本研究创新了三种装配式钢筋混凝土柱和钢梁连接节点。

第一种新型节点为预制混凝土柱-钢梁干式连接节点，如图2～图5所示（专利号：CN201910042574.8/CN201910042663.2），在构件厂将新型钢节点预埋于混凝土柱顶部而形成一个整体的预制混凝土柱，该预制钢节点有以下特点：

① 两端车丝对拉钢筋代替节点竖向横隔板，减少了焊接量、避免了节点内部浇筑混凝土易形成空腔的弊端；

② 根据受力要求，优化节点侧板尺寸，减轻预制钢节点质量，方便人工安装、调整定位及柱头混凝土浇筑；

③ 高强度螺栓预安装于钢节点上，新型钢节点＋混凝土柱一体化预制生产，构件尺寸及质量有保证；同时，无节点区后浇混凝土湿作业，提高了现场钢梁安装的施工效率。

通过预制混凝土柱与新型钢节点一体化生产相结合的方式，解决了已有装配式钢和混凝土组合框架结构梁柱节点施工精度难以控制、安装困难、湿作业量大和效率低下等问题，可充分发挥装配式钢和混凝土组合框架结构建筑标准化设计、工厂化生产和装配化施工的建造优势。

第二种新型节点为带钢盒的改进型RCS混合节点，如图6所示。在日本柱贯通式节点的基础上提出一种带钢盒的改进型RCS混合节点形式（专利号：CN20170462511.9）。节点梁端传至节点区的内力，通过双向设置的井字形腹板进行传递，其整体性好于日本柱贯通式节点；同时，钢盒可替代箍筋对节点区混凝土形成有效约束并兼有模板的作用，规避了美国梁贯通式节点构造复杂的弊病。

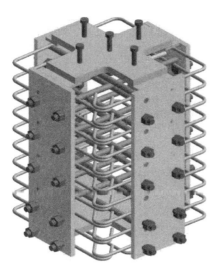

图 2　新型预制钢节点三维示意图 1

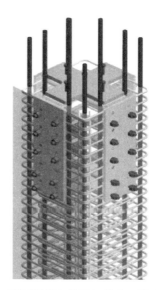

图 3　预制混凝土柱带钢节点三维示意图 2

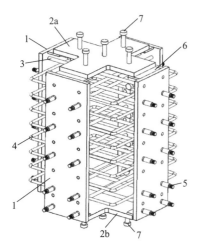

1—侧板；2a—上横隔板；2b—下横隔板；
3—侧板连接钢筋；4—节点区箍筋；
5—预留高强度螺栓；6—隔板连接板；7—栓钉

图 4　新型预制钢节点三维构造图

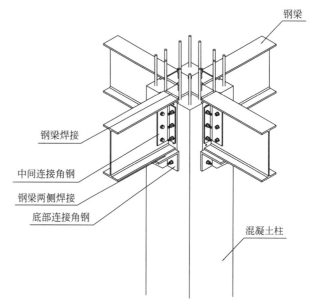

图 5　预制混凝土柱-钢梁连接示意图

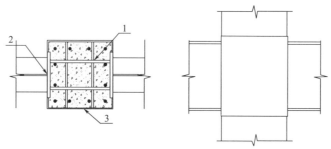

1—井字形腹板；2—钢梁端板；3—钢盒

图 6　带钢盒的改进型 RCS 混合节点形式

第三种新型节点为钢箍构造梁贯通型节点，如图 7 所示。在《高层建筑钢-混凝土混合结构设计规程》CECS 230：2008 和《组合结构设计规范》JGJ 138—2016 梁柱组合节点构造的基础上，提出了钢箍构造梁贯通型节点（专利号：CN202022589840. X）。在工厂将钢箍构造预埋于梁柱连接部位，形成一个整体预制混凝土柱的构造，实现节点的设计。钢箍构造梁贯通型节点＋预制混凝土柱形式既能够实现工厂化生产、质量可控，又可以满足现场干式连接，施工便捷。

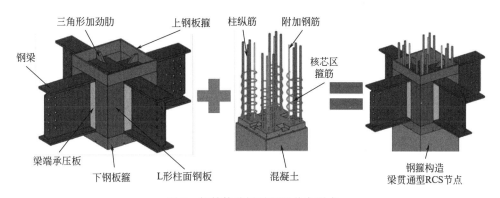

图 7　钢箍构造梁贯通型节点形式

（3）完善了预制预应力叠合板的设计和施工方法

通过高性能混凝土和高强预应力钢筋的使用，并通过新型抗拔不抗剪连接件（图 8）的合理设置，形成了一种免支撑施工跨度大、工业化生产速度快和现场施工效率高的预制预应力叠合板设计方法，弥补了普通预制混凝土叠合板存在的免支撑跨度小、用钢量大和生产效率低等不足，实现了降低楼盖截面高度、减少楼盖自重、提高楼盖刚度和抗震性能的目的；解决了大跨度叠合板组合楼盖负弯矩区混凝土开裂问题。提出了考虑叠合板二次受力效应和负弯矩区局部释放组合作用的计算方法，以及叠合板组合楼盖的综合抗裂设计建议。

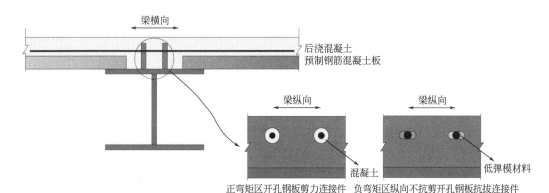

图 8　新型纵向不抗剪开孔钢板抗拔连接件

2. 高层装配式钢管混凝土大框架主次混合结构设计关键技术

（1）首次全面、系统地构建了高层装配式钢管混凝土大框架主次混合建筑结构体系。主结构大框架层高 9～10m，采用装配式钢管混凝土柱＋钢梁＋支撑结构体系（图 9），次结构采用 2～3 层全装配轻型钢结构框架组成。钢梁、钢管混凝土柱、混凝土阳台及楼梯等均可采用工厂预制的方式，在施工现场直接进行安装，建造速度快、生产成本低、节能环保，是比较理想的建筑建造方式。另外，"主结构＋子结构"的建筑结构形式便于实现主结构在全生命周期中内部子结构的任意变换，使得建筑功能具有灵动可变的特点，还能节省建筑改造成本、缩短建筑施工周期，具有极大的便捷性和经济性。

（2）优化了全装配轻型钢结构体系设计方法。构建了在水平向和主结构柱铰接的"弱内框架"次结构装配体系，采用了在次结构柱顶释放竖向刚度的新型铰接节点，显著地减小了次结构梁柱的内力和截面尺寸，便于次结构单元标准化设计和装配化施工，提高了现场施工效率，降低了结构建造成本。

（3）提出了局部楼层采用减震装置的混合大框架结构设计方法。通过对高层装配式钢管混凝土大框

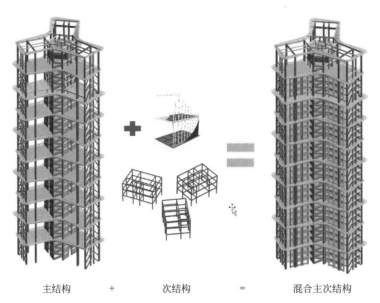

主结构　　＋　　次结构　　＝　　混合主次结构

图 9　装配式钢管混凝土柱＋钢梁＋支撑的主次混合结构体系示意

架混合结构在地震作用下结构体系的变形特点、内力分配关系、塑性发展模式、大震作用下的破坏机制等的分析，提出了局部楼层采用屈曲约束支撑和防屈曲钢板剪力墙等减震装置作为主次混合结构的第一道防线的抗震设防方法，并对主次混合结构屈曲约束支撑的设置进行了优化设计，减小了水平力作用下次结构构件的损伤程度，填补了国内外设计与研究的空白。

（4）发明了一种刚性法兰连接钢管混凝土柱-钢梁外加强环板连接节点，如图 10 所示。这种新型法兰连接节点采用刚性法兰实现钢管混凝土柱-柱连接，采用外加强环板实现钢管混凝土柱-钢梁连接。在节点连接处，上钢管柱与下钢管柱断开，上钢管柱焊接法兰板和加劲肋，下钢管柱焊接加强环板和加劲肋。现场施工时，加强环板与法兰板通过高强度螺栓连接，即可在楼板标高处实现钢管混凝土柱-柱，避免了外钢管的焊接。新型法兰连接节点在同一位置实现了钢管混凝土柱-柱、钢管混凝土柱-钢梁连接，解决了法兰板突出于柱面影响使用空间及建筑美观的问题，且螺栓连接现场施工快速、高效，施工质量容易得以保证，具有很好的实用价值。

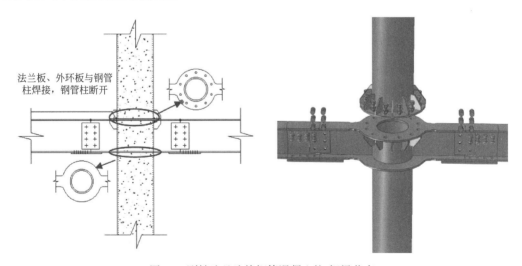

法兰板、外环板与钢管柱焊接，钢管柱断开

图 10　刚性法兰连接钢管混凝土柱-钢梁节点

（5）针对主结构钢管混凝土柱中部受次结构水平侧向力作用的问题，通过试验和理论分析，发现借用已有钢结构柱的方法存在明显的不安全之处，提出了完整的三分点受侧向力和柱中受水平侧向力作用的钢管混凝土柱考虑挠曲二阶效应的分析和设计方法。

（6）针对非比例阻尼混合结构动力反应中的问题，在分析了黏性阻尼模型、复阻尼模型等常用结构内阻尼模型的优缺点的基础上，提出了改进结构内阻尼模型及相应的时域计算方法，依据非比例阻尼混合结构的模态叠加法，并推导了对应的振型分解反应谱法实数表达式。

3. 多高层装配式钢和混凝土混合结构可更换技术及数字化更换关键技术

提出了一种新型结构体系及整体结构抗震分析方法，通过建立高效抗震分析模型，并开展以概率及可靠性理论为基础的结构易损性分析，定量评估整体结构体系的大震倒塌概率与抗倒塌安全储备。以框架-剪力墙/筒体结构为对象，通过规定地震作用下结构的倒塌概率不得超过一定限值（即为一致风险值）进行抗震设计，提出基于"一致倒塌风险"的结构体系抗震设计方法。该方法在保证安全性的前提下，显著提升了结构体系的建筑功能可使用性和造价的经济性。见图11。

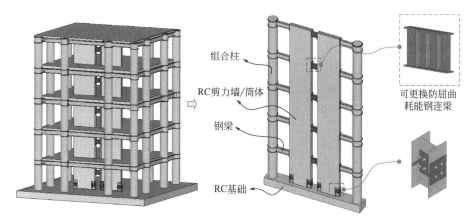

组合柱
RC剪力墙/筒体
钢梁
RC基础
可更换防屈曲耗能钢连梁

图 11 基于高效可更换耗能构件的框架-剪力墙混合结构体系简图

提出了一种新型防屈曲耗能钢连梁，其加劲肋与腹板贴紧不焊接、与翼缘焊接。此种构造与传统构造相比，可有效避免腹板热影响区钢材过早撕裂，充分发挥腹板抗震性能；同时，加劲肋与腹板贴紧不焊接，可大大减少焊接工作量，加快可更换结构更换效率，减少震后对人们生产、生活的影响。见图12。

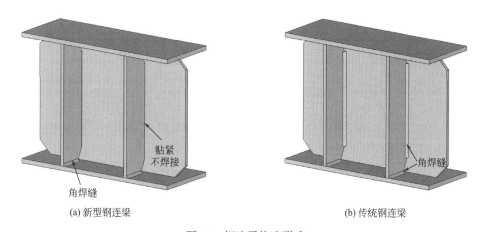

贴紧不焊接
角焊缝

(a) 新型钢连梁

角焊缝

(b) 传统钢连梁

图 12 钢连梁构造形式

提出了两种新型的带可更换钢连梁的联肢剪力墙节点（端板形和U形），与传统埋入式节点相比，新型构造可大大简化节点构造形式；同时，可以节省非更换部件长度，有效利用钢材，具备明显的经济效益。为快速精准更换耗能部件，考虑震后节点塑性变形，结合三维扫描和算法技术，提出适用于工程的更换方法。见图13。

提出了一种基于智能算法与三维激光扫描技术的可更换连梁的精准后制作方法。与传统的人工测量制作方法相比，所提出的方法克服了螺栓孔径测量烦琐、螺栓孔圆心定位困难等问题，可快速获取震后

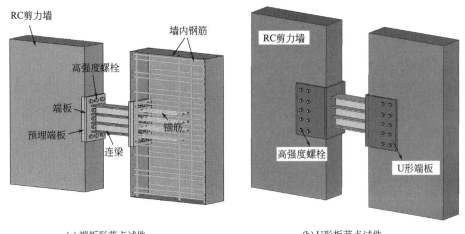

(a) 端板形节点试件　　　　　　　　　(b) U形板节点试件

图 13　新型节点试件示意图

螺栓孔群的位置及尺寸信息，实现高效、精准的可更换连梁自动化出图，降低了人力成本并提升了经济效益。见图 14。

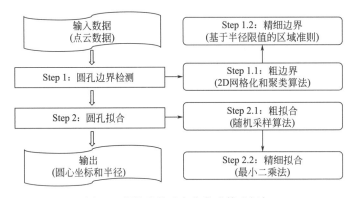

图 14　螺栓孔精准定位集成算法框架

四、发现、发明及创新点

1. 建立了工业化建筑一体化、标准化系统集成设计方法

针对装配式钢和混凝土混合结构，建立了工业化建筑一体化、标准化系统集成设计方法，通过建筑系统的标准化、模块化设计，解决了与主体结构系统、建筑设备系统和内装系统协同设计问题；同时，为主体结构平面布置及其部品部件的标准化设计、工业化生产、装配化施工提供了可复制推广的设计方法。

2. 提出了多层装配式钢和混凝土混合框架结构及组合楼盖设计方法

提出了装配式钢和混凝土混合框架结构中采用的预制混凝土柱-钢梁干式连接节点设计技术，实现了新型钢节点＋混凝土柱一体化预制生产和钢梁-预制混凝土的干式连接，提升了装配式钢和混凝土混合框架结构建造效率及降低了工程建造成本；提出了一种免支撑施工跨度大、工业化生产速度快和现场施工效率高的预制预应力叠合板设计方法，结合新型抗拔不抗剪连接件的使用和叠合板二次受力效应及负弯矩区局部释放组合作用的计算方法，解决大跨度叠合板组合楼盖负弯矩区混凝土的开裂问题。

3. 提出了高层混合主次结构连接、抗震设防方法和次结构设计方法

提出了局部楼层采用减震装置的混合大框架结构设计方法及钢管混凝土柱考虑柱中侧向力作用的挠曲二阶效应分析方法；提出了全装配"弱内框架"次结构优化设计方法，采用了在次结构柱顶释放竖向

刚度的新型铰接节点，显著地减小了次结构梁柱的截面尺寸，便于次结构单元标准化设计和装配化施工。研发了一种刚性法兰连接钢管混凝土柱-钢梁外加强环板连接节点，实现了钢管混凝土柱-柱、钢管混凝土柱-钢梁的干式连接；同时，解决了法兰板突出柱面而影响使用空间及建筑美观的问题，并且螺栓连接现场施工快速、高效，施工质量容易得以保证，具有很好的实用价值。

4. 提出了新型结构体系及整体结构抗震分析方法

提出了新型结构体系及整体结构抗震分析方法，实现了整体结构分析中准确性和高效性的兼顾；以结构倒塌风险控制作为唯一的罕遇地震设计要求的抗震设计理念，并以常用的框架-剪力墙/筒体结构为基础，提出了结构体系的新型抗震设计方法；以大震倒塌概率和抗倒塌安全储备为依据，针对具有不同特征的结构体系；提出相应的抗震设计方法，实现了结构抗震设计的稳定性和可靠性。提出的新型防屈曲耗能钢连梁加劲肋与腹板贴紧不焊接，可节省 60% 以上的焊缝；可充分发挥腹板抗剪性能，避免由于焊接热影响区引起的应力集中；提出了基于智能算法与三维激光扫描技术的可更换连梁的精准后制作方法，明确了扫描角度、扫描分辨率及扫描距离等参数对螺栓孔尺寸估计的影响，并提出了扫描参数取值建议。结合 CAD 二次开发技术，实现了可更换连梁的自动化出图。

五、与当前国内外同类研究、同类技术的综合比较

1. 装配式钢和混凝土混合结构建筑设计关键技术

当前国内外对装配整体式混凝土框架结构和钢-混凝土组合框架结构体系的研究主要集中在节点和构件层次，而对装配式钢和混凝土混合结构结构建筑的系统集成设计研究甚少：

（1）国内外学者对组合结构梁柱节点研究得较为深入，但存在以下问题：

① 节点形式多为湿式连接，这将导致现场施工效率降低，难以满足部分项目的生产进度要求；

② 部分节点构造复杂，难以实现节点与预制柱的一体化生产。

（2）欧美等国家对组合结构体系也进行了研究。但采用系统集成的设计方法对结构系统与围护系统、内装系统和机电系统的装配式结构建筑系统性研究却未见报道。

本研究从装配式钢和混凝土混合结构结构建筑体系的系统建构及结构构件（预制混凝土柱、型钢组合梁、预制叠合板等）、梁柱节点构造和梁板节点构造等方面开展，在国内外几乎为零。本研究具有国内外领先性。

2. 装配式钢和混凝土混合主次结构设计关键技术

（1）对高层装配式钢和混凝土混合结构体系建筑的结构系统、围护系统、机电系统和内装系统进行系统性的分析研究和设计，全面、系统地构建了高层装配式钢和混凝土混合结构体系建筑，本研究具有创新性。

（2）国内外均未对本研究所建议的主次混合结构体系及其连接方式做过系统和深入的研究，本研究具有创新性。

（3）减震技术在装配式钢和混凝土组合主次结构设计关键技术的成功应用目前在国内外均未有实施。

3. 多高层装配式钢和混凝土混合结构可更换技术及数字化更换关键技术

（1）与传统的框架-剪力墙/筒体结构抗震设计方法相比，基于"一致倒塌风险"的混合抗震设计方法，材料成本降低约 10%～20%，建筑使用功能显著提高；

（2）与传统焊接钢连梁相比，新型防屈曲耗能钢连梁加劲肋与腹板贴紧不焊接，可节省 60% 以上焊缝，在提高经济效益的同时可缩短耗能部件加工时间，便于震后快速恢复结构使用功能；带可更换钢连梁的联肢剪力墙新型节点，保证可更换性；

（3）采用高效数字化精准后制作技术，提高了可更换连梁的制作效率及制作精度，降低人工成本约 80%～90%。

本项目与国内外同类技术的比较见表1。

本项目与国内外同类技术的比较

表 1

关键技术	本项目技术	国内外技术	本项目水平	
新型结构体系及整体分析方法	非线性有限元高效建模与计算技术	有相关技术,国内外技术开发热点	拓展	国际先进
	结构体系抗地震倒塌性能评价方法	有相关技术,定量评价指标不全面	拓展	国际先进
	新型混合结构体系的抗震设计方法	无系统抗震设计方法研究	首创	国际领先
构件、节点及其分析方法和设计理论	新型防屈曲耗能连梁	无系统分析方法和承载力计算理论	首创	国际领先
	带可更换钢连梁的联肢剪力墙节点	无系统分析方法和承载力计算理论	首创	国际领先
关键可更换部件数字化更换	基于点云数据和算法的精准后制作技术	无相关技术	首创	国际领先

六、第三方评价、应用推广情况

1. 第三方评价

2021 年 3 月 8 日,北京中科创势科技成果评价中心组织对课题成果进行鉴定。专家组一致认为,该项成果达到国际领先水平。

2. 推广应用

本技术成果已应用于坪山三校项目(实验学校南校区二期、竹坑学校、锦龙学校)、实验学校扩建工程设计施工一体化项目、第二中学扩建工程项目、长圳公共住房项目 6 号楼、湖州市建筑工业化 PC 构件生产基地项目研发中心和综合楼 B 区、D 区和 E 区、第十三届中国(徐州)国际园林博览会场馆主题酒店、宜兴市光明小镇项目 H 地块商业建筑。项目总建筑面积约 37 万 m²。

七、社会效益

针对装配式钢和混凝土混合框架结构建筑体系,研究了建筑系统构成、结构体系、结构构件和关键梁柱连接节点,对于发展装配式钢和混凝土混合框架结构建筑体系具有很有的现实指导意义;其研究成果对建筑功能分区稳定、平面规则及便于进行标准化设计的多层、高层、大跨度公共建筑具有同样的适用性,如医院和研发办公楼等。应用本项目的研究成果,在较短时间内解决了各地学位紧张问题。通过工程示范,也让社会对装配式建筑有了更多了解,对推动装配式建筑的发展具有积极作用,取得了显著的社会效益。

工业固废大掺量制备装配式预制结构构件关键技术及应用

完成单位： 中建科技集团有限公司、东北大学、上海市建筑科学研究院有限公司、深圳大学、中建西部建设股份有限公司、中国建筑东北设计研究院有限公司、建华建材（中国）有限公司、宝武集团环境资源科技有限公司、辽宁壹立方砂业有限责任公司、沈阳工业大学

完成人： 顾晓薇、王　浩、李张苗、於林锋、崔宏志、高育欣、李晓慧、张信龙、钟志强、王林、张　雁、张双成、刘剑平、樊俊江、张伟峰

一、立项背景

近年来，我国建筑行业对混凝土及其制品需求总量巨大。由于天然砂限制开采政策的实施，我国一半以上的地区都出现了天然砂石骨料资源严重短缺的状况。而装配式建筑可以提高生产效率且绿色、环保。因此，研究利用铁尾矿废石等工业固废替代混凝土中的天然材料，实现工业固废大掺量制备预制结构构件技术与应用势在必行。本研究需要解决的主要难题包括：

（1）尾矿废石骨料难以实现完全替代天然砂石骨料。

（2）钢渣粉安定性问题和制备高品质掺合料的要求。

（3）铁尾矿废石混凝土界面微结构认识深度和系统性不足。

（4）固废制备建筑材料缺少相关标准和规范。

（5）"双产"融合推广模式仍需探索。

围绕以上难点问题，课题组开展关键理论研究、工艺方法创新和工程示范的应用与推广。

二、详细科学技术内容

1. 铁尾矿废石高效转化制备高性能骨料的技术集成与示范

创新成果一：首次建立了铁尾矿废石机制骨料母矿优选技术指标体系。

选用不同种类的尾矿/废石，在相同工艺下制备不同规格骨料，测试分析铁尾矿废石母矿性能对机制砂石性能的影响规律，形成适宜的尾矿/废石母矿优选技术方法。见图1。

图1　不同种类的尾矿、废石母矿性能测试结果

创新成果二：开发了高强低吸水率铁尾矿废石粗骨料和低石粉含量铁尾矿废石细骨料产品。

通过采用吸水率作为优选指标，达到铁尾矿废石的优选目的。优选后的铁尾矿废石通过破碎，开发出高强低吸水率铁尾矿废石粗骨料和低石粉含量铁尾矿废石机制砂产品。见图2。

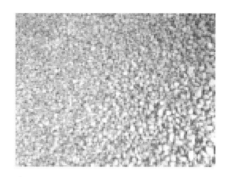

图 2　尾矿、废石高性能骨料产品

创新成果三：开发出铁尾矿废石高效转化制备高性能骨料生产工艺，成功解决了铁尾矿废石机制骨料 100％取代普通碎石和天然砂用于制备装配式预制结构构件的技术难题。

开发出铁尾矿废石高效转化制备高性能骨料生产工艺，建设国内第一条铁尾矿废石高效转化制备高性能骨料生产线，成功解决了铁尾矿废石机制骨料颗粒不规整等对混凝土拌合物性能带来的不利影响，成功解决了铁尾矿废石机制骨料用于制备预制结构构件的技术难题。见图 3。

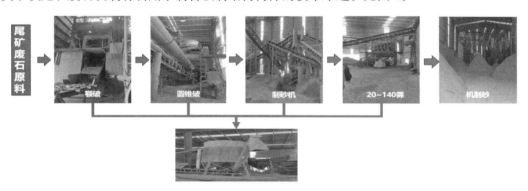

图 3　尾矿、废石制备高性能骨料生产流程

2. 钢渣稳定化处理工艺与胶凝性协调提升技术

创新成果一：首次研发了金属铁含量小于 2％、游离氧化钙含量小于 3％的滚筒法钢渣预处理技术和超细钢渣粉制备技术。

对钢渣一次处理工艺进行了改造升级，率先采用了滚筒法钢渣处理技术。此外，解决了钢渣残余金属高效分离、体积稳定性与胶凝性协调提升问题。见图 4。

图 4　钢渣超细粉磨制备技术、生产工艺及生产线

创新成果二：率先开发了 1d 蒸养活性指数大于 120％、3d 蒸养活性指数大于 130％、平均粒径小于 10μm 且在水泥基材料中具有良好分散性的高品质钢渣复合掺和料产品。

通过钢渣粉与粉煤灰、矿粉、工业副产石膏的多元复合配伍，综合采用高效改性激发、超细化加工和表面能调控技术，率先开发了1d蒸养活性指数121％、3d蒸养活性指数134％、分散性良好的高品质钢渣-矿渣复合掺合料新产品。见图5。

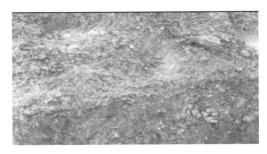

图5　钢渣-矿渣复合掺产品

创新成果三：首次将钢渣复合掺合料用于热养护装配式结构构件的生产。

在国际上首次将钢渣复合掺合料的高温活化优势用于热养护装配式结构构件的生产，在攻克钢渣安全、高附加值资源化利用难题的同时，实现了装配式结构构件性能、生产效率与经济效益的协同提升。见图6。

图6　掺合料热养护试验及用于装配式混凝土叠合板的生产

3. 铁尾矿废石大掺量制备装配式预制结构构件技术

创新成果一：率先对铁尾矿废石骨料-胶凝材料基体界面微观力学数据建立二维高斯混合模型并用期望最大化算法解析参数，提高界面水化产物物相判别的可靠性。

通过对铁尾矿废石骨料-胶凝材料基体形成的界面微观结构，使用统计纳米压痕技术进行界面微观尺度结构的大量力学性能数据（即压痕模量和硬度）的获取，并使用期望最大化算法对界面力学性能数据建立的二维高斯混合模型进行两个参数（压痕和硬度）及一个隐藏参数（水化产物物相）进行解析，提高了微观力学性能特征进行界面水化物相判别的可靠性。

创新成果二：结合先进微观表征技术，对铁尾矿废石骨料混凝土界面微观结构进行理化性能分别，揭示界面形成微观机理。

结合纳米压痕等试验结果，进而量化分析铁尾矿废石骨料混凝土界面与普通骨料混凝土界面水化产物分布的差异，并提出了铁尾矿废石骨料混凝土界面水化产物微观力学特征随机分布的参数化模型，揭示了界面过渡区高密度C-S-H凝胶对铁尾矿废石混凝土流动性和需水量的影响机制。

创新成果三：提出了基于聚合物改性界面过渡区的铁尾矿废石骨料混凝土预制结构构件生产质量保障方法。

由于铁尾矿废石骨料高重度沉降问题导致预制构件性能产生波动，据此提出了基于聚合物改性界面过渡区的铁尾矿骨料混凝土预制构件生产质量保障方法，揭示了聚合物改性对铁尾矿骨料混凝土性能的作用规律，实现了铁尾矿骨料混凝土预制构件在力学性能和耐久性能不降低条件下抗裂性能的提升。见图7。

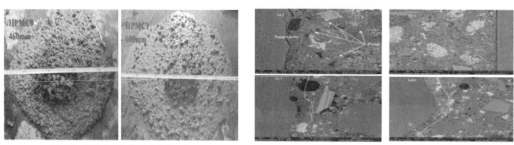

聚合物改性后工作性能变化情况　　　　　　　　聚合物改性后界面过渡区变化情况

图 7　聚合物改性铁尾矿骨料混凝土工作性能及界面过渡区变化情况

4. 预制构件产品质量安全与环境标准评价体系

创新成果一：结合工业固废大掺量、多品种复合制备装配式预制构件的产业特性，完整提出了工业固废生产预制构件需要严格控制的技术指标体系。

针对大掺量固废预制构件生产、储运与装配各环节质量安全控制需求，探明预制构件在生产、储运、装配全过程的安全风险因素，形成预制构件生产质量保障关键控制技术，构建大掺量固废预制构件生产质量安全评价体系。见图 8。

固废混凝土布料、施工及养护　　　　　　　　固废构件拆模、修补及存放

图 8　固废混凝土构件布料、施工、养护、拆模、修补及存放

创新成果二：在国内外首次提出《固体废物资源化产品环境风险评价技术规范 混凝土预制构件》标准。

标准针对固体废物结构构件室内应用、室外应用及废弃后堆存或填埋等不同暴露场景建立了环境风险评价和人体健康风险评价模型，并明确了风险评价的总体要求及评价流程，可为固体废物资源化产品环境风险评价提供技术支撑。见图 9。

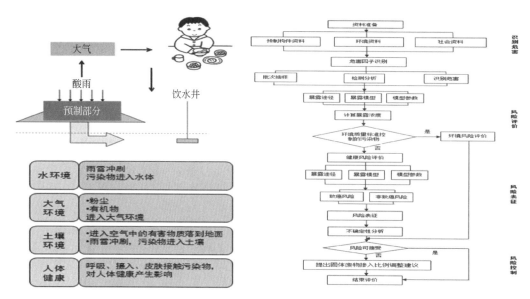

图 9　固废预制构件暴露途径及评价流程

5. 基于大宗工业固废制备装配式构件的工厂建设技术、施工技术和示范推广模式

创新成果一：率先突破工业固废装配式预制结构构件在超高层建筑上的设计、生产和施工全产业链集成应用技术，在国内外首次实现固废综合掺量达 77.2% 的装配式预制结构构件应用于 129.9m 的超高层建筑。见图 10。

图 10　示范工程效果图及施工现场

创新成果二：系统研究工业固废大掺量制备装配式预制结构构件产业化应用中的环境、安全关键技术，编制了全国第一部工业固废大掺量制备装配式预制结构构件全套施工质量控制指南。

创新成果三：首创"固废堆场、构件工厂、装配现场"的"三场同城"产业化推广模式，并在大沈阳经济区打造了国内外首个"装配式建筑产业""固废资源化产业"的"双产融合"示范基地，并成功实现大规模工程的示范应用。

三、发现、发明及创新点

（1）首次建立铁尾矿废石机制骨料母矿优选技术指标体系，建设国内第一条高性能骨料生产线，成功解决了铁尾矿废石机制骨料 100% 取代普通碎石和天然砂用于制备装配式预制结构构件技术难题。

（2）首次开发了 1d 蒸养活性指数大于 120%、3d 蒸养活性指数大于 130%、平均粒径小于 $10\mu m$ 且在水泥基材料中具有良好分散性的高品质钢渣复合掺合料产品，实现了装配式预制结构构件性能、生产效率与经济效益的协同提升。

（3）首次建立了铁尾矿废石混凝土界面水化产物微观力学特征随机分布的参数化模型，提出了基于聚合物改性界面过渡区的铁尾矿废石骨料混凝土预制结构构件生产质量保障方法，揭示了聚合物改性对铁尾矿废石骨料混凝土流变性能、力学性能、耐久性能和抗裂性能的作用规律，解决了铁尾矿废石骨料高重度沉降问题导致的预制结构构件性能波动问题。

（4）首次结合工业固废大掺量、多品种复合制备装配式预制结构构件的产业特性，完整提出了工业固废进入预制混凝土构件工厂需要严格控制的技术指标体系。

（5）率先突破工业固废装配式预制结构构件在超高层建筑上的设计、生产和施工全产业链集成应用技术；编制了全国第一部工业固废大掺量制备装配式预制结构构件全套施工质量控制指南；首创"固废堆场、构件工厂、装配现场"的"三场同城"产业化推广模式。

（6）在项目研究过程中形成了标准 5 项，专利 34 项，发表论文 41 篇，国家级工法 5 项。

四、与当前国内外同类研究、同类技术的综合比较

较国内外同类研究、技术的先进性在于以下五点：

（1）现有关于铁矿废石在混凝土中的应用研究仍没有解决骨料吸水率高、胶凝材料与骨料界面粘结性能差等问题，也并未实现铁尾矿机制骨料 100% 取代天然骨料。本研究开发的基于优选技术指标体系的铁尾矿废石机制骨料生产工艺及生产线，未见国内外同类生产线。

（2）现有关于钢渣粉制备混凝土的研究主要围绕钢渣作为掺合料以及复合掺合料在混凝土中的应用，仍未实现 3d 蒸养活性指数大于 130%、平均粒径小于 $10\mu m$、分散性强的高品质钢渣基复合掺合

料，仍未实现钢渣粉作为掺合料比例达到 50％的水泥替换量。本研究开发的滚筒法钢渣预处理技术和超细钢渣粉制备技术为国际首创。

（3）现有关于铁尾砂作为骨料制备混凝土研究主要围绕铁尾矿作为一种骨料在混凝土中的应用，未对铁尾矿骨料界面过渡区微观力学进行表征，也未讨论颗粒表面形貌对水化产物的影响。本研究建立的铁尾矿废石混凝土界面水化产物微观力学特征随机分布的参数化模型成功表征了铁尾矿废石矿物组成及破碎工艺与表面纹理及附着物质的定量关系，揭示了界面过渡区高密度 C-S-H 凝胶对铁尾矿废石混凝土流动性和需水量的影响机制，提出了聚合物改性界面过渡区增强技术。

（4）现有关于工业固废在混凝土中的应用研究主要围绕工业固废对混凝土性能的影响；关于工业固废的理化特性及综合应用的研究主要围绕工业固废的理化特性以及对水泥基制品力学性能的研究，但本研究给出了工业固废用于预制构件生产中的技术指标和安全分析；关于固体废弃物资源化环境安全评价固体废弃物资源化过程中污染物的迁移转化规律，只涵盖了环境保护的相关内容，但本研究明确了固体废弃物在预制构件行业中相关技术指标。本研究编制的《固体废物资源化产品环境风险评价技术规范 混凝土预制构件》协会标准属我国行业内首创。

（5）本研究实现了我国首个固废综合大掺量装配式预制构件在超高层建筑中的应用，固废综合掺量达 77.2％，建筑总高度 129m。

本技术通过国内外查新，查新结果为：在所检国内外文献范围内，未见有相同报道。

五、第三方评价、应用推广情况

1. 第三方评价

2022 年 5 月，中科合创（北京）科技成果评价中心组织由 6 位院士组成的专家委员会，对该项目成果进行科技成果鉴定评价，评价结果为成果达到国际领先水平。

2. 推广应用

（1）华润·瑞府 E 号楼（中建东北院总部基地）；

（2）北京通州新城 0204 街区 T00-0024-0006 地块 R2 二类居住用地项目一标段；

（3）北京市通州区永顺镇 TZ-0104-6002 地块 F1 住宅混合公建用地、TZ-0104-6001 地块 A33 基础教育用地工程项目；

（4）沈阳月星国际城 B_1 期项目；

（5）沈阳月星国际城 B_2 期项目。

上述 5 个项目，总建筑面积为 600756.2m²，成果应用后实现新增产值 111054.14 万元，新增利润 4321.04 万元。

六、社会效益

本项目重点研究大宗工业固废大掺量制备装配式预制构件关键难点技术，实现了固废堆场、构件工厂、工程现场的"三场同城"，加快固废资源化产业、建筑产业结构优化升级和新旧动能转换，符合国家战略发展需求，是推进资源全面节约和资源循环利用，建设绿色矿山，提高生态环境保护，助力"碳达峰、碳中和"的重要举措。项目成果实现了辽宁典型难处置大宗工业固废铁尾矿废石在建筑材料中的大掺量、绿色低碳、高效高值应用，推动了装配式建筑产业和固废资源化产业的深度融合。项目成果推广后，将有力推进形成多途径、高附加值的综合利用发展新格局，推动大宗工业固废综合利用产业发展，全面服务于装配式预制构件技术领域的新旧动能转换，实现我国大宗工业固废由"低效、低值、分散利用"向"高效、高值、规模利用"的转变，带动资源综合利用水平的全面提升，推动经济高质量的可持续发展。

二等奖

大型游乐工程建造关键技术

完成单位： 中国建筑第二工程局有限公司、中建二局安装工程有限公司、中建二局装饰工程有限公司、同济大学

完 成 人： 王永生、范玉峰、杨瑞增、张法荣、贾学军、方自强、王彦博、王　贺、张劲华、陈静涛

一、立项背景

国务院颁布的《文化产业振兴规划》将文化产业上升为国家战略性产业，明确提出"加快建设具有自有知识产权、科技含量高的主题公园"。随着我国经济快速发展，居民可支配收入的持续增长，2019年，我国国内旅游收入 6.63 万亿元，我国正在逐步进入大型主题公园文化娱乐消费最快增长阶段，日渐崛起成为世界上的首要主题公园市场。

以两个世界级大型主题公园工程——上海迪士尼乐园、北京环球影城主题乐园项目为研究主体。新时期大型主题乐园更加注重游客的"沉浸式"体验，需要将特效、科技元素以及人们所熟知的文化元素，都结合到公园的主题建设中，真实还原电影的场景。因此，在主题公园的建造中，存在建设无经验可依、景观建（构）筑物艺术效果呈现不理想等难题。因此，我公司创新总结出文旅项目大型游乐工程建造成套关键技术，对于大型游乐工程类项目的建造施工可以起到指导和借鉴作用。

二、详细科学技术内容

1. 基于创意概念的数字化建造及 3D 打印技术

以主题公园中大型塑石假山、锥形建筑物，以及奶昔杯、主题栏杆等复杂异形部品部件为例，如何在无施工图而只有一张概念图的情况下将其转变为实体，设计难度大且单体存在众多专业交叉，需要进行大量的深化设计工作，利用数字化设计提升至关重要。

（1）始于创意概念图的精准设计及多维分析技术

研发了异形轮廓全过程数字化深化设计技术、基于 BIM 的多专业综合优化及碰撞分析技术，实现了始于创意概念图的精准设计及多专业协同设计。

发明了一种异形假山全过程数字化深化设计方法。通过数字雕刻实现三维模型精细化设计，精度可达单位面积细分面数 15000 个/m² 以上。将轮廓表皮分割为正面投影面积 2m×2m（可根据需要调整）的网片单元（图 1a），从而完成异形轮廓的精准设计。

多专业综合优化及碰撞分析技术。基于 BIM 技术完成泛光照明、音响、防坠、水景系统等多专业设计，发明了基于 BIM 的假山防坠落系统等设计方法。并协同与表皮、钢结构骨架、机电系统、游艺设备等进行碰撞分析（图 1b），实现了多专业系统的完美协同。

（2）基于 3D 扫描和 BIM 的大型异形景观装饰构件建造技术

解决了侏罗纪冒险世界的锥形建筑物直径 30m，高度 28m 锥形屋面的建设难题，发明了一种锥形景观建筑物及其施工方法。采用装配式装饰装修的理念，通过 3D 扫描技术初步构建主体结构（图 2），屋面分块成 6 个弧形的锥形体（长 11.5m，高 23.5m），发明了一种钢结构屋面设备支撑体系及施工方法。提高了超大型 FRP 构件的安装精度（±1cm）。实现了其他大型异形结构拓展应用，发明了一种奶昔杯状景观装饰构件及其施工方法、一种大型景观建筑物的金属穹顶屋面及其施工方法。

(a) 表皮网片分割与编号　　　　　　　　　(b) 过山车包络线碰撞检验模型

图 1　基于 3D 扫描的异形轮廓精准模型设计技术和基于 BIM 的多专业碰撞分析

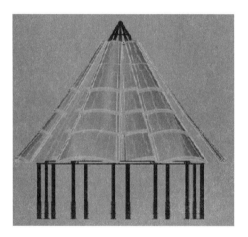
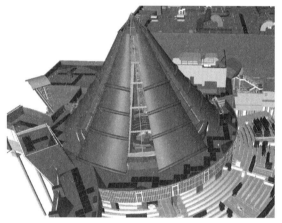

图 2　基于 3D 扫描和 BIM 技术的超大型 FRP 构件设计及建造

（3）基于 3D 打印的复杂装饰构件制作技术

创新使用了具有极强的可塑性的 GRC（玻璃纤维增强水泥）、FRP、MRC（玻璃纤维增强镁混凝土）等材料，可实现仿木纹、仿石材、仿砖装饰效果，还实现了绿色环保及节能。发明了基于 BIM 和 3D 打印技术装饰构件设计方法及制作装置，实现了复杂装饰构件的高效、精细化生产，将主题预制构件成本综合降低 15%～20%。

2. 大型乐园山景建造与穿山通行安全保障技术

大型主题乐园的山景（山体高度可达 8 万 m²，表面千沟万壑，异形钢构件总数 9400 多件，各异的表皮钢筋网片 3000 余片），不仅要满足建筑设计规范，还需要通过创新的建造技术与艺术创作相结合，才能实现还原和复杂的主题造型。同时，在山景之中，游乐设施穿山而过，保障游客在穿山通行中的安全，对建设者提出了极高的要求。

（1）大型空间山体异形钢结构骨架模块化建造技术

研发了大型空间异形钢结构骨架模块化建造技术，实现了山体异形钢结构构件（9400 余件）的高效建造。发明了模块化施工方法及相关装置，合理划分 400 余组空间吊装单元，控制吊装应力 0.2MPa以内、变形不超 10mm。优化构件模块化拼装及吊装工序，发明了高空作业阶梯式操作平台及施工方法和一种设置在桁架下弦上的高空操作平台及施工方法，减少 70% 的高空焊接量与作业量，缩短 50% 工期，实现复杂钢构件数字化、模块化装配。见图 3。

（2）复杂山景覆面智能建造技术

大型乐园山体覆面总面积超 8 万 m²，由形态各异的 10 万根钢筋组成的 3000 片三维钢筋，为解决

48

(a) 钢结构数字化模型　　　　　　　　　　　　　　　　(b) 模块化分区

图 3　大型空间异形钢结构骨架模块化建造技术

异形钢筋及钢筋网片的高效生产、加工、储存、运输以及精准安装定位等难题，提出了异形三维钢筋网片数字化建造及精准安装技术。研发形成两项省部级工法：钢支架假山薄壳施工工法、塑石假山三维钢筋网片数字化施工工法。

确保封装工序的可靠，奠定主题雕刻及上色基础，提出了异形体态封装精益建造技术。创新研发结构砂浆精益喷涂及粘结工艺：将粘结力提高 3 倍；提高抗裂性能，减少裂缝超 90%；研制具缓凝效果和高强度的雕刻砂浆，预留 4h 的雕刻时间，而且凝固后强度达 30MPa。创新研发砂浆表面高效泛碱处理工艺：有效将泛碱问题发生率降低 95%，将泛碱处理时长由 28d 缩短至 7d。研发形成 1 项省部级工法：异形混凝土结构喷塑施工工法。

（3）穿山游乐设备安全通行及检测技术

主题公园的骑乘游艺设施运行速度快，路线与周围复杂的环境大量交汇，研发了安全通行数字化模拟技术及安全通行检测装置及测试技术（图 4）。发明了一种悬挂式过山车安全包络线检测装置和一种轨道式过山车安全包络线检测装置。

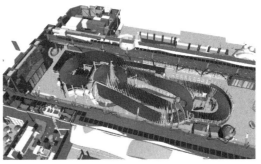

图 4　BIM 数字化技术模拟游乐设备运行

3. 主题景观创意营造创新技术

在主题乐园"沉浸式娱乐"的组成部分中，包含水、石、树、木等绿化生态景观、体现年代感的艺术类装饰面以及视觉冲击上的游艺情境，复杂主题元素承载着乐园主题氛围营造，实现主题景观的精益营造，还原一个真实主题世界，对于现场实施提出了巨大的挑战。

（1）绿色生态景观打造技术

提出了苗木数字化规划与精细化定位技术、新型绿色环保结构土技术和水资源内外双循环系统，实现了契合主题的绿色生态景观打造技术。

苗木数字化规划与精细化定位，发明了一种深层管线末端精确定位装置及施工方法，并对所有的树球与总体范围内的所有机电管线、基础等构筑物进行碰撞检验，实现了大体量种植点位（2 万余株）与其他专业零冲突。最终，实现了99%的苗木存活率。

新型绿色环保结构土技术：研发了一种新型环保绿化用结构土施工方法和一种新型树池结构，据此建立渗透式雨水收集体系；并依托再生水循环系统，实现水资源内外双循环，完成27亿升水的循环利用。

（2）主题景观艺术上色及做旧技术

高效显影剥离喷绘技术，创新采用可剥离涂料、辅以环氧胶泥，通过大型机械喷涂进行高速上色，实现大型主题图案的高效绘制。创新了一种大型主题彩绘激光刻绘技术，利用软膜辅助彩绘主题上色，突破了上色时轮廓线的限制，提高上色质量，节省工期约75%。

研发形成1项省部级工法：主题做旧关键工艺艺术做旧的施工工法，实现了手工处理、喷砂、碳烧、打磨、环氧雕刻、上色等工艺的综合运用。木材、金属进行做旧工艺效果完美表达主题意境，还具有耐磨、防滑、抗冻、不易起毛、高强度、耐冲击、色彩丰富等特点。

（3）主题游艺情境施工工艺创新技术

曲线超平耐磨混凝土地面、水道的施工技术。长度接近500m的混凝土耐磨地面，创新应用了连续式和间歇式膨胀加强带实现优化（图5）。同时，发明了一种曲线形超平地面可调节模板支撑连接结构及其施工方法，实现平整度一次达到ASTM E1155M标准（满足沿任一条测量线300mm的两点间标高差不超过0.8mm）。

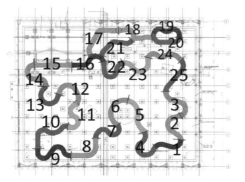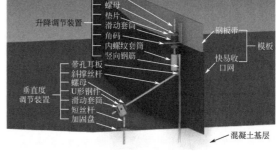

（a）混凝土分段施工　　　　　　　　　　（b）曲线形可调节模板系统

图5　曲线超平耐磨混凝土地面施工

超大超高超平整弧形3D裸眼投影幕墙施工技术。发明了基于BIM技术的轻钢龙骨设计方法及装置和吊顶龙骨与双层施工平台一体化结构及其制作方法。为解决隔墙体系的防火性能差，发明了一种隔墙与屋面连接处的防火封堵装置及施工方法。为解决超大、超高弧形（高18m，弧长32m，单个最大面积402.5m²）石膏墙体易开裂、光滑度不足的难题，发明了一种均匀抹灰装置及施工方法，平整度达到2mm/6m的精度，满足了高清晰投影无接缝墙体的要求。

大型超高球形投影幕墙精准安装技术。研发形成1项省部级工法：超大球形屏幕安装工法。解决大型球形（直径24m）投影幕墙高精度安装、屏幕形状不规则、易损坏等难题。

三、发现、发明及创新点

1. 基于创意概念的数字化建造及3D打印技术

（1）研发了异形轮廓全过程数字化深化设计技术、基于BIM的多专业综合优化及碰撞分析技术，实现了始于创意概念图的精准设计及多专业协同设计；

（2）研发了基于3D扫描和BIM的超大型异形景观装饰构件建造技术，实现了大型异形部品部件的高效建造；

（3）研发了基于3D打印的复杂装饰构件制作技术，实现了复杂装饰构件的高效、精细化生产。

2. 大型乐园山景建造与穿山通行保障技术

（1）研发了大型空间异形钢结构骨架模块化建造技术，实现了山体异形钢结构构件（9400 余件）的高效建造；

（2）研发了异形三维钢筋网片数字化建造及精准安装技术、特殊砂浆精益喷涂及粘结工艺、砂浆表面高效泛碱处理工艺，实现了复杂山景覆面的精益建造；

（3）研发了安全通行数字化模拟技术、安全通行检测装置及测试技术，保障了游客穿山通行的安全。

3. 主题景观创意营造创新技术

（1）提出了苗木数字化规划与精细化定位技术、新型绿色环保结构土技术和水资源内外双循环系统，实现了契合主题的绿色生态景观打造技术；

（2）提出了高效显影剥离喷绘、激光刻绘、做题做旧工艺艺术做旧等技术，集成了主题景观艺术上色及做旧工艺，以工匠精神塑造了主题景观元素；

（3）研发了曲线超平耐磨混凝土地面、水道的施工技术，以及大型裸眼 3D 投影幕墙施工技术，为主题游艺情境的实现提供了支撑。

4. 项目成果

获授权发明专利 18 项、实用新型专利 47 项、省部级工法 5 项、软件著作权 10 项；参编专著 1 本，编制标准 1 部，发表论文 30 篇（SCI 检索 5 篇）。

四、与当前国内外同类研究、同类技术的综合比较

较国内外同类研究、技术的先进性在于以下六点：

（1）复杂山体钢结构模块化建造技术，模块化吊装，适用于吊装异形不规则、三维模块，节约工期超 50%；

（2）复杂山景覆面智能建造，实现钢筋自动化双向弯曲、投影仪校正（需 1min）；砂浆表面泛碱发生率降低 95%，泛碱处理时长缩短至 7d；

（3）穿山通行安全及保障技术，采用 BIM 包络线分析、VR 模拟以及安全包络线检测装置，成本低，效果好，在设计阶段就解决了通行安全问题；

（4）主题上色技术，创新形成了显影剥离和激光刻绘技术，突破人工限制，效率高（节省工期约 75%）、成本低；

（5）曲线超平耐磨混凝土地面、水道，创新形成了曲线可调节模板技术：实现了 300mm 范围内小于 0.8mm 的平整度控制精度，且不受作业空间大小限制；

（6）大型裸眼 3D 投影幕墙建造技术，可适用于规模大（高 18m、弧长 32m）、弧度大（半径 28m，145°）的投影幕墙，平整度控制精度达到 2mm/6m。

本技术通过国内外查新，查新结果为：在所检国内外文献范围内，未见有相同报道。

五、第三方评价、应用推广情况

1. 第三方评价

2021 年 7 月 29 日，中建集团组织对课题成果进行鉴定，专家组认为该项成果总体达到国际先进水平。

2. 推广应用

本技术应用于上海迪士尼乐园、北京环球影城项目，有效地支撑了大型游乐工程的高质量、高效建造，工程先后获得"詹天佑奖""鲁班奖""中国钢结构金奖"、住房和城乡建设部"绿色施工科技示范工程"等多项荣誉。

该成果具有良好的可复制和可推广性，助力浙江山水六旗主题乐园、海南海花岛世界童话主题乐园、合肥万达文化旅游城等 10 余项工程的建造。

六、社会效益

上海迪士尼开园后，每年接待游客超过 1100 万人次，多年为国内接待游客最多的主题公园。年均拉动上海 GDP0.15 个百分点，年均拉动就业超过 2 万人次。北京环球影城一周年迎客 1380 万人次。

项目先后接待了上海市、北京市政府领导及社会企业、学术协会等观摩数十次，《光明日报》、央广网、《中国建设报》《中国青年报》等多家媒体竞相报道。在 2020 年"中国国际服务贸易交易会"期间，以《大型文旅项目主题公园场景营造技术与实践》为主题作专题报告，获得了国内外与会人员的广泛好评。打造中华文化的文创、匠造团队，践行引进来、走出去的理念，扩大企业影响力乃至促进中西文化交流，彰显中华文化，讲好中国故事。

援柬埔寨体育场关键建造技术

完成单位：中国建筑第八工程局有限公司、中建国际建设有限公司、中国中元国际工程有限公司、浙江大学、北京市建筑工程研究院有限责任公司

完成人：亓立刚、唐　晓、郭亮亮、孙加齐、潘建国、王群清、梁韦华、彭　强、张志平、贾红学

一、立项背景

国内外柔性索杆张力结构的工程多采用索穹顶结构或环形索桁结构这两类基本形式。本课题研究以援柬埔寨体育场工程为背景开展研究，本工程新型斜拉-索桁张力结构是国内外首次应用，受力极其复杂。同时，本工程将空间复杂造型混凝土结构融入体系设计中，愈发增加了建造难度，传统大跨度索杆张力结构施工方法不足以对本工程提供足够借鉴。援柬埔寨体育场工程具有"造型独特""结构新颖""力形合一"等特点，主要体现在：

1. 索塔、环梁与斜柱建筑造型独特，形体实现困难

索塔高度99m，塔身中空，内设13道混凝土水平隔板，最厚隔板达4.2m；形体由弧形平面沿5条不同曲率空间曲线倾斜向上形成，截面面积随高度由385m^{2}逐步递减为12m^2；标高78m以上合拢为单肢，结构外倾60°，标高72m处平面外偏移33.1m，72~99m随高度塔身回倾1.7m。环梁与斜柱在看台系统外独立设置，70根高悬臂大截面斜柱呈中心对称，倾角各异，最大倾斜角度67°，最大悬臂长度33m；长度872m的大截面（2.8m×1.2m）双曲重载环梁沿斜柱顶在26~39.9m间起伏变化。新型结构体系的支撑结构在空间内造型多变、结构复杂，高精度、高质量实现结构形体是建造难点。

2. 新型斜拉-索桁张力结构体系受力复杂，形式新颖，成形难度大

创新性地将斜拉结构和柔性张力结构体系结合起来，创造了新型的斜拉-索桁张力结构体系。该体系由索塔、斜拉索、环索、索桁架以及外环梁斜柱共同组成整体受力体系，环索在索塔位置断开，节点应力分布不均。该体系不仅是国内外首次应用，还是应用在长向跨度278m，悬挑跨度65m的大型体育场罩棚上，设计难度大，在国内外未见先例。采取何种工艺以保证施工过程安全及张拉成形效果，是建造难点。

3. 施工态与设计态达到"形形相一、力形合一"的变形协调控制难度大

索塔、环梁与斜柱作为新型结构体系的"支承"结构，施工过程中变形大，不能自稳，结构成形既要实现复杂形体造型的要求，也要控制变形，达到施工成形态即为设计几何态的要求。同时，斜拉-索桁张力结构张拉成形张力控制规律要与形态变化规律相一致。见图1。

课题从以上问题出发，开展研究并进行总结推广。

二、详细科学技术内容

1. 新型斜拉-索桁张力结构体系设计技术

创新成果一："内拉外压、索拉塔压"柔性结构受力体系

首次提出"背索＋索塔＋斜拉索、环索＋索桁架、环梁＋斜柱"柔性结构体系，通过索塔斜拉，形成"内拉外压，索拉塔压"两组力流系统的张力传递，并成功地将其应用在长向跨度278m，悬挑跨度65m的体育场罩棚中，实现大跨度、长悬挑、高通透、低自重的设计目标。见图2。

图 1　工程主要结构体系组成

图 2　结构体系剖切示意图

创新成果二：自由曲面人字形索塔分段渐变配筋设计

发明一种任意截面混凝土构件配筋设计方法，采用"截面分区、竖向分段、积分求和"的应力配筋法，实现自由曲面人字形索塔的分段渐变配筋。

创新成果三：基于全柔性张力罩棚的索夹节点设计

创新设计柔性张力索结构螺杆式、耳板式、索夹式多种连接节点，环索采用"螺杆＋永久耳板＋张拉耳板"的新型索具节点连接形式，有效解决节点周边较大索力差造成的索体滑移问题，实现小节点、大作用、安全经济的目标。见图3。

图 3　环索节点构造及有限元分析

2. 人字形三维变曲面清水混凝土索塔施工技术

创新成果一：三维变曲面连续缩减模板体系设计

发明复杂建筑造型木龙骨的 CAD 设计制作方法，深度应用 CAD3D 技术，精确拟合索塔曲面，系列提取 10956 种造型木参数，"量体裁衣"精准配制"木模板＋造型木＋工字木梁＋双槽钢背楞"清水模板体系，解决人字形三维变曲面配模设计难题。发明可调异形木梁连接爪、万向节连接芯带、异形结构阳角模板拉结等装置，解决了任意曲面模板安装加固难题，适应不同曲率、任意角度变化需求，模板单元拼缝严密。

创新成果二：适应渐缩多曲面结构的自爬升造塔平台

创新设计角度可调的叉耳式爬升平台三角桁架系统，通过调节双头螺杆与顶部平台横梁、底部叉耳式固定件的连接位置，精准调整造塔平台与索塔夹角，实现任意曲面的仰爬、俯爬。精确设计造塔平台的爬升轨迹，完美拟合塔身形体变化，确保爬升路径平台原位拆改、重新组装工作量最小，实现安全爬升、高效造塔。

创新成果三："非自稳"三维变曲面索塔变形控制技术

创新设计"一塔多用"钢支撑塔，解决索塔施工过程中变形过大不能自稳的难题，索塔最大变形23mm，远低于130mm设计要求；兼具电梯附着、材料堆场、水电敷设、消防疏散等功能，大幅提升施工效率。见图4～图6。

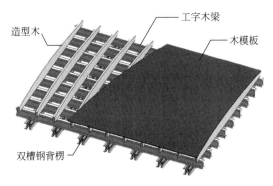
图 4 模板体系

图 5 造塔平台

图 6 钢支撑塔

3. 大（多）倾角高悬臂斜柱及双曲重载环梁施工技术

创新成果一："环梁满堂架＋斜柱定型挂架＋方钢管支撑"模架体系

创新提出基于精细工况模拟的"环梁满堂架＋斜柱定型挂架＋方钢管支撑"模架优化方案，解决斜柱施工过程中不能自稳的难题，采用"五柱四跨"施工方法，减少了支撑架3500t，精准实现双曲重载环梁及大倾角斜柱的结构空间形态。

创新成果二：自卸荷钢支撑变形协调控制技术

发明一种自卸荷钢支撑连接固定装置，索系张拉时节点自动脱离，消除索网张拉时刚性边界"非设计约束"的影响，实现张拉态向成形态的安全、稳定转换。见图7和图8。

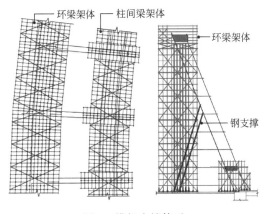
图 7 模架支撑体系

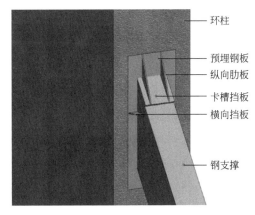
图 8 钢管支撑节点模型

4. 新型斜拉-柔性张力结构体系施工技术

创新成果一：基于仿真模型试验的斜拉全柔性索系张拉控制标准与方法

首次提出基于 1∶15 仿真模型试验研究的斜拉全柔性索系张拉控制标准，确定了"主动张拉斜拉索＋背索＋下径向索，原长安装环索＋上径向索"的最优张拉控制方法，完美实现张拉成形态即为设计几何态。

创新成果二：基于张力补偿法的索网罩棚分级张拉一次成形技术

创新提出一种基于张力补偿法的全柔性索网罩棚体系一次张拉成形技术，形成"高空平台铺索，同步对称、分级张拉、一次成形"的张拉方法，经过设计索力与张拉力的反复迭代，进行主动索张拉力偏差的循环补偿，获得一次成形张拉力控制值，解决了张拉过程中索网形态变化大、索夹节点断裂风险等难题，消除了分级张拉索体之间的内力影响，实现了索网内力的一步到位。见图 9 和图 10。

图 9　1∶15仿真模型试验　　　　　　图 10　基于张力补偿法的张拉过程模拟

三、发现、发明及创新点

（1）系统研究了新型斜拉-索桁张力结构体系的构成、受力机理和特点，研发并形成新型结构体系成套设计技术，主要包括：斜拉-索桁张力结构体系的形态优化方法、多类型索接连节点的研发、异形混凝土构件配筋设计方法、斜拉-索桁张力结构的抗风设计、抗水平力和抗拔力基础设计方法。

（2）研发了三维变曲面连续缩减模板体系设计及施工技术，截面递减曲线爬升造塔平台设计及施工技术、三维变曲面索塔变形控制技术，高效精准实现了建筑造型独特，截面曲率不一、连续变化，超高双肢向内向外双向倾斜的饰面清水混凝土结构形体，解决了复杂异形混凝土结构形体成型精度不高、倾斜和截面递减结构支撑作业平台复杂以及外倾结构不能自稳的难题。

（3）研发了大倾角高悬臂斜柱及双曲环梁模架设计与施工技术，大倾角高悬臂斜柱及双曲环梁变形协调控制技术，解决了结构形体施工不能自稳，施工成形态和设计几何态偏差大的难题，精准地实现了环梁斜柱饰面清水混凝土结构形体。

（4）创新引入 1∶15 缩尺模型试验研究，探究新型结构体系设计可行性，制定全柔性斜拉索系构件加工和安装误差标准；基于模型试验结果，提出新型复杂索结构体系组装、提升和张拉成形的方法和工艺流程，精确实现了罩棚结构张拉成形，解决新型结构体系无施工借鉴和无张拉过程控制标准的难题。

（5）该成果应用于援柬埔寨体育场工程，实现了优质、高效、智慧建造，2 项关键技术达到国际领先水平；形成发明专利 4 项，实用新型专利 20 项；形成省部级工法 4 项；发表相关论文 40 篇，其中核心期刊 20 篇。成果的成功应用为国际社会提供了一种新型大跨度空间索网结构体系设计及施工方法，对大跨度空间结构发展起到重要的促进作用。

四、与当前国内外同类研究、同类技术的综合比较

较国内外同类研究、技术的先进性在于以下六点：

（1）通过新型斜拉-索桁张力结构体系设计技术研究形成斜拉-索桁张力结构体系的形态优化方法、多类型索接连节点的研发、异形混凝土构件配筋设计方法、斜拉-索桁张力结构的抗风设计、抗水平力和抗拔力基础设计方法，新型斜拉-索桁张力结构体系为国内外首次应用。

（2）人字形三维曲面清水混凝土索塔施工技术研究，提出"矩阵式造型木"设计理念，创新设计一种"木模板＋造型木＋工字木梁＋槽钢背楞"四层模板体系；索塔形体完成后任意位置坐标误差≤20mm，提高模板体系周转利用率50％。

结合BIM模型与CAD三维设计方法，研发了截面递减曲线爬升造塔平台，实现了仰爬面和俯爬面爬升及曲面提升功能；索塔施工工效由计划的12d/段缩短至9.5d/段，即0.39m/d。

（3）大倾角高悬臂斜柱及双曲重载环梁施工技术，提出一种"环梁满堂架＋斜柱操作架＋方钢管支撑"模架设计与施工方法，环梁顶部施工偏差≤50mm。采用"五柱四跨"施工方法，提高施工效率，节约成本40％。

（4）新型斜拉-索桁张力结构体系施工技术，进行1∶15仿真模拟试验研究，通过模型试验研究该体系成形过程的形态控制，确定合理的张拉工艺，制定构件加工和安装的误差标准，指导结构预张力监测，提高工效40％。提出"主动张拉吊索＋下径向索＋背索，原长安装环索＋上径向索"张拉方法，有效维持设计形态稳定并获得承载刚度，最大限度地保证设计几何态，节约成本25％。

建立施工全过程结构位形监测体系，对环梁环柱施工过程，包括索塔在内进行分阶段监测位形变化，对理论模拟计算分析的数据进行复核并达到预警。

本技术通过国内外查新，查新结果为：在所检国内外文献范围内，未见有相同报道。

五、第三方评价、应用推广情况

1. 第三方评价

（1）2021年5月18日，北京市住房和城乡建设委员会组织专家对《多倾角高悬臂斜柱及双曲环梁结构变形控制关键技术》（京建科鉴字［2021］第041号）进行了鉴定，专家组一致认为该成果总体达到国际领先水平。

（2）2022年4月15日，北京市住房和城乡建设委员会组织专家对《大型复杂索结构体育场关键技术》（京建科鉴字［2022］第023号）进行了鉴定，专家组一致认为该成果总体达到国际领先水平。

2. 推广应用

本工程创新应用援柬埔寨体育场关键建造技术，解决了设计和施工系列难题，并在卡塔尔卢赛尔体育场、大连梭鱼湾足球场、陕西咸阳高架桥项目等进行了推广应用，应用推广情况良好。该成果创新研究新型索结构体系体育场馆建造技术，对大跨度空间结构发展起到推动作用。见图11和图12。

 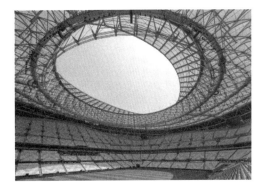

图11 援柬埔寨体育场工程　　　　　　图12 卡塔尔卢赛尔体育场

六、社会效益

本工程作为国家"一带一路"重点建设工程，是中柬两国友谊的重要见证，受到海内外社会各界的广泛关注。大型复杂索结构体育场关键技术助力项目成功完成了施工任务，达到了既定目标，受到柬埔寨国家奥林匹克技术委员会，商务部经济合作事务局等单位的高度赞扬。2021年9月12日，中国与柬埔寨在体育场见证项目交接仪式。项目同时接待了国家首相及当地各部委、各高校社会团体的多次考察和观摩，并多次得到地方媒体、央视媒体的报道，提高了企业核心技术的影响力，向国际社会展示了中国企业的施工技术水平和智慧建造。通过体育场工程的高质量、高标准建造水平，后续承接了中柬友谊医院大楼和柬埔寨金边新机场等重点项目，向当地人民传输了中国建造的智慧，发展形成成熟、可靠的属地化管理模式。

岩溶复杂地质条件下超高层建筑关键技术及应用

完成单位： 中国建筑第四工程局有限公司、贵州中建建筑科研设计院有限公司、贵州大学、中建西部建设贵州有限公司、西安建筑科技大学、中建四局第六建设有限公司、中建四局贵州投资建设有限公司

完 成 人： 帅海乐、马克俭、史庆轩、徐立斌、季永新、罗　杰、潘佩瑶、林喜华、龙敏健、王鹏程

一、立项背景

工程建设中频繁面临地质条件复杂、地基承载力低的问题，在该地区建设超高层难上加难。贵州地处高原，岩溶地貌面积 10.9 万 km²，占全省面积的 61.9%，河砂资源匮乏、经济欠发达等区域特点使超高层建筑的建设技术难度更大，面临以下难题：

（1）复杂地质承载力低与超高层建筑结构荷载大的匹配难题；

（2）新型结构体系可行性与经济合理性的协同难题；

（3）当地地材配制混凝土与超高泵送的可行性难题；

（4）超高层施工过程中实际工况与设计的偏离难题。

自 21 世纪初，贵州陆续拟建 200m 以上的超高层，上述技术难题成为拦路虎。本项目组积极响应国家"西部振兴"战略，"因地制宜、因势利导"，在科技部、贵州省科技厅项目资助下，历时十余年技术攻关，突破了一系列世界级技术难题，在贵州成功主持修建了十余座 200m 以上的超高层建筑。

二、详细科学技术内容

1. 岩溶区超高层桩基和基坑工程关键技术

创新成果一：超深超高吨位桩基承载力测试新技术

（1）超深孔内持力层自反力测试技术。开发了一套深孔内大吨位载荷试验的配套设备和技术，完成孔内 30m 位置 2100t 的载荷试验，为超高层建筑桩基设计和优化提供了依据。

（2）超高吨位锚桩反力梁测试技术。自主研制了最大吨位 6400t 锚桩反力梁法载荷试验设备，采用鱼腹式主次梁，倒梯形千斤顶垫及加压联供系统，形成集方案设计、现场测试、成果评价为一体的测试技术，进行了数十根超高吨位基桩静载荷试验，为设计和工程验收提供了依据，解决了大吨位载荷试验仅靠自平衡法的难题。见图 1 和图 2。

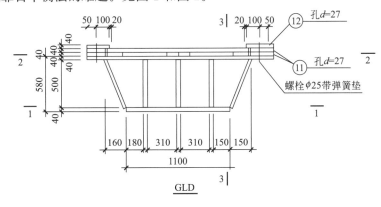 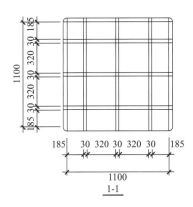

图 1　千斤顶垫设计（一）

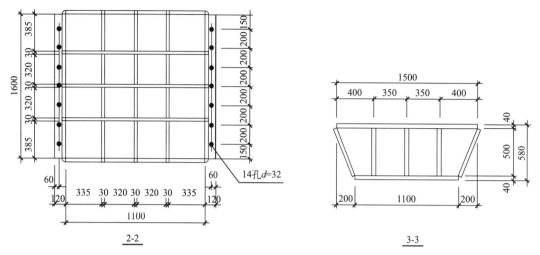

图1 千斤顶垫设计（二）

图2 锚桩反力梁法现场试验

创新成果二：较破碎岩桩基承载力设计新方法

建立了贵州岩溶区主要较破碎岩层承载特性指标库，给出了较破碎岩嵌岩桩综合系数，验证了较破碎岩大直径嵌岩桩的适用性，成果纳入贵州省桩基设计规程，产生了巨大的经济效益和社会效益。见图3和图4。

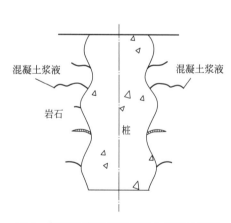

图3 较破碎嵌岩桩桩侧传力机理示意图

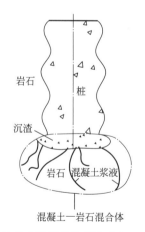

图4 较破碎嵌岩桩桩端传力机理示意图

创新成果三：强岩溶区端承型刚性桩复合地基技术

开发了适用于强岩溶区的端承型刚性桩复合地基技术。将小直径素混凝土桩置于岩溶顶板上，通过桩顶向上刺入褥垫层，来调节桩土相互作用，达到复合地基的受力效果。通过技术创新和工程实践，形成了省级工法。见图5。

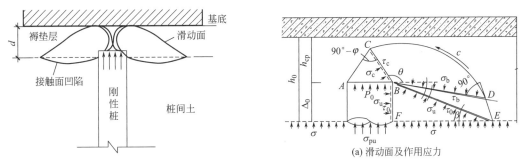

图5　端承型刚性桩复合地基垫层受力机理分析图

创新成果四：岩溶区深基坑锚拉桩支护体系及变形控制技术

采用三轴压缩试验修正红黏土软化模型，进行三维有限元分析，利用桩-锚-土三元模型的三维土拱效应，对结构进行优化，并将变形敏感参数输入到监控系统，建立预警模型及信息共享平台，确保基坑施工的安全。见图6和图7。

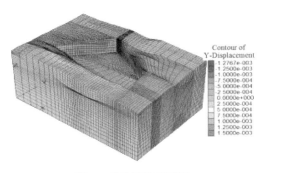

图6　基坑网格模型图　　　　　　　图7　基坑整体塑性破坏区分布图

2. 超高层建筑"轻量化、高性价比"结构设计技术

创新成果一：大跨度组合钢空腹网格结构体系创新

发明了钢空腹夹层板结构。结构由上肋、下肋、剪力键和钢筋混凝土板组成。上、下肋采用型钢（T型钢、H型钢），连接上、下肋的剪力键采用方钢管。依据结构平面形状，提出正交正放网格、正交斜放网格形式。依据装配式原理，可将结构加工制造成双层十字形拼装单元，采用双拼接板搭接后，在反弯点处用扭剪型高强度螺栓连接。该结构体系受力性能好、自重轻、楼盖结构高度小，可节省用钢量20％以上。见图8～图10。

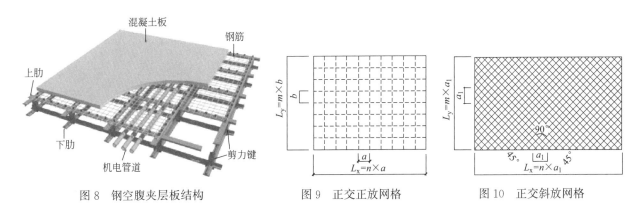

图8　钢空腹夹层板结构　　　　图9　正交正放网格　　　　图10　正交斜放网格

创新成果二：钢板-混凝土组合连梁及混合联肢剪力墙设计技术

研发了内嵌钢板的钢-混凝土组合连梁。在钢筋混凝土连梁内配置钢板，由钢板与钢筋混凝土共同抵抗剪力。利用钢板良好的承载能力与塑性变形能力，提高连梁的受剪承载力，防止连梁发生脆性破坏。该结构可以减少箍筋用量，降低施工难度。见图 11 和图 12。

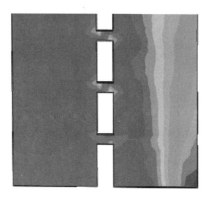

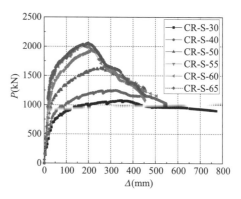

图 11　应力分布　　　　　　　　　　图 12　推覆曲线

3. C100、C120 全机制砂高性能混凝土配制及 331m、401m 超高泵送技术

创新成果一：超细磷渣粉高强混凝土配制技术

提出使用超细磷渣粉（比表面积大于 $900m^2/kg$）取代部分水泥，配制的高强混凝土工作性能优于相同强度等级的基准混凝土；同时，早期收缩可减少 50%，电通量值可降低 15%，耐久性大幅提高。见图 13。

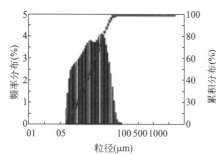

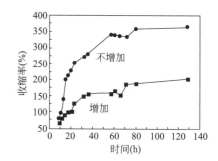

图 13　磷渣超细粉粒径分布、微观结构和试验效果

创新成果二：高保坍、高减水率缓释型聚羧酸外加剂技术

研发了高保坍、高减水率的缓释型聚羧酸外加剂，由其配制的全机制砂高性能混凝土拌合物坍落度 250mm 以上，扩展度 600mm 以上，并实现工作性能保持 4h 以上，可满足超高层、大跨度等工程需求。见图 14 和图 15。

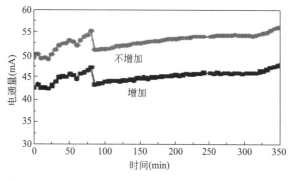

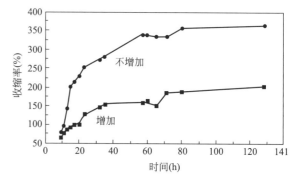

图 14　添加磷渣超细粉对 C90 山砂混凝土电通量的影响　　图 15　添加磷渣超细粉对 C90 山砂混凝土早期收缩的影响

创新成果三：混凝土泵管智能监测技术

率先应用混凝土泵管智能监测技术，实时测量泵管管壁的应变，测试结果与泵机泵送压力数据基本吻合；采用国产滑管仪实现了混凝土拌合物可泵性试验室内评价方法。见图 16。

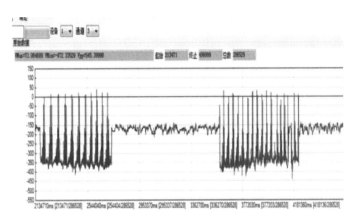

图 16　泵管管壁的膨胀应变图

创新成果四：C120 全机制砂超高性能混凝土泵送技术

研发的 C100、C120 全机制砂超高性能混凝土一次泵送至垂直高度 331m 和 401m，经第三方检测，C100 全机制砂混凝土 28d 抗压强度为 102.9MPa、C120 全机制砂混凝土 28d 抗压强度为 126.1MPa，属国内外首次工程应用。见图 17、图 18。

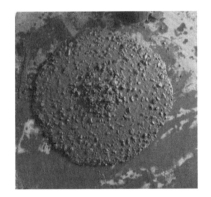

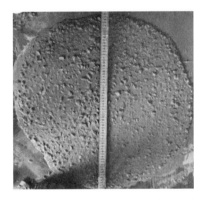

图 17　水洗玄武岩砂　　　　　　　　　　　图 18　水洗石灰岩砂

4. 超高层建筑自动化监测技术

创新成果一：基于物联网技术的在线监测云平台

研发了自动化在线监测云平台，高度集成加速度计、光学设备、北斗、光纤光栅等不同原理的测试技术，突破了不同设备间数据连接壁垒。平台以 WEB 端、巡检测量 APP、小程序为前端，以云服务器为后端，可适应检测、监测、应急抢险等多场景。实现了设计、施工、运维一体化的数据共享，为超高层建造、管理、运维期间的安全管控提供了信息化技术支撑。

创新成果二：大体积山砂混凝土无线智能监测技术

采用无线温度监测技术对最大厚度为 8m 的底板混凝土温度进行了动态监测及控制，实现了 C40 机制砂混凝土浇筑 8416m³ 无开裂的突破。技术的应用成功解决了大体积山砂混凝土温度动态控制的难题。

创新成果三：基于北斗技术的超高层建筑变形监测技术

应用北斗测量系统解决了超高层结构水平、竖向位移测量难题。准确采集了超高层初始状态下的位移轨迹，积累的海量数据可以为运维期间损伤识别、安全评定以及后续修复提供依据。见图 19～图 22。

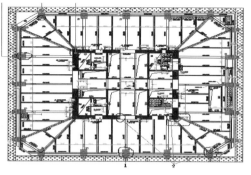

图 19 传感器点位布置平面图

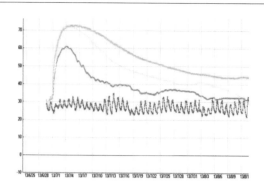

图 20 大体积混凝土温度变化曲线

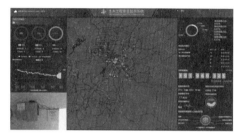

图 21 超高层自动化监测平台

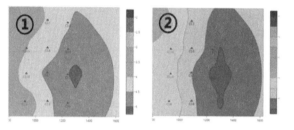

图 22 等沉降分析图

三、发现、发明及创新点

（1）发明了一套深孔内大吨位载荷试验方法，研制了国内 6400t 锚桩反力梁法载荷试验设备，形成集方案设计、现场测试、成果评价为一体的测试技术，发明了可调节多点桩基位移测试工具。

（2）建立了贵州岩溶区主要较破碎岩层承载力特性指标库，给出了较破碎岩嵌岩桩综合系数，验证了较破碎岩大直径嵌岩桩的适用性，成果纳入贵州省建筑桩基设计规程。可提高破碎岩基桩设计承载力 80% 以上，经济效益显著。

（3）创新采用桩顶向上刺入褥垫层来调节桩土相互作用，突破了现有复合地基双刺入模式的规范限制，开发了适用于强岩溶区的端承型刚性桩复合地基技术。形成省级工法。节约土地，节省基础施工工期 30% 以上。

（4）采用三轴压缩试验修正红黏土软化模型，利用桩-锚-土三元模型的三维土拱效应优化桩锚支护体系的参数，建立了预警模型，完善了红黏土和碳酸岩深基坑设计及变形控制方法，降低了基坑及周边环境安全风险。

（5）发明了钢空腹夹层板结构及设计方法，纳入地方标准，成果解决了大跨楼盖肥梁胖柱难题，可节省用钢量 20% 以上，发明了内嵌钢板的钢板-混凝土组合连梁，成果减少了箍筋用量，降低施工难度，可缩短施工工期 10% 以上。

（6）发明了用于机制砂混凝土的高保坍、高减水率的聚羧酸外加剂，解决了高强机制砂混凝土黏度高、可泵性差的难题；率先使用比表面积大于 900m²/kg 磷渣超细粉，降低高强机制砂混凝土 50% 的早期收缩；创造了 C120 全机制砂混凝土 401m 超高泵送实体应用的世界工程纪录。

（7）研发并应用了建筑安全风险自动化在线监测平台，将多种传感器与光学设备进行集成和测量协同，相比传统方法节约人力成本 80% 以上。

（8）获授权发明专利 14 项，实用新型专利 14 项，软件著作权 2 项，技术标准 15 部，省级工法 7 项，发表 SCI、EI 论文 21 篇，中文核心期刊 25 篇。

四、与当前国内外同类研究、同类技术的综合比较

较国内外同类研究、技术的先进性在于以下四点：

（1）超高层建筑用混凝土材料和泵送高度国内外采用河砂 C40～C120 混凝土、垂直泵送高度 300～600m，本项目选用全机制砂，C100、C120 混凝土，垂直泵送高度 331m 和 401m。

（2）较破碎岩嵌岩桩现行国标地基规范和行标桩基规范无相应规定，本项目研究成果纳入地方标准，与端承桩相比提高桩基承载力 80%以上；端承桩复合地基非岩溶区采用复合地基双向刺入，本项目技术采用桩顶向上单向刺入。

（3）钢空腹夹层板结构传统大跨楼盖肥梁胖柱、材料浪费、造价高，本项目研究成果受力更好，用钢量少；钢板-混凝土组合连梁国内外技术改善配筋性能提升有限，施工困难，本项目施工难度低、效率高。

（4）超高层监测技术平台国内外同类监测平台未直接接入光学设备，本项目将光学监测设备与传感器数据进行协同测量，兼顾效率、保证精度。

本技术通过国内外查新，查新结果为：除本项目外，国内外未见相同文献报道。

五、第三方评价、应用推广情况

1. 第三方评价

2021 年 7 月 9 日召开了"岩溶地区超高层建筑关键技术"科技成果鉴定会。专家组一致认为：该项成果总体达到国际先进水平，其中钢空腹夹层板结构体系、垂直泵送高度 401m、C120 全机制砂高性能混凝土配制技术等成果达到国际领先水平。

2. 推广应用

本项目研究成果在贵阳国际金融中心、恒丰·贵阳中心、贵阳花果园双子塔、未来方舟·世界贸易中心、贵阳凯宾斯基酒店等 20 栋超高层建筑中成功应用，贵州省 250m 以上所有超高层均为本项目单位承建。

六、社会效益

（1）本项目涉及多座 200m、300m、400m 以上的超高层建筑，技术创新助力提高了贵州的天际线，提升了贵州在超高层建筑领域的影响力。

（2）桩基及基坑关键技术部分成果已编入地方标准和省级工法，用于指导贵州地区建筑设计、施工，可为类似地质条件的地区做参考。

（3）新型结构体系和优化构件节点，为建筑结构应用提供更多选择。大跨度组合钢空腹网格结构体系、钢板-混凝土组合连梁及混合联肢剪力墙设计技术轻量化、高性价比符合高质量发展方向。

（4）本项目证明了机制砂可配制 C120 混凝土，还可满足垂直高度大于 400m 超高泵送施工，性能完全媲美河砂，为推广贵州省地方材料提供有力证明。

（5）大数据是贵州发展的重点领域。本项目无线监测技术已成功应用于贵阳海马冲、达亨大厦应急抢险等项目，保障了人民生命、财产安全。

迪拜熔盐塔式光热电站建造关键技术

完成单位： 中建三局集团有限公司、中建三局第二建设工程有限责任公司

完成人： 刘　波、王开强、张锋凌、张凤举、喻宁招、陈杨化、饶　淇、陈传琪、薛　原、孙雪梅

一、立项背景

碳中和、碳达峰是当下国际社会最关注的热点之一，事关全球可持续发展和人类命运共同体建设。放眼全球，世界多国均将绿色作为发展关键词，截至 2021 年 12 月底，全球已有 136 个国家或地区承诺 21 世纪中叶实现碳中和的目标，碳中和目标已覆盖了全球 88％的温室气体排放、90％的世界经济体量和 85％的世界人口。

大力发展清洁能源有助于降低温室气体排放，是实现碳中和的重要方法之一，随着清洁能源的发展，太阳能资源利用的机会在不断成熟。光热发电技术的触角已深入到油田、采矿等行业领域，其既可发电又可供热还可热电联产的多面手属性使其可以在更多领域中获得机会。

课题依托的迪拜 700MW 光热和 250MW 光伏混合发电项目，是我国"一带一路"倡议的重点项目之一，也是当今全球最大的光热项目，依托项目实施存在如下问题需要解决：

（1）沙漠改造，环境恶劣、工程体量大，常规的固沙材料和作业方式无法满足工期或成本的要求；

（2）常规的滑模平台和控制方法不能解决酷暑环境下进行"方变圆"吸热塔施工的难题；

（3）大吨位精密设备（吸热器）在狭窄筒体内提升和就位；

（4）点多面广分散式作业项目数据库庞大、管理难度大；

（5）基于陶粒介质的隔热承载复合基础无施工先例可以借鉴，且行业内无标准作依据。

为应对以上问题，本项目从材料、工艺，进行了课题研究，攻克了塔式光热建造从场平至建造完成中的多项关键技术难题，保证了项目的高效、完美履约。

二、详细科学技术内容

1. 沙漠地带自制固化剂机械自动化固沙技术

创新成果一：自制固化剂固沙技术

利用石灰质胶结砂高温结晶的固化原理，研发了一种绿色无污染沙漠地带固化剂，就地取材，通过物理碾压和引导化学结晶的双重作用，形成白云石结晶层，成功实施了 4400 万 m² 沙漠固化，使得厂区内形成了一定承载力的固化地面，自 2019 年 1 月首次应用至今未见到任何返沙现象。见图 1～图 3。

图 1　胶结砂原材

图 2　物理碾压

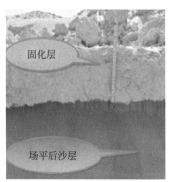
图 3　场平固沙完成剖面

创新成果二：沙漠地带挡风抑尘技术

通过风洞试验和结构验算等，研制了一种综合效益高的沙漠挡风抑尘墙，使最外侧定日镜的风压降低 50％以上，防止定日镜被大风破坏，同时延缓了沙尘覆盖镜面速度，进而提高了发电效率，且节约建造成本 17.7％。见图 4～图 6。

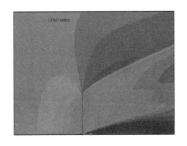 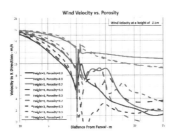 

图 4　风洞试验　　　　　图 5　9 种挡风墙风速监测　　　　图 6　挡风抑尘墙实景图

创新成果三：沙漠地带机械自动化场平施工技术

采用无人机测量获取地形数据，利用三维建模数字分析，作为机械、土方调配的依据；通过（推土机、平地机）机械的信息化改造升级，使机械能自动定位其坐标及标高，以实现自动化作业；利用云平台监控现场作业、调配机械。减少了人员在恶劣环境的工作量，降低了大面积沙漠中 400 多组机械的施工管理难度，高效完成了 4400 万 m² 沙漠的场平施工。见图 7～图 9。

图 7　无人机测量　　　　　图 8　机械改造　　　　　图 9　云平台界面

2. 高温干燥气温条件下"方变圆"吸热塔建造技术

创新成果一：一种适应"方变圆"筒体结构施工的滑模平台

研发出一种由 8 榀主辐射梁、32 榀副辐射梁组成的大刚度钢桁架结构滑模平台，通过 40 套横向千斤顶控制不同伸缩幅度，带动门架系统角度调整，在辐射梁上滑动，从而满足了吸热塔筒体结构"方变圆"的变形、变径要求及工期要求，现场实施效果良好。见图 10～图 12。

  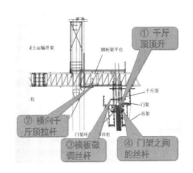

图 10　实施实景图　　　　　图 11　滑模平台组装图　　　　图 12　变形收分操作流程

创新成果二：高温环境下滑模综合控制方法

研制了低黏度的配合比，并综合采用控制入模温度、降温和隔热等方法，有效控制了混凝土内外温度差，突破了高温干燥及高温差气候限制，保证了出模质量，满足了 222m 高吸热塔混凝土结构连续滑模作业需求。

创新成果三：预应力梁模架一体化技术

吸热塔门洞上方的预应力梁，梁底标高 47m，截面 1.5m×4m。研制了一种中部及两端钢桁架结构支撑模架一体化体系，解决了高空预应力梁施工难题，较落地支撑架工期节约 50d。见图 13 和图 14。

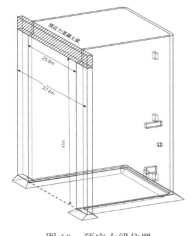

图 13　预应力梁位置

图 14　梁底部支撑钢桁架三维模型

3. 1600t 吸热器整体滑移、提升技术

设计了一套用于承载吸热器组装和滑移的支撑环梁，作为吸热器组装和滑移的平台，4 台 600t 滑移靴将支撑环梁和吸热器向上顶升 200mm，通过地面铺设的轨道按照 600mm 每行程滑移至塔内；研发了吸热器提升装置与方法，通过自行设计 16 套提升门架，采用远程控制操作系统对提升装置的行程、荷载等参数进行实时监控与调整，并在吊点外侧安装 16 套防碰撞块，实现了在狭窄筒体内提升当前世界最重的 1600t 吸热器及装置至高度 262m。见图 15～图 17。

图 15　吸热器地面滑移至筒内

图 16　吸热器顶部就位

4. 大规模定日镜快速精准定位及数字化安装技术

创新成果一：大规模定日镜快速精准定位安装技术

研制、改造了多种机械设备和安装工器具，并突破性地在现场设置加工车间，流水化预拼装，实现了安装高效、定位精准，安装效率提升了约 60%。

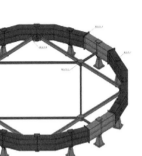

吸热器地面滑移支撑环梁

塔顶提升门架

吸热器顶部液压就位装置

吸热器底部防碰撞装置

图 17　滑移吊装装置及细部节点

创新成果二：数字化建造技术

应用了镜场施工管理系统，综合运用物联网技术、无线传输技术、大数据及云平台等，实现全场 7 万面定日镜的百万个数据信息存储与管理，降低了多点作业的管理难度，提高了现场管理效率。见图 18 和图 19。

自制立柱固定三脚架装置

现场工厂化加工车间

控制模块转运车

镜面安装吸盘

图 18　改造的工器具

图 19　镜场施工管理系统

5. 储热罐高承载力隔热基础施工技术

研究了基于陶粒介质的熔盐储热罐基础的施工工艺，首次提出动态平板荷载试验和静态平板荷载试验相结合的检测标准，形成了熔盐储热罐陶粒隔热层施工方法及质检方法标准，团体标准草案稿已通过协会立项。熔盐罐基础沉降稳定，使用状态良好。见图 20 和图 21。

图 20　熔盐储热罐陶粒基础匀质压实施工　　　图 21　在运行罐体沉降观测均匀

三、发现、发明及创新点

（1）针对沙漠沙土转运和固化难题，结合无人机测量技术、三维建模技术、化学分析研究等，研发了一种沙漠地带固化剂和自动化作业实施方法，成功实施了 4780 万 m³ 的场平作业和 4400 万 m² 沙漠固化。

（2）针对高温干燥气温条件下"方变圆"吸热塔滑模施工工艺难题，研发了一套集大刚度滑模平台、低黏度混凝土、综合控制方法的适宜性滑模施工技术，满足吸热塔筒体结构"方变圆"的变形、变径要求，保障了高温、高温差、干燥气候条件下 222m 的吸热塔滑模混凝土连续作业。

（3）针对吸热器滑移以及狭窄空间内提升就位难题，研发了一套吸热器提升装置与方法，通过 16 套提升门架和液压就位装置，采用远程控制操作系统对提升装置的行程等参数进行实时监控与调整，实现了在狭窄筒体内提升当前世界最重的 1600t 吸热器及装置至高度 262m。

（4）针对兼具承载与隔热的熔盐储热罐复合基础，研发了核心介质陶粒的匀质压实方法和检测方法，形成了熔盐储热罐基础复合结构的施工及验收标准，填补了国内外的空白。

（5）在迪拜 700MW 光热和 250MW 光伏混合发电项目建设过程中形成了主编团体标准 1 项，参编行业标准 1 项，获得发明专利 5 项，实用新型专利 25 项，受理发明专利 15 项、PCT 国际专利 2 项、阿联酋专利 1 项，发表论文 12 篇，省部级工法 4 项。

四、与当前国内外同类研究、同类技术的综合比较

较国内外同类研究、技术的先进性在于以下五点：

（1）沙漠地带自制固化剂机械自动化固沙技术：独创了一种基于石灰质胶结砂的固沙方式，采用自动化机械作业的方式高效实现了场平固沙作业。较植物固沙方式，工期和成本节约，满足工程建设需求，且后期维修成本低；较化学固沙方式，绿色无污染，经济效益达 2420 万元，工期效益约 300d；较人工测量作业，工效大幅提升。

（2）高温干燥气温条件下"方变圆"吸热塔建造技术：首次研发了一种可适应大倾角变径变截面筒体结构的滑模平台，较传统爬模作业，直接经济效益为 287.5 万元，工期效益 220d。

（3）1600t 吸热器整体滑移、提升技术：发明了一种吸热器提升方法，有效解决了大吨位精密设备在有限空间内提升的难题，较高空散拼方式，直接经济效益为 25.8 万元，工期效益 220d。

（4）大规模定日镜快速精准定位及数字化安装技术：综合运用大数据、无线传输等数字化技术，提升了施工效率，结合成套设备改造与研制，提高了施工精度和效率，较传统劳动力密集作业方法，直接经济效益 2333.6 万元，工期效益 234d。

（5）储热罐高承载力隔热基础施工技术：创新一种陶粒匀质压实方法和检测方法，较类似项目，直接经济效益 32.6 万元，工期效益 16d 且质量保障大幅提高。

五、第三方评价、应用推广情况

1. 第三方评价

2021 年 11 月 5 日，经湖北省建筑业协会鉴定，认为"该成果总体达到国际领先水平"。

2021 年 9 月 6 日，经教育部科技查新工作站查新，"迪拜熔盐塔式光热电站关键建造技术"在国内外相关文献中未见相同报道。

2. 推广应用

本成果已成功应用于世界上沙漠地带占地面积最广、吸热塔最高、吸热器最重、定日镜数量最多的迪拜 700MW 光热和 250MW 光伏混合发电工程，部分技术如沙漠地带自制固化剂机械自动化固沙技术、大规模定日镜快速精准定位及数字化安装技术已成功推广至迪拜 900MW 光伏电站项目，经济效益、社会效益显著。本成果不仅可以直接应用于类似塔式光热电站项目，而且可推广用于沙漠场地改造、储能工程，亦对于点多面广、分散作业量大的工程作为借鉴，对于推动光热项目的发展具有积极的作用。

六、社会效益

（1）本项目为一带一路国家重点项目，是迪拜新能源战略远景规划的重要项目之一，是基于 IPP（独立电力生产商）模式开发建设的大型战略性可再生能源项目之一。项目将为迪拜世博会提供 464MW 的电力供应，迪拜世博会也将成为全球首个由太阳能供电的清洁博览会。项目建设运营直接创造就业岗位约 4000 个，间接创造就业岗位超过 1 万个，为促进当地就业和社会发展发挥重要作用。

（2）针对迪拜熔盐塔式光热电站建造关键技术的研究，成功解决了项目重难点问题，保证了施工的高效顺利，有力地推动了工程建设目标的实现。项目实施过程的经验总结，将对后期在我国以及"一带一路"全面推广光热发电，完善能源体系，提供清洁能源的问题上提供巨大的参考价值和引领作用。同时，工程的实施打响中建三局在光热发电领域的品牌，起到了良好的品牌示范作用。

（3）过程中受到工人日报、阿联酋国民报等重量级媒体的关注和报道，具有良好的推广应用价值。

超低温环境混凝土储罐设计
与施工关键技术研究与应用

完成单位：中国建筑第二工程局有限公司、中建电力建设有限公司、中国建筑股份有限公司技术中心、中国寰球工程有限公司、中石油第六建设有限公司

完 成 人：胡立新、黄永刚、李　政、廖　娟、王冬雁、李金光、刘　滨、石立国、姜合浩、刘天军、李光远

一、立项背景

随着国家发展进入新时期，我国提出了"双碳"目标，这是我国基于推动构建人与自然生命共同体和实现可持续发展做出的重大战略决策，也为广大科技工作者提出了新的光荣使命。在此背景下大力发展清洁能源，保障我国能源安全，研究和掌握 LNG 相关超低温混凝土配套技术与装备，实现超低温混凝土储罐建造技术国产化，对我国能源基础设施的发展具有重要意义。

超大型 LNG 储罐工况复杂，其设计建造属于国际公司核心秘密，技术壁垒高。国内 LNG 储罐建造长期依赖国外技术，LNG 储罐分布于全国各地，储罐地域性工作环境千差万别，采用的超低温混凝土耐久性要求高，目前主要应用于化工、石化、石油和天然气等介质储存类工业建筑中，适用于 $-40 \sim -197℃$ 工作环境。混凝土地域性原材料品种及来源与国外技术提供商的较大差别；而国内由于缺乏的超低温的试验装置及试验方法难以对超低温混凝土制备及性能进行国产化的系统研究，同时超低温混凝土的性能也无相关检测及验收手段，无法提供超低温混凝土结构必要设计参数，进一步阻碍了设计、施工技术全面国产化。直接套用国外超低温混凝土参考配比、设计方法、施工方法会造成超低温混凝土储罐质量难以保证，而完全采用进口材料及技术将导致建造成本大幅上升。国外公司在储罐建造过程中大量收取技术服务费、产品费用，以至储罐建造技术长期受制于人，成本居高不下。要解决这一系列技术难题就需要国内企业掌握国产化的超低温混凝土性能基本理论来推进设计、施工技术全面国产化。

中建二局为突破这一技术壁垒，拓展该领域的业务，联合系统内外多家央企对相关核心技术进行了持续攻关，系统掌握了储罐超低温材料、设计和施工、验收方法，形成具有国际竞争力的自主知识产权，设计标准和方法填补了国内空白，并且在国际市场竞争中占有一席之地。

二、详细科学技术内容

1. 总体思路

本项目结合国内工程实际，对国外技术进行消化、吸收和再创新，围绕超低温混凝土在 LNG 领域中发展应用进行研究，掌握研究超低温混凝土储罐材料、设计、施工、验收关键技术，针对 LNG 储罐结构形成具有自主知识产权的超低温混凝土建造技术。形成具有自主知识产权的 LNG 储罐设计及施工新技术，为实现 LNG 储罐结构相关技术的国产化、推动我国清洁能源的发展做出贡献。

主要研究内容为超低温混凝土制备与测试技术、超低温混凝土结构设计方法和超低温混凝土储罐结构施工成套技术等。通过系统开发超低温试验装置及相关的试验技术，为超低温混凝土研究提供试验研究手段及研究方法；进而对超低温混凝土施工性能、力学性能、热工性能和耐久性、本构关系进行系统研究，提出超低温混凝土制备关键设计参数及结构设计参数。在此基础上，围绕大型 LNG 储罐研究基

于应变的分区迭代自适应配筋计算方法，研究储罐结构承载力及构造措施，形成各种工况下储罐结构配筋计算方法；研究隔震理论与技术，形成储罐结构抗震设计方法；形成指导工程应用的完整设计方法。基于超低温混凝土性能研究及结构设计研究成果，研究超低温混凝土施工温控技术、超低温预应力混凝土储罐施工技术、大型钢穹顶气顶升技术、橡胶隔振装置安装技术和形成一系列施工工法。

2. 多功能超低温混凝土力学试验装置及测试技术

创新成果：混凝土超低温环境多功能力学试验装置

依据超低温混凝土工程设计、施工及验收的需求，自主研发了超低温检测的关键设备及配套力学性能测试技术，并进行了系统设计，包括功能设计、构造设计、相关配置及试验夹具等研究，通过提高试验装置自动化程度，该装置功能多样，可具备材料多种超低温度力学性能测试能力，覆盖范围大，温控精度高，能在室温～－196℃温度范围和0～2000kN加载范围内，可通过更换不同功能的专用试验夹具，实现混凝土超低温力学性能（抗压强度、劈裂强度、轴心抗压强度、弹性模量）、混凝土超低温本构关系、混凝土超低温热应变等多种测试能力，使试验装置同时也具备钢筋拉伸力学性能测试能力。在测试过程中保证了材料试验模拟环境的一致性、匀质性，能够真实模拟材料在低温环境的实际情况，使其能共同工作。从而克服了温度差异导致的测试结果失真；同时，还具备了独特液氮浸泡及自动控制液位功能，建设造价较国外降低约70％。见图1。

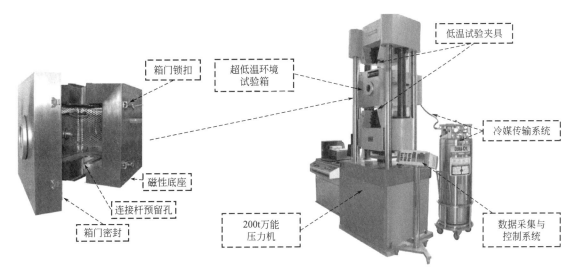

图1　200t超低温力学试验装置构造图

3. 超低温高性能混凝土制备及性能参数

创新成果：开发出具有高抗裂性、高耐久性的超低温高性能混凝土

根据LNG混凝土储罐具有强度高、耐久性高、大流动性、早期裂缝控制难的特点，基于粉体颗粒优化设计原理，超低温高性能混凝土以耐久性指标为主，强度为辅作为配比的主要设计方向，采用56天强度作为配比强度设计的依据，提出高抗裂性、高耐久性的超低温高性能混凝土配合比设计关键参数。通过对超低温环境混凝土在常温状态施工性能、力学性能、热工性能和耐久性及超低温环境状态下的力学性能及超低温热冲击方面的规律进行研究，利用低水胶比大掺量掺合料技术降低混凝土早期水化热，减少混凝土早期开裂趋势，提高混凝土耐久性及低温热冲击性能，开发出具有高抗裂性、高耐久性的超低温高性能混凝土。通过系统研究强度等级C40、C50、C60混凝土在20℃、－10℃、－40℃、－80℃、－120℃、－160℃和－196℃的力学性能，如抗压强度、劈裂强度和超低温冻融后的抗压强度、轴心抗压强度、弹性模量、混凝土超低温本构关系、混凝土超低温热应变及热应变性能参数，为超低温高性能混凝土的制备、结构设计、验收提供必要的依据，部分成果已纳入《低温环境混凝土应用技术规范》GB 51081—2015。见图2和图3。

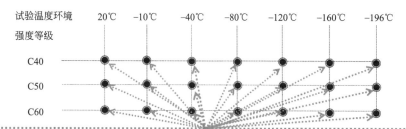

对C40、C50、C60等级多种类型配比混凝土(水泥、掺合料、外加剂等)，在20℃、-10℃、-40℃、-80℃、-120℃、-160℃和-196℃环境下分别进行抗压强度、劈裂强度和超低温冻融后的抗压强度、轴心抗压强度、弹性模量、混凝土超低温本构关系、混凝土超低温热膨胀系数及比热等性能参数力学性能与热工性能系统试验，以确定最佳配比设计参数。

图 2　高抗裂性、高耐久性的超低温高性能混凝土配合比分析

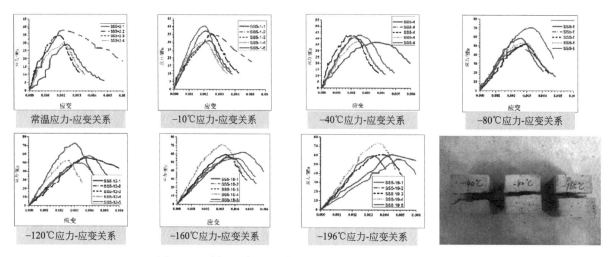

图 3　C50 低温混凝土不同温度应力-应变关系试验结果曲线

4. 超低温高性能混凝土结构设计技术

创新成果一：形成了应用于大型超低温预应力混凝土储罐的基础隔震计算方法

大型超低温预应力混凝土储罐的基础隔震计算方法根据储罐里的液体在地震作用下的反应特性，建立了液体冲击质量和液体晃动质量的集中质量模型、混凝土外罐集中质量模型和混凝土底板集中质量模型，把这几部分独立的质量模型并联组合在一起和隔震支座的恢复力模型，以及与地基连成一个整体，建立了 LNG 储罐隔震力学分析模型；进行了单向和三向地震激励下的储罐基础隔震地震振动试验，并将试验结果同理论解和有限元分析结果进行了对比，验证了该基础隔震计算法应用于大型超低温预应力混凝土储罐的可靠性和有效性。见图 4 和图 5。

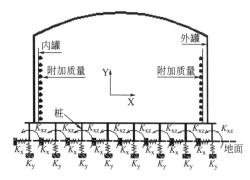

图 4　高桩式 LNG 全容罐的地震作用计算模型

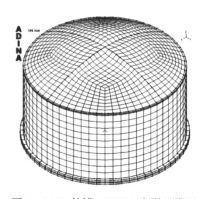

图 5　LNG 储罐 ADINA 有限元模型

创新成果二：LNG 储罐预应力混凝土外罐的基于应变的自适应分区迭代计算方法

创新研究了大型超低温混凝土在 LNG 储罐结构中设计方法，建立了混凝土在超低温环境下的应力应变本构关系，揭示了在超低温环境下混凝土的应力应变随温度变化的量化规律；发明了适合于 LNG 储罐预应力混凝土外罐的基于应变的自适应分区迭代计算方法，该方法首先将各荷载工况作用下的应变进行线性叠加，然后将叠加的应变结果代入混凝土的非线性本构方程进行应力迭代计算，获得传统的以构件内力为基础的配筋设计方法难以获得的混凝土截面和钢筋在正常使用极限状态下的应力分布，实现了计算结果与设计规范的要求相匹配。见图 6。

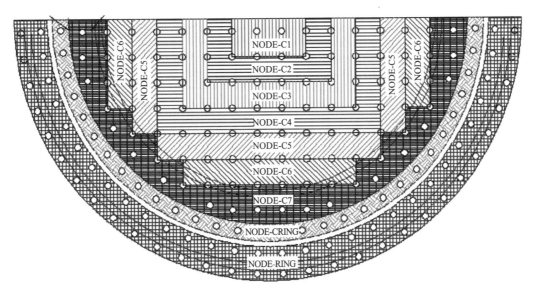

图 6　底板主筋计算区域划分图示例

创新成果三：一种大型超低温预应力混凝土储罐内罐大泄漏或外部火灾下的性能分析方法

提出了一种大型超低温预应力混凝土储罐内罐大泄漏或外部火灾下的性能分析方法，该方法把直接求得的温度应变与常规荷载工况计算得到的应变相叠加代入钢筋和混凝土的随温度变化的非线性应力应变本构方程来计算钢筋和混凝土截面的应力，并根据内力平衡原则来自动进行应力重分布计算，实现计算结果的快速收敛。

5. 超低温高性能混凝土结构施工成套技术

创新成果一：一种超低温混凝土储罐钢质穹顶气顶升安装技术

气顶升工艺系统主要包括平衡导向系统、密封装置系统、风机系统、测量系统和后勤通信系统五个部分，密封装置系统采用单一聚乙烯板密封，气顶升的密封工作主要包括拱顶边缘与 PC 墙之间的密封、施工门洞的密封、所有罐顶开孔的密封、排水孔的密封和 PC 墙体施工孔洞的密封；实现高减容比的同时，满足烟气达到排放标准的要求。见图 7。

创新点二：提出了一种橡胶隔震装置安装技术

针对大直径橡胶隔震垫（隔震橡胶垫外形尺寸为 800mm×800mm×233mm）形成了独有的安装方法，橡胶垫安装技术分包括安装、灌浆及替换等工艺，橡胶隔震垫分别安装在每根混凝土灌注桩上，其上支撑圆形预应力钢筋混凝土承台，隔震橡胶垫采用 4 根 M60 锚栓锚入桩内，与桩顶缝隙之间采用高强度无收缩灌浆料灌浆。见图 8。

创新成果三：提出了一种超低温预应力混凝土储罐施工技术

创建了大型预应力低温环境混凝土罐体结构有限元分析模型，通过模型分析形成了预应力张拉优化方案，确定了最优张拉顺序——采用先竖向后环向进行张拉使得储罐能够抵抗由于施加圆周方向预应力以及由于储存液体的荷载和热梯度引起的垂直方向的弯曲，采用竖向间隔对称张拉，以防止在应力集中处产生混凝土裂缝。见图 9 和图 10。

图 7 混凝土穹顶气顶升

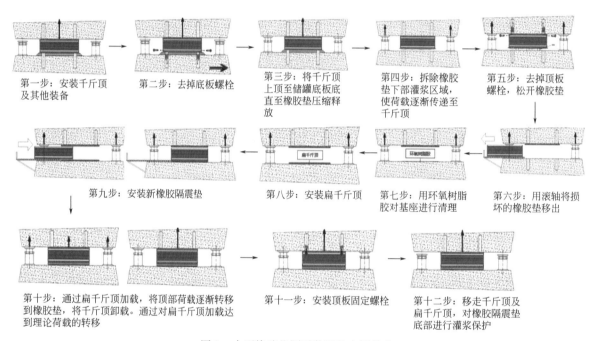

第一步：安装千斤顶及其他装备　　第二步：去掉底板螺栓　　第三步：将千斤顶上顶至储罐底板底直至橡胶垫压缩释放　　第四步：拆除橡胶垫下部灌浆区域，使荷载逐渐传递至千斤顶　　第五步：去掉顶板螺栓，松开橡胶垫

第九步：安装新橡胶隔震垫　　第八步：安装扁千斤顶　　第七步：用环氧树脂胶对基座进行清理　　第六步：用滚轴将损坏的橡胶垫移出

第十步：通过扁千斤顶加载，将顶部荷载逐渐转移到橡胶垫，将千斤顶卸载。通过对扁千斤顶加载达到理论荷载的转移　　第十一步：安装顶板固定螺栓　　第十二步：移走千斤顶及扁千斤顶，对橡胶隔震垫底部进行灌浆保护

图 8 大型橡胶垫隔震装置的安拆技术

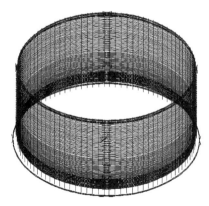

图 9 LNG 储罐预应力筋体系

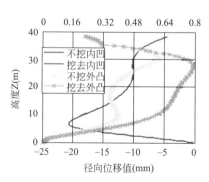

图 10 有限元模型边界条件

三、发现、发明及创新点

（1）基于粉体颗粒优化设计理论，提出了相应的混凝土配合比设计关键参数，研发出了具有高抗裂性、高耐久性、低水泥用量的超低温高性能混凝土。

（2）研究提出了超低温混凝土应力-应变本构关系；发明了基于应变的自适应分区迭代计算方法；研究形成了大型混凝土储罐的基础隔震设计方法。

（3）研究形成了混凝土早期温度裂缝控制技术，储罐环向与竖向预应力交叉施工的有限元分析方法和重型钢穹顶气顶升技术。

（4）自主研发了多功能超低温力学试验装置及配套测试技术，提供了超低温环境下混凝土及钢筋基本力学性能的研究手段。

（5）获发明专利 12 项、实用新型专利 10 项，编制国家标准 2 项（另一项国家标准《低温环境混凝土应用通用规范》已完成征求意见稿）、行业标准 1 项、国家和省级工法各 1 项，发表论文 26 篇。

四、与当前国内外同类研究、同类技术的综合比较

经过十余年的研发积累和工程实践，研究团队通过解决超低温混凝土基础性研究卡脖子难题，在超低温混凝土测试技术、材料性能、超低温混凝土结构设计及超低温储罐结构施工等方面取得了系列核心技术，打破了国外技术壁垒，全面实现了超低温储罐建造技术国产化。

较国内外同类研究、技术的先进性在于以下九点：

（1）结合特殊土木工程在超低温环境下的工作特点，研发出了一整套超低温混凝土力学试验装置及测试技术，覆盖室温至 -196℃温度范围和 0～2000kN 加载范围，并开发了配套力学性能测试技术和与试验装置配套的拉伸试验夹具及钢筋测试技术，使试验装置具备混凝土超低温力学性能（抗压强度、劈裂强度、轴心抗压强度、弹性模量）、混凝土超低温本构关系、混凝土超低温热应变及热应变性能多种测试能力。

（2）通过系统研究强度等级 C40、C50、C60 混凝土在 20℃、-10℃、-40℃、-80℃、-120℃、-160℃和-196℃的力学性能，如抗压强度、劈裂强度和超低温冻融后的抗压强度、轴心抗压强度、弹性模量、混凝土超低温本构关系、混凝土超低温热应变及热应变性能参数，为超低温高性能混凝土的制备及结构设计提供必要的依据，从而制定《低温环境混凝土应用规范》GB 51081—2015。

（3）根据 LNG 混凝土储罐特点，基于粉体颗粒优化设计理论，开发出具有高抗裂性、高耐久性的超低温高性能混凝土，使混凝土早期自收缩小于 $140×10^6$，混凝土 14d 绝热温升小于 45℃，混凝土 56d 电通量小于 800C，抗冻等级达到 F300，混凝土经 3 次超低温热冲击抗压强度不降低，同时在混凝土施工过程中，采用超低温混凝土浇筑实时监测系统，实时监测储罐混凝土浇筑过程、内部温度变化情况以及混凝土应变变化情况，并对实时监测数据进行分析，给现场提供反馈信息，对 LNG 浇筑混凝土进行温度控制。

（4）提出了一种大型超低温预应力混凝土储罐的基于应变的自适应分区迭代配筋计算方法，该方法首先将各荷载工况作用下的应变进行线性叠加，然后将叠加的应变结果代入混凝土的非线性本构方程进行应力迭代计算，获得混凝土截面和钢筋在正常使用极限状态下的应力分布，实现计算结果与设计规范的要求相匹配。

（5）提出了一种大型超低温预应力混凝土储罐内罐大泄漏或外部火灾下的性能分析方法，该方法把直接求得的温度应变与常规荷载工况计算得到的应变相叠加代入钢筋和混凝土的随温度变化的非线性应力应变本构方程来计算钢筋和混凝土截面的应力，并根据内力平衡原则来自动进行应力重分布计算，实现计算结果的快速收敛。

（6）提出了一种大型超低温预应力混凝土储罐的基础隔震计算方法，该方法以储罐里的液体在地震作用下的反应特性为依据建立了液体冲击质量和液体晃动质量的集中质量模型、混凝土外罐集中质量模

型和混凝土底板集中质量模型，整体建立了 LNG 储罐隔震力学分析模型，进行了单向和三向地震激励下的储罐基础隔震地震振动实验。

（7）提出了一种大型超低温预应力混凝土储罐的基于应变的自适应分区迭代配筋计算方法，该方法首先将各荷载工况作用下的应变进行线性叠加，然后将叠加的应变结果代入混凝土的非线性本构方程进行应力迭代计算，获得混凝土截面和钢筋在正常使用极限状态下的应力分布，实现计算结果与设计规范的要求相匹配。

（8）提出了一种大型超低温预应力混凝土储罐内罐大泄漏或外部火灾下的性能分析方法，该方法把直接求得的温度应变与常规荷载工况计算得到的应变相叠加代入钢筋和混凝土的随温度变化的非线性应力应变本构方程来计算钢筋和混凝土截面的应力，并根据内力平衡原则来自动进行应力重分布计算，实现计算结果的快速收敛。

（9）提出了一种大型超低温预应力混凝土储罐的基础隔震计算方法，该方法以储罐里的液体在地震作用下的反应特性为依据建立了液体冲击质量和液体晃动质量的集中质量模型、混凝土外罐集中质量模型和混凝土底板集中质量模型，整体建立了 LNG 储罐隔震力学分析模型，进行了单向和三向地震激励下的储罐基础隔震地震振动实验。

本技术通过国内外查新，查新结果为：在所检国内外文献范围内，未见有相同报道。

五、第三方评价、应用推广情况

1. 第三方评价

该成果针对 LNG 储罐的特点，研发了超低温混凝土储罐设计与施工关键技术。基于粉体颗粒优化设计理论，提出了相应的混凝土配合比设计关键参数，研发出了具有高抗裂性、高耐久性、低水泥用量的超低温高性能混凝土；研究提出了超低温混凝土应力应变本构关系；发明了基于应变的自适应分区迭代计算方法；研究形成了大型混凝土储罐的基础隔震设计方法；研究形成了混凝土早期温度裂缝控制技术，储罐环向与竖向预应力交叉施工的有限元分析方法和重型钢穹顶气顶升技术。自主研发了多功能超低温力学试验装置及配套测试技术，提供了超低温环境下混凝土及钢筋基本力学性能的研究手段。

项目核心技术已形成专利 22 项，其中发明专利 12 项，实用新型专利 10 项；依据相关研究成果编制形成标准 3 项；其中国家标准 2 项、行业标准 1 项；相关施工工艺形成了国家和省级工法 2 项；发表论文 25 篇，其中 EI 2 篇、核心 9 篇、ISTP 2 篇，其创新成果已推广应用至中石油、延长石油、广汇集团、上海申能等 45 个国内 LNG 项目，加拿大、俄罗斯、澳大利亚等 5 个国际 LNG 项目中。

2021 年 7 月，经专家组鉴定，"超低温混凝土储罐设计与施工关键技术研究与应用"成果总体达到国际先进水平，其中超低温实验技术达到国际领先水平。

2. 推广应用

2019 年，建设江苏如东 2 座 20 万 m³ 液化天然气储罐、漳州 2 座 16 万 m³ 液化天然气储罐，合计销售额 123568 万元，整体利润 7414 万元，新增税收 10203 万元。

2020 年，建设浙江温州华港 2 座 16 万 m³ 液化天然气储罐、天津 2 座 22 万 m³ 液化天然气储罐、山东龙口 2 座 22 万 m³ 液化天然气储罐，合计销售额 174589 万元，整体利润 10475 万元，新增税收 14416 万元。

2021 年，建设天津北燃 2 座 22 万 m³ 液化天然气储罐、江苏盐城 2 座 27 万 m³ 液化天然气储罐、惠州 3 座 20 万 m³ 液化天然气储罐、山东龙口 2 座 22 万 m³ 液化天然气储罐、珠海 2 座 27 万 m³ 液化天然气储罐，合计销售额 264582 万元，整体利润 15875 万元，新增税收 21846 万元。

六、社会效益

本项目研究成果已推广应用至 45 个国内、5 个国际 LNG 储罐项目，总规模超过 900 万 m³，对我国双碳、环保做出巨大贡献。本项目解决超低温材料研发卡脖子难题，推进低温关键材料的研发，填补了国内在超低温混凝土材料及结构设计方面的空白，推进低温工程施工技术发展，并在多个项目中进行推广应用，形成了指导超低温混凝土应用的国家标准，推进低温工程系列标准化建设，推动低温工程在我国土木工程领域的应用，保障 LNG 终端运行及国家能源的安全。

跨复杂枢纽区大吨位多T构桥梁平转建造关键技术

完成单位： 中国建筑第五工程局有限公司、北京工业大学、中建隧道建设有限公司、中建五局第三建设有限公司

完成人： 干昌洪、张文学、李　凯、何昌杰、宋鹏飞、谭芝文、戴亦军、王以杰、罗　帅、顾　勇

一、立项背景

随着我国高速路网的进一步密集以及城市交通需求的增加，新建交通基础设施采用上跨立体交叉结构越来越多。为减小对既有线路的影响，国家铁路集团有限公司已经明确规定跨越既有铁路工程尽量采用桥梁平转方案，在高速公路系统和市政工程系统也有类似的要求。桥梁平转技术具有对既有线干扰小、过程平稳安全等优点，近些年得到迅速推广与应用。

但随着平转技术的广泛深入应用，其在跨复杂枢纽区面临一些技术问题，国内外已有的相关研究已不能完全满足工程需求。如：①大跨度桥梁平转过程安全风险。随着跨越既有交通工程宽度的增加，转体桥梁的跨度随之增加，跨度已由最初的几十米发展到几百米，大大增加了桥梁平转过程的安全风险，常规监测手段难以满足要求。②跨越复杂枢纽区存在双线多T构（多跨）同时转体情况，存在两个方面的问题：一是同联多T构合龙后的竖向误差控制与调整，是一个非常复杂的数学问题，常规方法可能会出现"摁下葫芦浮起瓢"的现象，最终可能导致竖向误差不满足规范要求；二是双线多T构同时转体由于空间小、T构数量多，在平面空间上可能存在交错，个别T构不能同时转体，转体时长过大，导致需要的窗口期增加，影响运营，难以通过相关部门的审批。③平转前需要配重，配重前需要称重，如何快速称重达到提高施工效率的目的，需要开展相关研究。

本项目研究大吨位桥梁不平衡快速称重技术；研究大跨度桥梁转体过程的安全监测与预警技术，保证转体过程的安全实施；研究双线多T构竖向误差控制与调整关键技术，保证桥梁的线性平顺；研究时空受限条件下桥梁快速平转技术，降低对既有复杂枢纽区运行的影响。

二、详细科学技术内容

1. 转体桥梁无称重配重关键技术

采用临时锁定型钢代替临时支撑砂箱；隔断临时锁定型钢前后的应变，计算其承担的不平衡弯矩。既代替临时砂箱起到临时支撑作用（节约材料），又达到无需另外单独称重（快速施工）的目的。见图1。

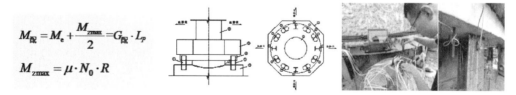

$$M_{不} = M_e + \frac{M_{zmax}}{2} = G_{不} \cdot L_p$$

$$M_{zmax} = \mu \cdot N_0 \cdot R$$

图1　转体桥梁无称重配重关键技术

2. 基于梁端振动加速度响应的桥梁平转安全监测及预警技术

创新成果一：基于刚体转动和拟动力叠加法的振动加速度代数计算。转体过程处于临界平衡状态，

平衡约束最薄弱，转体过程干扰多：滑道不平顺、牵引力不平衡、环境风荷载、外加干扰荷载等，所以大吨位（大跨度）桥梁转体过程安全风险高。本项目提出了连续梁桥和斜拉桥基于刚体转动和拟动力叠加法的代数公式，工程实用性强。见图 2。

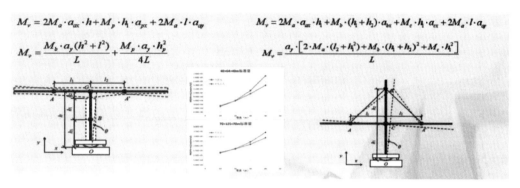

图 2　基于刚体转动和拟动力叠加法的振动加速度代数计算

创新成果二：基于振动加速度响应的安全预警限值并提出相应处置方案。见图 3。

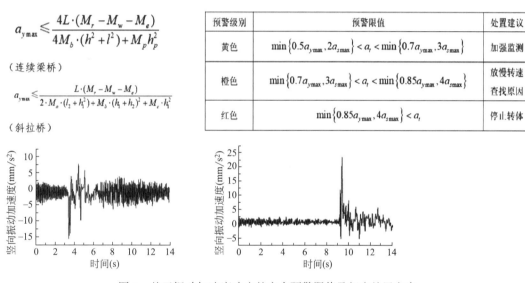

图 3　基于振动加速度响应的安全预警限值及相应处置方案

3. 多 T 构桥梁转体合龙误差控制及调整技术

创新成果一：线形控制误差预测控制技术

采用蒙特卡洛抽样法进行概率求解，通过随机抽样方法，代入判断条件进行判断，最终用满足条件的个数除以抽取样本的总个数，以此来表示在该施工线形控制误差下进行姿态调整后可满足规范合龙的概率。应用回溯思想对梁端竖向误差组合进行随机抽样，发现抽样数组足够时，各次抽样概率差小于 1%，可以满足工程需求。最终，获得限定条件下不同梁端竖向误差值满足线形控制误差要求的概率。

创新成果二：多 T 构桥梁转体合龙口竖向误差调整技术

常规调整方法可能会出现"摁下葫芦浮起瓢"的现象，使得合龙口误差无法满足规范要求。本项目首先确定调整目标，通过提炼出目标函数，再根据不等式组确定约束条件的到完整数学模型。采用遗传算法迭代求解，获得各 T 构两端调整最优调整值，从而实现桥梁线性平顺目标。而且对于同联多 T 构转体桥具有良好的适应性（可扩展 T 构数量）。见图 4。

4. 环境复杂、空间受限条件下双线多 T 构桥梁快速平转施工关键技术

双线多 T 构桥梁同时转体，由于空间受限，同时转体则势必产生碰撞，分两次或多次转体，则占用运营铁路时长过多，审批十分困难。本项目创新性采用"异步启动、反向同时转体"施工技术。即首

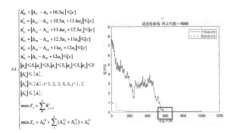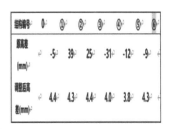

图 4　多 T 构桥梁转体合龙口竖向误差调整技术

先，将其中部分 T 构转体一个角度；然后同时转体，但其中一个与其他 T 构转体方向正好相反，大大节约了转体时间。见图 5。

图 5　环境复杂、空间受限条件下双线多 T 构桥梁快速平转施工关键技术

三、发现、发明及创新点

（1）无称重配重技术。针对常规吨位需要临时支撑砂箱＋称重进行配重导致效率低耗材多问题，首次研发了无称重配重技术，用临时锁定型钢代替临时支撑砂箱，通过隔断临时锁定型钢前后的应变计算型钢承担的不平衡弯矩，达到快速称重的目的。

（2）提出了基于梁端振动加速度响应的桥梁平转安全监测及预警技术。建立了梁端振动加速度响应与倾覆弯矩关系力学模型，提出了基于梁端振动加速度响应的安全监测预警指标，为大跨度、大吨位桥梁平转提供了安全保障。

（3）建立了多跨桥梁转体合龙误差控制及调整关键技术。首先，建立了基于蒙特卡洛抽样法和回溯算法的线形控制误差预测控制技术，使线形平顺成为可能；其次，建立了基于建模＋遗传算法求解的多T 构桥梁转体合龙口竖向误差调整技术，解决了一联多跨桥梁采用常规调整方法出现的"摁下葫芦浮起瓢"问题，调整后线形平顺且具可拓展性。

（4）研发了环境复杂、时空受限条件下双线多 T 构桥梁快速平转施工关键技术。针对复杂枢纽区双线多 T 构桥梁同时转体空间小、时间受限问题，创新性研发了"异步启动、反向同时差速转体"施工技术，大大减少了转体时间，最大程度减小对既有复杂枢纽区的运营影响。

四、与当前国内外同类研究、同类技术的综合比较

较国内外同类研究、技术的先进性见表 1。

先进性　　　　　　　　　　　　　　　　　　　　　　　　　　　　　　　　　　　　表 1

对比点	国内外同类技术	本项目技术	先进性对比
不平衡称重	砂箱临时支撑＋称重	无称重配重技术。通过隔断临时锁定型钢前后的应变，计算其承担的不平衡弯矩，达到称重的目的	实现快速称重和节材双目标

对比点	国内外同类技术	本项目技术	先进性对比
平转稳定性监测与预警	转体前后控制截面应变监测、主梁线形监测、转体前不平衡力矩测试等;部分加入振动监测,但未建立与稳定性之间的关系	基于梁端振动加速度响应的桥梁平转安全监测及预警技术	建立了梁端振动加速度与平转稳定性之间联系。并提出安全预警标准及相应的处置方案
同联多跨(T)合龙口竖向误差控制与调整	实时测量,多次反复调整	基于蒙特卡洛抽样法和回溯算法的线形控制误差预测控制技术;基于建模思想的遗传算法迭代求解调整技术	解决了常规方法维数灾难,一次调整到位,调整后线形平顺,且具有可拓展性(可拓展 T 构数量)
双线多 T(集群式)转体	无案例	"异步启动,反向差速"转体	解决了空间受限和时间有限两个问题,达到快速施工的目的

五、第三方评价、应用推广情况

1. 第三方评价

(1)2022 年 4 月,在中建集团组织的成果评价会上,专家组给予高度评价,一致认为该成果总体达到国际先进水平,其中"多跨连续桥梁转体合龙误差控制及调整技术和多 T 构桥梁快速平转施工技术"达到国际领先水平。

(2)2021 年 3 月,北京市住房和城乡建设委员会组织的成果鉴定会上,专家一致认为"大吨位多点联合称重和常规转体无称重技术、基于梁端振动加速度的安全预警监测技术"达到国际领先水平。

2. 推广应用

研究成果推广应用于重庆市快速路二横线物流园区至礼白立交段工程跨渭井、蔡歌联络线主线桥上跨渭井上下线、蔡歌联络线 3 条既有运营铁路,孝感东特大桥上跨既有京广铁路上下行线铁路,以及国道 307、207 线阳泉市绕城改线工程东环上跨石太铁路桥梁等多个重难点工程项目中,取得了良好的社会效益和经济效益。

六、社会效益

项目成果直接应用于多个工程项目中,最大限度地减小对既有交通的影响,降低了安全风险,保证了施工质量,大大促进了项目所在地的交通建设发展水平,获业主和监理的高度肯定,迎接十余次业内单位的观摩活动。项目获中央电视台新闻联播、人民日报、新华网以及海外媒体等国家级高端媒体十余次报道,提升了中国建筑品牌形象,向世界展示了中国建造水平。

超大输量深层污水隧道建设及安全运行关键技术研究与应用

完成单位： 中建三局集团有限公司、中建三局绿色产业投资有限公司、中建三局基础设施建设投资有限公司、中建三局安装工程有限公司、武汉市政工程设计研究院有限责任公司、湖北工业大学

完成人： 张　琨、王　涛、闵红平、汤丁丁、戴小松、汪小东、霍培书、阮　超、朱海军、蒋　睿

一、立项背景

随着我国城市化快速发展，在国内大型城市，特别是人口聚集的特大城市，污水处理面临极大挑战。一方面，人口涌入导致城市污水处理量攀升，环保标准日趋严格，现有污水厂提标改造需求紧迫；另一方面，原有污水厂逐渐被中心化，邻避效应突出，但城区土地资源稀缺，污水厂改造扩建用地受限。

近年来，为提升污水处理效能、释放土地利用价值，国内许多大型城市选择在远郊建设超大型集中污水厂，而将城区污水收集、传输至这些集中水厂处理，则需要同步配套超大输量管网系统。目前，这类管网系统主要有浅层逐级传输和深隧集中传输两种模式。其中，"一管到底"的深层传输模式，不仅为城市未来发展预留浅层空间，显著提升城市排水管理效能，同时减少了管网污水外渗、外水入侵等现象，提高末端污水厂进水污染物浓度，保障水厂处理效果。国外如新加坡采用深层隧道排水系统（DTSS）将全岛污水输送至沿海地区再生水厂，经处理净化后作为再生水或外排至大海。国内如香港、广州、武汉等，也都陆续建设或规划了深隧，但香港深隧由国外 AECOM 和奥雅纳公司担任工程顾问，广州深隧仅为试验段，武汉大东湖深隧是境内首条自主建成并成功运行的污水传输深隧。

总体而言，当前国内污水深隧的建设、运行经验不足，缺乏技术标准。在污水深隧项目实施过程中的技术问题较多，主要包括：缺乏深隧规划建设理念，关键设计参数不明确；小断面长距离高效施工难，抗压抗渗抗腐蚀要求高；无信号无可视条件下，高流速长距离多参数水下监测难；智慧化管理要求高，运行风险实时预测预警难。

针对上述问题，研发团队从深隧整体规划、输水工艺设计、关键施工技术及适配施工设备等方面开展专项研究，开发一套适用于城市污水深隧运行管理的智慧深隧系统，综合构建深隧规划、设计、建造、运行全生命周期关键技术体系，为保障城市深隧系统高效建设和安全运行提供技术支撑，加快推动国内深隧排水系统的高质量应用与发展。

二、详细科学技术内容

1. 污水深隧规划设计关键技术

创新成果一：基于共轭对偶理论的深隧系统性规划方法

建立基于共轭对偶理论的规划设计模型，将设计参数、运行指标和工程费用三者间通过目标函数建立联系，并结合现状污水处理设施布局、规划污水量分布、规划人口及产业布局、区域地理位置等边界参数，确定污水深隧传输工程的最优设计方案，实现了 $130km^2$ 区域污水集中管理，降低了区域管网及污水厂建设投资，腾退土地 787 亩，提升了城市环境品质。见图 1 和图 2。

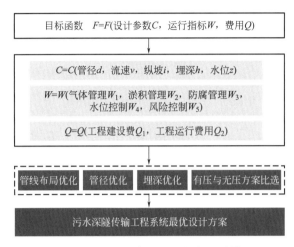

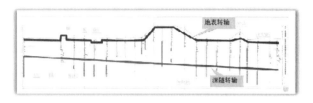

图 1   基于共轭对偶理论的规划设计模型　　　　　图 2   平面布局及竖向方案比选

创新成果二：低溶气高消能的新型涡流式竖井结构优化设计

采用 realizable k-ε 气液两相紊流模型，利用控制体积法对方程组进行离散，按雨季设计水位和雨季低水位工况的模拟，分析不同结构深竖井各部位的流态、流速和压力等参数。通过计算对比，确定创新采用涡流式入流设计，保障竖井进气量低于 9‰，消能率高于 98％。见图 3 和图 4。

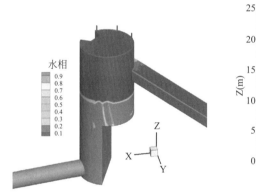

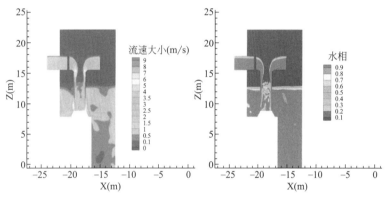

图 3   涡流式入流竖井流场模拟　　　　　图 4   竖井纵剖面流速与水相体积分数分布

创新成果三：基于腐蚀破坏机理研究的高耐久隧道结构设计

通过数值模拟和相似模型试验，研究污水深隧施工、空载和运行工况下隧道结构受力特性及混凝土腐蚀劣化机理，分析污水环境下混凝土结构力学性能折减规律，确定隧道结构形式和二衬结构防水防渗工艺，保障复杂条件下隧道结构安全可靠，也为后期类似隧道设计提供指导。见图 5～图 7。

图 5   衬砌结构加载破坏模型试验　　　图 6   加速腐蚀破坏试验　　　图 7   变形缝设计地面模型试验

创新成果四：基于水沙运动特性分析的不淤输水工艺

通过物理模型试验及数学模型计算分析，对污水深隧临界不淤流速及预处理工艺进行研究，建立了管径—临界不淤流速关系曲线，确定了拦截 3mm 粒径 SS，0.65m/s 不淤流速、1.2m/s 冲淤流速等关键设计参数，有效避免深隧运行过程中的淤积风险。

2. 污水深隧精益建造关键技术

创新成果一：小断面大埋深高水压隧道高效建造施工工艺

研发长距离高内水压小直径隧道薄壁二衬施工技术，仰拱先行、拱墙跳仓跟进，长节段、机械化作业，较常规施工工效提升330%；研发"钢板桩围堰填筑堰心土＋岩溶堰顶处理"技术，钢板桩围堰填筑堰心土作为岩溶专勘及处理平台，探边孔兼做检测孔、注浆孔，采用"先深后浅，先大后小"的注浆顺序，实现盾构安全穿越550m湖底岩溶区；研究高承压水头盾构水下接收技术，设置洞门砂浆挡墙，延长洞门处注浆封堵距离，降低盾构接收风险。见图8。

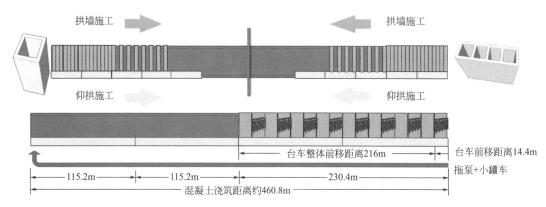

图 8　长距离小直径隧道高效二衬施工示意图

创新成果二：基于隧道高耐久的绿色低碳环保高性能材料

研制高保坍自密实高性能二衬混凝土，选择性抑制水泥的早期快速水化反应，改善水化产物结构，优化混凝土泵送性能及耐腐蚀性能。研发低碳环保高抗渗预制盾构管片材料，使用湿磨＋化学腐蚀，加入聚羧酸减水剂，合成高活性固废纳米颗粒作为预制管片掺和剂，实现废弃资源高值利用的同时，利用纳米颗粒有效填补管片骨料间孔隙，提高管片抗渗性能。见图9和图10。

图 9　混凝土拓展度试验

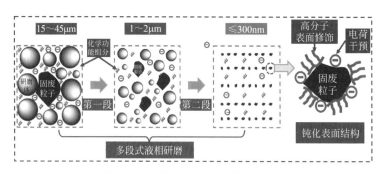

图 10　高活性固废纳米颗粒制备方法

创新成果三：基于复杂工艺及高效建造的安全智能施工设备

开展有限作业空间系列高效施工设备研制及优化，结合二衬施工工序、竖井运输及硬岩顶进的实际工程需求，通过需求分析、理论计算、模拟实验及现场技术验证等针对性技术手段，完成二衬配套设备、施工升降机及硬岩顶管机的研制，并结合相应施工技术，保障施工安全、提高施工效率、缩短施工工期。

3. 污水深隧智能监测关键技术

创新成果一：多参数耦合分布式在线监测技术

集成超声波互相关流量分层监测、全自动水质在线监测以及光纤光栅传感结构健康监测技术，打造多参数耦合在线监测系统，结合隧道全线结构健康风险点和水质水量变化过程分析，采用分布式方法监测关键点位，以有限资源实现变化条件长距离深隧整体智能监控。见图11。

图 11　污水深隧多参数耦合分布式在线监测系统

创新成果二：污水深隧全线检测水下机器人

开发全球首款污水深隧水下全线检测机器人产品，针对深隧无信号、无能见度、高水流速等实际情况，重点开展低可视污水环境下声、光、电磁多元耦合监测技术、融合惯性导航＋多普勒的声学辅助-AI识别长程定位误差修正技术以及基于闭环控制的水下位姿感知技术等的研究，实现长距离高流速污水深隧正常工况下的全线结构、淤积精准检测和准确定位。见图12。

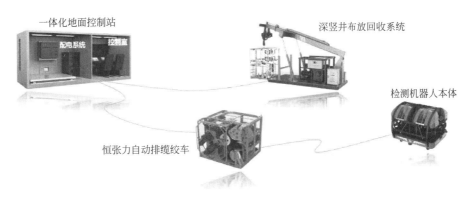

图 12　污水深隧全线巡检水下机器人

4. 污水深隧智慧管理关键技术

创新成果一：全资产在线智慧深隧运营管理系统

采用多层开放、可靠弹性扩展的智慧系统架构设计，应用水力淤积模型、结构健康安全评价体系及智能调度算法，形成具备"智慧控制、智慧调度、智慧管理、智慧展示"功能于一体的全资产在线智慧深隧管控平台，实现对深隧生产、调度、人员、资产等数据的全面收集、多维分析、立体展示和智能预警，辅助决策，保障项目运营达标。

创新成果二：污水深隧多维动态风险评估及预测预警技术

结合现有技术规范、相关工程案例与污水深隧特点，研发了国产化深隧淤积模型和结构安全预警模型，建立了基于未确知测度函数的风险评估方法，实现深隧淤积厚度实时预测及淤积、结构风险实时预警，保障深隧排水畅通、结构稳定和安全运行。见图13和图14。

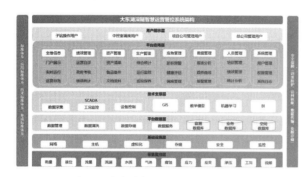

图13 大东湖智慧深隧系统架构图

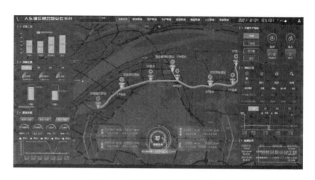

图14 深隧智慧管控平台

三、发现、发明及创新点

（1）创新性提出超大输量污水深隧全生命周期系统建设新理念，建立了基于共轭对偶理论的污水深隧系统规划方法，结合物理模型和数值模拟试验提出了深隧结构及工艺设计关键参数，解决了污水深隧多目标优化及科学、经济建设运行的科技难题。

（2）研发了污水深隧绿色低碳环保系列材料，优化了小断面长距离深隧施工工艺及施工设备，提高了污水深隧施工质量和效率，实现了深隧安全、低碳、高效建造。

（3）研制了全球首款污水深隧检测机器人，建立多参数耦合分布式在线监测系统，解决了无信号、无能见度、高水流速、长距离污水深隧多参数高精度检测难题，研发了污水深隧安全运行智慧管理系统，保障污水深隧长期安全、稳定、高效和经济运行。

（4）本项目已获得发明专利授权9项，实用新型专利授权17项，形成省部级和企业级工法16项，发表学术论文37篇（其中SCI论文6篇，中文核心论文19篇），出版科技专著1部，登记计算机软件著作权5项，主编并发布深隧工程技术团体标准1项（国内首项）、湖北省地方标准1项。

四、与当前国内外同类研究、同类技术的综合比较

（1）国内外关于深层排水隧道的系统规划多采用数学模型软件进行分析，本项目建立基于共轭对偶理论的规划设计模型，对平面布局、竖向布置、输送方式、建造成本、运行成本等多维度比选，多目标最优化形成污水深隧规划设计方案，降低工程投资额15%。

（2）国内隧道通常采取仰拱超前施工，拱墙紧跟浇筑的方式施作二衬，本项目提出小断面隧道二衬多作业面无间隙快速奇偶跳仓式施工方法，研制成套专用施工设备，较常规二衬施工工效提升了330%。

（3）国内外盾构管片采用常规的硅酸盐水泥，本项目研发低碳环保预制盾构管片技术，合成高活性固废纳米颗粒作为管片掺合剂，等强条件下完成50%以上固废大掺量，实现废弃资源高值利用，并利用纳米粒子填补预制构件孔隙，提高管片抗渗能力50%。

（4）结构健康监测技术已应用至公路、铁路等交通隧道的运营维护中，实现隧道结构稳定、耐久的实时监测评估，但针对城市污水深隧的结构健康监测，目前缺乏明确的规范和可参考工程案例，本项目深隧结构健康智能化监测与预警系统实现了该领域的首次突破。

（5）国内外普遍使用CCTV检测机器人进行排水管隧检测，但污水深隧运行中内部流速高、能见度低、检测距离长，存在运动控制及导航定位难度大、低可视污水环境高精度检测难等问题，常规CCTV机器人无法适用。本项目研发的水下长隧洞检测机器人系统，克服了深隧极端复杂条件下稳定检测难题，可同时适应4km长距离、1.2m/s高流速等多重苛刻工况，在全球属于首次开发。开发的多传感器耦合水下检测系统，可在无可视条件下观察到0.2mm宽的裂缝和5cm厚的淤积。

（6）国外多通过监测管理的方式制定深隧运行模式，未见针对优化算法和模型结合的调度运行策略

相关研究，本项目研发了国产化深隧淤积模型和结构预警模型，开发污水深隧安全运行智慧管理系统，制定污水深隧安全运行规程及标准，节约人力投入 50%，降低运营成本 20%。

本技术通过国内外查新，查新结果为：在所检国内外文献范围内，未见有相同报道。

五、第三方评价、应用推广情况

1. 第三方评价

2022 年 5 月 28 日，湖北技术交易所在武汉组织专家对"超大输量深层污水隧道建设及安全运行关键技术研究与应用"进行了科技成果评价，专家组认定，该项目科技成果整体达到国际领先水平。

2. 推广应用

本项目成果已应用于境内首条正式运行的污水深隧——武汉大东湖核心区污水传输系统工程，攻克了工程建设与后期调度管理中的诸多技术难题，保障了深隧安全高效施工，降低了隧道运行风险，显著提升管理水平，节省了施工和运营成本。大东湖深隧旨在为片区 130km² 内约 300 万居民打造排水收集及传输主动脉，自 2020 年 8 月正式通水以来，输送水量由 60 万 t/d 逐步增加至 80 万 t/d，远期将达到 100 万 t/d。智慧平台监测结果显示，COD、氨氮、TP、SS 在深隧传输过程中变化很小，总体而言，大东湖深隧目前保持高效安全稳定运行，隧道内未出现淤积，衬砌内未见渗漏，无外水入渗，结构未发生腐蚀，迄今已累计安全传输污水超 3.1 亿 t，有效提升了大东湖地区污水处理能力，获得相关政府单位的一致好评，取得了良好的环境和社会效益。

六、社会效益

本项目基于城市超大输量排水深隧工程应用场景及规划、设计、建造、运行需求开展研究，形成的城市深隧全生命周期技术体系，突破了污水传输深隧建设及运行技术难题，保障了大东湖深隧项目的高质量建造与安全运行。本项目研究填补了国内深隧领域的研究空白，丰富了相关技术理论体系，对我国新时期城市治水技术进行补充和完善，也将为后续同类项目的开展提供科学示范和技术支持。

本项目提出超大输量污水深隧全生命周期系统建设新理念，为特大城市核心城区超大量污水处理难题提供了一种有效解决方案，减少对城市人居与生态环境的影响，腾退大量核心城区土地并提升开发价值；同时，有效利用城市深层地下空间，充分释放城市发展潜力，为国内城市的高质量绿色发展贡献力量。

西安幸福林带地下空间综合体低碳型开发利用关键技术

完成单位： 中建丝路建设投资有限公司、中建工程产业技术研究院有限公司、浙江中控信息产业股份有限公司、中国建筑西北设计研究院有限公司、中建三局集团有限公司、中建西部建设北方有限公司、中国建筑一局（集团）有限公司

完成人： 范明月、赵元超、油新华、王　瑾、姜雪明、令狐延、史　娟、郭建涛、李为君、赵　阳

一、立项背景

城市化是国家治理现代化的必由之路。改革开放以来，我国的城镇化率快速增长，2019 年已突破 60%，预计 2030 年进一步增至 70%。既往的城市化进程呈现了建筑高大化、楼群高密度化的发展特征，造成了城市冠层的地上空间资源不足、空气污染、热岛效应、交通拥堵等的"城市病"问题日益严重。城市绿廊是改善修复气候环境最有利的元素，而受限于城市空间资源，大规模绿廊的建设往往难以成行，地下空间资源的开发利用为绿廊的建设提供可能。"十三五"期间，全国累计新增地下空间建筑面积达到 10.7 亿 m²。

另外，随着全球气候变化对人类社会构成重大威胁，越来越多的国家将"双碳战略"上升为国家战略。建筑业是国民经济的支柱产业，但仍属于资源密集型、消耗型行业，2018 年全国建筑全过程碳排放总量达 49.3 亿 t，占全国碳排放总量的 51.3%。在国家"双碳"战略目标下，地下空间开发利用在规划设计、施工、运营的全生命周期内全面践行绿色低碳理念势在必行。

二、详细科技创新内容

1. 绿廊-地下空间综合体低碳型开发利用理论体系

创新成果一："绿廊-地下空间综合体"的地上-地下空间集成开发模式

传统城市绿地地下多数没有得到合理开发，存在停车难、交通拥堵、管线无序等问题；传统的地下空间上部多为建筑物或道路，对改善城市生态环境贡献较小。本项目基于城市绿廊的生态与环境效应，以及地下建筑的环境热负荷低、具有天然的节能与减碳属性，创新了"绿廊-地下空间综合体"的地上-地下空间集成开发模式。西安幸福林带项目南北长 5.85km，东西宽 200m，中间地带规划建设地下商业综合体（地下一层）和公共停车场（地下二层），两侧规划建设地铁、地下综合管廊和市政道路，地上规划建设 75.6 万 m² 的绿廊，是目前全球最大的地下空间综合体，全国最大的城市林带项目。见图 1。

创新成果二：城市地下空间低碳型开发利用的"三三"理论体系。

编制了《城市地下空间绿色建造及运营指南》，规范了城市地下空间的绿色规划、设计、建造、运营行为，实现了地下空间开发利用全过程技术先进、经济合理、安全适用、质量可靠、节能环保的总体目标。编制了《绿色生态地下空间开发利用评价标准》，在环境友好、资源节约、性价比最优的目标导向下，从土地利用与竖向分层、环境可持续、资源利用与节约、健康与舒适、联通、安全与防灾、人文、智慧与管理 8 个方面，对地下空间绿色开发利用的等级提供综合评价方法。以两部标准为基础，提出了城市地下空间低碳型开发利用的"三三"理论体系，体现了"人-自然-建筑和谐共生""全寿命性价比最优"和"五节一环保"三个原则，为地下空间低碳型开发利用提供最优解决方案。见图 2。

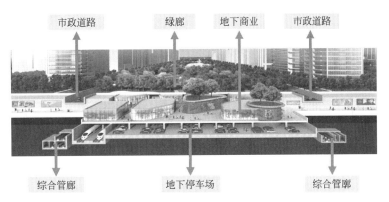

市政道路　绿廊　地下商业　市政道路

综合管廊　地下停车场　综合管廊

图 1　幸福林带绿廊-地下空间综合体效果图

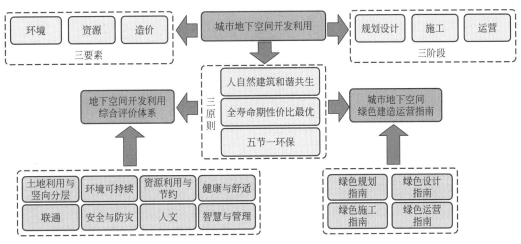

图 2　地下空间低碳型开发利用理论体系架构

2. 系列低碳建造技术

创新成果一：自均衡多束预应力锚索自锚连接技术

预应力锚索在围护桩体的左右两侧对称锚固，自由段在围护桩体的前侧环绕围护桩体并通过锚索连接器交叉固定，锚索连接器包括左右对称设置的两个钢垫块，两个钢垫块之间留设有弹簧，主动锚固块后部穿线孔与被动锚固块前部锚固孔形成供被动锚固预应力锚索贯穿的第一孔道，被动锚固块后部穿线孔与主动锚固块前部锚固孔的内侧孔形成供主动锚固预应力锚索贯穿的第二孔道。自均衡多束预应力锚索在基坑支护工程中的使用，免去使用型钢腰梁，同时消除了传统型钢腰梁锁锚后腰梁部位凸出 40～50cm 的问题，有效降低了无效肥槽宽度，节约土方开挖回填量，从"节省钢材"＋"减少土方"两方面实现基坑支护施工的低碳化。见图 3。

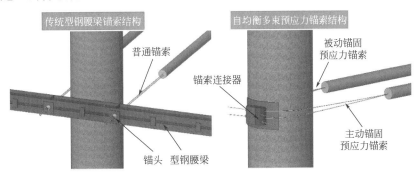

图 3　自均衡多束预应力锚索与传统型钢腰梁锚索结构对比图

创新成果二：地下结构渗漏防治技术体系

发明一种基于圆环法的混凝土早龄期温度应力试验设备，采用具有低热膨胀系数的铟钢环作为约束圆环，因温度在 0～60℃ 之间变化时铟钢环的应变可忽略不计，可以定量测试混凝土早龄期在温度变形和自生收缩变形共同作用下的性能参数，据此制定了 7d 自收缩率小于万分之四的超低收缩混凝土的配制标准，解决了混凝土自收缩过大导致地下空间渗漏的难题。

发明城市地下空间专用高抗渗补偿收缩混凝土及其制备方法，通过加入微珠、尾矿石、纳米矿粉和粉煤灰，降低混凝土的孔隙率，提高密实度；通过加入微珠、膨胀剂及水泥基渗透结晶材料降低混凝土的收缩，水泥基渗透结晶材料同时又可有效对水泥硬化时产生的微裂缝进行修复，从而也降低了开裂的可能性，加入玄武岩纤维及聚丙烯网状纤维，从而进一步提高混凝土的抗渗性及抗裂性。

遵循"多道设防、刚柔结合、反应抗渗"的理念，研发了一种地下结构多元复合防水技术。采用超低收缩混凝土结构形成有效的结构防水，结构内侧喷涂一道渗透结晶防水剂，结构外两道外包式柔性防水层采用喷涂速凝橡胶沥青与 HDPE 片材复合

"抗裂抗渗结构"＋"复合防水"构建地下结构渗漏防治体系，在西安幸福林带等超 500m 地下结构中成功应用，有效解决超长地下结构"易开裂、多渗漏"问题，减少运营期维修成本，实现地下结构施工的绿色化。

创新成果三：发明了采用湿陷性黄土拌制大流态填筑料的固化剂，研发了自密实固化黄土配制和自动化生产回填技术，解决湿陷性黄土地区大体量土方回填沉降问题，实现了回填工程的绿色施工。

肥槽回填时存在施工空间狭小、支护结构干扰、肥槽深度较深等因素，采用传统人工回填，肥槽区域密实度往往很难控制，回填速度缓慢，且回填土易出现工程质量问题。本项目通过施工场地废弃渣土、水、水泥、粉煤灰、专用固化剂（结合西安土质特点，发明适用于湿陷性黄土的固化剂，该固化剂由烯钛粉、纤维、阴离子表面活性剂按比例配置而成）的组合，配制形成了可泵送的自密实固化土，解决湿陷性黄土地区大体量土方回填沉降问题，同时减少土方的外运和回拉。另外，研发了自密实固化土标准生产流程，搭建了全自动加工生产线，实现自动化生产，降低土方回填工程材料和人工成本。"就地取材"＋"废物利用"实现回填工程的绿色化。见图 4。

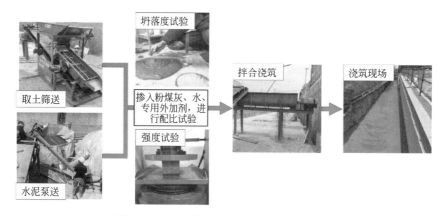

图 4　自密实固化黄土制备流程及现场施工

创新成果四：研发了基于工业固废及沙漠砂的 3D 打印技术，实现了绿廊地下空间艺术构配件的低碳化生产。

研究掺入不同配合比粉煤灰（FA）、矿渣微粉（BFS）、硅灰（SF）的 3D 打印混凝土以及以沙漠砂为骨料制备的水泥基 3D 打印砂浆的工作性能、凝结时间和力学性能，确认基于工业固废和沙漠砂的 3D 打印砂浆具有良好的可打印性和较高的强度，并为 3D 打印混凝土的配比提供合理建议。同时，发明一项 3D 打印混凝土墙体表面的方法，实现 3D 打印混凝土的工程应用，解决建筑墙体传统施工中存在的手工作业多、模板用量大、复杂造型难以实现、墙面处理慢、工序多等问题。应用基于工业固废和沙漠砂的 3D 打印砂浆成功打印景观部品和挡风墙。见图 5。

图 5　采用 3D 打印砂浆生产的景观部品

3. 智慧运维技术

创新成果一：复杂场景下无重复建模的多特征人流量动态识别技术

发明了一种基于顶视角的红外图像人流量检测装置及方法，通过图像获取模块、参数设置模块、图像处理模块、目标跟踪模块和人数统计模块，简化图像处理方法，实现复杂场景下无重复建模的人流量动态识别，并根据人流量数据控制能源设备运行，达到满足人员舒适度要求的最节能运行状态，实现商业运营的低碳化。

创新成果二：基于面向对象贝叶斯网络的中央空调系统故障诊断方法

为解决复杂大规模中央空调系统故障诊断难度大的问题，发明一种基于面向对象贝叶斯网络的中央空调系统故障诊断方法，其技术方案是：首先，为每一类中央空调设备构建标准化、可复用的故障诊断贝叶斯网络类和附加信息贝叶斯网络类；其次，根据实际系统包含的设备类型和数量，通过类的实例化为每个设备生成相应的贝叶斯网络片段；再次，分析设备之间的关联关系，建立相应片段之间的有向边连接，并进行贝叶斯网络结构和参数的调整，形成系统级别的贝叶斯诊断网络；最后，以中央空调系统的实时数据为输入，基于贝叶斯网络运行概率推理实现故障诊断，故障诊断效率由原先的不足 50% 突破到 95% 以上，该方法避免了由于中央空调系统故障导致的温湿度失调、能源浪费、设备损伤，有助于实现中央空调系统的低碳化节能运行。

创新成果三：跨平台多专业融合智能运管控一体化技术

创新多节点、多协议的前置机驱动机制和数据压缩缓存队列方法，突破了绿廊-地下空间综合体广域分布式部署情况下海量实时数据采集和大规模并发控制技术，实现接入 120 万点的系统规模，满足跨平台、高性能、高安全、大容量的软件平台需求。运用混合模型、遗忘因子模型、基于线性平衡的简化遗传算法、基于统计学的冷冻水管网模型、冷冻水泵时序优化技术及智能实时群控优化节能方法，实现了各系统间的智能化控制，实现系统运行低碳化。见图 6。

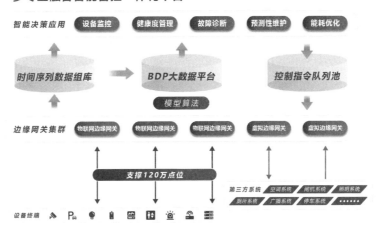

图 6　智能运管控一体化技术工作示意图

三、第三方评价、应用推广情况

1. 第三方评价

2022 年 4 月 19 日，陕西省土木建筑学会在西安组织课题成果进行鉴定，专家组认为：研究成果技术创新性强，推广应用前景广阔，总体达到国际领先水平。

2. 推广应用

本项目形成的《城市地下空间绿色建造及运营指南》《绿色生态地下空间开发利用评价标准》、"绿廊-地下空间绿色施工技术"在西安市幸福林带建设工程 PPP 项目进行了应用。使林带全段获二星级绿色建筑设计标识，图书馆文化馆区域获三星级绿色建筑设计标识。

关键技术"地下结构多元复合防水技术"在长沙市轨道交通 4 号线汉王陵公园站上建工程进行了应用。该技术对于解决地铁车站渗漏难题，提升地铁车站工程质量，保障运营安全具有重要意义，取得了良好的社会效益和显著的经济效益，值得应用推广。

关键技术"地下结构多元复合防水技术"在深圳地铁 13 号线进行了应用。面对深圳地铁 13 号线受近海潮位影响，全线地下水位高，渗透性强，且地下水位对结构具有一定腐蚀性的问题，该技术起到了很好的渗漏防治效果。

关键技术"运管控一体化管理系统"在西安幸福林带建设工程、华中科技大学同济医学院附属同济医院后勤综合运维平台项目、烟台毓璜顶医院建筑综合运维管理系统项目进行了应用。该技术整合安防系统、消防系统、智能水电表系统、楼宇自控系统等各类物联网系统等相关数据，接入人流量、车流量、设备运行状态、维护记录、运维事件、气象信息等信息，进行数据分析，形成运维大数据，实现对内中央空调、车位、检测设备及其他相关附属设施的智能管控与辅助决策分析。截至目前，运行情况良好，有效降低了运维管理人员的工作强度，节约了运维人工成本，有效降低了整体能耗。

四、社会效益

西安幸福林带"绿廊-地下空间综合体"开发模式获社会各界广泛关注，被新闻联播、人民日报、新华网、陕西日报等多家线上线下媒体报道 255 次，召开两次国际论坛，与会专家学者对该模式给予高度评价。城市地下空间绿色建造运营标准和绿色开发利用评价体系的建立，为城市地下空间的低碳开发利用提供理论依据，促进城市地下空间开发的可持续性。系列低碳型关键建造技术的研发，为改变建筑业高能耗、高污染现状提供技术支撑，助力建筑业逐步向"低碳型"转变。另外，西安幸福林带低碳型开发利用的成功经验，可以推进其他老城区的城市更新，有望带动核心区投资额超 5800 亿元，就业岗位 5 万个，每年增加 GDP1500 亿元；同时，高品质城市更新项目的不断实施，将助力优化城市空间结构，提升城市品质，建设宜居、宜业、绿色、智慧、以人为本、可持续发展的新型社区，实现人与自然的和谐共生。

五、环境效益

西安幸福林带地下建筑处于温度相对恒定的土壤环境中，不受风霜雨雪和太阳辐射直接影响，相比同等规模的地上建筑将消耗较少的冷热负荷来营造舒适地室内环境，预估幸福林带商业部分因采用地下建筑形式可减排二氧化碳约 540 万 t（按 50 年设计年限考虑）。城市绿廊是改善修复城市气候最有利的元素，幸福林带 75.6 万 m^2 绿廊的建成可以有效吸收区域内二氧化碳约 2.2 万 t、缓解区域热岛效应、增强区域风速、降低区域污染物浓度，极大程度地改善城市气候环境。系列低碳绿色施工技术和智慧运营技术的应用将极大地减少施工阶段和运营阶段碳排放（按 50 年设计年限考虑，预估减排二氧化碳约 108 万 t），进而起到遏制全球温室效应和减少大气粉尘污染的作用。

北京环球影城主题公园关键建造技术

完成单位： 中建一局集团建设发展有限公司、北京市建筑设计研究院有限公司、中建工程产业技术研究院有限公司、清华大学

完成人： 周予启、史春芳、沈　斌、焦成飞、苏　岩、阎培渝、张庆利、冯建华、刘卫未、耿冬青

一、立项背景

北京环球影城主题公园是国家重大产业项目，是北京目前最大的服务业外资项目，也是北京城市副中心文化旅游功能的重要支撑项目。从 2001 年北京市政府与美国环球签署了第一份合作意向书开始，到 2018 主体工程开工，近 20 年来不断深入开展项目论证研究、完善项目方案，最终确定占地约 4km²，是全球最大、中国首个环球影城主题公园，也是全世界唯一具有中国元素的环球影城主题公园。见图 1。

图 1　环球影城主题公园中唯一以中国元素为主题的园区——功夫熊猫馆

由于本项目的重要意义及中美双方对项目方案的精雕细琢，项目规模、中国主题元素、高客流量等多方因素，给项目建造带来了极大挑战，在本项目开展研究过程中，存在以下几个科学技术难题：

1. 设计与施工管理难度大

业主管理团队是中美结合，管理体系复杂，前期未知信息量巨大且工期要求紧，线性的设计、施工组织模式难以适应项目管理，需要设计单位、施工单位、供应商、专业设备厂家等多方协同工作，涉及专业多达 31 个，涉及分包 121 家，供应商 273 家，分包管理人员 1312 名，设计与施工管理难度极大。

2. 主题类建筑异形空间多

本项目为了充分发挥园区内部建筑引流作用，极致关注游客游览体验，在设计过程中采用了大量的异形空间，并在"功夫熊猫"单体中存在极多的房中房建造工作，其结构布置复杂、设计与安装限制条件多、测量定位难度大、精度要求高。

3. 中国元素还原度标准高

该项目作为全球首个具有中国元素的环球主题公园，业主对中国元素的现代化建造技术还原度的要求标准高，地面、墙面、屋面和构筑物都要求体现中国主题元素，既要满足规范和使用功能的要求，又要充分实现中国元素对游客的吸引，给项目建设带来了极高挑战。

4. 建造速度与质量要求严

作为国际知名的主题公园、北京城市副中心文旅功能的支撑项目，本项目提前开园将创造巨大收

益，开园后游客流量大、设备运转强度高，建造过程中还应考虑尽量减少后期维护对主题公园正常运行的影响，中美联合项目管理团队对施工速度与质量要求极严。

课题从以上问题出发，结合参研各方已有技术成果，开展课题研究并进行总结推广。

二、详细科学技术内容

1. 大型主题公园集成化建造技术

创新成果一：复杂管理体系下的 IPD 集成化项目管理模式

作为国内首个大型主题公园采用 IPD 理念指导施工，最大限度地提高生产效率，减少浪费。对比其他类似主题公园项目，设计变更数量减少 75%，骑乘设施安装等关键节点均大幅提前，整体工期提前约 35%。见图 2 和图 3。

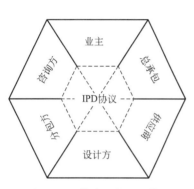

图 2　IPD 模式下的组织模型

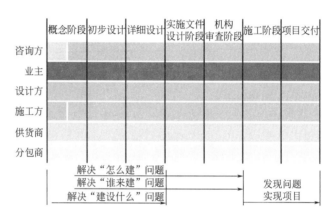

图 3　IPD 全生命周期

创新成果二：复杂项目 BIM 正向设计技术

全过程 BIM 正向设计，全球 38 家单位全专业三维出图，有效地解决了消防、大空间气流组织等设计难点，提升设计质量，同时服务后期施工、运维。见图 4 和图 5。

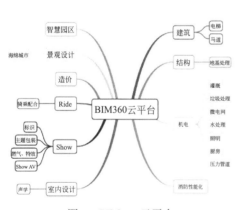

图 4　BIM360 云平台

图 5　Revit 三维图

创新成果三：复杂功能项目的深化设计技术

应用 BIM 技术进行多专业、同步深化设计，图纸及时交圈，取得了良好的经济效益。见图 6。

创新成果四：阶梯状空间流水精细化管理

为突出关键工作，提高施工效率，创新性采用空间管理模式，在钢桁架内增加临时钢平台，沿竖向和水平向划分工作面，提高了施工管理效率，保证了工程安全有序实施，缩短了施工周期。见图 7 和图 8。

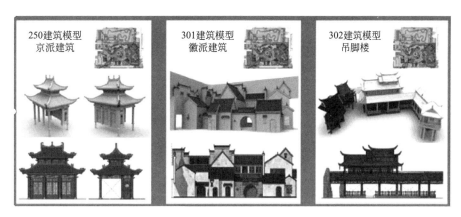

图 6　仿古建筑深化设计

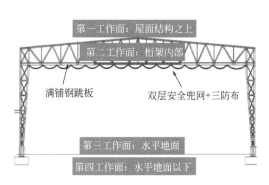

图 7　竖向工作面划分

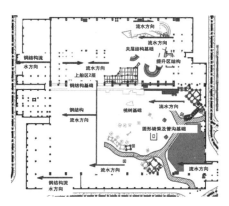

图 8　水平工作面划分

2. 主题类建筑异形空间施工技术

创新成果一：异形结构精密施工测量技术

研发了异形结构精密施工测量技术，采用三维模拟预拼装测量和自动化监测技术实施跟踪测量等技术，提高现场假山、仿古建筑等复杂钢结构构件安装精度。见图 9 和图 10。

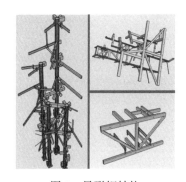

图 9　异形钢结构

图 10　异形仿古建筑

创新成果二：大跨度屋面双榀钢桁架双机抬吊技术

创新性提出了一种大跨度屋面双榀钢桁架双机抬吊关键技术，解决了 80m 跨度桁架抬架加固支承点下沉的问题，减少机械投入；同时，提高施工工效，大幅降低施工成本。见图 11 和图 12。

创新成果三：大型空间超高轻钢龙骨隔墙施工技术

一般轻钢龙骨隔墙高度小于 9m，创新并研发了大型空间超高轻钢龙骨隔墙施工技术，解决了 10～14m 的超高轻钢龙骨隔墙施工难题，突破了轻钢龙骨隔墙的应用瓶颈。见图 13 和图 14。

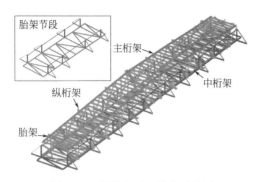

图 11　双榀桁架地面拼装示意图

图 12　桁架单元现场吊装

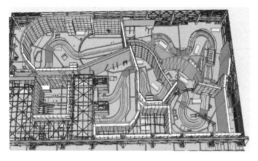

图 13　10～14m 超高轻钢龙骨隔墙

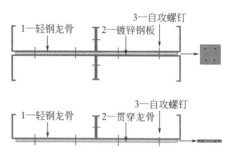

图 14　超高轻钢龙骨组合节点图

创新成果四：房中房中式仿古建筑设计与施工技术

房中房仿古主题建筑是中国古建神态与电影中建筑形态相融合的艺术体现，它既兼顾了古建中的基本元素，同时又要满足电影美学和观演视觉冲击效果的要求。功夫熊猫馆房中房仿古主题建筑融合了中国传统京派、徽派、吊脚楼设计元素，对仿古建筑体系、装饰材料等进行研究，实现了中国特色仿古建筑的神韵。见图 15 和图 16。

图 15　房中房仿古建筑效果图

图 16　房中房仿古建筑实景图

3. 中国主题元素高还原度装饰营造技术

创新成果一：中式仿茅草斜屋面一体化建造技术

研发了中式仿茅草斜屋面一体化建造技术，提出了一种高牢固度的屋檐茅草瓦定型技术和一种 U 形一体式隐蔽天沟体系，实现了中式特色茅草屋的装饰效果。见图 17 和图 18。

图 17　中式仿茅草斜屋面效果图

图 18　中式仿茅草斜屋面现场施工

创新成果二：中国特色仿真树设计与施工技术

功夫熊猫馆中最具代表性一颗桃树高度达 16m，树冠冠幅达 8m，研发形成中国特色仿真树设计与施工技术，可供今后同类仿真生态体系进行参考。见图 19。

图 19　仙桃树完工效果图

创新成果三：中国特色主题创意下的灯具设计与安装技术

针对实现灯具效果与主题乐园风格统一是灯具装饰的问题，研发了中国特色主题创意下的灯具设计与安装技术，将中国主题灯具与电影场景相融合，实现现代中国特色主题灯具安装的藏与露。见图 20 和图 21。

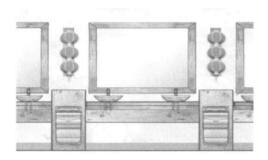

图 20　中式仿古灯具效果图　　　　　　　　图 21　现场实施效果图

创新成果四：中式彩色压印混凝土一体化施工技术

针对室内仿古中式主题装饰色彩要求高、厚度要求薄、工期要求紧的问题，研发中式彩色压印混凝土一体化施工技术，提高了施工效率，解决了中国特色主题装饰地面的施工难题。见图 22 和图 23。

图 22　功夫熊猫主题造型地面　　　　　　　图 23　赛克太极组合地面

创新成果五：新型横檩竖板金属保温板外围隔墙施工技术

金属三明治保温板板材样式限制了"竖檩条、横板材"的安装方式，创新性地研发了一整套新型横檩竖板金属保温板外围隔墙施工技术，有效地解决了金属保温板板横向排板有局限性、竖向排板渗水的问题。见图24和图25。

图24 金属保温板檩条安装

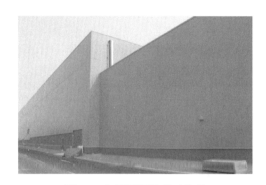

图25 金属保温板完工效果

4. 复杂功能主题公园高质量建造技术

创新成果一：室内超长无缝弧形混凝土自防水水道施工技术

研发新型P6级抗渗混凝土自防水体系，解决了450m超长、自防水现浇混凝土水道结构开裂、渗漏等难题。同时，膨胀加强带代替后浇带的设置，大大缩短施工工期。创新性地提出一种创新型施工缝节点，显著提高混凝土防水、抗渗性能。创新并研发了一种箱型模板与钢木梁模板组合模板体系，实现了弧形水道清水混凝土的表观效果。见图26。

创新成果二：三折线双台阶清水混凝土看台一体化预制技术

针对亚洲最大预制看台板，创新性地提出了等角度均分的三折线设计方案，最大限度地保留了建筑的

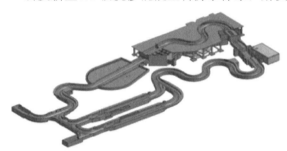

图26 全球最长室内自防水清水混凝土水道

观感效果，降低了踏步局部加工难度。同时，提出了两阶看台整体预制的设计方案，较单阶看台预制方案，构件间水平接缝数量减少50%，解决了预制看台建筑的防水问题。创新性地提出了一种看台板模具，提升看台板预制场加工效率。研发了一种消除预制混凝土内气泡的辅助振捣装置，保证了清水构件加工质量。预制看台板采用反打工艺，为此研发了一种适用于三折线双台阶看台板的辅助翻转装置。成套技术降低加工难度、减少板块数量，缩短了吊装工期。见图27和图28。

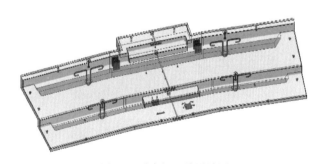

图27 看台板三维设计图

图28 看台板安装完成效果

创新成果三：主题公园大型设备屋面集成安装成套技术

为保护防水层不被破坏，所有设备不允许在屋面上进行二次搬运，创新性应用该技术，省去传统的二次吊装工序，无须二次找位，大型直接一次性整机吊装到位，设备整体性好且大幅节省工期。见图29和图30。

空调水管道基础
风机及电箱基础
空调机组基础
管道支吊架基础

图 29　大型设备基础精准预留　　　　　　图 30　设备限位器安装

创新成果四：主题公园复杂埋地管道集成安装关键技术

创新并研发了主题公园复杂埋地管道集成安装关键技术，解决了 10 万米排布密集、复杂的埋地管道施工精度高且工期紧张的施工难题。同时，创新地采用高分子聚合物混凝土预制拉线井进行埋地管道施工的新材料新方法，提高施工速度，节能、环保。研发应用埋地入户电管防水密封技术，解决了埋地管线入室防水问题，施工便捷。见图 31。

图 31　埋地管道精准施工

三、发现、发明及创新点

（1）研发了三折线双台阶清水混凝土看台一体化预制技术，实现了弧形看台的高精度拟合，解决了内凹踏步看台整体预制难题，通过建造全流程控制保证了结构质量，大幅降低了施工难度，缩短了施工时间，提高了交付品质。

（2）研发了室内超长无缝弧形混凝土自防水水道施工技术，解决了全球最长的弧形闭合循环现浇钢筋混凝土水道结构无伸缩缝、截面复杂、防水性能要求高、混凝土观感质量要求高等施工难题，同时缩短了施工周期。

（3）研发了新型横檩竖板金属保温板外围隔墙施工技术，有效解决了金属保温板横向排板局限性、竖向排板渗水的问题，为金属保温板外立面设计提供一种纵向美观、结构稳定、施工快、防渗水的方法。

（4）研发了大型空间超高轻钢龙骨隔墙施工技术，解决了传统轻钢龙骨运用在超高隔墙（高度10～14m）时刚度弱、稳定性差、承载力低、安全隐患高等问题，突破了轻钢龙骨隔墙在大型空间超高隔墙中的应用瓶颈。

（5）研发应用了基于 BIM 技术的复杂埋地管道精准施工技术，解决了大型施工场地无无轴网、节点多、精度要求高的难题。

（6）研发应用了中国主题元素在主题公园应用的设计与施工技术，解决了异形主题空间测量与定位难题，实现了房中房中式仿古建筑、中式仿茅草斜屋面、中国特色仿真树、中国特色主题创意灯具等中国主题元素在大型主题公园中的高还原度建造。

（7）该成果以北京环球影城主题公园标段三项目为依托，在设计及施工的研究过程中获得发明专利7项，授权实用新型专利33项；获省部级工法2项，发表论文13篇，其中SCI论文3篇；通过住房和城乡建设部绿色施工科技示范工程、中建集团科技示范工程验收。

四、与当前国内外同类研究、同类技术的综合比较

较国内外同类研究、技术的先进性在于以下9点：
（1）轻钢龙骨隔墙超高组合施工技术；
（2）房中房主题仿古建筑装饰施工关键技术；
（3）横檩竖排板金属保温板外墙施工技术；
（4）主题造型仿真生态体系技术研究；
（5）高大空间轻钢龙骨隔墙卫生间装饰装修施工技术；
（6）基于中国特色主题创意下的灯具技术研究；
（7）室内复杂弧形水道研究技术；
（8）复杂三折线双台阶预制看台板技术研究；
（9）基于BIM技术的复杂埋地管道精准施工技术研究。
以上技术通过国内外查新，查新结果为：在所检国内外文献范围内，未见有相同报道。

五、第三方评价、应用推广情况

1. 第三方评价

2021年12月16日，北京市住房和城乡建设委员会主持召开了"北京环球影城主题公园关键技术研究与应用"科技成果鉴定会，专家一致认为该项成果具有较高的创新性和先进性，综合效益显著，综合成果达到国际领先水平。

2. 推广应用

本技术应用于嘉兴文化艺术中心项、北京环球大酒店、国家科技奖传播中心、杭州云谷园区等多项工程。

本技术为大型主题公园及其他大型工程施工提供了经验和范例，具有较高的创新性，大大促进了建筑施工行业的技术进步，具有广阔的推广前景，同时对社会发展具有强大的推动作用。

六、社会效益

北京环球影城主题公园是通州城市副中心和京津冀一体化战略中重要一环，在环球影城带动下，主题乐园经济再度被掀起热潮。2021年9月20日，北京环球度假区正式开园，门票1min售罄，赴京机票预订量环比增长超200%，吸引了众多游客，大幅带动周边产业发展。据统计，在环球主题公园有力带动下，2021年通州区规模以上文化、体育和娱乐业收入同比增长367.4%，住宿业收入增长122.6%。环球影城为北京注入更多国际化、现代化、时尚化元素，以中国特色创建国际文化旅游新高地。

主题公园建设体现了十九大精神中坚持以人民为中心的发展理念，在满足人民群众的文化旅游需求、完善城市功能等方面发挥了积极作用，成为旅游业创新发展的重要业态。本项目创新技术的研究，可极大限度地提高主题公园的施工效率，提高工程质量及增强安全保障，真正实现施工过程高质、高效；同时，创新技术及关键技术的研究成果，为后续类似工程的承接提供了强有力的技术支持，可以提升相应区域的竞争优势。

复杂岩溶区大吨位二次转体非对称斜拉桥关键技术研究与应用

完成单位：中国建筑第六工程局有限公司、中铁第四勘察设计院集团有限公司、中建桥梁有限公司

完成人：焦　莹、高　璞、刘智春、刘晓敏、高　杰、李　川、曹海清、曾甲华、周俊龙、卢　俊

一、立项背景

独塔斜拉桥由于其结构本身的特性，特别适合于跨越中小河流及作为跨线桥。根据跨径的区别，独塔斜拉桥可分独塔对称斜拉桥和独塔不对称斜拉桥。独塔不对称斜拉桥由于两跨不等，本身荷载也有差别，在实际工程中，只需对边跨进行合适的压重，通过斜拉索来调节就可以对桥塔偏位进行有效的调节。相比独塔对称斜拉桥来讲，独塔不对称斜拉桥在结构受力及线形上更为合理，在实际工程中采用得也较多。

桥梁转体施工方法是 20 世纪 40 年代以后发展起来的一种桥梁施工技术，它是指将桥梁结构在非设计轴线位置制作（浇筑或拼接）成形后，通过自身转体就位的一种施工方法。转体施工法的出现，打破了障碍物对施工的影响，避免了在障碍上空的作业，从而增加了桥梁建设的适用范围。不管是在高山峡谷还是航道、交通频繁地区，或者铁路跨线等现场条件复杂的地方，转体施工都能克服这些不利条件，将不利的施工空间转化为较好的施工空间。从而保障特殊条件下桥梁施工的安全、质量、进度，产生更大的社会效益和经济效益。

桥梁转体施工技术是一门技术含量很高的桥梁施工方法，施工过程中存在很大的风险。采用转体施工法进行建设的桥梁，由于各自施工环境不同，具体施工方法及细节处理必定存在差异。基于这种情况，对每座采用转体施工技术的桥梁有必要进行系统研究，研究出一套安全、可靠的转体施工技术并应用于具体工程实践；同时，在实践中积累和总结工程技术经验，以便更好、更有效地服务于桥梁施工建设，因此对转体施工技术的研究具有重要意义。

二、详细科学技术内容

1. 大吨位斜拉桥转体结构体系关键技术

龙岩大桥采用平面转体施工法跨越既有铁路，采用以球铰中心支撑为主、环道支撑为辅的转动体系。转体结构设置在主塔塔柱底部，由转盘、球铰、撑脚、环形滑道、牵引系统、助推系统和临时支撑及锁定等部分组成。

首次利用整体铸钢加工球铰，转体球铰设计最大转体质量达到 2.5 万吨，首次突破 2 万吨，引领并开启了超大吨位桥梁转体施工的时代。

建立球铰有限元模型，计算球铰结构在竖向承载和偏心荷载作用下的应力、变形情况，以及球铰保持稳定所能承受的偏转力矩，为球铰施工控制提供依据。对转体球铰及转体结构体系进行受力计算，包括转体结构整体受力分析、转体结构抗倾覆稳定分析、转体斜拉桥抗风稳定性分析，以确保结构安全，为转体结构施工控制提供依据。

2. 超邻近铁路线斜拉桥水平二次转体关键技术

为了跨越铁路线，主桥采用"水平二次转体"方法施工，第一次转体为裸塔转体，即索塔施工完成后，索塔单独进行水平转体；第二次转体为塔梁共转，即钢箱梁、斜拉索安装完成后，索塔和主梁整体

水平转体。

在桥塔主梁同步转体的基础上，增加了一次"独塔水平转体"，将桥塔与既有铁路线的最小距离从6m增大至22m，增加了安全作业距离，减少了铁路线对桥塔施工的限制，加快施工进度。见图1和图2。

(a) 转体前　　　　　　　　　　　　　　　　　　(b) 转体后

图 1　裸塔转体（第一次转体）

(a) 转体前

(b) 转体后

图 2　塔梁共转（第二次转体）

根据现场情况，通过对斜拉桥独塔单转稳定性问题、两次转体的转动系统兼容匹配问题、转体球铰四氟滑片蠕变性能及适应性问题、第一次转体与第二次转体两次转体前后临时支撑体系问题等桥梁水平二次转体施工的关键技术，进行了系统研究。

3. 钢箱梁剪压承载式锚拉板结构关键技术

鉴于以往常用的锚拉板结构普遍存在的问题，本项目对常规锚拉板结构进行了系列研究改进，发明了"桥梁钢主梁剪压承载式锚拉板结构"。该锚拉板在开孔适当位置设置了平行于锚垫板上端面的拼接熔透焊缝，拼接缝以下锚拉板与钢箱梁厚 40mm 外腹板为一整板件，避免了锚拉板与桥面板间直接承受拉力、疲劳受力突出的焊缝。锚垫板和锚拉管之间增设了两块承压板，可承受部分索力，显著降低了锚拉板与锚拉管焊接部位、锚拉板上圆角的应力水平。通过有限元计算分析可知，该锚拉板抗疲劳性能和结构耐久性、安全性显著提高。见图 3。

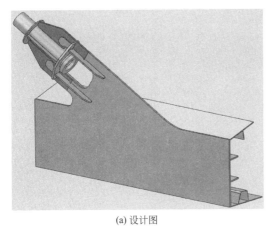 

(a) 设计图　　　　　　　　　　　　　(b) 工厂预制图

图 3　桥梁钢主梁剪压承载式锚拉板结构

此外，对本桥锚拉板采取与钢箱梁 40mm 厚外腹板共面、同板厚设计，强大集中的斜拉索力能够可靠传递并扩散，在外腹板上设置了两道贯穿钢箱梁全长的 300mm×28mm 水平加劲肋，通过锚垫板锲角来实现斜拉空间索各索的横向倾角等，并提出了对锚拉板与钢箱梁 40mm 厚外腹板必须按照一整块钢板切割形成（中间不得设置焊缝）、锚拉板所有结构组装、焊接都必须在工厂制作完成等相关设计要求。既从设计源头上提高了锚拉板结构的安全可靠性和耐久性，又能在施工过程中使锚拉板以及索梁锚固体系等斜拉桥关键部位的施工质量得到很好的控制。

4. 复杂岩溶地区超大径超长桩旋挖钻入岩施工技术

龙岩是典型的喀斯特地貌，溶洞、土洞极其发育。根据地质勘察资料显示，该区域为岩溶极为发育地区，地下溶洞分为 3 层，最大溶洞高度超过 30m，溶洞填充物一般为软塑粉质黏土。主塔邻近龙厦铁路线，承台距现有铁路桥承台最小距离仅为 14.66m。因主桥所在位置地质环境复杂，溶洞的有效处理及避免扰动线是灌注桩施工的难点。

龙岩大桥采用"旋挖钻分级钻进、全护筒分级跟进"的施工方法，利用大型旋挖钻钻进深、扭矩大的特点，配备自助加工多种类型的钻头，解决了桥塔桩径大、钻进深度大、岩层强度高的施工难题；利用全护筒分级跟进技术，解决了岩溶地区溶洞内钻孔风险大、钻孔难度高的难题，提高了成孔效率和质量。

"旋挖钻分级钻进、全护筒分级跟进"工艺的具体流程为：在现场场地硬化完成后，进行孔位放样，并提前做好桩基施工准备工作，准备下放工作钢护筒。钢护筒加工由工厂按统一规格分段加工，并按照桩基施工情况分批运至现场。桩基施工按照土层和岩层采取不同的施工方法，具体方式如下：

① 基岩面以上的土层，采用先下工作钢护筒后钻孔的施工方法。使用振动锤加导正辅助工具将首层钢护筒振动下放至基岩面，再利用旋挖钻分级钻进取土。

② 基岩面以下的岩层和溶洞区域施工采用先钻孔后跟进钢护筒的施工方法施工。旋挖钻配备牙轮

钻头，钻头分级钻进至一层溶洞底，待钻进至指定标高后，利用振动锤加导正辅助工具下放钢护筒，钢护筒外径较成孔孔径小 10～20cm。后序钻进施工按照上述方式循环施工，直至最终成孔。见图 4。

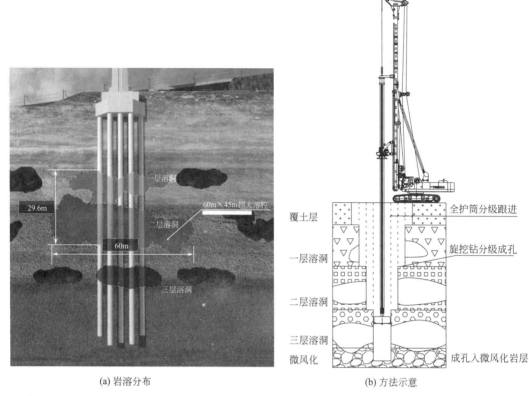

(a) 岩溶分布　　　　　　　　　　(b) 方法示意

图 4　旋挖钻分级钻孔，全护筒分级跟进示意图

5. 公跨铁立交桥面钢混组合式防撞体系关键技术

龙岩大桥以小夹角斜跨既有漳龙铁路、龙厦铁路和龙岩动车所牵出线，其中龙厦铁路设计时速 200km/h，铁路部门按高速铁路标准进行运营管理。斜拉桥主跨约有 135m 位于铁路上方，为避免桥上车辆、货物冲出桥面或坠落到铁路范围，需对桥上防撞系统及防冲出装置、防货物或集装箱甩出装置进行专题研究，并设置防异物侵限装置。

首次提出了在公跨铁立交桥面行车道防撞墙外侧设置防撞缓冲平台、防撞缓冲平台外侧再设置第二道防撞墙进行拦截的设计理念和防护体系，可避免车辆冲出桥面对铁路运营造成重大安全事故。

采用加强型钢混组合式防撞护栏结构，将混凝土护栏上部优化设计为格构式型钢护栏，减少了大跨桥梁的横向阻风面积和桥面荷载，增加了防撞护栏横向通透性，减少了风荷载对桥梁结构的负面影响。下部维持混凝土护栏下弧面结构形式，具有车轮自动纠偏回位、防直接冲出等功能。

防撞护栏通过内外侧防撞墙、缓冲区、格构式型钢墙、检修道外侧钢栏杆及防抛网形成了一个由内到外的三道防护及拦截体系，能够确保桥下铁路设施和列车运输的绝对安全，具有很大的推广应用价值。见图 5。

6. 钢箱梁构造及组拼架设关键技术研究

对钢箱梁构造进行优化设计研究。首创并应用了"一种带内置肋条的正交异性钢桥面闭口加劲肋结构"，解决正交异性钢桥面 U 形加劲肋结构常见疲劳破坏问题，改善钢箱梁局部疲劳受力状态。

根据现场施工条件，提出城区狭长地段跨线人字坡钢箱梁架设技术。龙岩大桥钢箱梁采用工厂加工、梁段分块进场、地面拼装、节段整体提升、高位小半径曲线滑移、高位直线滑移、高位同步变高顶推等系列工艺架设。

发明钢箱梁架设用系列设备，包括六向可调的桥段运输台车、大跨度大吨位液压提升站、钢箱梁对

图 5 公跨铁立交桥面钢混组合式防撞体系现场应用

接用六向调节小车装置，该系列设备保障了钢箱梁节段组拼质量，满足高位支架上钢箱梁对接的精度要求。见图 6。

(a) 液压提升站及曲线滑移支架 　　　　　　　　(b) 变高步履式多点同步顶推

图 6 钢箱梁架设示意图

三、发现、发明及创新点

（1）世界首创大吨位桥梁"水平二次转体"方法，从理论和实践方面解决了斜拉桥裸塔转体稳定性问题、两次转体的转动系统兼容匹配问题、转体球铰四氟滑片蠕变性能及适应性问题、第一次转体与第二次转体两次转体前后临时支撑体系问题，形成了大吨位桥梁水平二次转体关键技术。

（2）发明了"桥梁钢主梁剪压承载式锚拉板结构"，该锚拉板抗疲劳性能和结构耐久性、安全性显著提高。

（3）首次提出并采用"旋挖钻分级钻进、全护筒分级跟进"的施工技术，解决了主桥桩基桩径大、钻进深度大、入岩强度大等难题。

（4）首次提出了在公跨铁立交桥面行车道防撞墙外侧设置防撞缓冲平台、防撞缓冲平台外侧再设置第二道防撞墙进行拦截的设计理念和防护体系，可避免车辆冲出桥面对铁路运营造成重大安全事故。

（5）针对施工场地严格受限的条件，研发节段纵向分块制造、地面半幅梁段拼装、运输台车转运、地面整幅梁段拼装、节段液压提升、高位支架曲线滑移、高位支架曲线滑移、节段高位对接以及步履式顶推就位的成套钢箱梁制造和架设技术。

四、与当前国内外同类研究、同类技术的综合比较

较国内外同类研究、技术的先进性在于以下六点：

（1）大吨位桥梁"水平二次转体"方法属于世界首创。该技术是对传统单次转体工艺的提升，可大幅度增加塔身（墩身）施工时距既有结构物的距离，能显著降低高耸结构邻铁施工的风险。桥梁"水平二次转体技术"的成功实践，能减少转体桥梁在同类型条件下桥梁跨度，并在高陡山区及高耸建筑物等在复杂地形地物控制限制区域内，实现采用转体设计及施工的桥梁技术经济合理性要求。

（2）发明"桥梁钢主梁剪压承载式锚拉板结构"，提高了索梁锚固系统关键部位锚拉板结构的抗疲劳性能和结构耐久性、安全性，解决了锚拉板与桥面板焊接处、锚拉板与锚拉管焊缝处、锚拉板开孔上圆角处的应力集中和疲劳问题。

（3）提出岩溶区超大径超长桩"旋挖钻分级钻进、全护筒分级跟进"方法，解决了岩溶超发育地区大型桥梁桩基设计施工的世界级难题。

（4）研发钢混组合式防撞体系，该体系具有良好的防甩性能，并加强了桥上护栏防撞功能，可避免车载货物或集装箱倾覆、抛出、坠桥而引起二次重大事故，能够保证桥下铁路设施和列车运输的安全。

（5）研发城区狭长地段跨线人字坡钢箱梁架设技术，形成节段纵向分块制造、地面半幅梁段拼装、运输台车转运、地面整幅梁段拼装、节段液压提升、高位支架曲线滑移、高位支架曲线滑移、节段高位对接以及步履式顶推就位的成套钢箱梁制造和架设技术。

本技术通过国内外查新，查新结果为：在所检国内外文献范围内，未见有相同报道。

五、第三方评价、应用推广情况

1. 第三方评价

2022 年 4 月 16 日，天津市建筑业协会在天津主持召开了本项目科技成果评价会，组织国内桥梁领域知名专家对课题成果进行鉴定，评价委员会同意通过评价，本成果整体达到国际领先水平。

2. 推广应用

本技术曾应用于中建六局承建的龙岩市龙岩大桥，相关成果也推广应用于武汉杨泗港主跨 252m 跨铁路转体斜拉桥、信阳新十八大街工程 2×150m 转体斜拉桥、合肥市当涂路主跨 374m 双塔斜拉桥等十余座工点桥梁，取得了良好的社会效益和经济效益，拟进一步推广应用于其他转体施工桥梁和斜拉桥工程。

六、社会效益

龙岩大道高架桥主桥为（190＋150）m 独塔双索面钢箱梁斜拉桥，是龙岩市南北向交通中心轴和景观轴线，承担着改善闽西老革命去交通情况的重任，作为创造 9 项"世界纪录"的精品工程，圆满完成世界首例"水平二次转体"，开创了转体桥设计、施工领域的先河，获得央视、人民日报、新华社等百余家媒体多次报道，两次登录微博热搜，人民日报官方抖音点赞破百万，工程影响力大。本课题成果在龙岩大道高架桥项目主桥工程中成功应用，解决了复杂岩溶区桩基础难以成孔、超邻近高铁运营线施工作业安全难以保证等一系列难题，节约了大量的人工费、材料费、机械费、铁路配合费等，取得了良好的社会效益和经济效益，为同类型桥梁积累了宝贵经验，彰显了中央企业实力，助力企业飞速发展。

既有社区健康改造关键技术研究及应用

完成单位： 中国中建设计研究院有限公司、中国建筑科学研究院有限公司、中国建筑一局（集团）有限公司、苏州科技大学、住房和城乡建设部科技与产业化发展中心、同济大学、厦门万安智能有限公司

完 成 人： 薛　峰、王清勤、唐一文、赵　力、迟义宸、陈建平、田灵江、王　海、连毅斌、吕　峰

一、立项背景

当前，我国正在实施城市更新行动，全面推进城镇老旧小区改造。在疫情常态化下，既有社区改造中如何达到健康的目标，降低对居民日常生活和本原居住环境的扰动，是与群众生活息息相关的"身边大事"。

近年来，部分既有社区建筑抗震、节能、节水等方面的问题已得到解决，居住条件一定程度上得到了改善。但与居住者健康息息相关的住区环境、功能、健身与人文等方面的改造关注度仍不够，对于"人"的直观感受方面的考虑仍有欠缺。

很多既有住区的公共环境、服务设施和室内环境的健康性能和品质（空气、水、舒适、健身、人文、服务）已不能满足群众对社区健康生活的需求。缺少将"人"的直观感受植入到改造设计的技术方法，缺少应对"居民在宅"生活情况下，共性与个性的复杂健康需求，易于操作精细化的实施方法。采用传统改造方式造成了资源浪费、施工扰民现象没有从根本上得到解决。亟须研究建立一套既有社区低扰动健康改造理论、标准、方法和新技术、新产品，促进既有社区健康改造，降低改造对社区环境和居民生活影响，精准精细地满足居民健康生活需要。

二、详细科学技术内容

1. 提出了既有社区健康改造理论与方法

创新成果一：首次建立了多层、高层高密度集聚的既有社区健康改造理论。

针对健康改造的全国样地数据采集和体系构建。我国健康建筑指标体系的构建与评价。既有社区健康改造技术体系和评价指标。全龄友好城市社区居家健康适老化改造体系。居民直观感受和健康需求精细植入改造理论。应对疫情常态化的社区公共设施健康环境监测和分析方法。

创新成果二：研发了社区居民健康数字需求、多源数据耦合叠加和测算评价方法。

解决了为精细化健康改造提供前馈依据，以及项目前期多元健康要素耦合测算推演难题，以及利用三维影像图形快速生成设计参数，直接进行叠加和对比分析的技术难题。

采取以下技术措施：开发居民健康数字需求技术、形成多源数据融合评价方法、开发改造细节优化比选与快速成本测算工具、研发三维实景影像图形生成、数据叠加和分析技术。

创新成果三：研发了社区健康改造多元要素整合设计方法和全流程实施方法。

开发改造全过程协同设计流程模板和比选分析工具、形成改造全流程实施方法模板。解决了社区健康改造"复杂、多样、精细"，难于流程化和精益化管控的难题。

既有住区健康改造系列标准包括《既有住区健康改造评价标准》T/CSUS 08—2020 和《既有住区健康改造技术规程》T/CSUS 13—2021 等。

2. 构建了既有社区健康改造技术标准体系

创新成果一：建立了既有社区分区分类分级的低能耗健康改造标准体系。

建立了分区分类分级低能耗健康建筑性能指标、评价标准、技术要求等标准体系。主编了全文强制性国家标准《住宅项目规范》、《健康建筑评价标准》T/ASC 02—2021、《健康社区评价标准》T/CECS 650—2020、《既有住区健康改造评价标准》等标准。

创新成果二：建立了城市社区居家多尺度连贯的适老化改造标准体系。

提出了城市社区居家分类分级分型的技术要求、评价和服务管理的标准体系。主编《城市社区居家适老化改造技术标准》《既有住宅加装电梯工程技术标准》《城市无障碍系统化设计导则》系列。

创新成果三：建立了既有社区公共环境与设施健康改造标准体系。

主编《既有住区公共设施改造技术规程》《既有住区公共管线更新改造技术规程》《既有城市住区环境更新技术标准》《既有居住区城市综合管廊施工技术规程》。形成了涵盖公共环境、公共管线、管廊和设施的既有社区公共设施改造，分区分类分级性能指标、评价标准和技术措施等标准体系。

3. 研发了既有社区健康改造关键技术与产品

创新成果一：研发了气候适应型低能耗健康化分类分型改造与室内空气质量提升关键技术。

构建气候适应型低能耗健康化分类分型改造指标体系、开发室内空气质量提升关键技术。解决了住宅室内空气质量品质与能耗之间存在制约的难点问题，以及快速解决室内温度偏差、返味串味、隐蔽管线漏点等有关健康环境的通病难点问题。见图1。

图1　新型通风换气设备

创新成果二：研发了多元要素变量耦合的适老宜居改造设计方法和关键技术。

研发室内居住环境信息监测与数据耦合健康改造方法。形成多元健康需求要素整合设计方法和知识图谱、开发既有社区加建电梯标准化设计与技术模块。解决了社区15min生活圈，空间、设施、信息化和服务等多元系统性适老健康化改造的难题。

创新成果三：开发了健康改造评估工具与智能家居升级技术。

开发既有社区健康改造评估工具、研发既有社区健康改造智能家居升级技术。以"基础调研—改造指标构建—关键技术研究—综合示范"为基本技术路线，构建了既有住区智慧化和健康化改造指标体系，形成了升级改造关键技术及集成技术，建立了智慧和健康平台，并开展了综合改造工程示范，为既有城市住区的智慧化和健康化升级改造提供技术支撑。见图2。

4. 研制了既有社区低扰动改造关键技术与装备

创新成果一：研发了围护结构低扰动性能探测评价与结构加固关键技术。

开发低扰动围护结构低能耗性能诊断及检测技术、砌体及混凝土结构无声静力破碎拆除施工技术、既有社区结构低扰动加固施工技术。解决了低影响无损伤围护结构低能耗性能体检评估、动态监控、检测评价，以及居民"在宅"生活条件下对建筑本体加固改造的技术难题。见图3～图5。

图 2 "人性化环境建设协同工作平台"使用界面

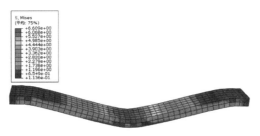

图 3 混凝土 Mises 云图

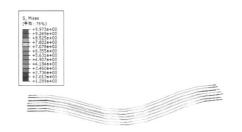

图 4 配筋 Mises 云图

图 5 预制空心楼板碳纤维加固

创新成果二：研制了社区路边侧方平移停车装置产品和智慧停车技术。

研发一种老旧胡同用可调式停车装置、一种老旧胡同用电动式停车装置、一种具有自动侧方停车功能的装配式路面、一种自动侧方停车器、一种老旧胡同用侧方位停车装置五项技术，以及紧凑型智慧停车技术。解决了利用社区路边等空间紧凑停车，提高停车数量，同时避免剐蹭的难题。见图 6。

创新成果三：研制了城市社区市政管道数字化探测免开挖原位增强修复技术与作业机器臂产品。

开发数字化探测免开挖原位增强修复技术、研发管道漏点定位和采暖系统温度偏差数字技术解决方案。解决了社区管网低扰动、免开挖、易操作的快速原位增强修复的技术难题。见图 7～图 11。

图 6 "一种老旧胡同用电动式停车装置"产品技术示意图

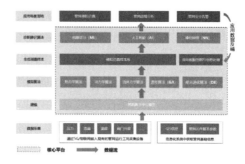

图 7 排水管网建模与仿真系统主页面   图 8 系统总体架构图

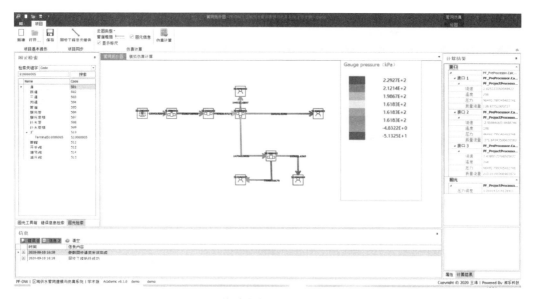

图 9 管道内水流量分析页面图

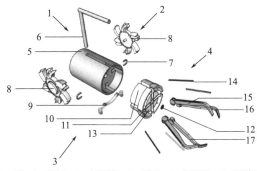

1—车体；2—驱动件；3—支撑结构；4—工作件；5—作业平台；6—升降架；
7—挂环；8—车轮；9—支撑架；10—可旋转控制底板；11—伸展臂；
12—超声波；13—可旋转的连接件；15—发光灯带条；15—机械臂；
16—机械臂二级展开臂；17—机械臂辅展滑头

图 10　工作车结构分解

图 11　管壁修复时作业车的工作状态

创新成果四：研制了社区微型管廊快速掘进机器臂产品与浅埋暗挖法施工技术。

采取以下技术措施：开发社区暗挖法地下管廊机器臂快速掘进施工关键技术、形成地下土层注浆加固绿植保护施工工法。解决了住区微型管廊暗挖施工机械无法展开，渣土外运困难的难题，以及施工过程中对周边绿植根系保护的施工难题。见图 12。

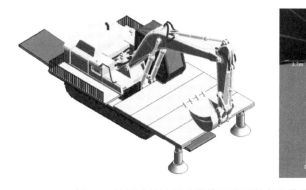

图 12　社区暗挖法地下管廊机器臂装备和作业示意图

三、发现、发明及创新点

1. 首次建立了社区健康改造理论，形成了信息提取分析、测算推演、全过程管控的健康改造方法，构建了既有社区健康改造技术体系

揭示了我国多、高层高密度集聚社区健康功能、性能和需求匹配机理，首次建立了既有社区健康改造理论；对社区健康环境与人体感知信息进行耦合分析诊断，研发了居民健康需求分析、多源数据耦合与测算评价方法；运用多维建模、场景仿真、模拟推演等技术，研发了社区健康改造多元要素整合设计和全流程管控方法。

2. 以需求和效果为导向，首次构建了既有社区健康改造和评价标准体系

建立了住宅、健康建筑和社区健康改造标准体系，确定了我国社区健康功能和性能控制阈值和评价方法；建立了既有社区多尺度连贯适老化改造标准体系，解决了适老化改造多目标协同艰难的难题；建立了既有社区公共环境与设施健康改造标准体系，为补足资源配置提供了科学依据。

3. 研发了低能耗与健康双重获益增效改造、适老化健康改造、路侧平移停车装置等既有社区健康改造关键技术与产品

研发了围护结构低能耗健康改造关键技术，攻克了健康和低能耗性能双重获益增效的技术难题；研发了既有社区公共设施健康改造关键技术与产品，解决了多重约束条件下，健康功能配置协同提升的难题；开发了既有社区健康改造评估技术与健康智能产品，运用多因子耦合评价方法，为社区健康改造和智能化提升方案提供前馈依据。

4. 研制了既有社区市政管道免开挖原位修复作业机器车、社区微型管廊快速掘进机器臂等既有社区低扰动改造关键技术与装备

研发了围护结构低扰动改造加固关键技术，解决了居民在宅生活，围护结构多重性能提升改造的技术难题；研制了社区管道数字探测技术与免开挖原位修复作业机器车，解决了公共管道延寿与精准诊断技术难题；研制了社区微型管廊浅埋暗挖法施工技术与快速掘进机器臂，开辟了地下空间功能提质增效改造的创新之路。

四、与当前国内外同类研究、同类技术的综合比较

项目针对提出的既有社区低扰动健康改造的造理论与方法、技术标准体系、关键技术和重点产品装备四个方面的研究内容与技术创新成果，以"国家科技图书文献中心（NSTL）""国家科技成果数据库""Orbit 全球专利检索系统""Ei Compendex"等 14 个国内外成果与文献数据库进行查新检索，在所查的国内外文献范围内，除项目自身发表专利文献涉及查新内容外，未见其他相同或类似报道，本项目具有新颖性。

综上所述，本项目总体来说在国内外有关技术领域具备创新型，在技术体系和成果方面填补了国际或国内空白。

五、第三方评价、应用推广情况

1. 第三方评价

2022 年 6 月 1 日，中国建筑集团有限公司在北京组织召开了由中国中建设计研究院有限公司等单位共同完成的"既有社区健康改造关键技术研究与应用"项目科技成果评价会。经质询讨论，专家评审组形成意见：该成果针对既有社区健康改造的关键技术进行研究，形成了一套拥有自主知识产权的既有社区健康改造技术体系，该项目成果总体达到国际先进水平，其中多、高层高密度集聚的既有社区健康改造技术达到了国际领先水平。

2. 推广应用

项目技术成果应用于：

（1）应用于北京北新桥街道民安小区微空间改造、北京大栅栏街道南新华街厂甸 11 号院改造、北京海淀区北洼西里 8 号楼公共空间改造、北京朝阳区水碓子西里社区改造、北京翠微西里老旧小区综合整治改造工程、北京市通州区老旧小区综合整治等 50 个项目约 530 万 m^2 改造设计项目。

（2）应用于海淀区房屋建筑抗震节能综合改造项目、海淀区 2014 年老旧小区综合整治项目（第二批）、2015 年海淀区老旧小区综合整治项目（第二批）等 150 余项所涉及的既有社区改造的工程总承包 EPC 项目，累计建筑面积约 2800 万 m^2。

（3）在上海市普陀区长征、万里、长风、真如、宜川等街道健康城区综合改造示范项目、浦东新区金杨新村街道绿色健康社区更新改造示范工程、云南玉溪大河上游片区绿色健康城区示范工程、绍兴市柯桥区柯桥街道和柯岩街道住区改造示范工程等近 5000 万 m^2 的既有社区改造项目中，提供了技术指导和健康社区改造标识评价咨询。

六、社会效益

促进我国应对疫情常态化下，既有社区健康改造，降低改造影响，更加精准、精细地满足社区居民美好生活的需要。

（1）成果为《国务院办公厅关于全面推进城镇老旧小区改造工作的指导意见》（国办发〔2020〕23号）文件出台提供了一定的理论基础和决策参考。成果纳入住房和城乡建设部发布的《完整居住社区建

设指南》中；成果纳入国务院《每日汇报》（第 16464 期）"居家养老适老设施亟待改善"中，获副总理批示。

（2）首次采用信息化技术，将居民人性化的需求精细地植入到改造全过程之中，形成了有效的实施模式和方法，加强了社区改造中精准为民服务"绣花功夫"的实施落地。

（3）针对居民生活最关切的问题，如：公共管网、公共管道、便捷停车、围护结构低能耗改造扰民和高空精益化作业等问题，提出切实可行的改造关键技术和方法。

（4）团队有 2 人成为住房和城乡建设部科技委社区建设专委会委员，1 人成为中国工程建设标准化协会"标准大师"，1 人成为中国工程建设标准化协会领军人才。

基于智能化的绿色施工关键技术研究

完成单位：中建工程产业技术研究院有限公司、中国建筑第八工程局有限公司、中建集成建筑有限公司、中国建筑一局（集团）有限公司、同济大学、湖南建工集团有限公司

完成人：李云贵、孙金桥、邱奎宁、张健飞、薛　刚、阴光华、袁　烽、陈　浩、刘　辰、陈　蕾

一、立项背景

在新时期，我国已经由中等收入国家迈向高收入国家，由高速增长转向高质量发展，经济社会发展面临一系列新的新特征和新要求，建筑业发展面临着新的机遇和挑战，绿色化、工业化、数字化和智能化成为发展焦点。

"基于智能化的绿色施工关键技术研究"项目（以下简称"项目"），以绿色化为目标，以数字化和智能化为技术手段，以工业化为生产方式，旨在实现建造过程的"节能环保，提高效率，提升品质，保障安全"，这与党的十九大提出的高质量发展要求，以及践行"双碳"目标高度契合。项目涉及的科学问题包括：施工过程固废减排、回收、资源化利用问题；施工污染防控、监测与处理问题；施工装备及临时设施标准化、智能化、产业化问题；建筑工程建造技术从数字化到智能化升级发展问题。

项目采用理论研究、技术研发、标准制定、设备研制、系统开发与示范应用相结合的方法，在"十二五"研究成果基础上，对绿色施工进行深入研究，形成绿色化实用工艺、技术和产品；集成应用BIM、大数据、云计算、物联网等信息技术，开展智能建造起步研究，引领建造技术向绿色化和智能化方向发展。项目组主要创新如下。

二、详细科学技术内容

1. 绿色施工全过程技术

项目立足绿色施工管理需求，建立了绿色施工决策模型，实现了不同施工技术的"绿色化"程度定量评价。构建的绿色施工效果评价体系。相关研究成果已纳入绿色施工评价标准的国家标准，专家认为达到国际先进水平。

项目对地基与基础施工、主体结构施工、装饰装修及机电安装施工等领域的10项绿色施工工艺技术进行了深入系统研究和集成创新，研究内容涵盖了绿色施工的全过程，具有良好的推广应用价值。其中：新型自动伺服钢结构内支撑施工技术、深基坑混凝土低能耗和免泵送施工技术、逆作工具式钢平台施工技术、成型钢筋混凝土结构施工技术、机电设备安装部品化施工技术等技术处于国际先进水平，地下工程泥浆护壁施工零排放施工技术、工具式早拆体系快捷施工技术、外墙保温装饰一体化施工技术、大空间装配式装修施工技术、装饰墙面装配式无尘施工技术等处于国内领先。见图1。

2. 施工现场临时设施标准化、定型化、产业化

研制了结构安全可靠、使用环境健康、节能环保的标准化、定型化施工现场临时房屋、临时路面、临时作业棚、临时围挡新产品和生产线，并实现了规模化推广应用。

在临时用房研究中，创新提出了新型集成房屋主要构件截面及构造，提出了精细仿真和简化仿真分析模型，形成了标准箱体构件清单。提出了标准化、定型化快速建模方式，开发了基于BIM的模块化箱式集成房屋仿真模拟快速建模软件，建立了标准化产品构件库，实现了自动精准识别建模、一键出

图 1   成型钢骨架施工技术

图、清单生成、标准化构件编号和着色，以及信息化设计和管理。在廊坊和滨海建立了两个临时用房生产基地，形成每年 7000 多箱的产业化能力，满足了施工现场对临时用房绿色要求，推动了绿色施工的发展。

在临时围挡研究中，发明了可快速拼接的标准化 PE 木塑围挡构件及定型化产品，大大优化了围挡的抗风性能，实现了对不同场地条件的适应，提高了安装快捷性和灵活性。在贵阳市建立了每年 2300t 产能的临时围挡生产线，推动了产业化发展。

在临时路面研究中，发明了抗重载模块化钢板路面产品，增加了钢板路面的承载力和摩擦力，可适用于不同的路面宽度和车辆轨迹，大大提高了性价比。在贵阳市建立了每年 5 万多 m² 的钢板路面生产线，推动了产业化发展。

在临时作业棚研究中，开发了新型装配式钢结构临时作业棚，构件实现了标准化、模数化，提出了针对风、雪荷载下的设计方法并形成了临时作业棚安装及组合关键技术，提出了防护层木材在高空坠物冲击作用下的破坏形式及相应的施工构造措施。见图 2。

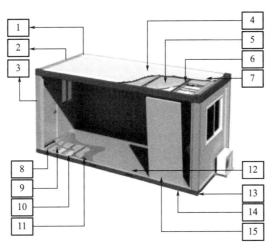

1—屋面角件；2—顶梁；3—立柱；4—彩钢屋面瓦；5—玻璃丝保温棉；6—屋面檩条；7—彩钢吊顶板；8—地板檩条；
9—玻璃丝保温棉；10—水泥板；11—封底钢板；12—橡胶地板；13—地面角件；14—底梁；15—墙板

图 2   施工现场临时用房标准化模型

3. 施工现场固废减排、回收与循环利用技术

项目形成了高效适用、经济合理的施工现场固废减排、回收与循环利用体系，实现了施工现场固废的精益管理与科学处置。形成了高效适用、经济合理的施工现场固废减量控制、回收与循环利用综合技术，并在示范工程中实现了固废减排 70% 的目标，达到国际领先水平。

在固废减排技术体系构建上，在定量化、减量化、收集管控、资源化利用方面形成 4 项关键技术，首次提出以节材设计、减废工艺、精细管理为主要内容的"施工现场固体废弃物减量化管控框架体系"，为实现施工现场固废源头减量奠定了理论基础。

产品支撑上，打破常规的大型化成套应用技术，开创了一个全新的细分领域。自主研发了场地适用性强、功能匹配的无机非金属类固废资源化处置设备及消能降噪、自动分离的固废收集运输装置，以及 3 项可实现材料精准投入、固废动态监测的数字化工具。研发了综合处理设备，产出的骨料产品，针片状颗粒的比例大幅降低，有效提高了骨料品质，有极高的推广应用价值。

项目成果已纳入住房城乡建设部《施工现场建筑垃圾减量化指导意见》《绿色施工科技示范工程技术指标及实施与评价指南》《施工现场建筑垃圾减量化指导手册》《施工现场建筑垃圾减量化指导图册》等行业技术政策和标准中，形成了从政策到实操的梯次指导性文件，为实现该体系在行业内快速推广应用提供了保障。

4. 施工装备及系统改造与施工机器人技术

项目创造性地设计了"可动电梯附墙结构"及"高位附墙体系"，实现了"施工电梯可上到顶部操作层""电梯穿过爬架进入楼层""电梯与爬架一体化提升"的三大功能，提高了施工效率，降低了施工人员的劳动强度和安全风险。

施工机器人控制技术和产品研究中，研发了机器人控制软件平台（FUROBOT），这是国际上领先的三大机器人控制平台之一；形成了多传感器机器人感知与反馈、多模态建筑机器人构型等关键技术。研制了现场喷涂机器人、幕墙安装机器人、钢结构柔性导轨弧焊机器人，实现了我国建筑机器人技术的突破，达到国际领先水平。见图 3。

第一代履带式平台(2017)	第二代履带式平台(2018)	第三代履带式平台(2019)	第四代履带式平台(2020)
□ 60kg负载机器人，单机位工作半径2.05m； □ 集成设计的液压支撑系统	□ 负载提升到240kg，单机位工作半径扩展到2.9m； □ 采用了更加稳固的蜘蛛形支撑腿； □ 集成了基于全站仪的机器人定位技术； □ 集成了异形幕墙板安装的工艺设备系统	□ 优化了设备布局，确定了机器人本体、履带移动平台、机器人控制模块、工艺控制模块这四大模块的基本布局； □ 开发了标准工艺控制模块，实现了工艺的标准控制	□ 开发了标准机器人控制模块； □ 优化了电气系统设计，进一步提升集成度； □ 采用了前蜘蛛形后直线形的支撑方式

图 3 四代履带式机器人

5. 施工全过程污染物控制与监测技术

项目首次以全国五类气候区、三个施工阶段、五类主要污染物为研究对象，进行施工现场有害气体、污水、噪声、光和扬尘五类污染物形成机理、影响范围及危害研究。首次将施工周边及现场人员都作为危害对象进行研究，填补了国内研究空白。

创新性地提出了五类污染物的控制指标体系和配套的监测技术。针对不同背景下的不同污染物给出不同控制指标体系和统一配套的监测方法，提出的污水、光和有害气体的控制指标体系，填补了国内空白。

研究开发了施工全过程污染物监测预警系统、移动端 APP 及数据库。研究提出了施工污染物集成实时监测预警核心算法，实现了施工全过程五类主要污染物的实时动态采集及自动远程预警，填补了国内在施工污染物全过程多参数自动监测领域的空白。

编制了《施工全过程污染物控制指标体系指南》《施工现场有害气体、污水、噪声、光、扬尘监测技术指南》和《施工现场有害气体、污水、噪声、扬尘、光污染控制技术指南》。施工全过程污染物控制与监测技术创新研究成果总体达到国际先进水平。

6. 基于 BIM 的数字化绿色施工技术

项目提出绿色施工信息的融合模型、数据交换集成及信息处理要求，并编制了《绿色施工信息模型分类编码标准》《基于 BIM 的绿色施工监控信息化管理规程》。这两部标准以绿色施工管理要素为核心，对基于 BIM 的绿色施工监管要点进行了系统化、定量化描述，填补了国内相关信息化管理标准的空白，标准已经发布实施，产生了良好的社会效益。

提出了以绿色施工评价为导向的绿色施工管控平台逻辑框架，将绿色施工编码和 BIM 模型融合，实现了绿色施工管控多源数据集成应用。研发了基于物联网和分布式计算的绿色施工监控管理平台，实现了人、机、料、法、环现场信息的动态采集，监控及决策分析。

7. 智能建造技术集成应用

项目研究提出了"互联网＋"环境下的项目管理新模式和项目多参与方协同工作机制，建立了以工程项目多源数据集成管理为核心、以 BIM 为基础的新一代信息技术整体架构。建立了 BIM 与新一代信息技术集成的规模扩展、空间扩展、动态扩展、能力扩展、决策扩展的扩展框架，提出了 BIM 与 GIS 集成的层次、方法、集成数据内容分类与分级以及信息集成应用模式。研究了基于微服务架构和多户模式的企业管理系统组件化开发技术，开发了设计企业和施工企业智能建造集成系统，其中的智慧工地系统实现了商品化推广应用，取得了良好的经济效益和社会效益。

三、发现、发明及创新点

（1）围绕建筑工程施工，研发了地下工程泥浆护壁施工零排放、成型钢筋混凝土结构施工等新工艺、配套的监测和控制技术，形成了高效适用、经济合理的施工现场固废减排、回收与循环利用成套技术。

（2）建立了不同环境下施工现场污染物排放控制指标体系，填补了国内关于施工现场污水、有害气体、光污染的控制指标空白，编制了施工现场污染物排放控制指南，形成了配套监测方法，研发了绿色施工监控管理平台，全面提升了施工现场的数字化管理水平。

（3）开发了具有自主知识产权的建造机器人软件控制平台，研制了现场喷涂等多种机器人和现场施工工艺，提高了施工效率，降低了施工人员劳动强度和安全风险，实现了我国建筑机器人技术的突破。

（4）建立了"互联网＋"环境下的项目管理新模式，形成了 BIM 与物联网等新一代信息技术集成应用框架，开发了施工企业智能建造集成原型系统和智慧工地集成管理系统等软件，部分软件实现了产业化应用，为智能建造技术应用奠定了基础。

四、与当前国内外同类研究、同类技术的综合比较

1. 在绿色施工工艺技术方面

绿色施工评价指标在检测基础上的定性和部分定量分析提供支持，缩小甚至超过国外先进国家；基坑补偿装配式 H 型钢支撑体系等 6 项成果达到国际先进水平，装饰墙面装配式无尘施工技术达到国际领先水平。

2. 在施工现场固废方面

固废量化技术、减量化技术、减量化管控框架体系、固废综合处理设备、固废资源化利用技术达到国际先进水平。首次明确了影响固废排放量最重要的 21 个影响因素，提出的适合我国居住建筑施工管

理现状的废弃物量化技术方法，形成了集成统计及预测的施工固废闭环量化技术方法框架，达到国际先进水平。

3. 在施工现场固体废弃物综合处理设备方面

打破常规的大型化成套应用技术，开创了一个全新的细分领域。研发的设备，具备轻量化、小型化、机动化、低噪声、灵活性高和高智能化的特点，日处理能力达到 10～15t，产出的骨料产品，水泥砂浆与骨料剥离干净，针片状颗粒的比例大幅降低，有效提高了骨料品质，专家认定技术总体达到"国际先进水平"。

4. 在智能化装备方面

履带式移动施工平台与国外研究成果总体处于同一水平，部分指标超过国外同类研究成果。建筑机器人现场施工平台达到国际领先水平，建筑工程智能建造及数字设计关键技术与应用成果评价总体达到了国际先进水平，其中多功能建造平台达到国际领先水平。

5. 在建筑施工污染物监控方面

首次以全国五类气候区、三个施工阶段、五类主要污染物为研究对象，进行施工现场污染物形成机理、影响范围及危害研究。在国内外，首次将施工周边及现场人员都作为危害对象进行研究，针对不同背景下的不同污染物给出不同控制指标体系和统一配套的监测方法，大幅提高了污染物控制的可操作性，填补了国内研究空白。

6. 在智能建造技术方面

所开发的支撑施工企业互联网应用、融开发与运营一体的智能建造集成系统，创新了施工管理模式和手段，形成具有自主知识产权的智能建造集成应用系统，打破国外软件的技术垄断局面。

五、第三方评价、应用推广情况

1. 第三方评价

2022 年 4 月 28 日，中科合创（北京）科技成果评价中心组织专家，对项目科技成果进行了评价，专家组一致认为项目成果总体达到国际先进水平。其中，多模态建筑机器人构型、结果导向的建筑废弃物减排技术达到国际领先水平。

2. 推广应用

项目成果在江苏园博园、乌镇"互联网之光"等全国 56 项工程中应用，并在中建、清华、广联达等单位建立了 5 个示范与产业化基地，取得了良好的社会效益和经济效益，综合效益显著。

六、社会效益

推动绿色施工评价标准向定量化、专业化、科学化发展，推动施工装备向集成化、智能化方向发展，填补了国内关于施工现场污水、有害气体、光污染的控制指标空白，推动了绿色施工信息化管理模式创新，推动工程建设从信息化向智能化和智慧化升级发展。

太阳能富集地区低碳建筑设计原理、关键技术及工程应用

完成单位： 中国建筑西南设计研究院有限公司、重庆大学、西藏自治区建筑勘察设计院、日出东方控股股份有限公司、中国建筑设计研究院有限公司、西藏日出东方阿康清洁能源有限公司

完成人： 戎向阳、钱　方、司鹏飞、王　勇、冯　雅、傅治国、潘云钢、焦青太、蒙乃庆、张井山

一、立项背景

我国太阳能资源丰富，全国 2/3 以上地区水平面年辐照总量大于 $5000\mathrm{MJ/m^2}$，具有巨大的开发利用潜力；推动建筑广泛、高效地利用太阳能资源，实现能耗降低和用能结构转变，是建筑实现低碳、零碳运行的重要途径。

太阳能富集地区的低碳建筑发展面临三大关键难题：

（1）现有建筑形体和围护结构节能设计原理、方法和标准未充分考虑太阳辐射波函数和温度波函数双重耦合作用对建筑动态热过程的影响，建筑设计难以实现太阳能的最大化被动利用；

（2）建筑太阳能光电-光热综合利用的设计和评价方法不完善，制约了建筑太阳能综合利用技术的工程应用；太阳能集热系统设计方法和运行控制方法忽略了集热装置得热与失热的动态变化特性，集热系统设计偏差大，运行能耗高；

（3）太阳能资源和气候的波动特性使建筑集热和用热的时序不匹配，缺乏高效、抗扰的蓄存与调节技术及装备，降低了太阳能的利用率和室内热环境的稳定性，设备和系统的气候适应性和耐候性差，使用寿命短。

项目组在国家自然科学基金、国家 863 计划、国家科技支撑计划和国际合作项目的资助下，历经 10 余年的科技攻关，在太阳能富集地区的低碳建筑设计原理与方法、太阳能高效采集和调蓄技术等方面取得重大突破。

二、详细科学技术内容

1. 创建了气候适应性低碳建筑设计原理与方法，为低碳、零碳建筑的建设提供了科学支撑

创新成果一：首创了太阳能低碳建筑的形体设计方法

揭示了室外气候与室内环境间的能量动态交换规律，建立了"气候—建筑—能量"的耦合模型，厘清了不同建筑形体构型、空间组织对建筑太阳得热的影响，创建了太阳能和室外温度双波外扰耦合作用下的建筑体形、空间分配、空间尺度等低碳建筑形体设计方法；首次提出了综合气候和建筑朝向、体形、窗墙比等多要素协同作用的"等效体形系数"指标，完善了太阳能富集地区的建筑节能设计理论，解决了传统体形系数、窗墙比等分离形体设计指标无法科学指导太阳能富集地区建筑节能设计的技术难题。基于成果编制了《西藏自治区民用建筑节能设计标准》《四川省居住建筑节能设计标准》《四川省公共建筑节能设计标准》等工程建设标准和《高海拔严寒、寒冷地区民用建筑绿色设计导则》。见图 1 和图 2。

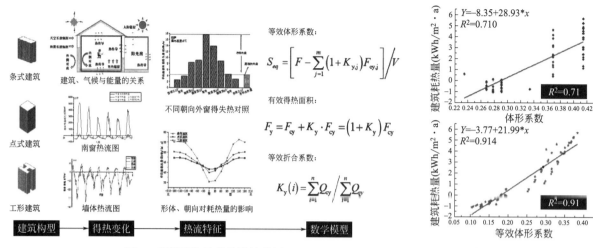

图1 建筑形体的节能设计指标

图2 体形设计相关性分析

创新成果二：创建了建筑太阳能光电/光热综合利用优化计算方法

阐明了建筑电/热负荷特性对太阳能光电/光热利用的影响机理，建立了典型建筑光电/光热耦合的能流平衡关系，提出了建筑太阳能光电—光热综合利用优化计算方法，建立了太阳能综合利用节能性与经济性综合评价的归一化模型，解决了太阳能光电—光热技术在建筑应用中优化选择和科学匹配的技术难题；创建了安装面积约束条件下光伏电池最优安装角度的确定方法，提高了建筑太阳能利用率与经济性。成果获得2018年度国际埃尼奖（Eni Award）提名，并在西宁湟源县兔儿干示范工程、西藏自然科学博物馆、阿里工信局等工程项目中应用。见图3和图4。

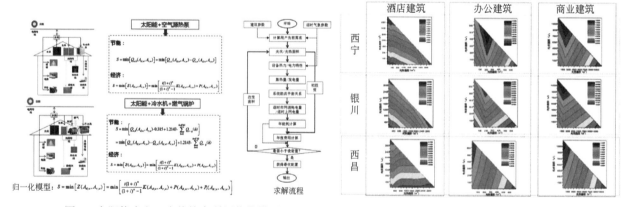

图3 太阳能光电—光热综合利用优化模型

图4 典型地区太阳能光电—光热匹配结果

适宜性区划指标：

$$P = I/R = \frac{(I_A + I_S)}{\eta \cdot I_m \cdot \omega}$$

适宜性区划原则：

等级	分区	单位太阳能供暖设备投资 静态回收期/年
最适宜	I	≤10
很适宜	II	10<投资回收期≤15
较适宜	III	15<投资回收期≤20
可应用	IV	>20

图5 区划方法

创新成果三：建立了建筑太阳能供暖评价的资源区划方法

厘清了全国各地供暖期太阳能能量密度分布、建筑累计利用量对太阳能供暖系统全生命周期费用的影响，首次建立了太阳能供暖系统适宜性评价的区划方法，绘制了全国太阳能供暖适宜性区划图；针对聚光式太阳能利用设备的集热特性，研究了各地区太阳直射、散射的能量构成，绘制了全国太阳直射辐射资源分布区划图，填补了太阳能供暖资源区划空白，为太阳能供暖应用提供了准确的评价依据。成果被《实用供热空调设计手册（第三版）》、国家标准图集《太阳能热风供暖设计与安装》所采用。区划方法见图5。供暖适宜性区划图略。

2. 研发了太阳能高效采集关键技术及装备，显著提高了建筑太阳能利用率和设备使用寿命

创新成果一：研发了透明围护结构高效被动集热技术与产品

发明了热工性能可调的透明围护结构技术，研制了"集热保温隔声一体窗"，透明围护结构的传热系数（K）和太阳得热系数（$SHGC$）实现昼夜阶跃性可调，解决了太阳能被动利用中白天得热与夜间失热难以兼顾的技术难题，进入室内的太阳能增加了 40%；研发了南向组合式太阳能被动利用集成技术，将空气集热器、特朗勃墙与可调热工性能透明围护结构进行有效组合，实现南向立面最大化集热和更稳定的房间热过程。基于成果编制了《四川省公共建筑节能设计标准》《四川省居住建筑节能设计标准》《西藏自治区集热保温隔声一体窗工程技术标准》等工程建设标准，成果入选陆军后勤部"四新"成果推广应用手册。见图 6 和图 7。

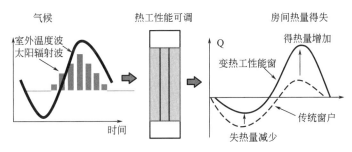

图 6　热工性能可调原理

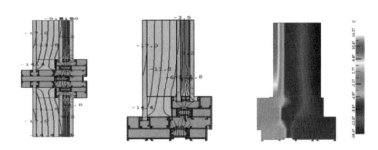

图 7　高效集热窗型材节点热性能

创新成果二：发明了基于有效集热量的太阳能集热系统优化设计与运行方法

首次提出了"有效集热量"和"有效辐照量"的概念，建立了基于归一化温差判定的有效集热量确定方法，科学刻画了建筑及集热系统的能量得失关系，准确表达了集热系统实际可利用的太阳能热量；发明了基于有效集热量的太阳能集热面积、集热器安装方位角及倾角等集热系统设计方法，提出了系统高效运行优化方法，使太阳能集热系统计算误差降低 10% 以上，运行控制更为精准，提升了太阳能利用率。基于成果编制了《四川省高寒地区民用建筑供暖通风设计标准》《西藏自治区供暖通风设计标准》等工程建设标准。见图 8～图 10。

创新成果三：发明了高效耐候的太阳能集热技术与设备

发明了抗氧化性太阳能吸收膜及其制备方法，创新了膜层材料成分，太阳能吸收比大于 95%，红外热发射比小于 10%，同时解决了因冷热交替使集热器腔内产生冷凝水导致膜层氧化、集热效率下降的技术难题；发明了具有自清洁功能的红外高发射涂层及制备方法，使膜层具有随温度变化自我调节热发射率的能力，在正常集热温度范围内保持高效集热，在低负荷及空载状态下防止过热，降低集热器老化风险；基于上述成果研制出具有高耐候性的高性能平板集热器，大幅提升了集热效率、延长了使用寿命，经第三方检测，集热器的截距效率比普通集热器提高了 10%，总热损系数降低了 20% 并建立了 4 条生产线。见图 11 和图 12。

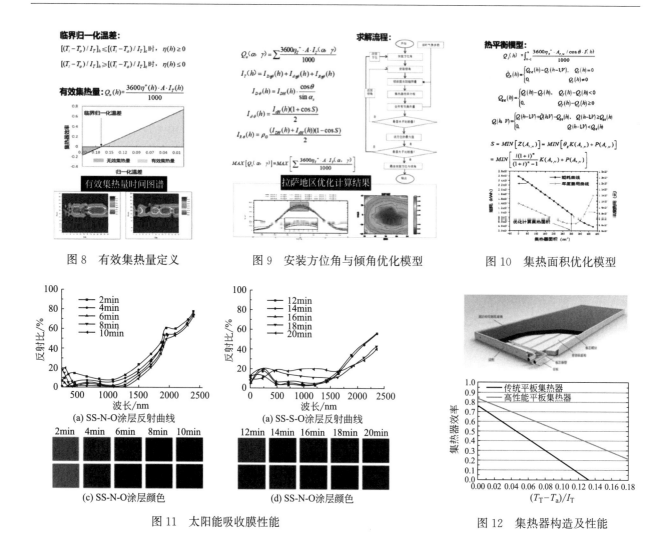

图 8　有效集热量定义　　　　图 9　安装方位角与倾角优化模型　　　　图 10　集热面积优化模型

图 11　太阳能吸收膜性能　　　　图 12　集热器构造及性能

3. 研发了高效、抗扰的太阳能蓄存与调节技术及装备，保障了太阳能供热的稳定性，提高了系统能效

创新成果一：研发了光热光电耦合的自适应调节供能技术

揭示了"光热—光电"及建筑"蓄热—释热"的动态耦合关系，研发了变热流建筑蓄热技术，减缓了太阳能建筑利用中强波动外扰对房间热过程的不利扰动影响；发明了自力式调节的"光伏驱动空气集热器"和"光伏驱动发热电缆"的光热光电耦合系统，太阳能采集、蓄存和利用过程根据太阳能和室外温度波动实现动态自我调节，取消了复杂的自动控制系统，降低了系统故障率和运行管理难度。成果应用于中国扶贫基金会慈善项目"暖巢2号"，并入选"西藏农牧区清洁能源替代示范技术方案"。见图13和图14。

创新成果二：发明了蓄热容积优化方法与弹性蓄热技术及设备

阐明了外扰波动对太阳能集热、蓄热与用热系统效率及供热品位的影响机理，发明了太阳能热水供暖系统蓄热容积优化确定方法，提高了蓄热容积与集热面积的匹配度；研发了容积可调的弹性蓄热技术，研制了多级弹性蓄热机电一体化设备，解决了强波动外扰下太阳能集热量与用户热负荷时序严重不匹配导致的集热效率下降、供热参数不稳定的技术难题，改善了太阳能供暖系统全工况性能，供暖系统太阳能贡献率全年提升15%以上。基于成果编制了《四川省高寒地区民用建筑供暖通风设计标准》《西藏自治区供暖通风设计标准》等工程建设标准。见图15和图16。

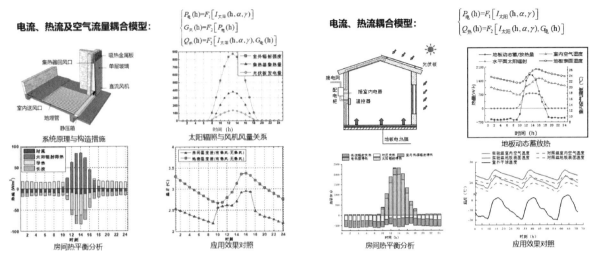

图 13 光伏驱动空气集热器供能系统　　　　图 14 光伏驱动发热电缆供能系统

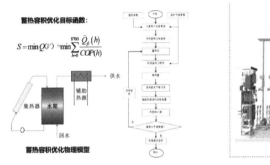

图 15 蓄热容积优化方法

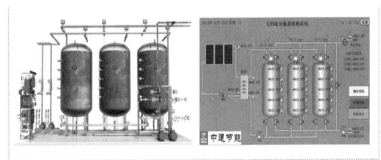

图 16 多级弹性蓄热技术

创新成果三：研发了太阳能高效利用优化调控技术

提出了综合集热器温度、水箱温度和太阳辐射数据分析的太阳能供暖系统变工况控制方法，提高了太阳能集热效率，降低了强波动外扰对系统稳定性和系统运行能耗的影响；研发了利用太阳能集热器进行系统分阶段逆向散热的防过热工艺，开发了控制软件，解决了低负荷下集热系统热量堆积造成的系统过热问题，消除了安全隐患；提出了太阳能复合能源系统智慧控制方法，实现各子系统运行的优化控制，解决了因热力系统惯性导致末端供热品味难以保障的技术难题。见图 17 和图 18。

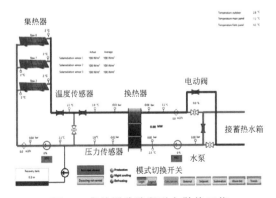

图 17 集热器分阶段逆向散热工艺

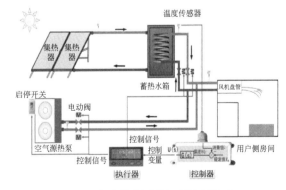

图 18 复合能源系统智慧控制技术

三、发现、发明及创新点

（1）揭示了建筑朝向、形体和窗墙比等要素对建筑热过程的协同作用机理，根据高原地区的特点，首次提出了"等效体形系数"节能设计指标及建筑形体设计方法，为高原节能低碳建筑设计提供了科学依据。

（2）建筑太阳能供暖评价的资源区划方法，综合反映了太阳能能量密度分布、建筑累计利用量对供暖系统全生命周期经济性的影响。

（3）首次利用太阳能的能量密度、建筑累计利用量对太阳能供暖系统的关联性，建立了太阳能资源区划方法，绘制了太阳能热利用系统的适宜性区划图，为太阳能供暖系统经济性评价提供了支撑，填补了行业空白。

（4）发明了热工性能可调的透明围护结构，解决了高原建筑太阳能被动利用中白天得热与夜间失热难以兼顾的技术难题，冬季房间太阳能得热量提高了40%。

（5）发明了容积可变的蓄能系统、蓄热容积优化方法、多级弹性蓄热技术以及机电一体化设备，使供暖系统的太阳能供热比例提高了20%。

（6）基于"光热—光电"以及建筑"蓄热—释热"的动态耦合关系，首次建立了光热光电耦合的自力式调节供暖系统，替代了传统的自动控制技术，降低了系统故障率和运行管理难度。

四、与当前国内外同类研究、同类技术的综合比较

（1）综合气候和建筑朝向、体形和窗墙比等多要素的等效体形系数设计方法，建筑形体的节能性评价准确度提升了28%。

（2）建筑太阳能供暖评价的资源区划方法，综合反映了太阳能能量密度分布、建筑累计利用量对供暖系统全生命周期经济性的影响。

（3）热工性能可变的透明围护结构技术，热工参数昼夜阶跃可调，供暖季进入室内的太阳能增加了40%。

（4）基于有效集热量的集热系统设计优化和运行调控方法，系统设计及运行调控精度提高了10%以上。

（5）自力式调节的光热光电耦合系统，太阳能采集、蓄存和利用过程根据太阳能和室外温度波动实现动态自我调节。

（6）太阳能供暖系统蓄热容积优化方法和容积可变的弹性蓄热技术，集热效率和供热参数更稳定，全年太阳能贡献率提升15%～20%。

五、第三方评价、应用推广情况

1. 第三方评价

（1）2022年5月12日，西藏自治区勘察设计与建设科技协会对项目科技成果进行了评价。评价委员会一致认为："成果为高原建筑实现低碳建造、零碳运行提供了理论基础和技术支撑，具有显著的社会、经济和环境效益，总体达到国际领先水平"。

（2）专家组1一致认为："符合西藏建筑节能工作的实际情况，形成了世界独特的高原特色建筑能源规划与技术，对指导西藏自治区建筑节能工作具有重要的作用"。

（3）专家组2一致认为："基于有效集热量的安装角度优化方法，光热光伏综合利用的相关结论，其成果具有创新性"。

（4）专家组3一致认为："形成了太阳能光伏光热综合利用优化方法，提出的太阳能多级准弹性蓄能系统模型，具有创新性，对太阳能优化和工程应用具有重要意义"。

（5）课题组参与完成的国家863计划课题示范工程，青海省政府官网的报道中指出："在西宁市湟

源县兔儿干村建成了国内首个农村社区 100% 可再生能源热电联供微网系统"。

（6）西藏自治区住房和城乡建设厅评价："高原气候适应性被动太阳能建筑技术完全能解决拉萨办公、学校等建筑冬季采暖问题；太阳能被动与主动采暖系统……形成可再生能源利用的超低能耗建筑"。

（7）四川省住房和城乡建设厅评价："在我省高原建筑节能和牧民定居建设应用面积 300 万 m² 以上，经 3～5 年的应用，取得了良好的效果，具有很高的政治、社会和经济效益"。

（8）成都军区联勤部基建营房部评价："建造了高原极端条件下零能耗和低能耗建筑，解决了高原极为艰苦条件下边防哨所、兵站的室内工作与生活条件，提高了部队战斗力"。

2. 推广应用

项目成果推动了太阳能相关产业的升级发展，产生了良好的经济效益，在太阳能富集地区大量重点项目和民生工程中得到了广泛应用，应用面积逾 800 万 m²，有效改善了人民和边防部队的居住、工作条件，降低了建筑能耗和运行碳排放；设计原理与方法已被大量设计单位在工程设计中所采用。

项目推动了我国太阳能相关产业的转型升级，在西藏投资建设了全球首条超大平板太阳能集热器自动化生产线，在连云港投资建设了大平板太阳能集热器自动化生产线 3 条，均产生了良好的经济效益。项目推广应用范围覆盖西藏、四川、河北等。

六、社会效益

（1）完善了低碳建筑设计理论和标准体系。项目提出的利用太阳能营造低碳建筑的设计原理与方法、研发的太阳能高效采集和抗外扰的调蓄技术体系，成功解决了太阳能利用系统抗外扰波动能力弱、效率不稳定、使用寿命短的技术难题。

（2）维护了边疆地区的社会稳定。保障了边防哨所、兵站的工作与生活条件，提高了边防部队的战斗力。成果的推广应用对落实中央西藏工作会议精神起到了非常重要的作用，维护了藏区稳定，具有极高的政治、军事和社会效益。

（3）推动产业高质量发展。项目提升了我国太阳能应用产业和制造行业水平，太阳能集热产品实现升级转型。在西藏自治区和江苏省分别投资建设的集热设备生产线，带动了地区经济的发展。

双曲幕墙数字化设计与建造关键技术

完成单位：远东幕墙（珠海）有限公司、远东幕墙（香港）有限公司、中国建筑兴业集团有限公司、中国建筑国际集团有限公司

完成人：朱敏峰、陈新能、覃士明、何巍巍、赖瑞景、高　飞、王法智、关军、王浩然（远东珠海）、王浩然（远东香淋）

一、立项背景

双曲幕墙设计与制造是行业内的世界难题。建筑幕墙承载着建筑师的设计美学，表达了建筑师的设计思想，随着时代发展，异形建筑逐渐增多，建筑幕墙的设计、制造技术、检测手段、施工难度要求越来越高。

现阶段国内外行业现状：

1) 传统的二维平面图无法完整表达双曲幕墙三维设计要求效果，设计很难从平面图体现出双曲幕墙的多维度技术要求，而且设计效率极低，复杂的双曲幕墙设计导致生产/检测难以完全理解图纸，最终生产效果往往不能符合设计技术要求。

2) 制造大量依赖人工、加工精度不高、产业低端，特别是传统幕墙设计制造技术，由生产对照加工图去编写 CNC 程序、加工、组装，这种传统的方式效率极低且只能依赖有多年经验的工人操作，无法保证精度同时也不利于提高生产效率。对于弯曲技术，国内外传统技术均以单曲辊弯技术为主导，所有的弯曲设备均以单曲设计要求为主而配置，因此双曲扭拧辊弯技术一直是世界难题。此外，还存在对环境造成的粉尘较多，噪声较大，同时容易出现安全事故等问题。

3) 检测手段落后，传统幕墙检测技术均为人工看图、手工拉尺寸进行复核，只能依赖有多年经验的质检员操作，检测效率较为低下。另外，传统方法无法对双曲型材与面板进行高精度检测，无法满足双曲等异形幕墙的技术要求，影响建筑效果。

4) 管理水平参差不齐，图纸、数据及信息传达不准确不一致不及时，首先是图纸使用，传统模式多以直接打印纸质图纸资料人为转达，而白纸又非常耗费材料，不符合国家碳排放管理政策；管理模式是以人为材料组织、生产记录、检测记录、数据汇总及跟踪等，手段低下和数据传达不及时、不一致、不准确性因素过多，而且非常容易出现过程信息与数据的丢失。

因此，本项目通过参数化设计、数字化加工、自动化检测、信息化管理等技术系统创新，解决双曲幕墙设计制造技术难题，提升加工精度和生产效率，引领幕墙行业迈向工业4.0。

二、详细科学技术内容

1. 总体思路

总体研究思路如图1所示。通过自主研发参数化设计、数字化加工、自动化检测、信息化管理四方面技术系统创新，解决双曲幕墙设计制造技术难题，从而提升幕墙智能生产技术、加工精度和生产效率，减少碳排放、减少能源消耗、杜绝安全事故，引领幕墙行业迈向工业4.0。

2. 技术方案

基于上述思路，为实现幕墙的智能制造，在设计、加工、检测和管理四阶段分别采用了多项自动化、数字化、信息化技术的方式方法。如下：

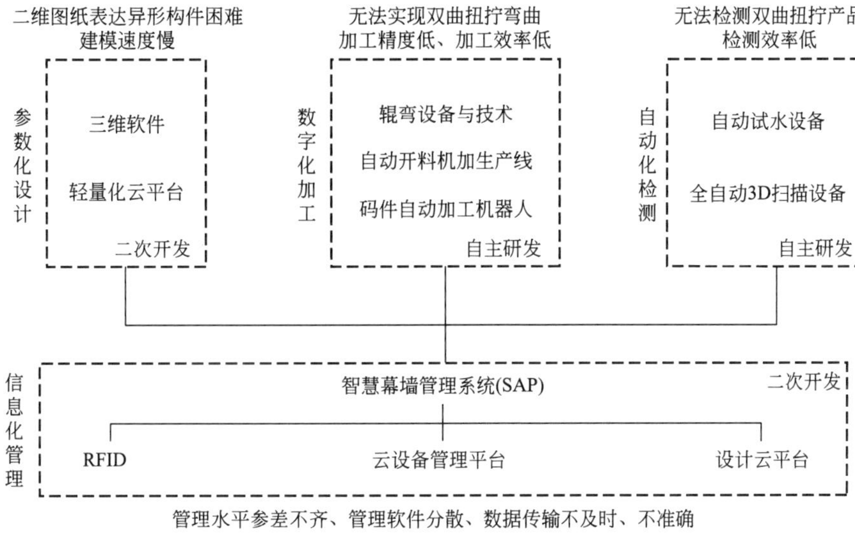

图1 项目总体研究思路

（1）参数化设计：通过对BIM软件的自主二次研发，用程序与参数自动驱动模型的生成改变，大大提高建模效率，同时实现参数化设计与生产的无缝对接。

在设计端，应用BIM技术，通过C♯程序语言对Rhino、Grasshopper三维软件和轻量化云平台进行自主定制的二次开发，提升建模效率，减少设计错误，提升设计方案修改效率，解决工厂读取三维加工图问题，并为幕墙构件的高精度生产提供数字模型。

（2）数字化加工：通过自主研发双曲幕墙型材数字化辊弯技术，以突破双曲扭拧技术瓶颈为目的，攻克弯曲技术的回弹控制、弯曲变形为解决手段，再结合自主研发的幕墙开料加工自动化产线和自动化码件机加生产线，提高加工精度和生产效率。

在加工端，应用机器人等自动化设备、行业顶尖弯曲设备、数字孪生技术等，实现幕墙的自动化开料、数字化加工，使辊弯产品能够一次性成型，将幕墙产品的制造精度控制在毫米级，并提升生产效率，减少安全风险。

（3）自动化检测：自主研发全自动幕墙3D扫描检测技术，研发承载平台，实现双曲玻璃与型材的数字化检测。自主研发全自动幕墙试水线，实现幕墙板块工厂全自动试水，从而提高了施工效率。

在检测端，应用全自动试水设备和全自动三维扫描等技术，对各类检测难度大幕墙进行科学性、高标准、自动化检测，突破双曲扭拧产品的检测瓶颈，提升产品的检测能力和检测效率，为建筑幕墙的安全服役保驾护航。

（4）信息化管理：自主开发"智慧幕墙管理系统"，集成RFID溯源系统、云设备管理平台和设计云平台，实现设计、生产、管理一体化，提高了精细化管理水平。

在管理端，通过开发的"智慧幕墙管理系统"，将RFID条码溯源系统等软件集成应用，在管理方面能够对设计和生产进行动态追踪，实现了设计、生产的信息化和精细化管理以及各环节的作业留痕记录。

三、发现、发明及创新点

本项目具有四方面的关键技术创新，具体如下：

1. 行业内首次实现双曲幕墙参数化设计

（1）通过自主开发专属的GH插件（图2），通过C♯或者Python等编程语言对GH平台进行二次开发（图3），将程序进行封装打包，将参数化设计进行模块化处理（图4），从而大大提高建模效率，实现三维数字模型直接导入加工设备完成加工。通过参数化建模技术，对Rhino、Grasshopper三维软

129

件和轻量化云平台进行二次开发，将数字模型直接导入加工中心，实现了从设计、加工到安装的全过程 BIM 集成创新与应用，大幅提升了建模效率和设计质量。

图 2　自主开发 GH 插件——FE-BIM 命令栏示意

图 3　FE-BIM GH 插件 C♯编程示意

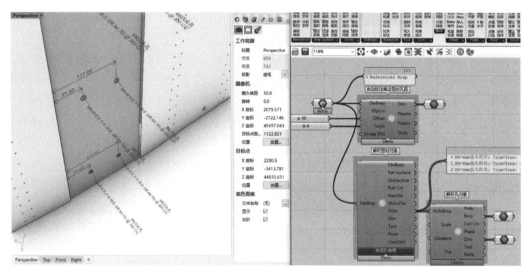

图 4　应用 FE-BIM GH 插件建模示意

（2）在 BIM 参数化建模完成后，通过将带尺寸的三维模型批量上传到定制二次开发的 BIM 轻量化平台（图 5）。工人在电脑或者平板端都可以实时看到三维加工图。可通过旋转、放大、缩小等简单操作，更加直观地看到构件的形态与加工特征，大大减少加工出错的概率。

（3）模型导入加工中心，将数字三维模型直接导入 CAM 软件（例如 Master CAM、CamPlus 等），CAM 软件自动识别孔特征、切位特征等所有加工特征；然后，自动生成 G 代码，这个 G 代码就是数控

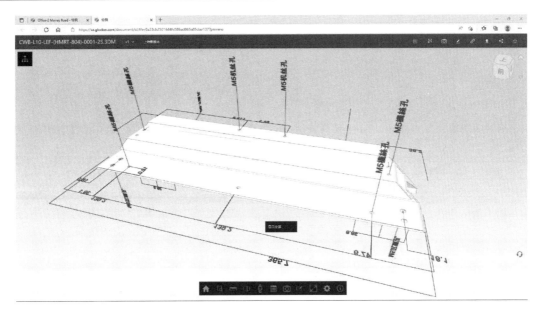

图 5　三维加工图在轻量化云平台展示

加工中心的运行代码。代替了传统的人工编辑加工程序的方式，数字化的转换提高了编程质量、提高效率、减少沟通，大大减少人为看图的错误（图 6）。

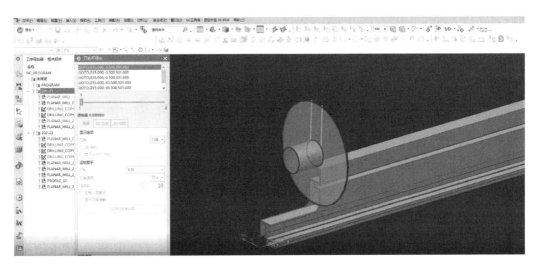

图 6　UG 软件自动化编程与模拟加工示意

2. 行业内首创双曲幕墙数字化制造技术

包括自动化幕墙开料加工产线、自动化码件生产线及数字化辊弯技术，通过自主研发的具有自动化开料加工、上下材料、切割为一体的幕墙生产线，结合数字模型输出参数，指导产品调校；使用填充、预拱和三维检测的方式攻克了双曲幕墙变形、回弹与公差三大世界难题，解决了双曲型材一次成型率低于 10% 的问题，实现型材辊弯一次性成功率达到 90% 以上，并使生产效率提升 4 倍以上；使用远程操作，避免人员近距离操作铣钻锯切设备可能导致的安全事故风险。

幕墙单元件自动生产的工作流程如图 7 的系列步骤图所示。

3. 行业内首次实现幕墙单元全自动检测

指自动化 3D 扫描检测和自动化试水检测。其中，自动化 3D 扫描检测集合全球最先进的扫描仪配合机器人自动扫描（图 8）。结合自主研发承载平台，实现通过三维扫描数据，利用数字孪生技术，实现模拟拼装、全过程仿真，提高效率和精度。自动化试水检测设备，是全国首套实现产品检测自动化的设备，减少人为干预，提高检测效率、科学性和准确性。

第一步：助力机械臂辅助人工上料

第二步：桁架机械手抓取铝料放入锯切中心

第三步：桁架机械手抓取铝料放入加工中心

第四步：铝料被抓取放入变位机翻转加工面

第五步：铝料继续被抓取放入加工中心

图 7 幕墙单元件自动生产的工作流程

图 8 自动扫描机

（1）自动扫描机与传统的人工扫描对比，具有以下优势：

  ① 扫描速度快，每件扫描可以 5min 内完成；

  ② 有固定的平台操作，减少人工张贴扫描点；

  ③ 可以实现成品、大件材料的扫描；

  ④ 效率高，可以一次性扫描成功，减少重复工作；

  ⑤ 减少人工，一人即可操作完成。

（2）自动化试水技术

  幕墙自动化试水检测技术设备是自主研发的，属全国首台套，拥有多项专利。此设备实现了一键操作执行完成检测功能，大大减少了人为干预，令检测结果更具准确性、效率性及科学性，见图 9～图 12。

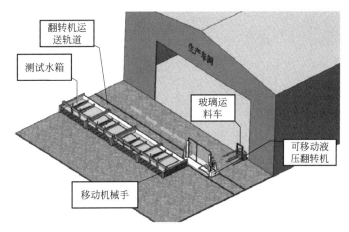

图 9　智能化试水检测项目方案图

图 10　全自动试水检测系统

图 11　浮球感应装置

图 12　单元件下沉

4. 自主开发行业领先的信息化管理系统

信息化包含 SAP 幕墙智能信息系统（图 13）、RFID 生产溯源系统。SAP 幕墙智能信息系统是指梳理端到端的业务流程，实现财务业务一体化和供应链精细化管理，规范业务流程、落实全生命周期数字化管理，夯实数字化基础。RFID 生产溯源系统是指通过使用扫描枪，实现远距离检查到在单元件上安装电子芯片，实现单元件的产品信息追溯，如加工生产信息、供应商等信息。自主研发幕墙智能制造系统，将全面实现幕墙业务全产业链的线上一体化管理，实时数据分析支持高层决策，并且与智能硬件深度集成支持自动化生产，实现智能制造。开发"智慧幕墙管理系统"，集成 RFID 溯源系统、云设备管理平台和设计云平台，实现设计、生产、管理一体化，提高了精细化管理水平。

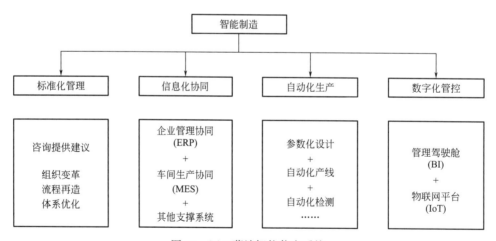

图 13　SAP 幕墙智能信息系统

四、与当前国内外同类研究、同类技术的综合比较

该项目通过双曲幕墙的参数化设计、数字化加工、自动化检测和信息化管理四部分关键技术的研发，形成了全球首创的单元式双曲幕墙制造解决方案。自主研发全球行业首条数字化幕墙制造生产线，将加工精度提升至毫米级，在行业内首次实现双曲型材辊弯扭曲一次成型，产品合格率提升 9 倍以上；自主研发全自动开料机加流水线与自动化码件机加生产线，实现用工量减半、产量提升 4 倍的跨越式增长。见表 1。

综合比较 表1

序号	类别	项目	同行业技术水平	该项目技术水平
1	设计	BIM 模型建设		提升 4.5 倍效率
		加工图纸		提升 4.5 倍效率
		组装图纸		提升 4.5 倍效率
2	加工	辊弯精度	12mm	3mm
		型材双曲合格率	不足 10%	90% 以上
		型材开料、机加效率	0.44 根/(人·工)	0.067 根/(人·工)
		型材开料精度	1～2mm	0.1～0.2mm
		码件生产效率	0.3t/d	1t/d
3	检测	单元件试水比例	安装后试水 20%	制造厂 100% 试水
		单元件试水效率	45min/件	6.25min/件
		扫描检测效率	120min/件	5min/件
4	管理	产品质量溯源时间	120min	2min
		项目额外备料	4%	2%

五、第三方评价、应用推广情况

1. 第三方评价

2021 年，中科合创（北京）科技成果评价中心组织了该项目的科技成果评价会议。评审委员会认为，该项目形成了如下关键技术创新：

（1）针对建筑玻璃幕墙的参数化建模，开发了快速建模、优化模块及基于三维模型的协同工作云平台，有效支持了 BIM 技术从设计、加工到安装的全流程应用。

（2）基于 3D 扫描的数字化组装技术，实现了行业内第一台最大吨位、数控化程度最高的拉弯机的集成应用。

（3）研究机器人自动上料、锯切、冲压、钻铣及与自动运输（AGV）集成等技术，首创了幕墙开料自动化生产线和自动化码件生产线。

（4）开发参数自动设定的幕墙单元件自动试水检测技术，自动化程度高，提高了试水效率和精度。本项目成果达到部分国际领先、总体国际先进的水平。

2. 推广应用

2021 年，公司参加首届 BEYOND 国际科技创新博览会，并在论坛上发布了双曲幕墙技术解决方案，受到国内外媒体的广泛报道。2021 年，中国建筑总公司的内参《战略选编》报道了该项目的参数化设计、数字化加工、自动化检测内容。该项目助力公司中标多项高端幕墙项目，如香港新地标中环美利道项目、OPPO 总部大楼项目和幕墙史上最大单体项目银河度假城及娱乐场项目，助力公司在 2022 年高端幕墙领域的合约额预计单年突破 45 亿港币，在手合约额突破 110 亿港币。

六、综合效益

1. 经济效益

见表 2。有关说明及各栏目的计算依据：参数化设计、数字化加工、自动化检测与信息化管理四部分的协调应用，使得公司多角度全面升级，大幅度提升了公司的软硬实力，助力公司占据更多市场份额。例如，香港新地标中环美利道项目、OPPO 总部大楼项目以及幕墙史上最大单体项目银河度假城及娱乐场项目等。见表 3。

经济效益 表2

近三年直接经济效益				单位:万元
项目总投资额	约5000万元		回收期(年)	0.83
年份	新增销售额	新增利润	新增税收	
2022	预计300000	预计15000	/	
2021	207000	10350	/	
2020	120000	6000	/	
累计	627000	31350	/	

产值 表3

年份(年)	2020	2021	2022
新签合约额(万元)	195000	320000	预计380000
营业额(万元)	120000	207000	预计300000

2. 社会效益

传统产业的升级改造是我国经济结构战略性调整目标,通过开展高端智能幕墙技术研发与创新,采用高新技术和先进适用技术改造提升传统产业,获得新的发展动力和市场空间,发挥高端智能幕墙的技术在经济结构调整中的重要推动作用;并且,增加的高端市场份额将带动建筑产业上下游的快速发展。

项目建成了国内第一家幕墙行业领域智能制造国家示范工厂,提升了公司核心竞争力和企业形象,为同行业的幕墙生产提供了一定的参考价值;同时,由于产线的自动化改造,提升了设备利用率、减少了人工,符合绿色、环保的理念。

3. 环境效益

自动化生产线极大地提高了工作效率和生产率,节约能源和原材料消耗,符合国家政策"碳中和"的管理理念。按照年产30万m^2的产量计算,传统加工方式需排放2300t二氧化碳。通过自动化技术更新改造提高工效,预计在产量不变的前提下,每年碳排放量将下降至2000t,减少15%。预计到2030年,公司年产量可达60万m^2,该项目将每年降低600t的碳排放量。

三等奖

基坑工程高性能绿色悬臂支护结构关键技术研究与应用

完成单位： 中建三局集团有限公司

完 成 人： 余地华、汪　浩、叶　建、赖国梁、邓昌福、田　野、陈　国

一、立项背景

随着城市建设的高速发展，高层建筑地下室、地下商城、城市综合体、地铁轨道交通、市政廊道、桥梁基础、明挖隧道、城市污水处理系统等涉及基坑工程的大型地下空间开发不断涌现。目前传统深基坑工程的支护体系主要采用的是灌注桩或地下连续墙结合水平支撑的形式，这些临时支护结构存在着造价高，施工周期长，不可循环利用等问题，主要突出问题表现在以下方面：

(1) 随地下工程的增多及城市建筑密度的增加，基坑工程向"深、大、难"方向发展；

(2) 支撑结构增加了工程造价，临时支撑可占基坑总造价的30%～50%；

(3) 大面积支撑结构使得土方开挖和地下结构施工难度大、工期长；

(4) 水平支撑是临时结构，使用完毕后拆除，产生大量粉尘、噪声和固体废弃物污染。

传统无内支撑式支护（单排桩、双排桩、桩锚等）适应不了基坑工程发展的要求，其存在主要问题为：

(1) 支护深度小，悬臂支护6m左右、双排桩约为9m（工程地质较好情况）；

(2) 支护空间大或占用红线外用地，锚杆出红线，大部分地区不被允许。

基于基坑工程的发展现状及大量支撑使用所带来的一系列问题，迫切需要研发新一代可实现绿色建造、工业化建造的新型绿色无内支撑基坑支护技术。

二、详细科学技术内容

1. 研发适用于不同地层基坑的新型高性能无内支撑结构体系及其施工方法

创新成果一：发展新型高强预制支护结构

传统预制结构存在强度低、刚度弱的特点，导致其应用于基坑工程时支护位移大、支护深度浅，首次引入新型高强预制支护结构，包括高强度预制混凝土薄壁钢管桩、大截面中空矩形桩系列新型高强度预制支护结构，在截面材料减少约50%的情况下，能够以更节约的建筑资源，达到与同尺寸灌注桩支护结构相当的抗弯刚度。通过新型高强预制支护结构的应用，可提高基坑预制化和支撑减量化建造水平。见图1。

创新成果二：研发硬土地层预制支护桩施工技术

针对预制支护结构施工不适用于老黏土、强-中风化岩、密实砂砾质地层等问题，探索形成硬质地层旋挖引孔植桩法、潜孔锤高压旋喷法、预制桩中掘法施工技术，突破高强预制结构支护的地层限制，提高基坑支护预制化、节约化水平。见图2。

2. 建立绿色无内支撑倾斜桩支护技术理论和设计方法

创新成果一：开发系列新型高性能无内支撑倾斜支护桩结构

首次提出一系列自稳型倾斜桩支护体系，包括纯斜、斜直交替、前斜后直等倾斜支护结构系列，将传统单排桩悬臂支护深度由6m提升至9m、传统双排桩支护深度由9m提升至13m；同时，支护成本低、结构内力小，桩截面及配筋减少，显著提高基坑支护无内支撑深度和节约化水平。见图3和图4。

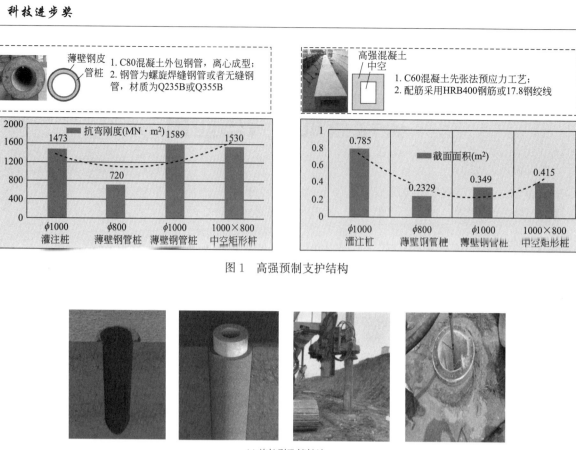

图 1　高强预制支护结构

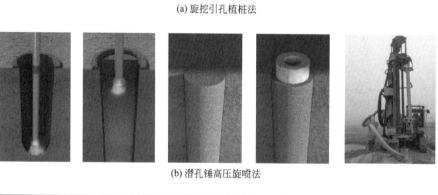

(a) 旋挖引孔植桩法

(b) 潜孔锤高压旋喷法

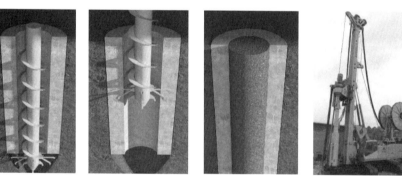

(c) 预制中掘法

图 2　硬土地层高强预制支护施工技术

创新成果二：建立倾斜桩支护技术分析理论（图 5、图 6）

　　为验证倾斜桩支护效果，首次开展了大型砂土平台模型试验（大型砂土平台试验、离心机试验）和大量数值计算分析，首次揭示倾斜支护桩具有的土压少、弯矩低、位移小的特点，首次提出了倾斜支护桩的斜撑、刚架和重力三大机理效应，为工程项目应用、开展支护结构设计计算与选型提供坚实的理论支撑。

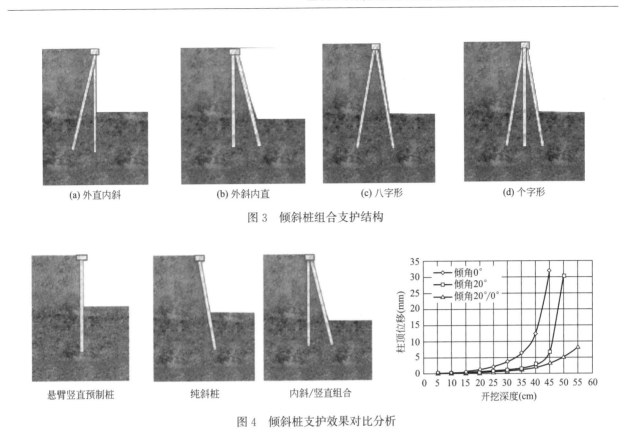

(a) 外直内斜　　　(b) 外斜内直　　　(c) 八字形　　　(d) 个字形

图 3　倾斜桩组合支护结构

悬臂竖直预制桩　　　　纯斜桩　　　　内斜/竖直组合

图 4　倾斜桩支护效果对比分析

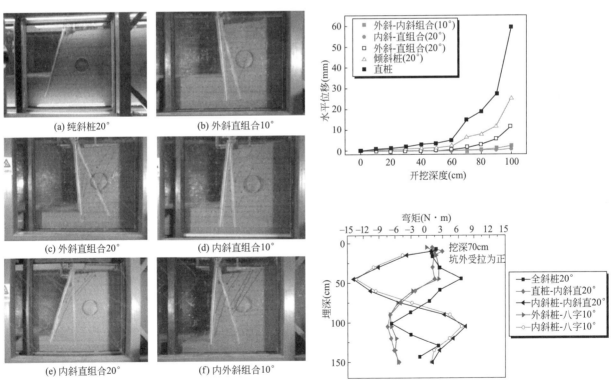

(a) 纯斜桩20°　　　(b) 外斜直组合10°

(c) 外斜直组合20°　　　(d) 内斜直组合10°

(e) 内斜直组合20°　　　(f) 内外斜组合10°

图 5　大型砂土模型试验及结果分析

创新成果三：提出倾斜桩支护设计方法和标准

开展基于弹抗法、库伦土压力的倾斜支护桩受力分析，从力学模型构建和理论推导的角度，首次提出一套完整设计分析方法和理论计算公式。基于已有规范成熟计算理论的基础上，根据倾斜支护桩特

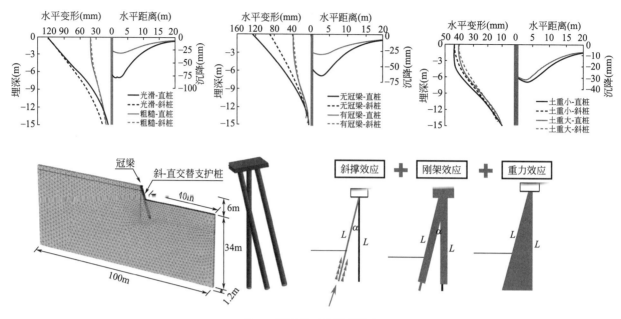

图 6　倾斜桩工作机理效应

点，提出了倾斜桩支护的土压力计算、结构分析、稳定性验算方法，完善了倾斜桩支护受力及变形计算理论，主持编写湖北省倾斜桩基坑支护规程及中国土木工程学会倾斜桩团体标准，为国内外首次开展倾斜桩基坑支护技术规程的编制，从而为新技术应用提供规程保障。见图 7、图 8。

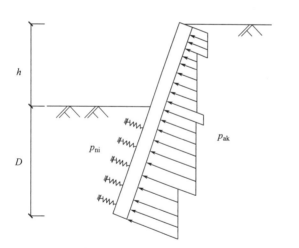

图 7　单排倾斜桩弹性支点法计算模型

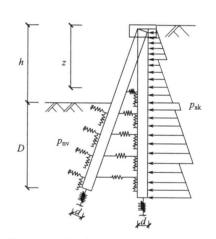

图 8　组合式倾斜桩弹性支点法计算模型

创新成果四：开发首款通用性倾斜桩支护设计软件

开发一款通用性软件"天汉倾斜桩支护设计软件"。倾斜桩支护设计软件是基于国内普遍使用的基坑设计软件平台——天汉深基坑设计软件平台，开发纯斜、斜直交替、前斜后直倾斜支护桩计算模块，为国内外首款通用性倾斜桩计算软件，从而为方案设计与出图提供计算基础。见图 9。

3. 研发多应用场景的倾斜支护桩施工技术方法

创新成果一：研发干作业成孔倾斜灌注桩施工技术

干作业倾斜灌注桩钻孔设备采用旋挖钻，其充分利用旋挖桩桅杆油缸调整桅杆后倾角度，可满足倾角 15° 范围内倾斜桩成孔施工，无需对进行钻机进行改造或设置导向基座，施工机具设备简单，通过设置环形钢滚轮和鼓状导管构造等措施，解决钢筋笼斜向下放及灌浆等施工工艺难题。见图 10～图 13。

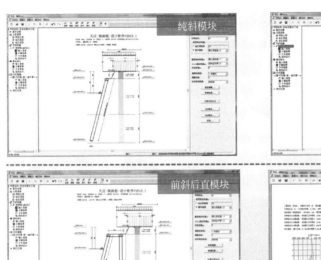

图 9　开发设计软件界面

(a) 旋挖钻机

(b) 旋挖钻头改进

(c) 倾斜桩护筒埋设

图 10　干作业倾斜成孔施工

(a) 钢筋笼防卡挂构造

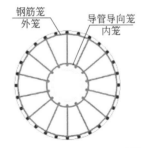

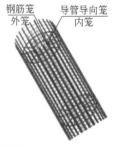

(b) 双层钢筋笼构造

图 11　钢筋笼构造措施

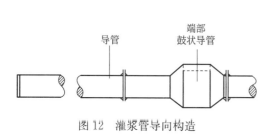

图 12 灌浆管导向构造

图 13 灌浆导向构造下放

创新成果二：研发泥浆护壁倾斜灌注桩施工技术

针对有地下水但自稳性较好地层，通过泥浆参数性能控制及钢筋笼构造研究，创新提出了泥浆护壁倾斜灌注桩施工技术，采用比普通膨润土具有更高黏度的 OCMA 膨润土进行造浆。该膨润土为综合配比的膨润土，配制泥浆时无需再掺入纤维素等材料。在黏度小于 25s 时，加入 6‰ 质量比的纯碱，可进一步减小泥浆的滤失量，增加泥浆的黏度，利于孔壁泥皮的形成和加强护壁效果。见图 14。

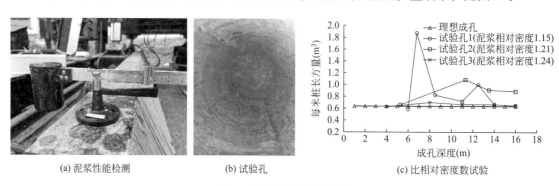

(a) 泥浆性能检测   (b) 试验孔   (c) 比相对密度数试验

图 14 泥浆性能参数控制

创新成果三：研发全套管倾斜灌注桩施工技术

创新研发全套管回转钻机结合旋挖机倾斜成孔的倾斜灌注桩施工方法，解决倾斜桩成孔的地层限制，首次实现大角度 25°、大桩径（1.2m）、深桩长（30m）、广地层（深厚淤泥质地层）的倾斜灌注桩施工，首次实现倾斜桩支护深度 13.5m。见图 15~图 17。

图 15 基于导向垫层倾斜桩施工图

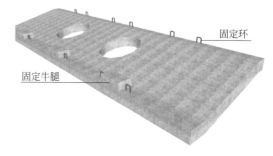

图 16 预制混凝土导向垫

创新成果四：研发倾斜预制桩静力压桩施工技术

为实现在城市内的无噪声、无振动预制管桩大角度倾斜静力沉桩施工，开展了大角度倾斜桩施工的斜桩静力压桩机研制及传统静力压桩机改造研究。并且以此为基础，开发形成预制倾斜桩施工工法，实

(a) 旋挖倾斜引孔

(b) 套管吊装、回转下压

(c) 旋挖套管内取土

(d) 钢筋笼吊装

(e) 吊装导管

(f) 混凝土灌注

图 17　全套管倾斜桩施工工艺

现预制管桩在－20°～20°范围内的大角度倾斜静力沉桩施工，最大成桩角度 30°，最大桩长 20m，最大桩径 800mm，倾斜下压力约 350t。见图 18、图 19。

图 18　YZY800X 斜桩静力压桩机　　　　　图 19　斜桩静力压桩机施工效果

传统静力压桩机改造施工研究见图 20、图 21。

(a) 夹桩角度改制

(b) 喂桩与压桩

(c) 送桩

图 20　静压桩改制倾斜压桩作业步骤

4. 研发新型多级支护及倾斜桩组合支护技术

创新成果一：建立多级支护破坏模式机理

通过室内缩尺试验和数值计算分析，了解多级支护开挖过程中变形、桩身弯矩及土压力的变化情况，揭示多级支护工作机理及破坏模式。首次提出了多级支护整体式、关联式、分离式破坏模式及其判定方法，提升了多级支护理论认识水平，从而对合理选择支护结构形式，确立分级高度、平台宽度等参数提供理论保障，提高基坑支护的安全性。见图 22 和图 23。

图 21　基坑开挖效果

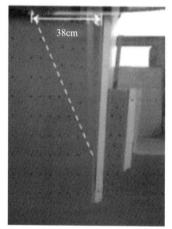

(a) 整体式破坏　　　　　　　　　(b) 关联式破坏　　　　　　　　　(c) 分离式破坏

图 22　室内模型试验结果

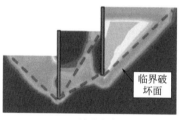
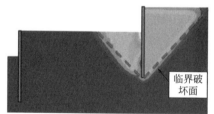

(a) 整体式破坏　　　　　　　　　(b) 关联式破坏　　　　　　　　　(c) 分离式破坏

图 23　数值计算分析结果

创新成果二：研发新型多级支护结构并开展超深超大基坑工程应用

为了解决超深基坑无内支撑支护问题，创新性地开发了新型多级支护结构，包括桩顶斜撑式、双排桩与单排桩组合式的多级支护体系，并成功运用于梦时代广场、凯德广场项目。这两种新型的多级支护结构加强分级支护的整体性，减少了大面积设置内支撑，有效地解决了传统桩撑支护造价高、工期长、拆除内支撑产生的固体废弃物易造成环境污染等多方面的问题，取得了较好的社会效益和经济效益。见图 24 和图 25。

创新成果三：创立斜直组合多级支护技术

创新性地提出了新型斜直组合支护结构，即倾斜桩与垂直桩组合形成的多级支护形式，以达到减少或消除支撑使用的目的。相比于传统的多级支护，新型斜直组合多级支护能发挥更好的绿色悬臂支护效应，可实现超深基坑的无内支撑支护。见图 26～图 29。

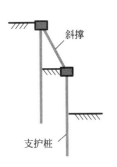  

图 24　桩顶斜撑多级支护（梦时代广场）

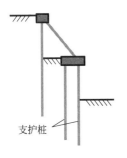  

图 25　双排桩与单排桩组合形式的多级支护（凯德广场）

 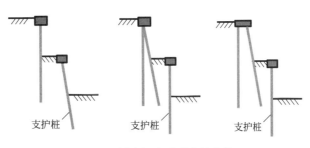

图 26　传统多级支护　　　　　图 27　斜直组合系列多级支护

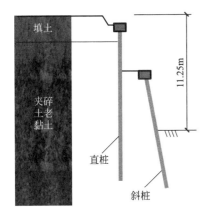 

图 28　新型多级支护典型剖面　　　图 29　斜直组合多级支护（新能源项目）

三、发现、发明及创新点

1）研发了适用于不同地层深基坑施工的新型高性能绿色悬臂混凝土结构体系及其施工方法。引入新型高强预制支护结构，发展硬质地层预制结构施工技术，提高了基坑工程无内支撑支护和工业化建造水平。

2）建立绿色悬臂倾斜桩支护技术理论和设计标准。提出新型绿色悬臂支护技术，建立倾斜桩支护技术分析理论、设计方法，主编规程两部，开发首款通用性倾斜桩支护设计软件，解决无内支撑倾斜桩支护技术的理论分析、设计计算问题。

3）研发多应用场景的倾斜支护桩施工技术方法。研发了包括干作业成孔、泥浆护壁成孔、全套管成孔的不同地质条件下的倾斜支护桩施工技术和预制斜桩静力压桩施工工艺。

4）揭示了新型多级支护结构体系破坏机理，研发适用于超深基坑高性能绿色无内支撑或支撑减量化的新型多级支护结构。

项目成果获发明专利 5 项，实用新型专利 6 项，工法 9 项，软件著作权 1 项。形成技术标准 2 部。发表论文 26 篇。通过本项目研究形成了从技术、理论→设计、施工为一体的一整套基坑工程高性能绿色悬臂支护技术体系。

四、与当前国内外同类研究、同类技术的综合比较

较国内外同类研究、技术的先进性在于以下四点：

1）传统预制结构存在强度低、刚度弱的特点，导致其支护位移大、支护深度浅。同时，常规预制支护结构并不适用于硬土地层。本课题研发新型高强预制支护结构系列，达到与同尺寸灌注桩支护结构相当的抗弯刚度，通过施工技术改进，突破预制支护结构施工地层限制。

2）研发的新型绿色悬臂支护技术是对传统悬臂桩、双排桩等支护形式的补充和技术延伸，其支护结构计算内力更小、位移控制效果更好、无内支撑支护深度更大；同时，本课题首次建立起倾斜桩支护分析理论，揭示了新型支护方式的作用机理，国内外首次编写并形成 2 部规程，开发了首款专用性设计软件。

3）研发包括干作业成孔、高性能泥浆护壁成孔、全套管成孔的倾斜灌注桩施工技术，发展出倾斜预制桩静力压桩施工技术，解决倾斜桩施工问题，相关施工技术方法属于基坑领域中首创。

4）研发新型绿色无内支撑多级支护及倾斜桩组合支护，进一步提高了整体绿色悬臂支护深度，提供 20m 超深基坑的绿色无内支撑支护解决方案，减少支护结构尺寸和配筋，提高支护整体稳定性和安全性。所开展的创新性研究是对国内外多级支护技术的发展、补充和突破。

本技术通过国内外查新，查新结果为：在所检国内外文献范围内，未见有相同报道。

五、第三方评价、应用推广情况

1. 第三方评价

2022 年 6 月份，专家评价委员会一致认为，本项目研究成果总体达到国际先进水平，部分达到国际领先水平。研究内容有力推进基坑工程绿色无内支撑支护和工业化建造水平。

2. 推广应用

本课题研究成果，在武汉三金潭上盖物业项目、新能源产业园项目、仙桃市民之家项目、武汉梦时代广场项目、凯德广场项目、协和医院金银潭院区医院等十多个项目中进行了成功应用，取得了良好的社会、经济和环保效益。通过工程应用总结，编写和发布湖北省倾斜桩基坑支护技术规程，编写中国土木工程学会倾斜桩支护技术团体标准，开发一款通用性倾斜桩支护设计软件。课题研发成果建立起一套完整新型绿色无内支撑节约型支护技术的技术保障、理论保障、设计保障、施工保障等体系，为后续进一步推广应用、提高基坑支护绿色高效建造奠定重要基础。

六、社会效益

新型绿色悬臂节约型支护技术可实现 9～12m 基坑的无内支撑支护，满足 80％以上基坑绿色悬臂支护要求，简化施工、节约造价、缩短工期。土方开挖效率提高 25％以上，相比支撑支护节约造价约 20％以上，经济效益显著。

　　本课题技术成果入选湖北省绿色建造关键适用技术、技术成果应用受到湖北省土木建筑学会、湖北日报、仙桃日报等媒体广泛报道。新型绿色无内支撑节约型支护技术可大量减少建造材料的投入与建筑垃圾的产生，能以更少的建筑资源实现更优的支护效果，是绿色建造的新一代基坑支护新技术，符合低碳、环保、绿色和可持续发展的理念。

低能耗高能效建筑空气环境营造关键技术、设备研发及工程应用

完成单位：中建安装集团有限公司、西安建筑科技大学
完成人：宫治国、高　然、宋志红、杨仪威、朱　静、魏　涛、吴正刚

一、立项背景

目前，国内外建筑业发展面临碳中和及降低能耗（节能）两大挑战。大型公共建筑（单栋建筑面积20000 m² 以上且采用中央空调的公共建筑）因其应用广泛、功能多样以及能耗显著、节能需求迫切受到越来越多的关注。截至 2020 年 12 月，我国既有大型公共建筑面积已超过 150 亿 m²。工业和信息化部、国家质量监督检验检疫总局及清华大学《中国建筑节能年度发展研究报告（2020）》所提供的数据显示，为了保障公共建筑内环境的健康、舒适、安全，每年约消耗电能 6000 亿 kWh，相当于 8 座三峡水电站的发电量（每座动态投资 2000 亿人民币，耗时 20 年）。

低能耗高能效建筑空气环境营造，不仅关系到节能减排基本国策及碳中和的远期目标，还关系着区域经济发展及国家的稳定统一，是实现长治久安、兴利去弊、治国安邦的大事，具有战略性、全局性的重要意义。新冠肺炎疫情使得公共建筑的卫生与健康问题得到了更多的关注，随之带来的室内环境保障需求进一步加大。切实贯彻节能减排基本国策，大型公共建筑的节能降耗刻不容缓且正当其时。

鉴于此，本项目针对大型公共建筑室内空气环境、节能降耗方面的关键技术开展了研究。

二、详细科学技术内容

1. 总体思路

（1）大型公共建筑通风系统优化设计研究

以降低通风系统输配阻力、优化空间流场气流组织为目的，应用空气阻力流场表征方法，从输配系统、构件与空间流场三个方面，将理论研究应用于实际工程进行验证，系统性提出通风系统低阻力设计与优化理论、方法，研发阻力计算方法、示踪新技术、建筑通风系统构件及气流优化等技术，提高输配系统阻力计算精度，降低输配系统与构件阻力，保证舒适性指标满足规范要求，提高系统运行的节能性。

（2）智能舒感送风技术研究与应用

传统送风装备、送风技术与人工智能技术相结合，针对工作区域创新定向送风技术研究与智能送风装备研发，并与行业领域内先进送风技术、空气调节技术融合，研究靶向送风理论、建筑气流组织设计原理及高效能散流器和靶向送风终端，实现工作区域内优质空气按需配给和工作环境智能舒感体验，研发智能送风装备，提升通风系统效率，实现功能性及舒适性的整体提升及优化。

（3）应急多元通风与防烟技术研究

以安全、节约为目标，依托大型公共建筑防排烟系统性能化设计方法，创新研究"平时"通风换气与"火灾时"防烟排烟一体化方法和火灾工况下强化安全通道构建技术，达到降低大型公共建筑环控系统初投资及安全逃生通道内的 CO 浓度的目的。

150

（4）全过程调试技术研究与应用

以运行舒适、管理集约为目标，引进全过程调试技术进行集成创新，从设计、施工及运维阶段出发，将 BIM 技术、信息技术、传感技术等融入建造全过程，研发风系统水力平衡快速校核软件平台、系统可视化运维平台，并针对 VAV 调试薄弱环节开展关键技术攻关，实现设计校核高效化、调试过程精细化及运行维护可视化。

2. 大型公共建筑空气输配系统削涡降阻原理

输配系统的阻力问题是 20 世纪的"显学"众多科学家包括雷诺、达西、普朗特、冯卡门都对其进行了研究。但是上述前人的研究多关注高 Re 数（充分发展湍流）的长直管（忽略相邻影响），这与现今空气输配系统中低 Re 数（过渡区湍流）及局部构件（三通、变径、弯头等）不符。理论支撑的不足导致实际工程设计施工中的安全系数可达 20%～80%，在高阻力、高耗能的同时，还易引起工业安全生产事故并影响室内环境营造效果。见图 1。

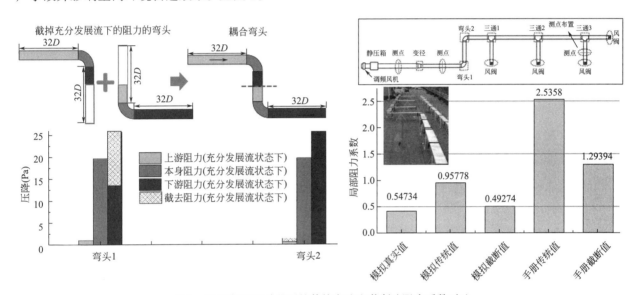

图 1　基于实测和手册下的传统方法和截断法阻力系数对比

首创了基于阻力截断原理的输配系统设计计算方法：该技术精确区分了系统构件对其上下游管道构件的阻力作用关系，并给出了阻力作用分构件类型的计算关联式。针对阻力作用的主要作用区域也即下游管段构建了不同管长下的阻力作用计算公式体系，并在此基础上截断了并非属于相邻影响条件下的"多余"阻力。研究结果表明，基于实测的截断法阻力系数与实测的阻力系数真值相比误差在 10% 以内，相对基于实测的传统方法阻力系数误差降低了 65%。见图 2。

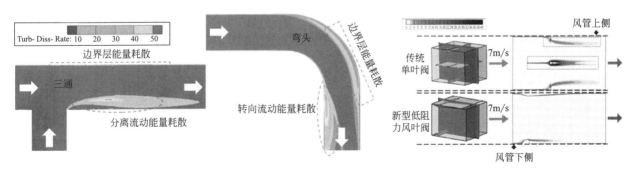

图 2　建筑输配系统内的阻力作用强度示踪

提出了建筑输配系统流动阻力的示踪新技术：技术通过对 N－S 方程积分形式的压力梯度沿流线积分获得了管道阻力，探究了通过欧拉法显示流场阻力并给出了阻力场的示踪因子的通用计算表达式。明确并重新定义了管内流动黏性阻力、惯性阻力、动态阻力、湍流阻力的具体形式及计算表达式。研究结果表明，该示踪新技术能够通过CFD数值模拟及PIV模型试验有效地标记管道内的涡致阻力区及边界层阻力区，从而为结构形状减阻提供了重要的形状设计依据及理论支撑。

研发了基于弧面及导流叶片形状优化的低阻力输配系统构件：本技术通过流动阻力的示踪技术分析并获得了不同类型管道构件内的流动阻力作用区。归纳总结了分流流动、变截面流动、转向流动条件下的流动阻力作用区范围。对不同作用区内，通过流体速度分布及梯度分布控制，削弱了建筑输配系统内的边界层厚度，降低了流体涡旋的强度及作用强度、减少了径向速度及轴向速度梯度，从而显著降低了现有输配系统管道构件阻力的25％～90％。在此基础上形成了典型建筑输配系统管道构件结构形式设计计算关联式及低阻力优化设计方法。见图3。

   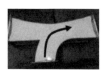  

仿生学植物结构三通　仿生学植物结构三通　耗散率控制低阻三通　毕托管效应低阻三通　河道低阻力变径　引流式低阻弯头

菱形导流叶片三通　喉部仿形导流弯头　弯头弧面形式优化　新型低阻三通　基于效能系数的低阻散流器　鲨鱼皮仿生减阻直管段

直管段凹槽表面减阻　整流90°弯头　低阻力常开截止风阀　导流叶片位置优化　U形弯头导流叶片优化　防磨损S形管道弯头

图3　系列低阻力构件实物图

3. 大型公共建筑平灾疫一体化高效气载污染引排技术

大型公共建筑公共空气环境营造需求多样，既要满足平时工况下的通风需求，又要满足火灾工况下的排烟还要防疫工况下的过滤需求。系统按照火灾、防疫需求设计则成本极高运行费用难以负担，而仅按平时工况设计则难以满足环境保障需求。传统空气营造系统为简化控制将其分开设置，导致系统冗杂，初投资及运行费用均较高。造成这一现象的原因是缺乏通风、防排烟、防疫设备的共性理论基础及设备集成技术方法。

提出了"当量组合热源热分层"理论模型：查明了多热源组合热分层共性规律，揭示了污染、灾害气体的逸散机理，阐明了余热空间毒害气体引排机制；提出了大型公共建筑室内空气环境污染的高效通风设计原理与方法。从而通过合理控制室内空气、烟气及污染物分布，强化水平及垂直污染物梯度，最大限度地减少了人员活动区域内的烟气及污染物。见图4。

 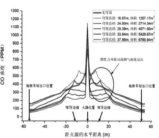 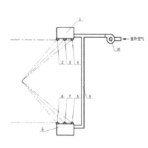 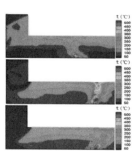

图4　污染气体及热空气的汇聚作用及技术工程示范

提出了"平时"通风与"火灾时"防排烟一体化技术：发明的对吹式空气幕技术用于建筑内通风及火灾条件下阻隔烟气。该技术的防烟效率超过92%，烟气逃逸浓度仅为传统技术的1/6。发明的多用途穹顶兼具夏季汇热及火灾汇烟功能，有效降低了建筑内的通风空调及排烟需求。研发了火灾模拟与风险控制软件（HSC），构建了火灾烟气控制与安全保障理论和技术方法。该系列技术通过设备集成等可节省大型公共建筑空气营造系统初投资40%以上。

研发了"平疫霾"结合智能净化变工况中央空调机组：通过改变空调机组内部结构和净化工艺流程，利用分布式送风原理，采用过滤材料与紫外线照射双重消杀技术，在实现空调机组变工况运行的基础上，能够对新风和回风中的生物气溶胶进行有效过滤和物理消杀，并大幅减少高效过滤器（HEPA）的更换频率及整个系统的运行阻力，有效降低系统能耗及运行维护成本。见图5。

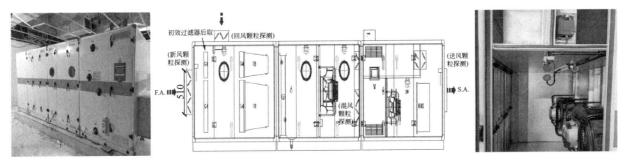

图5　设备样机及运行原理图

三、发现、发明及创新点

（1）首创了基于阻力截断原理的建筑通风系统节能设计方法，研发了弧面及导流叶片形状优化低阻力建筑通风系统构件，从而提高输配系统阻力计算精度，降低输配系统与构件阻力。

（2）创新提出了通风空调系统靶向送风理论；提出了多目标多模式靶向通风气流组织设计原理；研制了低阻高效能送风用散流器及系列靶向送风终端；研发了无感送风和全空气恒温恒湿技术；开发了减振及噪声计算软件开发，实现减振设计及噪声计算的智能化、标准化和快捷化。

（3）提出了基于浓度梯度控制的"平时"通风换气与"火灾时"防烟排烟一体化方法；发明了火灾工况下多层对吹式空气幕防烟安全逃生技术；提出火灾防排烟系统性能化设计方法。达到降低大型公共建筑环控系统初投资及安全逃生通道内的CO浓度的目的。

（4）发明了基于BIM的水力平衡计算及设备校核软件平台；提出了VAV系统水力平衡标准化、流程化调试方法；研发了基于BIM的轻量化、可视化运维平台。实现设计校核高效化、调试过程精细化及运行维护可视化。

四、与当前国内外同类研究、同类技术的综合比较

（1）《基于气流精确控制的大型公共建筑空气环境保障关键技术研发与应用》的国内外查新结果表明：基于湍流耗散率控制的通风空调输配系统减阻机理及局部构件；基于靶向送风原理的高性能送风末端及设计原理；大型公共建筑穹顶结构形式及多元通风对火灾烟气的控制方法。经检索并对相关文献分析对比结果表明：在国内外公开发表的中外文文献中与本委托项目创新点完全相同的未见报道。

（2）《高大空间建筑空调系统功能与舒适性优化》的国内外查新结果表明：指导并联管路阻力不平衡率调节及动力设备选型优化研究；从系统形式及设备选型方面优化空调系统，并制定不同季节、不同时段的空调系统运行策略的研究，未见相同报道。

五、第三方评价、应用推广情况

1. 第三方评价

（1）2021年8月20日，中国技术市场协会组织专家，通过线上、线下形式召开了由中建安装集团

有限公司、西安建筑科技大学等单位联合完成的"大型公共建筑输配系统节能降耗关键技术研发与应用"项目科技成果评价会。评价委员会一致认为，该成果达到国际领先水平，具有广泛的推广应用前景。

（2）2022年1月15日，中国安装协会组织专家在南京召开了由中建安装集团有限公司完成的"高大空间建筑空调系统功能与舒适性优化关键技术"科技成果评价会。评价委员会专家审阅了成果资料，听取了课题组的汇报，经质询和充分讨论，评价委员会一致认为，该成果达到国际先进水平。

2. 推广应用

将低能耗高能效建筑空气环境营造关键技术、设备研发及应用这一研究成果在项目中进行技术推广及实施，在西安奥体中心主体育场项目、西安市幸福林带项目、南京溧水国家极限运动馆项目、西安丝路会议中心、昆明滇池国际会展中心、西安丝路国际会展中心、西安市思路国际展览中心、国家会展中心一期展馆区、连云港广播电视台、成都地铁等项目中进行了应用。应用效果表明该系列技术通过设备集成、管道减租降耗，同时节省了初投资及运行费用，降低输配系统阻力 20% 以上，节能运行能耗 15%，取得了良好的设备经济效应。见图 6。

西安市幸福林带项目　　　　　　西安地铁四号、十四号线项目　　　　　　陕西人保大厦项目

图 6　基于室内气流精确控制的大型公共建筑空气环境保障关键技术应用

六、社会效益

成果纳入规范：烟气引排方式及排烟量的相关研究成果纳入了国家标准《水电工程设计防火规范》GB 50872—2014 和《水力发电厂供暖通风与空气调节设计规范》NB/T 35040—2014。

成果纳入防疫指南：低阻力空气输配系统及高效气流组织的相关内容纳入了住房和城乡建设部印发的《公共及居住建筑室内空气环境防疫设计与安全保障指南（试行）》及《办公、居住及医疗环境防疫设计及疫情期环境保障运行指南》。

该研究成果对于保障大型公共建筑环境安全、促进我国大型公共建筑发展具有重大战略意义和社会经济及环保意义，最终为高端机电行业高水平发展提供了重要技术路径，市场应用前景广阔。

大型航电枢纽工程成套关键技术

完成单位：中建五局土木工程有限公司、中国建筑第五工程局有限公司、基础设施事业部（中国建设基础设施有限公司）、中建五局第三建设有限公司

完成人：罗桂军、戴良辉、徐武杨、王　鹏、张红卫、杨珊华、周　闽

一、立项背景

赣江是纵横江西省内近千公里的第一大河流，是江西省南北水运大通道。为改善赣江通航条件，构建沿江地区对外物资交流的快速水上通道，振兴赣鄱千年"黄金水道"，继石虎塘航电枢纽、峡江水利枢纽、万安水利枢纽和新干水利枢纽陆续建成投入使用之后，江西省委将建设井冈山航电枢纽工程提上议程。井冈山航电枢纽设计总库容 2.789 亿 m^3，电站装机容量 133MW（6×22.167MW），采用灯泡式贯流机组，航道通航标准为Ⅲ级，设计代表船型为 1000t 级货船和一顶 2×1000t 级顶推船队，项目建成后，将大大改善赣江通航条件，使赣江全线达到三级航道标准。对加快建设赣江高等级航道，促进水资源综合利用，适应赣江水运和腹地经济社会发展需要，实现"千年赣鄱黄金水道"全线通航，进而带动和推进沿江产业合理布局，促进沿江经济发展具有十分重要的意义。

赣江井冈山航电枢纽工程施工主要分为左岸、右岸和库区三部分。在水利枢纽建设过程中，会遇到以下典型问题：

（1）围堰的安全高效建造是难点；

（2）设计开挖料高效利用是重点；

（3）大坝的稳定与防渗是重点；

（4）船闸与泄水闸的闸门安装是重点；

（5）大型发电机组安装是难点；

（6）电站设备联调联试是难点；

（7）库区生态修复是重点。

如何提升水利枢纽工程施工过程中的风险管控水平，采取针对性技术措施，保障砂卵石复合地基上水利枢纽工程施工施工和周边环境的安全，是亟待解决的现实难题。为此，本项目结合赣江井冈山航电枢纽这一实际工程，采用理论分析、数值模拟、室内试验、现场测试等方法，形成了一系列创新性成果，为后续类似水利枢纽工程安全施工提供理论支撑。

二、详细科学技术内容

1. 围堰安全高效建造关键技术

创新成果一：

通过试验对比高压旋喷和高压摆喷施工工艺在砂卵石地层的适应性，确定合理桩间距的高压旋喷施工工艺适宜砂卵石地层建设工况的围堰防渗施工。见图 1 和图 2。

创新成果二：

根据井冈山枢纽施工导流期间水文条件，模型试验控制条件，分别测量各工况沿程固定测站水位、上下游围堰水位、河道相应测点水位、流速等，对特殊部位流态进行研究分析。见图 3 和图 4。

图1 摆喷围井试验

图2 旋喷成墙试验

图3 一期一枯导流明渠水流状态

图4 一期一、二汛导流明渠水流状态

创新成果三：

针对导流围堰的防渗要求及填筑材料的特点，设计了一种新型围堰断面形式，发明了一种黏土心墙＋高喷灌浆复合防渗新型砂卵石围堰结构。见图5和图6。

图5 围堰防渗模型

图6 围堰航拍图

2. 设计开挖料高效利用关键技术

通过对天然砂卵石料高效利用关键技术的研究，自主研发了一套水工砂石毛料开采筛分系统。不仅节约了毛料堆放场地，还减少了转运过程二次污染，将砂石毛料的利用率提高至95％以上。见图7和图8。

图 7　设计开挖料高效开采筛分船　　　　　图 8　设计开挖料输送筛分系统

3. 大坝的稳定与防渗关键技术

创新成果一：

针对红砂岩复杂地质的大型航电枢纽深基坑施工，研制了一套安全、快捷的砂卵石复合地基情况下深基坑开挖快速施工体系，并在此施工体系上形成砂卵石复合地基情况下深基坑开挖快速施工技术。见图 9 和图 10。

图 9　基坑梯段组合分层开挖　　　　　　图 10　电站厂房深基坑快速开挖

创新成果二：

通过研究高效钻孔定位技术、孔底渣物高效清除技术、爆破孔维护技术、精确装药控制技术，系统集成了一套安全、快捷的航电枢纽大型基坑弱扰动控制性爆破关键技术。见图 11 和图 12。

图 11　弱扰动爆破孔渣提取结构　　　　　图 12　弱扰动爆破孔渣提取结构

创新成果三：

针对超长超大面积闸基大体积混凝土分仓浇筑施工技术，从特点、适用范围、工艺原理、施工工艺等方法开展研究，掌握了各个施工技术的技术原理、工艺流程及操作要点、质量控制措施、安全环保措施等，提出了超长超大面积混凝土装配式钢栈桥卸料铺料平台，优化卸料流程，实现均匀铺料，快速入仓。见图13和图14。

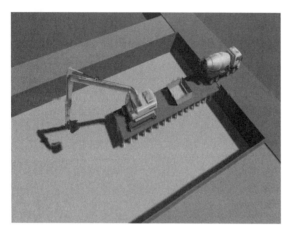

图13　卸料平台模型　　　　　　　　　　图14　混凝土远距离快速入仓

4. 船闸与泄水闸闸门安装关键技术

针对钢闸门安装方式进行技术创新，研发出了一种门叶分节制作弧形工作闸门精确安装施工工法，通过弧形闸门分段、分块制作，现场分块拼接，利用支撑凳调整支铰座的安装定位。实现了弧形工作闸门的高效安装，创造了良好的效益价值。见图15和图16。

图15　闸门　　　　　　　　　　　　　　图16　弧形工作闸门

5. 管形发电机组安装关键技术

针对灯泡贯流式发电机组管型座安装工作量大、安装工期长、安装精度要求高的特点。通过采用管形座安装精度控制技术及二期自密实混凝土浇筑技术将管形座安装精度控制在了1.5mm范围以内，保证了二期混凝土浇筑质量并加快了施工进度。见图17和图18。

6. 电站设备联调联试关键技术

创新成果一：

针对电网最大短路电流与主机设备容量的CT选型大小矛盾，使设备CT变比选型大，主变保护参数无法识别和录入微机保护装置问题，发明了一种基于二次电流采样的可调CT变比数字控制器。实现

图 17　调节装置模型　　　　　　　　　　图 18　安装就位

了电流互感器变比可人工或自动任意调整，实现主变继电保护功能，解决电力行业 CT 选型矛盾的难题。见图 19～图 21。

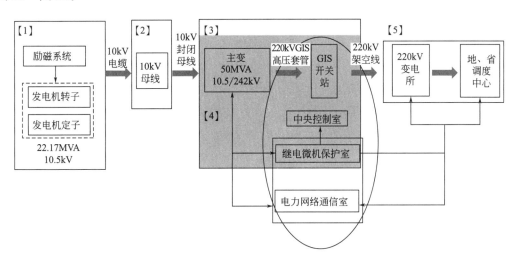

图 19　电站设备联调联试脉络图

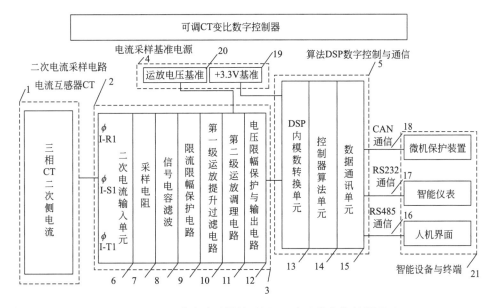

图 20　基于二次电流采样的可调 CT 变比数字控制器原理

创新成果二：

针对现有 PT 消谐装置同时解决谐振和涌流的电力难题，研发一种综合消谐装置，克服了一、二次消谐兼容问题，消除了整个发电系统的一、二次综合谐振，抑制了电磁涌流。解决了谐波干扰引发的发电机组振动问题，解决电力行业的谐振难题。见图 22 和图 23。

图 21 基于二次电流采样的可调 CT 变比数字控制器

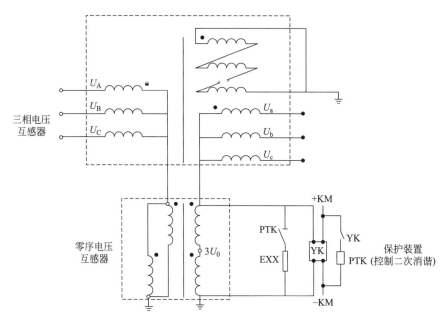

图 22 电压互感器综合消谐装置原理图

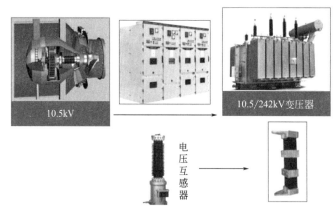

图 23 电压互感器综合消谐装置

7. 库区生态修复关键技术

创新成果一：

根据库区农田标高情况，采用剥离原耕植土、利用设计开挖料垫高、恢复耕作层的方式，研发了四种淹没区、浸没区抬田结构形式。见图 24～图 27。

创新成果二：

针对航电枢纽生态护岸施工中存在的诸多难点，总结出一种航电枢纽生态护岸精致建造关键技术，设计了一种黏土芯墙＋塑性混凝土防渗墙复合式防渗结构，形成了一种复合式防护堤施工技术。见图 28 和图 29。

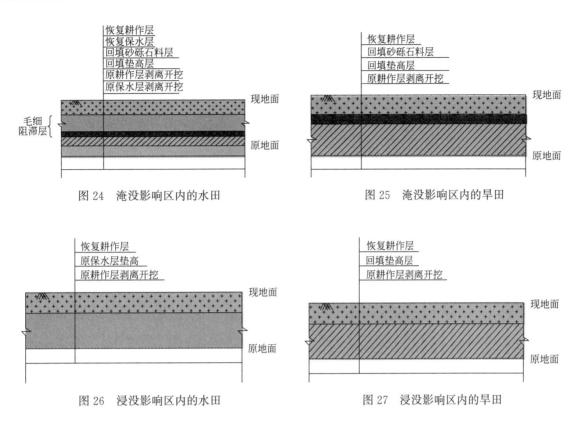

图 24　淹没影响区内的水田　　　　　　　图 25　淹没影响区内的旱田

图 26　浸没影响区内的水田　　　　　　　图 27　浸没影响区内的旱田

图 28　复合式防护堤防渗结构模型　　　　图 29　防护堤实景图

三、发现、发明及创新点

本技术对大型航电枢纽工程施工的特点，以赣江井冈山航电枢纽工程为依托，研发了井冈山航电枢纽综合施工技术，解决了砂卵石复合地基上水利工程施工中的难题，取得创新成果如下：

创新点 1：集成了复合型围堰环保施工控制技术，发明了一种黏土心墙＋高喷灌浆复合防渗新型砂卵石围堰结构。

创新点 2：发明了大型基坑分层梯段组合开挖和弱扰动爆破施工体系，解决了红砂岩基岩易风化、易软化的问题。

创新点 3：研发了一种混凝土远距离快速入仓技术，提升了超长超大面积低坍落度混凝土浇筑效率，有效地防止了施工冷缝的产生。

创新点 4：研发了一种电压互感器综合消谐装置，解决了谐波干扰引发的发电机组振动问题；同时，发明了一种基于二次电流采样的可调CT变比数字控制器，实现了电流互感器变比人工或自动任意可调，解决了电网最人短路电流与主机设备容量的选型矛盾等继电保护问题。

创新点5：利用主变高压侧断点接入不同电压、联合主变压器做GIS专项绝缘实验，解决了包括高压CT气体腔室在内的GIS间隔各器件短路、绝缘耐压、局部放电等故障的判断与验证问题，实现安全并网发电。

创新点6：研发了黏土芯墙＋塑性混凝土防渗墙复合式防护堤防渗工艺和四种抬田结构形式，解决了淹没区和浸没区农田生态修复问题。

四、与当前国内外同类研究、同类技术的综合比较

经国内外同类相关文献对比研究、技术的先进性体现于表1。

综合比较 表1

序号	比较项目	国内外同类技术	本技术优势
1	围堰的安全高效建造关键技术	常规土石围堰防渗形式单一，防渗效果不佳，施工效率低，施工工期长	本技术采用一种高喷灌浆＋黏土心墙的围堰结构形式，减少了关键工期占用，提高了围堰施工效率，加强了防渗效果，并节约了围堰造价
2	设计开挖料高效利用关键技术	现有砂卵石料源主要以采购或开采天然砂卵石料为主。采购的成本大，开采天然砂卵石料对生态环境影响巨大	本技术提供一种利用砂石开挖料的方法，通过研发一种新型砂石料筛分系统，能够有效解决砂石毛料短缺的问题，提高毛料利用率
3	大坝的稳定与防渗关键技术	水工大体积混凝土在国内外均有大量研究，形成了比较完备的混凝土配合比、温控措施和施工工艺。但是针对特殊部位，在分层分块和裂缝控制等方面还有待研究	制指标和测点布设原则，现场测试混凝土内部的温度场和应力-应变场情况，进而提出混凝土分层、分块的基本原则，以及止水、伸缩缝、预埋件的布设方案
4	船闸与泄水闸闸门安装关键技术	现有船闸与泄水闸闸门安装均由厂家在工厂制作成型后整体运输安装，需要保障良好的运输条件，对吊装作业提出了更高的要求	本技术采用现场门叶拼装焊接方法，能够有效解决运输道路不佳、大型设备难以进场的问题，同时分片拼装可以选用常用的吊重设备，解决了大型吊装设备无法入场的问题
5	大型发电机组安装关键技术	现有技术针对管形座的安装精度控制和变形控制有限，在二期混凝土浇筑时，易出现管型座上浮偏位或变形等问题	本技术针对管形座安装提出一种能够精确控制位移和变形的全方位可调螺栓组合。选用自密实混凝土进行二期浇筑，试验确定最优配合比，在管形座周围增设固定杆，保证稳定、不偏移
6	电站设备联调联试关键技术	在电站网发电调试过程中，常遇到如保护CT测量门槛限值保护参数无法录入问题、谐波干扰问题、励磁变异响影响发电电能质量问题，以及GIS气体绝缘高压间隔中的主变保护高压电流互感器腔室短路故障越级跳闸区域网至省调度中心问题等	本技术提供了一种基于二次电流采样的可调CT变比数字控制器，实现变比参数任意可调，解决录入门槛限值；研发了一种新型电压互感器综合消谐装置，减少谐波干扰污染；优化励磁系统选型参数与应用，解决发电机组稳定运行问题，提升电能质量
7	库区生态修复关键技术	现有抬田工程的设计、施工目前没有现成的国家标准和行业标准，传统的机械配置施工效率低，护岸防渗墙质量有待提高	本技术研究出一层毛细阻滞层，设于传统三层结构中，可有效降低保水层的水分流失。优化了防渗墙结构，提出一种防渗墙＋黏土心墙复合防渗形式，充分利用了附近现有的黏土心墙防渗材料，达到了节约材料的目的

本技术通过国内外查新，查新结果为：经检索并对相关文献分析对比结果表明，上述国内外的相关文献报道分别涉及该查新项目的部分研究内容，但国内外均未见与该查新项目综合技术特点相符的文献报道。

五、第三方评价、应用推广情况

1. 第三方评价

2022年4月24日，中国建筑集团有限公司在长沙组织对课题成果进行鉴定，经专家组评价，本技术成果整体达到国际先进水平。

2. 推广应用

本项目以赣江井冈山航电枢纽工程为依托，针对砂卵石复合地基上水利枢纽工程施工安全风险，采用工程调研、理论分析、数值模拟、室内试验、现场测试等方法，依次形成了围堰的安全高效建造关键技术、设计开挖料高效利用关键技术、大坝的稳定与防渗关键技术、船闸与泄水闸闸门安装关键技术、大型发电机组安装关键技术、电站设备联调联试关键技术、库区生态修复关键技术。通过系统集成以上技术，形成了较为完善的大型航电枢纽综合施工技术，对类似工程具有较大的借鉴意义。

本技术的应用有效提高了施工效益，避免了窝工，缩短了工期，从而创造良好的经济效益，能够对后续类似工程施工提供借鉴经验，具有良好的应用前景。

六、社会效益

本技术以赣江井冈山航电枢纽工程为依托，通过对井冈山航电枢纽工程综合施工技术的应用，使项目按期建成、全面投产运营。

项目的按期建成、全面投产运营，实现了国家高等级航道规划目标，支撑长江经济带可持续发展，发挥了内河水运优势，提高运输效益，促进了赣江流域经济增长，完善了区域综合运输体系，有利于资源的充分利用，发挥了水电综合效益，对促进革命老区经济社会的可持续发展具有重要意义。

复杂地质与特殊条件下大跨度悬索桥锚碇设计及施工关键技术

完成单位：中国建筑第六工程局有限公司、中建桥梁有限公司、中铁第四勘察设计院集团有限公司

完成人：焦莹、刘晴敏、曹海清、高璞、曾银勇、耿又宾、周俊龙

一、立项背景

悬索桥是单跨最大跨径超 1000m 且接近 2000m 桥梁的主要桥型，由主缆、桥塔、吊索、锚碇和加劲梁等组成。锚碇作为悬索桥结构重要组成部分，直接影响到桥梁的受力体系和使用寿命。

悬索桥锚碇分为重力式锚碇和隧道式锚碇。重力式锚碇适用于各种地质条件，目前应用最为广泛，但造价高、设计体型大、施工作业要求高、应用性受地质及环境条件限制。隧道式锚碇可有效地减少开挖量和混凝土用量，充分利用和调动边坡深层岩土体的强大自承性，对有效保护自然环境、节约投资具有重要意义。但隧道锚对地质条件要求高，几乎建造在岩体强度高、节理不发育且覆盖层浅的区域。锚固系统是悬索桥锚碇最重要的组成部分，承担着主缆的巨大拉力，施工精度要求高；同时，锚固系统施工是控制工期的关键工序。在锚固系统安装过程中，钢结构定位支架被不断接高，导致整体支架柔性增大，随着支架受力不断增加，累积变形增大，致使锚固系统安装过程中完成部分精度多次发生变化，需重复调整，极大地影响安装进度，耗费大量人力、物力。如何高精度、低投入地快速施工锚固系统，始终是悬索桥建设的重点工作之一。

经调研，软岩地区建造隧道锚可供参考的资料和研究成果较少。目前，只有国内重庆鹅公岩长江大桥东岸位于粉砂质泥岩的隧道式锚碇，软岩地区设计建造隧道式锚碇急需解决问题较多；周围建筑物密集、环境敏感、净空狭小场地的悬索桥多采用沉井式锚碇，可借鉴的经验和案例较少；锚固系统施工主要采用原位整体式定位和节段拼装施工，仍存在精度控制差、安装速度慢等问题。

针对以上问题，本项目开展复杂地质与特殊条件下大跨度悬索桥锚碇设计及施工关键技术研究，旨在解决大跨度悬索桥锚碇复杂地质环境下结构优化设计、精益性建造、高质量控制、快速施工等技术难题，为工程局企业形象宣传、市场开拓及高质量发展提供坚实的技术支撑，为国内外类似地质条件隧锚的设计与施工研究提供借鉴和新思路。

二、详细科学技术内容

1. 软岩地区隧道锚设计与施工关键技术

创新成果一：软岩地区创新型隧道锚设计与分析关键技术

以国内锚塞体最长且位于软岩地区的重庆几江长江大桥隧道锚为研究载体，将单"剪力块"隧道锚优化为"剪力块＋型钢剪力键"复合式隧道锚，研究发现：优化后锚体承载性能大幅提高，增设"型钢剪力键"明显减小围岩的变形，缓解其塑性区发展。见图 1。

创新成果二：软岩地区隧道锚现场缩尺模型试验研究关键技术

通过两个现场模型试验，得到了围岩在不同荷载条件下变形与破坏机理、岩锚共同作用下强度特征与破坏模式，为隧道锚设计施工提供指导。见图 2。

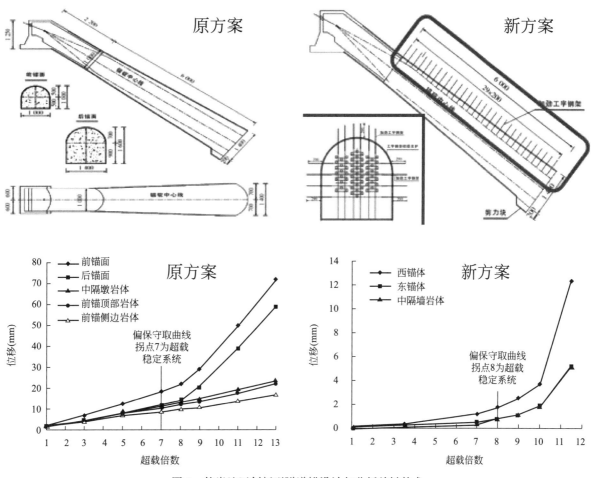

图 1 软岩地区创新型隧道锚设计与分析关键技术

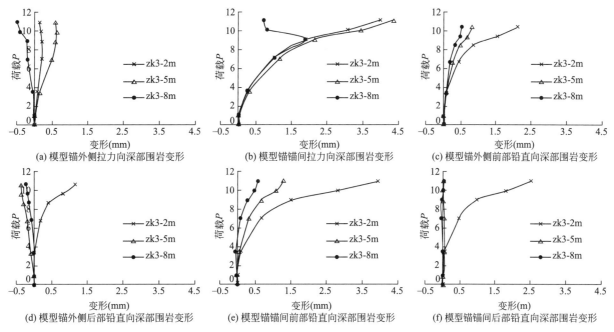

(a) 模型锚外侧拉力向深部围岩变形

(b) 模型锚锚间拉力向深部围岩变形

(c) 模型锚外侧前部铅直向深部围岩变形

(d) 模型锚外侧后部铅直向深部围岩变形

(e) 模型锚锚间前部铅直向深部围岩变形

(f) 模型锚锚间后部铅直向深部围岩变形

图 2 软岩地区隧道锚现场缩尺模型试验研究关键技术（一）

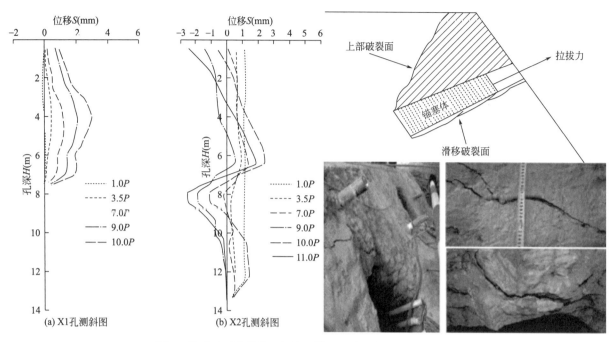

图 2 软岩地区隧道锚现场缩尺模型试验研究关键技术（二）

创新成果三：隧道锚稳定性双控指标研究

通过系列研究，建议选取桥梁结构变形、锚碇结构自身变形、围岩变形的最小值作为隧道锚变形控制值；同时，选取隧道锚变形和拉拔承载力作为其稳定性控制的双控指标。见图 3。

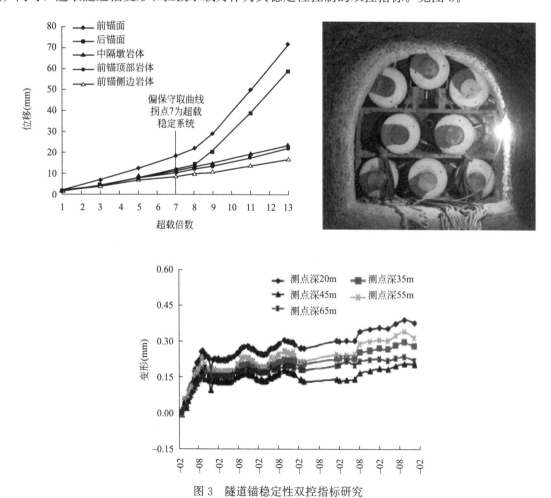

图 3 隧道锚稳定性双控指标研究

创新成果四：复合抗剪式隧道锚施工关键技术

针对洞口施工、超前帷幕注浆、大倾角洞室开挖及植入型钢施工等重点工序进行技术攻关，形成适用于软岩区复合抗剪式隧道锚的施工关键技术。见图4。

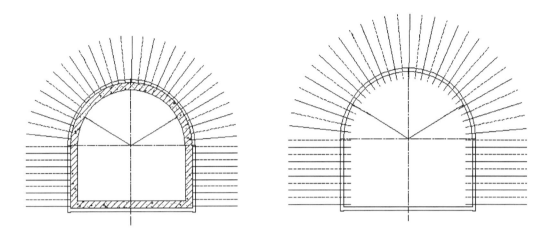

图4　复合抗剪式隧道锚施工关键技术

2. 锚体深嵌沉井式重力锚碇设计与施工关键技术

创新成果一：锚体深嵌沉井的新型组合锚碇结构设计及分析

提出一种锚体深嵌沉井组合式重力锚碇结构，在满足安全性的情况下，大幅度降低锚碇结构高度和下沉深度，有效解决建筑物集中区沉井式锚碇建造受限的难题。见图5。

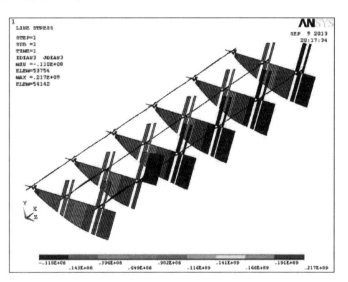

图5　锚体深嵌沉井的新型组合锚碇结构设计及分析

创新成果二：沉井穿越超厚砂卵石层施工关键技术

沉井下沉过程中创新性地采用多种机械组合对称取土的出土方式，提高了施工效率，采用"砂套＋空气幕"组合助沉技术，攻克了沉井穿越超厚砂卵石层施工技术难题，实现了沉井精确下沉，保障了邻近建筑物的安全。见图6。

3. 装配式锚固系统设计与施工关键技术

创新成果一：隧道式锚碇预应力定位支架分段整体滑移入洞施工关键技术

研发的隧道锚定位支架"洞外分段拼装成型、整体滑移入洞"施工方法，解决了大落差、超长锚塞体锚固系统杆件密集施工技术难题。见图7。

图 6 沉井穿越超厚砂卵石层施工关键技术

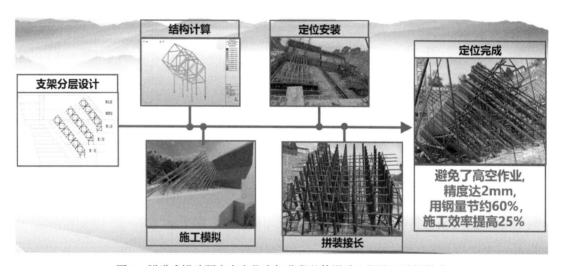

图 7 隧道式锚碇预应力定位支架分段整体滑移入洞施工关键技术

创新成果二：重力锚锚固系统原位快速施工关键技术

研发的重力锚定位支架"分段设计、逐层施作、阶段控制"施工方法，解决了空间稳定性差、质量不易控制、高空作业安全风险大等施工难题。

4. 大体积混凝土水化热温控关键技术

创新成果一：大体积混凝土冷管参数优化

采用 midas civil 软件建立有限元温度场模型，以内部最高温度及最大主拉应力为主控参数，研究冷却水管入水温度、流速、水管间距等参数对混凝土水化热冷却效果的影响，优化出冷却水管布置及相关参数选取。见图8。

创新成果二：大体积混凝土温度智能管控系统

利用网络技术、计算机技术，虚拟仿真技术，研发了高灵敏度温度传感器对大体积混凝土温度进行实时采集，实现了锚碇施工温度的实时、准确监控。见图9。

三、发现、发明及创新点

1) 首次提出型钢植入岩体复合抗剪式隧道锚结构设计，显著提高了软岩地区隧道锚体抗拔能力，减小了锚体设计体量；基于数值分析、缩尺模型试验，探明了透水软岩浅埋隧道式锚碇变形破坏机理，创新提出复杂地质条件下隧道式锚碇稳定性分析评价方法；研发出软岩透水地区悬索桥隧道锚关键技术，解决了软岩透水地区隧道锚设计与施工技术难题。

2) 创新性地提出锚体深嵌沉井组合式重力锚碇，通过降低锚碇结构高度和下沉深度，有效解决净空狭小场地条件下锚碇结构设计受限的难题；创新性地采用"先两边后中间"取土下沉，"砂套＋空气幕"组合助沉技术，攻克了沉井穿越超厚砂卵石层施工技术难题；创新形成建筑物密集区超大型沉井下

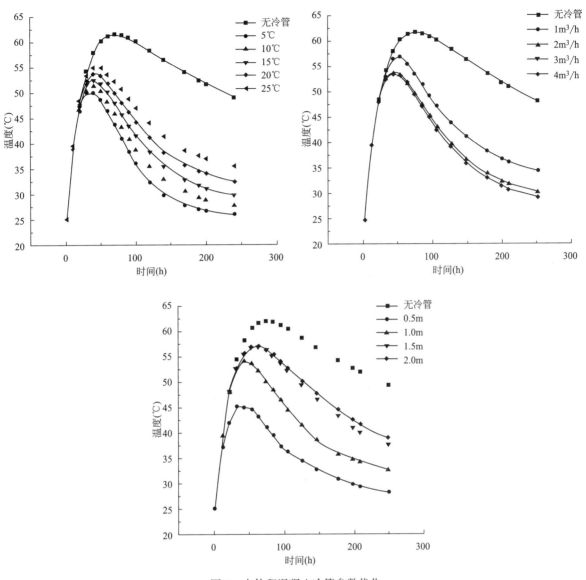

图 8 大体积混凝土冷管参数优化

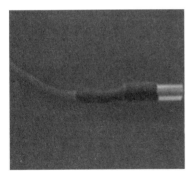

图 9 大体积混凝土温度智能管控系统

沉关键技术，解决了沉井下沉施工安全风险高、施工场地小、施工工期紧、极易影响邻近建筑物的安全和周边生态环境的施工难点。

3）创新性地提出兼容锚固系统高精度控制与快速建造的模块化方法，通过分节、分段标准化设计与加工，以及模块化的集成与组装，提高了锚固系统安装速度与精度；研发了隧道锚"洞外分段拼装成型、整体滑移入洞"的施工方法，解决了大落差、超长锚塞体锚固系统杆件密集施工技术难题；研发了重力锚"分段设计、逐层施作、阶段控制"的施工工艺，解决了空间稳定性差、高空和有限空间作业质量安全风险大施工技术难题。

4）在重庆市江津中渡长江大桥、重庆郭家沱长江大桥、张家界大峡谷玻璃桥等项目建设过程中新形成了获授权发明专利9项，实质审查1项，实用新型专利15项，软件著作权2项；出版著作1部，发表论文16篇，含EI收录7篇；获省部级工法2项；获省部级优秀设计奖2项，省级优质工程奖1项，国家级优质工程奖2项，第十九届中国土木工程詹天佑奖，国际桥梁亚瑟·海顿奖。

四、与当前国内外同类研究、同类技术的综合比较

近年来，针对隧道式锚碇方面的研究越来越受国内外学者的关注。学者们结合理论公式推导、数值模拟分析、现场缩尺试验、室内模型试验的方法对隧道锚的夹持效应、承载力、影响承载力的因素、破坏机制、岩体稳定性、与附属设施之间的相互影响及动力力学响应等方面进行了深入的研究，并取得了一定的研究成果。隧道锚建设对其围岩节理性和完整性有较为严格的要求，但是，软岩区隧道式锚碇的研究相对较少，目前可供参考的资料和案例只有国内重庆鹅公岩长江大桥东岸位于粉砂质泥岩的隧道式锚碇，在围岩力学特性、承载机制、安全裕度、变形量、长期稳定性等关键科学问题上，仍然缺乏系统认识。

在跨江、跨海大型桥梁工程建设中，大型沉井基础因其承载力大、经济性好等优点得到了广泛应用。现有规范主要针对小型沉井结构设计及施工开挖下沉方法，对于大型沉井设计及施工则适应性差，导致大型沉井施工过程中面临传统开挖方法不适用、结构开裂等难题。随着沉井尺寸的增加，沉井首次下沉时结构应力和姿态成为整个下沉过程中的关键。开挖方法不仅要考虑结构安全、姿态精度，还须考虑实际过程中沉井下沉困难的应对措施以及地基不均匀带来的姿态控制问题等。

悬索桥锚碇锚固系统分为型钢锚固体系和预应力锚固体系，国内外预锚固系统安装大都采用管道定位的方法进行，索导管的施工质量直接影响预应力束受力状况。近年来，随着大跨悬索桥快速发展，众多学者开展隧道锚和重力锚的锚固系统设计及施工技术研究。锚固系统精度控制主要通过定位支架来实现，锚固系统定位施工主要方法有整体定位法、原位接长法，定位结构主要是平面框架和空间框架。如何高精度、低投入地快速施工锚固系统，始终是悬索桥建设的重点。

本项目与国内外同类技术对比如表1所示。

同类技术对比   表1

技术内容	国内外同类研究	本项目
软岩区隧道锚设计与施工	锚塞体受力，无加固措施	剪力块＋型钢剪力键
建筑物密集区沉井锚设计与施工	地质条件简单，常规沉井施工	锚体深嵌沉井，多种下沉技术协调组合
装配式锚固系统设计与安装	一次性安装、分层散装	装配式施工
大体积混凝土温控	管冷参数经验选用与有线监控	管冷参数精细化分析与选取，无线监控技术

本技术通过国内外查新，查新结果为：在所检国内外文献范围内，未见有相同报道。

五、第三方评价、应用推广情况

1. 第三方评价

《大跨度悬索桥隧道锚岩石力学关键技术及应用》软岩区隧道锚研究成果于2018年4月经专家委员会鉴定，达到国际领先水平。

《复杂地质与特殊条件下大跨度悬索桥锚碇设计及施工关键技术》2021年5月经专家委员会鉴定，总体达到国际领先水平。

2. 推广应用

本项技术已成功应用于重庆市江津几江长江大桥、重庆市白沙长江大桥、重庆郭家沱长江大桥、四

川泸州长江二桥、张家界大峡谷玻璃桥等 5 座大跨度悬索桥项目，保证了项目高质量履约和安全生产，经济创效约 5000 万元。上述项目均属于所在省、直辖市的重点工程，项目建造过程受到中央广播电视总台、人民日报、人民网、新华网、央广网等主流媒体的持续关注和广泛报道。

该项目为大跨度悬索桥锚碇设计及建造提供了关键试验平台、强有力的理论及技术支撑，为相关技术发展提供参考和借鉴，赢得了业主、行业和学术界的高度评价和充分肯定，推动了行业的科技进步，提升了我国桥梁设计和建造水平、国际竞争力，推广应用前景广阔。

六、社会效益

软岩地区复合式隧道锚设计与施工关键技术，具有造价低、力学性能好等优势，国内外未见先例报道，处于国际领先水平；锚体深嵌沉井式重力锚碇设计与施工关键技术，具有安全、高环保、适用性强等优势，处于国际领先水平；装配式锚固系统设计与施工关键技术，具有高效率、高质量、安全节约等优势，处于国际领先水平。本项技术所运用悬索桥锚碇施工过程无质量事故和安全事故，保证了锚碇施工质量并降低了安全风险；施工技术先进、可靠，不仅为各大跨度悬索桥锚碇施工提供技术借鉴，而且为各项目实现了降本增效；有效促进工程有序、高效、高质量施工，实现了桥梁高精度成形与结构安全性和可靠性保证。上述项目均属于所在省、直辖市的重点工程，本项研究成果为集团桥梁建造的品牌宣传、市场开拓、高质量发展及践行国家战略提供坚实的技术支撑。

城市索辅桥梁结构设计与建造关键技术

完成单位： 中国建筑第七工程局有限公司、中建七局交通建设有限公司、中建七局第四建筑有限公司、郑州大学

完 成 人： 叶雨山、张军锋、冯大阔、吴靖江、张　永、孟庆鑫、胡　魁

一、立项背景

人民群众对美好生活的向往，使城市桥梁不再只是跨越河道方便出行的工程实体，而被视为发挥美学创意、营建区域地标、彰显都市形象的空间艺术品。与常规桥梁结构不同，索辅桥梁的索、拱、塔、梁等多构件协同工作，可塑造出形式丰富的空间造型，形成与周围环境协调的优美风景，但也使其结构体系和力学特性复杂，结构力学行为特殊，尤其是索在结构施工与运营中的承载参与程度有较大差异，结构设计计算和工程建造技术都面临诸多难题，主要体现在：

1. 专用分析工具缺乏，力学特性不易把握

索辅桥梁为典型的空间受力体系，其结构体系复杂多样，结构施工和成桥状态的结构行为与受力特点不易把握。合理准确的计算方法是把握结构力学特性和确保结构安全的前提，故需针对该类桥梁构件和连接的特点明确所需的单元并开发针对性的分析工具，助力结构分析技术进步。

2. 设计计算方法滞后，设计优化效率低下

索辅桥梁结构构件众多，构件间协同工作机理复杂，结构设计过程繁复。各类索辅桥梁的索力设计计算和张拉力控制是控制成桥状态的关键因素，但结构体系越复杂，其计算和控制就越困难。另外，车辆在行驶过程中对桥梁各类构件冲击效应差异显著，而我国现行规范的冲击系数是对整桥采用单一取值，能否用于索辅桥梁也值得商榷。所以，对该类结构体系力学行为展开系统研究，改进索辅桥梁的结构设计方法并提出方便实用的设计优化算法，是推动该类结构健康繁荣发展的基础科学问题。

3. 建造工艺技术落后，工期偏长、工效偏低

索辅桥梁往往构件繁多，其施工方案和工法不仅影响建造周期、费用，也对工程质量和施工安全性有较大影响。传统的拱桥、斜拉桥和悬索桥，其施工方案和工法较为成熟，但城市索辅桥梁因造型更为复杂，对施工方案和工法提出了更高的要求，尤其是针对工工期、安装精度和现场施工安全性的要求更高。

课题从以上问题出发，结合参研各方已有技术成果，开展课题研究并进行总结推广。

二、详细科学技术内容

科技成果1：推导了针对索辅桥梁特异构件和连接方式的8种计算单元的刚度矩阵，建立了结构力学性能分析方法，为索辅桥梁设计和施工过程的计算分析提供了理论支撑和专用计算工具。

（1）构建了不计入和计入剪切变形的等截面欧拉梁单元刚度矩阵的基本假定、推导过程和理论表达式。阐述了拉格朗日形函数和厄米特函数，给出了刚度矩阵推导所需的各类基本方程，并明确了欧拉梁计入剪切变形的基本假定，最终根据虚功原理得到单刚矩阵理论表达式。见图1。

（2）构建了不计入和计入剪切变形的两端截面尺寸线性变化的变截面欧拉梁单元刚度矩阵的基本假定、推导过程和理论表达式，经算例验证，控制变截面梁的单元长度可有效降低该近似计算对计算精度的影响，并且发现 ANSYS 中的 Beam44 单元也采用了相同的近似方法。见图2。

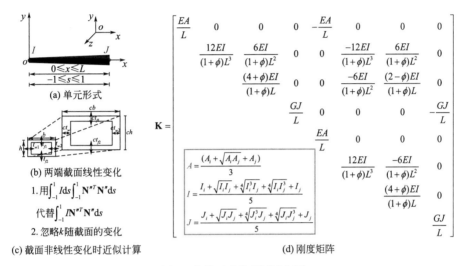

$$\omega(s) = \omega^b(s) + \omega^s(s)$$

$$\frac{\mathrm{d}\omega}{\mathrm{d}x} = \frac{\mathrm{d}\omega^b}{\mathrm{d}x} + \frac{\mathrm{d}\omega^s}{\mathrm{d}x} = \alpha + \gamma_0$$

$$\gamma_0 = k\frac{Q}{GA} = \frac{k\tau_0}{G}$$

$$k = \frac{A}{I^2}\int_A \left(\frac{S}{b}\right)^2 \mathrm{d}A$$

$$\mathbf{K} = \frac{EI}{(1+\phi)L^3}\begin{bmatrix} 12 & 6L & -12 & 6L \\ 6L & (4+\phi)L^2 & -6L & (2-\phi)L^2 \\ -12 & -6L & 12 & -6L \\ 6L & (2-\phi)L^2 & -6L & (4+\phi)L^2 \end{bmatrix}$$

$$\phi = \frac{12EIk}{GAL^2}\cdots$$

通过系数 k 及 ϕ 考虑剪切变形
k 及 $\phi = 0$ 时即退化为经典欧拉梁

(a) 考虑剪切变形   (b) 基本方程   (c) 刚度矩阵

图 1   等截面欧拉梁平面弯曲受力刚度矩阵

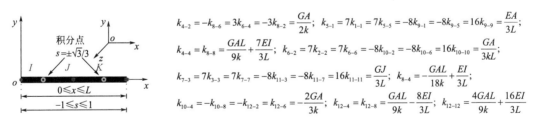

(a) 单元形式

(b) 两端截面线性变化

1. 用 $\int_{-1}^{1} I\mathrm{d}s\int_{-1}^{1}\mathbf{N}''^T\mathbf{N}''\mathrm{d}s$ 代替 $\int_{-1}^{1} I\mathbf{N}''^T\mathbf{N}''\mathrm{d}s$

2. 忽略 k 随截面的变化

(c) 截面非线性变化时近似计算

$$A = \frac{(A_i + \sqrt{A_iA_j} + A_j)}{3}$$

$$I = \frac{I_i + \sqrt{I_iI_j} + \sqrt[4]{I_i^3I_j} + \sqrt[4]{I_iI_j^3} + I_j}{5}$$

$$J = \frac{J_i + \sqrt{J_iJ_j} + \sqrt[4]{J_i^3J_j} + \sqrt[4]{J_iJ_j^3} + J_j}{5}$$

(d) 刚度矩阵

图 2   变截面欧拉梁刚度矩阵

（3）基于最小势能原理采用高斯积分，推导了适用于等截面/变截面梁的 2 节点/3 节点铁摩辛柯梁的单元刚度矩阵理论表达式；基于多种截面多种受力模式的计算分析，明确该类单元适用于长细比大于 30 的杆件。见图 3。

积分点 $s = \pm\sqrt{3}/3$

$0 \leqslant x \leqslant L$

$-1 \leqslant s \leqslant 1$

$$k_{4-2} = -k_{8-6} = 3k_{6-4} = -3k_{8-2} = \frac{GA}{2k}; \quad k_{5-1} = 7k_{1-1} = 7k_{5-5} = -8k_{9-1} = -8k_{9-5} = 16k_{9-9} = \frac{EA}{3L};$$

$$k_{4-4} = k_{8-8} = \frac{GAL}{9k} + \frac{7EI}{3L}; \quad k_{6-2} = 7k_{2-2} = 7k_{6-6} = -8k_{10-2} = -8k_{10-6} = 16k_{10-10} = \frac{GA}{3kL};$$

$$k_{7-3} = 7k_{3-3} = 7k_{7-7} = -8k_{11-7} = 16k_{11-11} = \frac{GJ}{3L}; \quad k_{8-4} = -\frac{GAL}{18k} + \frac{EI}{3L};$$

$$k_{10-4} = -k_{10-8} = -k_{12-2} = k_{12-6} = -\frac{2GA}{3k}; \quad k_{12-4} = k_{12-8} = \frac{GAL}{9k} - \frac{8EI}{3L}; \quad k_{12-12} = \frac{4GAL}{9k} + \frac{16EI}{3L}$$

图 3   3 节点平面铁摩辛柯梁单元及刚度矩阵（12×12 矩阵，仅给出非零元素值）

（4）对于有限元中常用的主从约束和弹性连接这两类连接单元，基于其各自特性和有限元基本原理，推导了各自的刚度矩阵形式，指出了常用软件中各自弹性连接单元特性和功能的差异，阐释了连接单元和普通结构单元应用中的差异，并给出了具体应用指导。见图 4 和图 5。

$$\mathbf{K} = \begin{bmatrix} SD_y & & & \\ y_1SD_y & y_3SR_z & & \\ -SD_y & -y_1SD_y & SD_y & \\ y_2SD_y & -y_4SR_z & -y_2SD_y & y_5SR_z \end{bmatrix}$$

$$\begin{cases} y_1 = RL \\ y_2 = (1-R)L \\ y_3 = tR^2 + 1 \\ y_4 = tR(R-1) + 1 \\ y_5 = t(R-1)^2 + 1 \end{cases} \quad t = \begin{cases} \dfrac{SD_y}{SR_z}L^2, & SR_z \neq 0 \\ SD_yL^2, & SR_z = 0 \end{cases}$$

式中：SD_y、SR_z 为弯剪方向的刚度值；L 为连接的长度；R 为剪力传递相对距离

图 4   弹性连接平面弯曲刚度矩阵

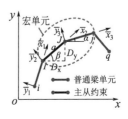

图 5   "宏单元"示意

（5）基于上述结构单元和连接单元，建立了针对索辅桥梁力学性能的分析计算方法并开发了相应的计算程序，实现了对索辅桥梁种类繁多的构件、截面和轴线复杂变化的特异构件、构件间的多种连接方式以及对整个体系受力状态进行准确的模拟和计算，解决了索辅桥梁数值分析缺乏理论支撑和专用计算工具的问题。

科技成果2：构建了索力和车辆冲击系数计算模型，提出了基于全局优化算法的索辅桥梁结构设计方法，提高了设计效率和品质。

（1）提出了基于杠杆原理的索力设计方法。经工程实例对比验证，该方法计算简洁清晰且所得索力和结构状态合理，设计工效提升15%～35%。见图6和图7。

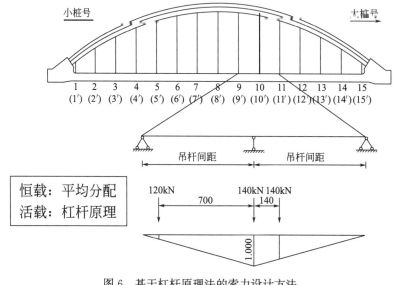

图6　基于杠杆原理法的索力设计方法

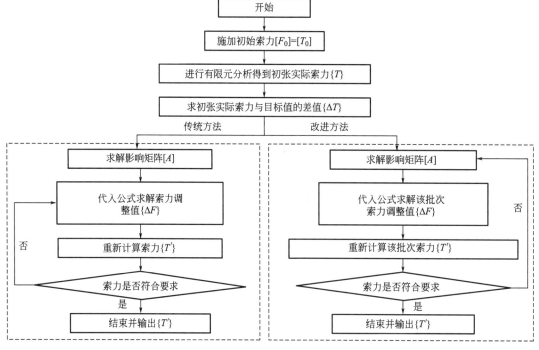

图7　改进前后拉索张拉力控制方法

（2）提出了基于修正影响矩阵的张拉控制方法。该方法对组合拱桥、斜拉桥和悬索桥等各类索辅桥梁均可实现索力的精准控制，可使索力和梁/拱/塔线形与设计值的偏差控制在2%以内；该方法可减少索力调整时间 50%～70%，大幅提高了索辅桥梁的张拉效率，显著降低工期工费。见图 8。

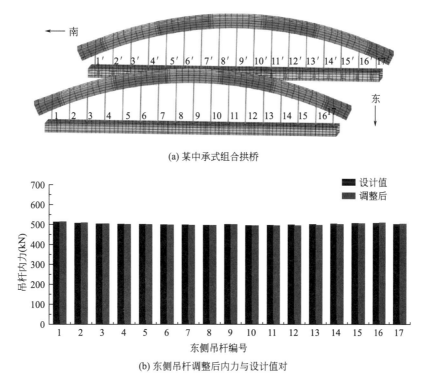

(a) 某中承式组合拱桥

(b) 东侧吊杆调整后内力与设计值对

图 8　基于修正影响矩阵的张拉控制方法实施效果

（3）建立了包络索辅桥梁各类构件不同响应的车辆冲击系数计算方法。该方法能够体现索辅桥梁各类构件车辆冲击效应的差异，更符合此类结构的力学特征和设计特点，所得设计结果更为精确、合理。见图 9。

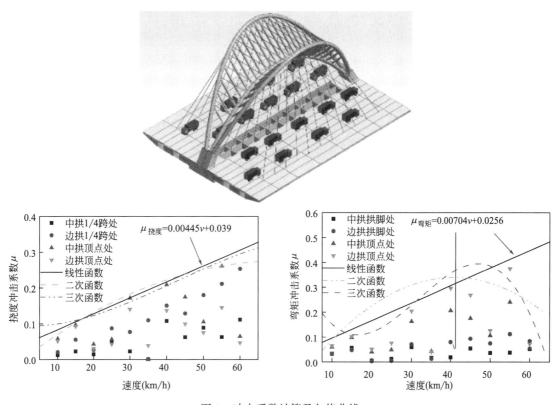

图 9　冲击系数计算及包络曲线

（4）基于正交试验思想提出了考虑各类构件多参数交叉影响的结构全局优化算法。建立了关键结构响应与结构参数间的回归公式。据此对结构进行全局优化，有效减少材料用量，降低了建造成本 10%～15%，提高了设计效率和质量。见图 10。

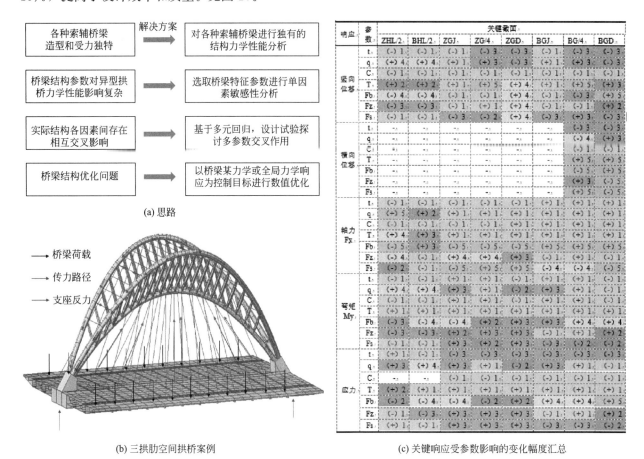

(a) 思路

(b) 三拱肋空间拱桥案例

(c) 关键响应受参数影响的变化幅度汇总

图 10　结构全局优化流程

$$中拱跨中位移 = -26.49 + 2.59t - 4.05F_b - 4.82F_z - 4.04F_s + 0.07tF_b + 0.26tF_z + 0.27tF_s$$

$$边拱拱顶应力 = -80.03 + 6.91t - 20.86F_b - 3.36F_z + 3.92F_s + 1.46tF_b + 0.28tF_z - 0.29tF_s$$
$$- 0.06F_bF_z + 0.02F_bF_s - 0.08F_zF_s$$

科技成果 3：研发了针对性的施工设备，改进了自适应施工控制方法，形成了适用于多种体系索辅桥梁的关键建造技术，有效加快了索辅桥梁的建设进度，降低了施工费用，提升了建造质量。

（1）研发了针对黄河丰水期下部结构施工的连续排桩＋壁板组合式围堰结构和锁扣拼接组合式钢围堰结构等新型围堰结构，提出了黄河枯水期"先下放钢套箱围堰后进行钻孔灌注桩"的逆作业施工方法，加快了施工进度，提高了施工管理水平和效率。见图 11～图 15。

（2）设计了兼顾景观和抗拉伸变形的大直径变截面桥梁圆形钢塔结构，研发了斜拉桥大直径变截面不同心圆环钢塔和钢箱梁的双层支架体系同步施工技术，有效提升钢塔刚度，可以很好地保持圆形结构，承受桥面上钢索地横向拉力，起到桥梁钢塔应有的作用。见图 16。

（3）研发了主缆与钢箱梁同步施工的地锚式悬索桥施工技术

提出在主缆架设的同时，利用桩柱式少支架体系吊装组焊钢箱梁，实现了主缆与钢箱梁的同步安装，突破了地锚式悬索桥先缆后梁的传统建造方式，解决了主缆坡度大，无法安装缆载吊机的问题，并建立"梁、缆、索及地锚"同步实施监控成套技术。见图 17。

对索塔的标准节和特异节施工提出了异节拍流水式翻模施工技术，有效提高了施工效率和模板周转次数，降低了模板费用，缩短施工周期 20%，降低施工费用 15%。见图 18。

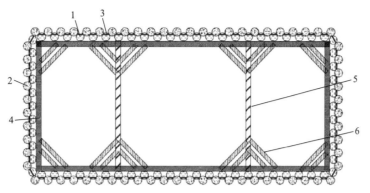

1—内排桩；2—外排桩；3—现浇壁板；4—围图；5—围图横撑；6—角撑

图 11　组合式围堰平面布置图

图 12　连续排桩加壁板组合式围堰外观

图 13　钢套箱围堰吊放

图 14　桥梁桩基施工　　　　　　　　图 15　围堰内桩头破除

(a) 塔梁墩固结段

(b) 侧钢箱梁吊装

(c) 钢塔节段安装

(d) 钢塔合拢

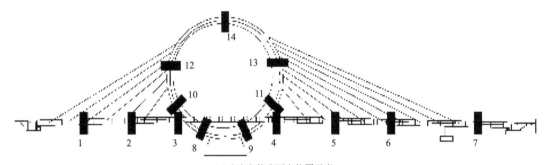
(e) 应变和挠度测点位置示意

(f) 成桥效果图

图 16　斜拉桥大直径变截面不同心圆环钢塔和钢箱梁的双层支架体系同步施工技术

（4）开发了空间三索面多拱肋钢管混凝土拱桥各拱肋混凝土一次顶升施工技术。

开发了适应钢拱肋线形动态变化的新型模块化支架，研发了新型泵送设备实现多拱肋混凝土的同步对称顶升施工。该技术解决了钢拱肋混凝土填充时力学变化复杂、稳定性低、腔内混凝土不易密实及易形成施工冷缝等缺陷；提升了施工质量，节约了工期。见图 19。

（5）通过进行施工方案仿真分析，改进了预先控制和反馈控制相结合的自适应施工控制方法，并开

图 17　主缆与钢箱梁同步施工的地锚式悬索桥施工技术

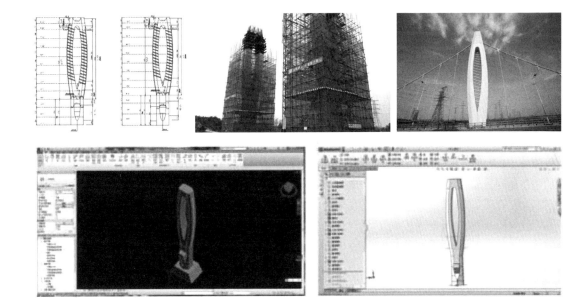

图 18　鲅鱼形索塔异节拍流水式施工技术

(a) 新型模数支架　　　　　　　(b) 施工过程BIM+FEM模拟　　　　　　(c) 一次顶升和泵送设备

图 19　空间三索面多拱肋钢管混凝土拱桥的各拱肋混凝土一次顶升施工技术

发了基础设施管理平台软件和基础设施项目施工 BIM 管理平台，提高了施工管理水平和效率，提升了施工质量，节约了工期和施工措施费用。见图 20。

三、发现、发明及创新点

1）推导了针对索辅桥梁特异构件和连接方式的 8 种计算单元的刚度矩阵，提出了特异构件和连接方式的数值计算方法和适用条件，建立了此类桥梁结构力学性能分析方法并开发了相应的计算程序，解决了索辅桥梁数值分析缺乏理论支撑和专用计算工具的问题。

2）构建了索力和车辆冲击系数计算模型，提出了基于全局优化算法的索辅桥梁结构设计方法。提出基于杠杆原理的索力设计方法，提高设计工效 15％～35％；提出基于修正影响矩阵的张拉控制方法，减少索力调整时间 50％～70％；建立了包络索辅桥梁不同构件不同响应的车辆冲击系数计算模型，所

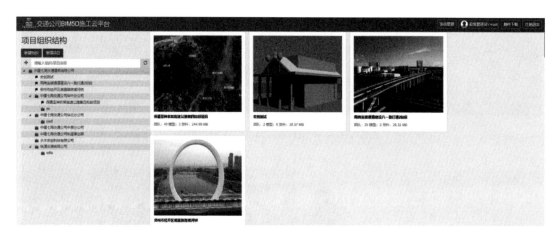

图 20　BIM 施工管理平台

得设计结果更为精确、合理；构建了考虑多参数交叉影响的结构全局优化算法，避免了繁复的数值分析比选，降低建造成本 10％～15％。

3）开发了用于拱肋和主塔钢结构拼装、钢梁拼装以及混凝土泵送的专用设备；改进了预先控制和反馈控制相结合的自适应施工控制方法；研发了连续排桩＋壁板组合式围堰和锁扣拼接组合式钢围堰施工、斜拉桥斜塔施工、斜拉桥大直径变截面不同心圆环钢索塔和钢箱梁的双层支架体系同步施工、三塔四跨地锚式悬索桥主缆与钢梁同步施工、空间三索面多拱肋钢管混凝土拱桥各拱肋混凝土一次顶升施工等索辅桥梁关键建造技术。提高了施工工效 15％～25％，降低了施工资源消耗，提升了建造品质。

四、与当前国内外同类研究、同类技术的综合比较

见表 1。

综合比较 表 1

主要创新科技成果	与国内外相关技术比较
科技创新 1	基于有限元基本原理，推导了 3 节点铁摩辛柯梁单元、弹性连接和主从约束的刚度矩阵，开发了针对索辅桥梁结构分析的专用计算程序，具有新颖性并达到国际先进水平
科技创新 2	所提出的基于杠杆原理的索力计算方法、基于影响矩阵法索力张拉控制方法使索力设计和张拉的效率更高；所建立的包络索辅桥梁各类构件不同响应的车辆冲击系数计算方法，能够体现索辅桥梁各类构件车辆冲击效应的差异，更符合此类结构的力学特征和设计特点，所得设计结果更为精确、合理；首次采用考虑多参数交叉影响的方法对结构进行设计优化，具有新颖性并达到国际先进水平
科技创新 3	针对不同类型索辅桥梁所提出的桥梁基础施工的围堰形式、圆环形桥塔及塔梁双层支架同步施工、地锚式悬索桥的索梁同步施工以及多拱肋梁拱组合桥的拱肋混凝土一次顶升等施工技术，具有新颖性并达到国际先进水平。针对黄河丰水期下部结构施工，研发了连续排桩＋壁板组合式围堰结构和锁扣拼接组合式钢围堰结构等新型围堰结构；针对黄河枯水期特点，创造性提出"先堰后桩"和"先开挖基坑后下放围堰"的"逆作业"施工方法，具有新颖性并达到国际先进水平

五、第三方评价、应用推广情况

1. 第三方评价

2022 年 4 月 7 日，由第三方组织有关专家对科技成果进行评价。专家组听取了汇报，审阅了相关技术资料，经质询和讨论，认为该研究成果达到国际先进水平。

2. 应用推广情况

本项目研究成果成功应用在兰州元通黄河大桥、沈丘沙河大桥、郑州潮晟路跨潮河桥等 40 余项工程，取得了良好的实施效果和经济效益，近三年新增经济效益 8435 万元。应用项目获鲁班奖 1 项、国家优质工程奖 1 项、省优工程 7 项，郑州经南八路潮河大桥等多个项目被列为省级示范工程。项目研究及工程应用和示范为索辅桥梁的设计和建造提供了技术支撑，推动了行业科技进步，促进了索辅桥梁的繁荣发展，提升了城市风貌，满足了人民群众对美好生活的向往。

六、社会效益

随着经济社会的快速发展以及对美好生活的向往，人们对城市形象和景观的要求和期待越来越高，索辅桥梁虽能提供更多结构造型但其复杂的结构体系给优化设计和绿色建造带来了一定困难。

通过本项目研究，培养了一批行业技术人才，推动了施工设备、桥梁构造、施工工艺、监控检测等行业科技进步，并结合多项示范工程，促进了索辅桥梁结构的繁荣和健康发展。

本项目通过研究取得了丰硕的成果，获得 1 项国家优质工程、1 项鲁班奖和 7 项省优质工程。实施效果良好，促进了地方经济的发展，社会效益显著。

半刚性基层沥青路面绿色耐久建造关键技术

完成单位： 中建七局交通建设有限公司、中国建筑第七工程局有限公司、河南省交通规划设计研究院股份有限公司、长安大学

完 成 人： 任　刚、吴靖江、王笑风、张中善、蒋应军、李佳佳、张　永

一、立项背景

交通运输行业一直是国家经济繁荣发展的基础性支撑产业，而公路基础设施建设是交通运输行业的重要组成部分，公路基础设施的建设和完善，在促进公路沿线地区经济发展、方便公众出行、提升人民生活水平等方面具有重要意义。然而，受国家环境保护政策和公路建设发展现状的影响，绿色和耐久成为公路建设过程中备受关注的两大主题。

1. 现阶段，工业废弃物、废旧轮胎、煤制油渣等固体废弃物迅猛增长，工业固废的无害化、资源化回收利用压力大

据统计，至 2020 年底，我国工业固体废弃物（不含废石）年总产量约 36 亿吨，而且近五年工业固体废弃物堆存量还在以平均每年 10％的增长率增长。2020 年，我国废旧轮胎产生量近 4 亿条，质量超过 1500 万吨，废轮胎无害化年处理率不足 40％。煤制油产业也不可避免地产生约耗煤量 30％的废渣，我国在煤制油过程产生的废渣达数百万吨，预计未来年产量将达千万吨。

2. 环境保护是我国的基本国策，废旧材料的循环利用受到国家、省、市等各级政府部门的大力支持

为减轻工业固体废弃物带来的环境压力，推动其再生利用，国务院、发改委、工信部等政府部门发布相关规划文件。"十二五"期间，河南省在郑州、焦作、许昌等地建立了一批循环经济产业基地，工业大宗固体废弃物利用量累计超过 3 亿吨，综合利用率达到 77％。2007 年，交通部将橡胶沥青技术列入《材料节约和循环利用专项行动计划》，进行高速公路建设工程示范推广。

3. 传统半刚性基层沥青路面早期病害严重，抗疲劳性能和耐久性能的提升成为公路建设、管理、施工、科研等单位普遍关注的问题

传统半刚性基层材料成为我国使用最为广泛的公路基层材料，据不完全统计，已建成高等级公路中 75％以上采用水泥稳定碎石基层。然而，随着工程实践的深入，水泥稳定碎石基层沥青路面都出现较为普遍的开裂现象，一直困扰着我国道路工程界，影响着我国沥青路面耐久性。尽管对此国内外也进行大量相关研究，但始终未能得到较好的解决。

针对以上情况，本项目开展系统研究应用，为未来类似材料的开发应用提供借鉴。

二、详细科学技术内容

1. 工业固废绿色生态复合胶凝材料应用关键技术

创新成果一：GECM 材料作用机理研究

利用 X 射线能谱分析（EDS）和 X 射线衍射仪（XRD）对 GECM 材料和 P.O 42.5 级水泥进行成分分析，确定其主要成分；采用 X 射线衍射仪（XRD）分别对 GECM 材料和 P.O 42.5 级水泥的晶体物相组成进行了分析，为 GECM 材料代替水泥用于道路工程提供了理论依据；通过测试两种材料净浆试件的 ESEM 和水化热，分析 GECM 材料的水化反应过程。基于以上研究结果，分析 GECM 材料强度

形成机理。

创新成果二：GECM 材料稳定土路用应用研究

通过无侧限抗压强度（UCS）试验、4h 凝结时间系数、承载比（CBR）试验、劈裂强度试验、水稳系数等室内试验，研究 GECM 材料稳定土力学性能；通过温缩试验、干湿循环试验、水稳试验、冻融循环试验，研究 GECM 材料稳定土耐久性能；基于以上室内试验研究结果，依托实际工程，提出GECM 材料稳定土施工工艺。

创新成果三：GECM 材料稳定碎石应用研究

采用最大密度（N 法）、不同筛孔通过率递减系数（I 法）和颗粒分级质量递减系数（K 法）为关键参数分别进行级配组成设计，从而确定混合料的目标级配范围；对 GECM 材料稳定碎石的无侧限抗压强度、劈裂强度、抗压回弹模量、抗冻稳定性、干缩温缩、水稳定性、抗疲劳性能和抗冲刷等指标进行全面评价。

2. 多源废胎胶粉复合改性沥青应用关键技术

创新成果一：多源废胎胶粉预处理技术

通过对不同多源废胎胶粉活化预处理工艺的研究分析，为提高废胎胶粉溶胶含量，同时能让橡胶粉（分散相）均匀地分布在沥青（连续相）中，橡胶粉需仍以粉状颗粒挤出，其在双螺杆挤出机中所受到的机械剪切速率建议为 88～112rpm，螺杆温区最高温度建议为 270～290℃；同时，提出了预处理活化胶粉的粒径、密度、纤维含量、金属含量等物理指标和天然橡胶、丙酮抽出物、炭黑及灰分等技术指标提出明确要求。

创新成果二：多源废胎胶粉复合改性沥青生产及存储稳定性提升技术

通过对传统橡胶工艺、热机械脱硫工艺、热机械脱硫＋化学脱硫工艺等生产工艺生产的胶粉复合改性沥青进行对比分析，研究胶粉复合改性沥青的最佳生产工艺；研究采用软化点差以及在此基础上的沥青四组分分析和显微图像法来综合评价胶粉改性沥青的存储稳定性；通过添加废胎胶粉、脱硫废胎胶粉、脱硫废胎胶粉/SBS 对沥青进行改性处理，确定不同方案的提升效果；结合本项目研究成果和河南省公路特点，在确定适用于河南省公路工程建设的橡胶沥青技术指标。

创新成果三：多源废胎胶粉复合改性沥青混合料配合比设计

对国内外橡胶沥青混合料配合比设计方法进行总结与分析，结合橡胶沥青在河南省高速公路建设及养护工程等项目中的应用经验，对交通运输部公路科学研究院的 WRAC－13 级配不断调整、完善；根据橡胶沥青混合料疲劳寿命与油石比间的关系，提出了能够反映现有材料特点、施工习惯和高速公路建设经验的基于疲劳效益系数的配合比设计体系；通过国道 310 南移项目，总结分析胶粉复合改性沥青混合料施工关键技术。

3. 煤制油渣改性沥青混合料应用技术

创新成果一：煤制油渣改性沥青混合料配合比设计

基于传统沥青混合料配合比设计方法，对比分析不同级配类型煤制油渣改性沥青混合料的性能参数；根据分析结果，确定适用的煤制油渣改性沥青混合料配合比设计方法。

创新成果二：煤制油渣改性沥青混合料适用层位及最佳掺量分析

对比分析不同级配类型煤制油渣改性沥青混合料的高温性能、抗水损性能、低温抗裂性能，根据分析结果确定煤制油渣改性沥青混合料的适用层位及煤制油渣改性剂的最佳掺量。

创新成果三：煤制油渣改性沥青混合料施工关键技术研究

依托实际工程，对煤制油渣储存及投放、煤制油渣沥青混合料拌合生产、煤制油渣沥青混合料运输摊铺、煤制油渣沥青混合料碾压等关键技术进行优化完善，确定其最佳施工工艺。

4. 基于垂直振动的抗裂水泥稳定碎石基层施工关键技术研究

创新成果一：水泥稳定碎石振动原理及试验方法

为确保振动压实仪稳定性和垂直振动压实效果，基于定向振动压路机原理研制出表面垂直振动压实仪 VVTM，同时确定振动试验所需试验参数；根据水泥稳定碎石基层压实度主要影响因素及相关特性，确定振动击实试验试验方法与压实标准。

创新成果二：抗裂水泥稳定碎石配合比设计

对三种常规水泥稳定碎石结构进行分析，确定骨架密实结构对提升结构抗裂性能的优点；基于骨架密实结构设计思路，通过对粗细集料比例、收缩性能、CBR 值等参数性能进行分析，确定抗裂水泥稳定碎石配合比设计方法。

创新成果三：抗裂水泥稳定碎石性能指标研究

对抗裂水泥稳定碎石的最大干密度、最大含水率、无侧限抗压强度、劈裂强度、抗压回弹模量等常规力学性能进行研究；对抗裂水泥稳定碎石的疲劳性能进行研究，并根据试验结果提出疲劳方程；依托项目工程，确定抗裂水泥稳定碎石的生产工艺。

5. 基于垂直振动成型的抗裂耐久沥青路面施工关键技术研究

创新成果一：沥青混合料试件垂直振动成型方法（VVTM）研究

确定垂直振动成型方法的相关试验参数，通过与常规沥青混合料击实试验进行对比，验证垂直振动成型方法的可靠性。

创新成果二：振动成型法对沥青混合料物理力学性能影响研究

分别检测沥青混合料垂直振动成型试件与常规击实成型试件的马歇尔稳定度、抗压强度、劈裂强度、单轴贯入强度、冻融劈裂强度比等，分析两者之间性能的差异。

创新成果三：抗裂耐久半刚性基层沥青路面施工关键技术

依托项目工程，对抗裂耐久半刚性基层沥青混合料的拌合、运输、摊铺、碾压、施工监控等关键技术进行分析。

三、发现、发明及创新点

1）研发了基于粉煤灰、钢渣、矿渣、电石渣、钛石膏等工业固废的绿色生态复合胶凝材料（简称 GECM 材料），揭示了复合胶凝材料的微观特征及强度形成机理，优化了工业固废绿色生态复合胶凝材料稳定碎石级配设计方法。

2）拓展乘用车等多源废胎胶粉复合改性沥青应用场景，开发了胶粉双螺杆挤出活化改性和与 SBS 协同改性相结合的多源废胎胶粉改性沥青多重网络解交联预处理技术，提出了基于疲劳效益系数的多源废胎胶粉改性沥青混合料组成设计方法。

3）拓展煤制油渣改性沥青应用场景，阐明了煤制油渣改性剂掺量对改性沥青针入度指标体系的影响规律，揭示了煤制油渣改性沥青的高、低温性能特点；对比分析煤制油渣改性沥青混合料的温度稳定性、抗水损等性能指标，提出了煤制油渣改性沥青混合料的适用层位及相应的煤制油渣推荐用量。

4）研发了基于垂直振动成型的抗裂耐久半刚性基层沥青路面混合料配合比设计方法，基于垂直振动成型方法，分别提出了水泥稳定碎石、沥青混合料的性能指标及施工工艺，编制了适用于河南省地域特点的技术标准《垂直振动压实成型试验法沥青混合料设计与施工技术规范》《沥青混合料垂直振动压实成型试验规程》。

四、与当前国内外同类研究、同类技术的综合比较

较国内外同类研究、技术的先进性在于以下三点：

1）相同胶凝材料掺量下，GECM 材料稳定土（或碎石）的性能指标与水泥稳定土（或碎石）的性能指标接近，甚至更高。

2）多源废胎胶粉复合改性沥青的 180℃ 黏度最低，为传统橡胶沥青的 43％、高掺量橡胶沥青的 29％。说明在同等高温条件下，与传统橡胶沥青和高掺量橡胶沥青相比，拥有更好的流动性，施工和易性更佳；在同等流动性条件下，施工温度更低，能够有效减少施工碳排放。

3）相同条件下，与静压成型法相比，采用垂直振动成型的水泥稳定碎石试件，无侧限抗压强度、劈裂强度等力学指标达到静压成型的两倍以上；与马歇尔法相比，采用垂直振动成型的沥青混料试件，沥青用量减少 0.3%，力学强度平均提高 40%。

本技术通过国内外查新，查新结果为：在所检国内外文献范围内，未见有相同报道。

五、第三方评价、应用推广情况

1. 第三方评价

2022 年 3 月 25 日，河南省工程建设协会对半刚性基层沥青路面绿色耐久建造关键技术成果进行评价：该成果针对高速公路半刚性基层沥青路面绿色施工和疲劳耐久需求，从废旧材料循环利用和振动成型两方面进行研究，不仅实现了工业废渣、废旧轮胎、煤制油渣等固体废弃物的循环利用，还能够显著改善半刚性基层沥青路面的抗裂性能和耐久性，提升工程品质。工程应用效果表明，社会经济效益良好。综上所述，该研究成果达到国际先进水平。

2. 推广应用

本技术曾应用于中建七局承建的国道 310 三门峡西至豫陕界段南移新建工程。

针对山岭重丘区、黄土地质、高墩大跨桥梁结构，采用常规施工方法难度大、安全风险高，通过采用湿陷性黄土地区裂隙馅穴条件下桩基预注浆施工技术、基于湿陷性黄土条件下灌注桩后压浆施工技术、山岭重丘区冬期高墩组合式保温施工技术、大跨度连续梁 0 号块铰接斜拉式托梁施工技术、预应力连续刚构桥竖向无粘结预应力钢棒施工技术、下导式毋主桁挂篮施工技术等多项关键施工技术成果，取得了良好的施工效果，优化了施工工序、加快了施工进度、保障了工程质量、节约了工程成本，主要指标达到同类技术的领先水平。

实际应用成果表明，该技术符合可持续发展及绿色施工的政策导向，技术先进合理，经工程推广应用，经济效益、社会效益显著，为特殊地质条件下高墩大跨桥梁施工提供了技术支撑，促进了行业科技进步，推广应用前景广阔。

六、社会效益

本项目研究成果的应用能够显著提升工程品质，提高道路的舒适性和耐久性，具有显著的社会效益。

1. 提高工程施工质量

一方面，GECM 材料、多源废胎胶粉改性沥青、煤制油渣改性剂等材料的应用，能够改善路基稳定土与路面沥青混合料的性能指标，从而提高了路基和路面工程的施工质量；另一方面，基于垂直振动成型的水泥稳定碎石和沥青混合料的应用，提高了半刚性基层沥青路面的力学性能和抗裂耐久性，全面提升了工程质量。

2. 提升公众道路出行品质

与传统 SBS 改性沥青混合料路面相比，多源废胎胶粉改性沥青混合料路面的行车噪声降低 5～10dB，提高了路面行驶舒适度，对驾乘人员和道路周边环境影响小，尤其适用于城市高架、穿越村镇等声敏感路段。

传统风格建筑现代结构设计关键技术及其工程应用

完成单位： 中国建筑西北设计研究院有限公司、西安建筑科技大学
完成人： 贾俊明、车顺利、薛建阳、董凯利、吴 琨、马 牧、韦孙印

一、立项背景

中国传统建筑是中华民族灿烂文化的瑰宝，是体现文化自信的重要载体，对中国传统建筑文化进行传承和创新，其意义和影响不言而喻。

中建西北院以张锦秋院士为代表的一大批工程设计人员，在建筑创作上传承创新，始终坚持建筑传统与现代相结合，使一座座传统风格建筑地标如雨后春笋般破土而出，如法门寺、西安大雁塔景区三唐工程、黄帝陵祭祀大殿、陕西历史博物馆、大明宫丹凤门遗址博物馆、西安世界园艺博览会天人长安塔、临潼大唐华清城等。课题启动会见图1。

图1 课题启动会

党的十八大提出"四个自信"，其中就有文化自信。对于曾经绘就文明华彩篇章、创造文化辉煌的中华民族而言，我们有震古烁今、博大精深的优秀传统文化，因此我们既要珍视优秀传统文化，同时也要发掘其精髓，推动创造性转化和创新性发展，再创文化新辉煌。近些年来，各地为了更好地展现中华传统文化的底蕴与特点，都在探索如何在新建现代建筑中传承与创新本地区传统建筑文化。这也使得传统风格建筑得到了较广泛的推广与应用，并得到社会各界人士的普遍认可。

由于传统风格建筑结构体系、构件及节点等均需满足建筑艺术造型的要求，使得其结构体系、构件、节点等尺寸与构造方法受到很大的限制，其结构设计与常规结构设计有较大区别。这也必然导致传统风格建筑现代结构的力学性能、抗震性能、设计方法，与常规钢筋混凝土或钢结构有很大不同。因此，对传统风格建筑现代结构设计中的关键技术进行研究，既是填补现代结构设计理论与方法的空白，也是工程实践中的迫切需求，具有重要的理论意义和工程应用价值。

课题从实际工程出发，结合试验方案，开展课题研究并进行总结推广。

二、详细科学技术内容

1. 课题实施中秉承的总体思路

1）继承与发展发扬中华传统建筑文化，在延续中国传统建筑风格的基础上，对建筑结构技术、材料应用等进行创新和发展；

2）传统与现代结合，传统风格建筑中广泛应用钢筋混凝土、钢材、玻璃、合金金属等现代建筑材料，使得一些传统材料无法建造的建筑能够通过新的技术手段成为现实。现代建筑材料在继承传统材料的构筑方式下进行了革新，适应了时代发展的需求，并产生新的、更为丰富的表达方式。

3）坚持探索与创新的思路，在继承中国传统建筑特点的基础上，建筑形式和建筑空间追求传统风格与现代功能的结合创新，将传统美、自然美、技术美和时代美有机结合。

2. 技术方案

通过调研及总结典型传统风格建筑项目，对关键节点及构件进行设计分析，归纳相关设计方法，提炼关键技术问题；分析总结传统风格建筑现代结构与现代钢筋混凝土结构或钢结构的主要区别及存在的关键技术问题，在已有研究成果的基础上确定试验方案，通过节点、构件或整体结构模型试验，分别研究钢筋混凝土结构、钢结构传统风格建筑斗栱、梁－梭柱节点、斗栱－梭柱连接、单榀结构、整体结构的力学性能、抗震性能，通过理论分析建立构件的承载力计算公式和整体结构的动力分析方法与有限元分析模型，提出传统风格建筑现代结构的设计方法。课题实施中系统总结和分析传统风格建筑的结构体系、节点构造等内容，并结合实验研究进行了相关分析，填补了该领域的空白。对建设和发展具有地域特色的传统风格建筑具有重要的理论意义和工程应用价值。见图2。

(a) 大唐芙蓉园

(b) 陕西历史博物馆

(c) 黄帝陵祭祀大殿

图 2　工程调研

3. 关键技术

1）创造性地提出了传统风格建筑现代结构体系，并对其核心关键问题进行了深入研究，系统开展了传统风格建筑梭柱连接及框架节点的基本力学行为和设计计算理论、平面及空间框架的地震破坏机理与抗震设计方法等研究，取得了一系列具有重要理论意义和工程价值的原创性成果。

2）创新性地提出了型钢混凝土梭柱、钢管混凝土梭柱、钢结构梭柱的转换形式，以及上述梭柱与钢筋混凝土、钢结构斗拱的连接构造方法。研发了适用于传统风格建筑多层次预制装配构件的施工方法。

3）完成了传统风格建筑钢转换柱连接、带斗拱檐柱钢节点、钢梁-梭柱节点、钢筋混凝土梁-梭柱节点的低周反复加载试验，建立了各节点的力学解析模型及抗剪承载力计算公式，确定了该类节点的地震损伤评价模型。

4）完成了殿堂式传统风格建筑钢框架平面模型、钢管混凝土转换柱组合框架平面模型的拟静力试验及空间模型的模拟地震振动台试验，揭示了该类结构的动力损伤演化机理及性能退化规律，明确了其破坏模式和动力灾变行为。

5）建立了全面反映传统风格建筑现代结构的多参数损伤模型，确定了结构受力全过程的损伤指标及最终失效判别准则，提出了结构的性能水平及对应的层间位移角限值，建立了传统风格建筑结构基于位移的抗震设计理论与方法。典型试验研究、典型工程实践见图3、图4。

(a) 钢筋混凝土结构檐柱节点　　　　　　　　(b) 钢结构单榀框架试验

图3　典型试验研究

(a) 唐大明宫丹凤门博物馆　　　　　　　　(b) 2011年西安世园会天人长安塔

图4　典型工程实践

三、发现、发明及创新点

1）结合工程实践和试验研究，对传统风格建筑现代结构设计的关键核心问题进行了系统性研究。

2）创新性地分析了传统风格建筑现代结构的受力特点和破坏机理，建立了传统风格建筑现代结构的设计分析方法，研发出适用于传统风格建筑安全可靠的结构体系及组合结构梭柱、钢结构梭柱等关键节点及构件，提高了结构抗震性能。

3）依据工程实践，完成了传统风格建筑结构关键节点的低周反复加载试验，建立了各类型节点的力学解析模型及承载力计算公式，确定了该类节点的地震损伤评价模型；基于不同建筑材料，进行了传统风格建筑结构框架平面模型的拟静力试验和空间模型的模拟地震振动台试验，揭示了该类结构的动力损伤演化机理及性能退化规律，确定了结构受力全过程的损伤指标及最终失效判别准则，明确了其破坏模式和动力灾变行为。

4）研发出适用于传统风格建筑的预制装配式结构体系及构件，完善了其设计理论及方法，符合绿色环保、可持续发展的理念。

5）该课题依据工程实践，成果应用于多个重大工程并形成专著 2 部，发表高水平论文 78 篇，获得国家发明专利 4 项、实用新型专利 18 项。

四、与当前国内外同类研究、同类技术的综合比较

对于传统风格建筑现代结构设计关键技术，国内对这方面的研究较少，国外因建筑文化差异更是一片空白。本成果系统总结和分析了传统风格建筑的结构体系、节点构造等内容，并结合试验研究进行了相关分析，填补了该领域的空白。对建设和发展具有地域特色的传统风格建筑，具有重要的理论意义和工程应用价值。项目成果总体达到国内领先水平。

五、第三方评价、应用推广情况

1. 第三方评价

课题于 2018 年 12 月完成了中国建筑股份有限公司在成都组织召开的课题验收会。与会专家一致认为，该课题研究内容翔实，取得了良好的经济和社会效应，一致通过课题验收。

2021 年 5 月 12 日，陕西省土木建筑学会组织专家，在西安召开了科学技术成果评价会。专家委员会审阅了相关技术资料，听取了项目组的研究汇报，经质询和讨论，一致认为课题组提供的技术文件和资料齐全，内容翔实、数据真实，符合评价要求。项目成果总体达到国际先进水平，部分成果达到国际领先水平。

2. 推广应用

该研究使传统风格建筑的跨度、高度等得到突破，同时能够大幅提高建筑使用面积；相关研究构造，可实现装配化、工厂化，减少人工作业量，便于施工，缩短施工工期；同时，大幅提升了传统风格建筑结构的抗震安全性，保证了节点构造安全、可靠；该研究可有效促进传统风格建筑设计技术的健康、可持续发展。在提高传统风格建筑结构抗震性能的同时，大大节约工程成本，缩短施工周期，其社会效益和经济效益十分显著，具有广阔的推广和应用前景。

该研究成果和技术已在孟子研究院、陕西考古博物馆、中国大运河博物馆、中国国家版本馆（西安分馆）等多项重大工程中得到成功应用，取得了显著的社会效益、经济效益和环境效益。见图 5。

六、社会效益

该研究坚持传统与现代相结合的理念，填补了传统风格建筑现代结构设计领域的空白，解决了工程实践中的迫切需求，具有重要的理论意义和工程应用价值，可有效促进传统风格建筑设计技术的可持续发展。

(a) 中国大运河博物馆　　　　　　　　　(b) 中国国家版本馆(西安分馆)

图 5　典型成果应用

　　该研究成果基于传承，贵在创新，助力传统建筑构造方法和形式特征的再创作，助力新时代中国传统建筑文化的再发展，使传统风格建筑成为凝聚中国力量的共同精神家园、提升人民生活品质的文化体验空间，对实现建筑领域的"文化自信"发挥着重要作用。

新能源公交车智能立体车库研发及应用

完成单位：中建科工集团智慧停车科技有限公司、中建科工集团有限公司
完 成 人：蒋官业、蒋　礼、胡　帅、王鸿雁、周茂臣、吴佳龙、彭绍源

一、立项背景

随着城市公共交通基础设施的不断完善，新能源公交车已经快速发展成为各大城市节能环保的绿色交通工具，也是我国建设"公交都市""绿色交通"的重要举措。2017 年，交通运输部公布"十三五"期间第一批公交都市创建城市名单，全面推进公交都市建设。截至 2021 年 7 月，全国公交都市数量已达到 20 个。根据国家统计局数据，截至 2021 年，全国城市公共汽电车超过 70 万辆。此外，国家重点推动公交车新能源化，根据交通运输部数据，全国新能源城市公交车比例超过 66％，深圳等城市已实现 100％电动化率。交通运输部《绿色交通"十四五"发展规划》提出，2025 年新能源汽车占比将达到 72％。

但是，城市中心区公交场站由于占地面积大、土地利用效率低以及场站充电设施不足等问题，已经严重制约了新能源公交车的快速推广，成为城市公共绿色交通发展的瓶颈。

机械式立体化停车是解决城市公交车停车供需矛盾的主要有效手段。小汽车机械式智能立体车库早在 20 世纪初，在美国、欧洲等国家和地区开始使用。经过近一个世纪的技术发展和迭代，已得到了广泛应用，有效解决了小汽车的停车难问题。但在公交车领域，由于公交车体积和质量远大于小汽车，在城市公交系统快速发展前，公交车停车供需矛盾不突出等因素，未有新能源公交车机械式立体停车技术研究及应用。

为解决新能源公交车停车难、充电难、调度难等问题，本项目开展了新能源公交车智能立体车库解决方案的研究，该解决方案在节地、降耗、节能、减排等方面具有突出优势，有力地推动了城市公共交通、绿色智能交通和城市可持续性的发展。同时，本项目将新能源公交车充电与智慧停车深度融合，开发市民一站式的数字化智慧生活场景和载体，有力推动国家新型基础设施建设的快速发展，助力国家"双碳"的实现。

二、详细科学技术内容

1. 总体思路

本技术的总体思路主要从标准化设计、产业化应用推广两方面对新能源公交车立体停车技术展开研究。

（1）标准化设计：主要从新能源公交车立体车库结构、机械、电气控制、运营管理平台等方面展开。车库结构各个类型构件采用标准型材，全螺栓链接设计；机械系统设计根据不同的项目工况，选用标准化的升降、横移机械传动系统，采用电机＋链条/钢丝绳传动保证机械传动可靠、高效；电气控制通过设计 PLC 中央控制器，采用标准化逻辑控制原理对车库出入车厅、提升系统、横移系统、停车位展开设计。

（2）产业化应用推广：主要应用国内首条钢结构智能制造生产线，对智能立体车库设备钢结构进行智能制造；采用国际一线电气、机械元器件品牌，如西门子、欧姆龙、施耐德、SEW 等确保立体车库产品运行稳定性；运营、维保方面引入 5G 技术，基于 LSTF 模式对停车设备进行预测性健康管理。建

立设备健康衰退和频发故障预测模型，提前预判设备潜在故障风险。

2. 技术方案

针对城市中心区公交总站停车相关技术展开深入研究，提出了一套集停车、充电、调度于一体的综合性解决方案。新能源公交车智能立体车库包括机械传动系统、电气控制系统、自动充电系统和车库信息化管理系统。通过电气系统控制车库的机械设备运行，由信息化管理系统分配最优车位，将车辆由出入车厅自动搬运至停车位，实现车辆的立体化存放。停车到位后，充电系统自动接驳，根据车辆 BMS 信号反馈，开始充电并对充电过程实时监测，确保充电安全稳定。采用 5G 技术，依托信息化管理系统对车库主要设备实施预测性健康管理和远程安全运维。

3. 关键技术创新成果

关键技术 1——机械车库水平横移驱动及大惯量精准控制技术

横移系统采用双电机协同驱动冗余设计，提高了设备运行可靠性和稳定性。通过采用闭环编码器定位及条码阅读器定位技术，并结合变频器的 IPOS 定位控制系统，实现大惯量公交车＋载车板高速运动精准定位。

横移系统包括地面横移、车位横移两个子系统，两者工作原理相同，仅结构略有变化，主要功能为将载车板与公交车搬运模块作水平移动。见图 1。

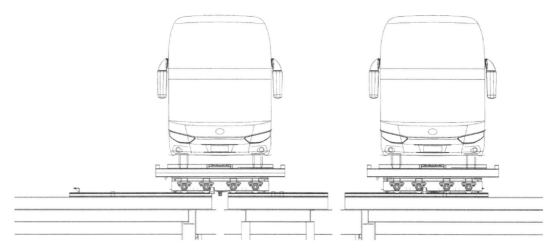

图 1　车库横移系统原理图

受垂直升降装置的影响，车位横移轨道需在升降轨道处断开，横移车每侧设置 4 个行走轮，保障横移车跨越断轨区间时不少于三个车轮与轨道接触。为了避免制作误差，行走轮设计成装配可调式，可以更为可靠地保证 4 个行走轮的水平度，减小因行走轮不平撞击轨道的噪声。同时，为防止横移车在跨越断轨区间过程中行走轮与轨道碰撞，轨道端部设计一定的斜坡角。

关键技术 2——机械车库升降传动技术

升降传动系统由动力系统、升降叉、传动链条及配重组成，同时配备了安全防坠钢丝绳组件。动力系统采用双电机一备一用系统，提高设备的整体可靠性。采用链条作为传动介质，绝对值编码器控制升降位置，综合了链条强制驱动和绝对值编码器定位精度高的优点，实现升降动作的精确定位。同时，在现有传动的基础上，额外配备了随动的安全防坠钢丝绳。当链条发生断链时，防止坠机事故的发生。见图 2。

关键技术 3——机械车库轨道对平技术

现有载车板式垂直升降停车设备一般在泊位设置固定轨道，在升降机设置随动轨道，在机械车库动态对轨中，存在两轨道之间难以对平的问题，导致横移车行走过程中产生碰撞，影响横移车的使用寿命。本项目研发出一种新型轨道对平交换技术，把升降机随动轨道固定于升降通道的每层结构上，与泊位固定轨道精准对平，高差可控制±1mm 以内，远高于相关技术标准要求（根据中国机械行业标准

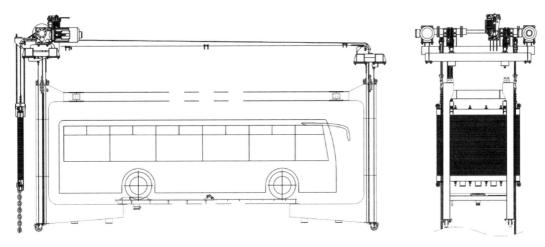

图 2　车库升降系统示意图

《客车用机械式停车设备 通用技术条件》的要求，随动轨道和固定轨道之间的高差为±5mm），保证横移车运行平顺，减小运行噪声，延长横移车的使用寿命。见图 3。

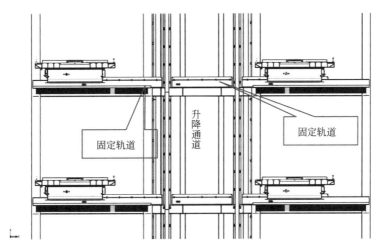

图 3　横移轨道示意图

关键技术 4——新能源公交车自动化充电技术

本项目在所有机械车位布置有充电接口。分体式充电装置的充电接口是由装在载车板上的公插头和横移车上的母插头组成。当载车板落在横移车上，公母插头自动对接到位，充电接驳器在载车板与车位横移车发生交换的同时实现自动接驳。

采用载车板插销粗定位、浮动接驳器插销精确定位的多级定位控制技术，保障充电接驳器的安全精准对接。公母插头配有机械导向对准装置，能修正 Y 方向相对于其中心轴线±10mm 以内的位置偏差，能修正 Z 方向相对于其中心轴线±10mm 以内的位置偏差；在 X 方向施加 850N 压力时，能提供 X 方向 20mm 压缩量；能修正相对于中心点±5°范围内的角度偏差。

设置拔枪保护装置，在接驳件脱离时，电源触头提前断开，防止带电拔枪拉弧现象。见图 4～图 6。

采用多重安全的充电技术，并与车库报警系统联动，出现异常立即切断电源并触发报警。充电安全技术主要包括以下几方面：

1) 主动防护技术。双重防护：通过充电 CMS 系统与 BMS 协同工作，双重保障充电安全；独立判断：采用 CMS 监测充电数据，发生异常时主动断电，降低 BMS 停机风险。

2) 柔性充电技术。智能充电：根据电池电量、电压、温度及健康状态合理控制充电电流；专家平台：采用云平台专家大数据分析系统，提高电池合理充电方式。

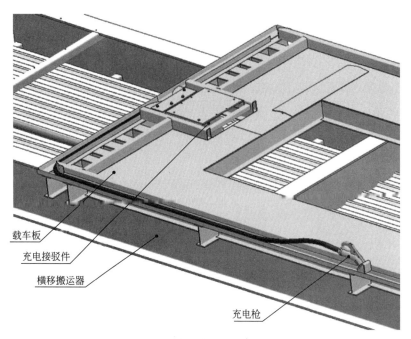

图 4　充电接驳件布置图

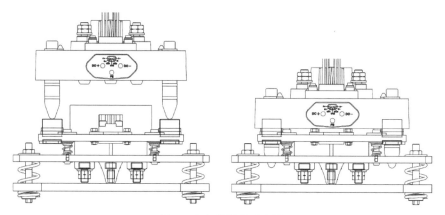

图 5　充电接驳件示意图

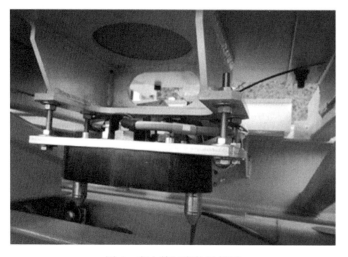

图 6　充电接口实物局部图

3）安全供电技术。降低风险：不充电时，终端不带电，消除安全隐患；充电可靠：每次充电进行绝缘监测，自检线路情况，提高安全系数。见图7。

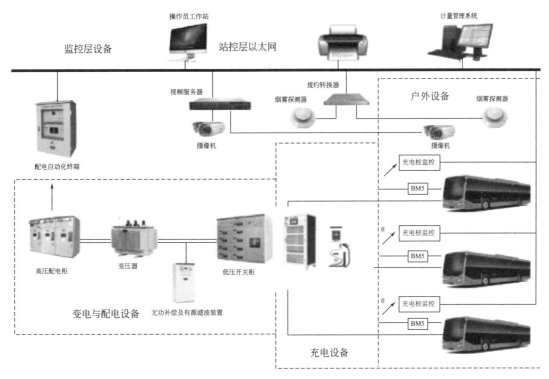

图7 智能充电系统配置图

关键技术5——公交车立体车库信息化管理技术

本项目研究了智慧停车管理平台，对机械式立体公交场站的停车、充电、维修、安防、进出场管理以及设备维保等进行综合运营管理。

（1）智能控制系统

针对终端设备的多样性及各种子系统接口的不统一的问题，开发了数据采集处理程序，完成了不同类型的PLC、噪声监测仪、监控模块、充电桩模块、道闸系统、广播系统等终端以及系统的集成，实现了不同厂家以及标准设备接口的适配。

针对部分设备传输信息数据量大、信息交互频繁而导致出现信息丢包以及延时的问题，采用了MQTT的物联网传输协议；同时，创新应用了数据差异化传输和收集校对传输技术，降低了对服务器的压力，保障了基础数据的低延时及高可靠的传输。

车库控制管理系统基于事件驱动的形式对车库的存取车进行控制，实现了规划分配车位以及任务调度；同时，在存取车过程中提供钩子程序，确保周边设备能够在不同生命周期快速响应，实现车库的全自动控制；并且，该模式确保了系统的稳定性，不会因为部分设备的故障导致系统瘫痪。

同时，为保障车库管理系统的安全、稳定、可靠，通过四个管理型交换机搭建冗余环网网络。当主干网间的网络出现故障时，可在极短的时间内启动另一条通信链路，使网络通信的可靠性大大提高。另外，各交换机和六七个设备网路节点组成星型网络。当任意网络节点出现通信故障，系统可快速将该节点进行切离，避免引起整个系统网络的瘫痪。见图8。

（2）信息化运维系统

为提高立体车库的运维效率，基于VPN虚拟专用网络的远程诊断系统，结合智能图像处理、物联网、大数据分析以及5G网络等技术，开发了公交车库运维巡检系统，实现了立体停车库的远程智能运维及安全巡检。利用视频、红外、超声波、光电传感设备等多种监控手段，保障车库运行过程中的人员、车辆安全。见图9。

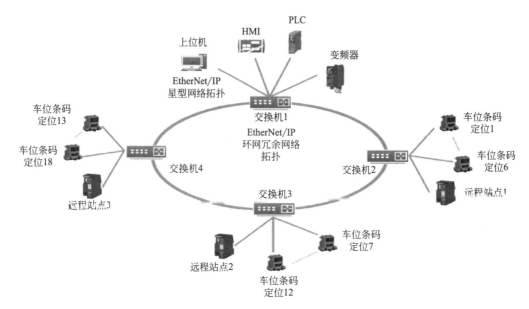

图 8   冗余环网网络拓扑示意图

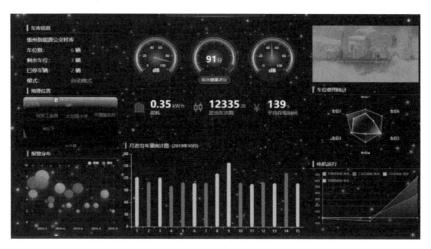

图 9   智慧停车管理平台

采用 5G＋物联网技术，对车库关键零部件进行参数化实时监测，建立大数据分析模型，实现预测性健康管理。通过在立体停车库部署的高清摄像头采集现场视频数据，运用边缘网关技术采集车库运行系统的关键数据及部署在重要设备部件的传感器信号。通过 5G 高速网络将现场多路摄像头的高清视频以及系统设备运行的关键数据传输到停车管理平台，对车库关键设备的运行状态实时监控并实现异常报警。见图 10。

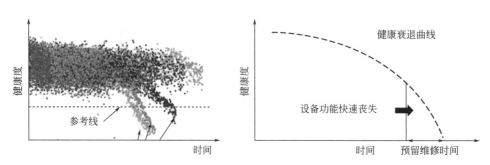

图 10   设备健康预测性管理模型

利用采集到的大量数据结合关键设备的运行机理搭建设备健康预测性模型，对设备的运行及健康状况进行远程实时维护。通过智能图像处理算法对智慧车库现场视频中"人员误入""临边防护""充电枪状态""车位监测"的数种场景进行智能识别处理并记录报警信息，实现智慧车库的远程智能安全巡检。

（3）智能化调度系统

采用室内蓝牙定位及高位视频检测相结合的技术，根据公交排班计划，制定车库的合理使用方案，使车库各项功能设施静态利用率达到最大化；对车辆进出库、占用到发线进行智能监控调度，避免因车辆到发混乱而造成的交通拥堵，使车库使用达到动态优化；通过与公交公司的互联互通和数据共享，实现对公交车的排班的统一调度。

通过人机结合的行车计划编制系统，将线路、客流、运力等数据输入，实现各种交通方式行车计划的优化和有机衔接；同时，通过对车辆的监控调度，保证车辆的正常运行，改善公交服务质量，提高运营管理水平。见图11。

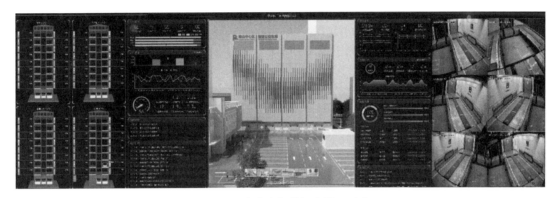

图11　公交车库智能调度管理平台

三、发现、发明及创新点

（1）研发了一套自动停车系统。开发全新的适用于重载大惯量运动的机械传动机构，配合运用全螺栓装配式钢结构框架，可将公交车由车厅自动搬运至车位，实现了公交车立体化停放，土地利用率可提升至8倍；每套库采用双横移车、双出入口设计，单次存取车平均时间仅113s，相比现有技术可将存取车效率提升1倍以上；车位横移、升降传动系统采用双电机配置，同时增设断链防坠装置，保证极端情况下车辆的安全。

（2）研发了一种自动充电系统。采用载车板交换技术，实现充电装置自动接驳；根据车辆BMS信号反馈，开始充电并对充电过程实时监测，确保充电安全稳定。

（3）研发了一套车库智能管理系统。配备了全方位的车辆运行引导和设备安全监测装置，可以确保停车设备动力装置安全平稳运行。车库的智能调度系统能够对公交车辆进出场站、充电、出入车库全程进行无缝对接和智慧引导，实现一键式车辆智能存取和最优化停车运行部署，可根据场站排班计划、公交线路运营时间、发车间隔，自动计算车辆停放车位和存取顺序，充分实现车库与公交场站车辆调度系统的有效衔接。

（4）首次将5G技术与智能立体车库相结合，基于LSTF（Long Short-Term Fusion）模式对停车设备进行预测性健康管理。建立设备健康衰退和频发故障预测模型，提前预判设备潜在故障风险，可有效提高车库运营维保工作效率、车库运行稳定性和车库故障响应的及时性。

四、与当前国内外同类研究、同类技术的综合比较

自20世纪50年代初至今，机械式立体停车技术已经在国内外得到了广泛的应用，但截至目前，机械式立体停车技术主要用于存放乘用车及自行车。在本项目研究之前，公交车及大巴车的停车场多为平面场站，存在占地面积大、停车体验性差、停车效率低、管理成本高等缺点，不利于节约能源及环境

保护。

在机械库方面，目前国内也有平面移动及巷道堆垛类型的公交车立体车库，但是该类型车库的占地面积大、空间利用率低、出库效率低，适应狭小地块的能力差。目前，该类型车库单次存取平均用时约180～250s，最高能将土地利用率提高三四倍。

本项目研究的新能源公交车机械式立体车库为垂直升降类车库，创造性地集停车、充电、调度于一体，单次存取平均用时113s，最高可将土地利用率提高8倍，实现库内自动充电，运用5G技术实现设备远程安全运维，提高了公交车库的管理和运行效率。

经过广东省科学技术情报研究所科技查新，通过对国内外15项相关文献的对比分析，均未见有其他单位的研究与本项目"新能源公交车智能立体车库研发及应用"创新点相同的文献报道。

五、第三方评价、应用推广情况

1. 第三方评价

2020年7月28日，中国建筑金属结构协会专家组对"新能源公交车智能立体车库研发及应用"技术进行评价，专家组一致评价该成果达到了国际领先水平。

2. 推广应用

本技术成功应用于深圳市南山中心区公交总站机械式公交立体停车库EPC＋O项目、深圳市龙华新区观澜大水坑综合车场、深圳市宝安区凤凰山综合车场等项目中。其中，南山中心区项目设计4套机械式公交车立体停车设备，地上9层，建筑高度47m，可停放长12m、质量为15t的大型公交车。将原地面12个公交车位拓展至68个，土地利用率提升至5.7倍。该车库为国内首个集停车、充电、调度于一体的新能源公交车库，有效缓解中心区公交场站的停车、充电、调度难题。该技术应用效果良好，为后续工作起到了重大的示范作用。

六、社会效益

本项目提出了一套城市中心区公交场站集立体停车、充电、调度为一体的新能源公交车智能立体车库解决方案。解决了城市中心区小面积地块公交场站立体化停车和充电的难题，整体土地利用率最高可提高8倍，大幅降低土地占用面积。通过研究，实现了公交车充电、调度、运维管理智能化，带动大型城市公共交通环境品质提升，加快推进智慧交通建设，有力推动国家新型基础设施建设的快速发展，助力创建现代化交通强国，本项目具有良好的社会效益。

国家级历史文化博物馆建筑高品质高效建造关键技术研究与应用

完成单位： 中国建筑集团有限公司、中建三局集团有限公司、中国建筑西北设计研究院有限公司、
中建三局安装工程有限公司

完 成 人： 马剑忠、张　琨、赵元超、卢　松、李庆达、王洪臣、齐圣鑫

一、立项背景

新中国成立以来，党和国家领导人的外交活动，反映了中国特色大国外交的伟大成就，各类外交礼品文物成为珍贵的国家瑰宝。

2021 年建党百年之际，建设一个用于文物收藏、保管、研究和爱国主义教育的国家级博物馆，具有跨时代的历史意义。中央礼品文物管理中心工程（88 工程）在此背景下应运而生，本馆建成之前国内尚无。工程围绕我国"具体方案要设计科学、结构合理"的指示要求，做到了设计科学、定位精准、结构合理、功能齐全。工程是全国唯一且专门展示中央礼品文物的历史文化博物馆，也是反映我国外交成就、展示党和国家重要历史、进行爱国主义教育的重要场所。

作为全国唯一且专门展示中央礼品文物的历史文化博物馆，首先要体现大国风范，还要具备外交、会议、爱国主义教育等多重功能；同时，建设用地周边区位特殊，处于前门和天坛之间，属于历史风貌保护区，场地内现有文保四合院建筑，设计需考虑新与旧，中与西有机结合，做到与周边建筑和谐相处，又有很强底蕴性和独特性，使周边原有的差异极大的城市风貌得以融合。

工程地处抗震设防烈度 8 度区，且主楼及地下室结构设计使用年限 100 年，现行抗震规范在此方面无参考依据，处于规范空白。工程需在建党 100 周年全面投入使用且对外开放，整体施工周期短，同时受到疫情影响，有效工期仅为 478d，工期紧张。作为新时代国事活动重要场所，因其特殊功能需求，智能化系统应急管理标准要求高；同时，还要满足文物展览、外事接待、爱国教育等综合功能需求，对建筑外观、内部空间构造、机电系统功能设计和系统稳定、节能运行提出更高要求。

二、关键技术

1. 高烈度区百年使用年限博物馆设计关键技术

（1）创新点一：高烈度区百年设计使用年限博物馆结构可靠性分析

针对本工程特点，创新地提出抗震设防烈度为 8 度时，设计使用年限和设计基准期为 100 年建筑的设计方法：一是以"三水准、两阶段"抗震设计思想为基础，按地震烈度和重现期的概念、等超越概率的原则，明确了 8 度区百年设计使用年限的抗震计算参数；二是输入百年设计基准期的中震、大震地面加速度，进行弹塑性时程分析和性能化设计，对结构耗能和屈服机制、损伤进行分析和调整，保证关键构件和节点在大震下不会失效，完善和补充了规范对百年设计基准期下的性能化设计内容；三是创新性采用考虑地震作用的概念法与拆除构件法相结合的方法，进行防连续倒塌分析，应力以低于材料标准值、接近于材料设计值为考核指标，对构件进行判别，此方法明确和完善了规范的相关内容。

（2）创新点二："避难走道"在博物馆建筑中的设计研究与应用

针对单层面积大、功能房间多、防火分区多、平面布局与消防疏散协调难度大的特点，将库房周围

监视环廊以及中间文物通廊设置为避难走道，连通各个防火分区。

《建筑设计防火规范》GB 50016—2014（2018 年版）规定：

第 5.5.8 条：公共建筑内每个防火分区或一个防火分区内的每个楼层，其安全出口的数量应经计算确定，且不应少于 2 个。

第 7.3.2 条：消防电梯应分别设置在不同防火分区内，且每个防火分区不应少于 1 台。

第 5.3.5 条规定：总建筑面积大于 20000m² 的地下或半地下商店，应采用无门、窗、洞口的防火墙、耐火极限不低于 2.00h 的楼板分隔为多个建筑面积不大于 20000m² 的区域。相邻区域确需局部连通时，应采用下沉式广场等室外敞开空间、防火隔间、避难走道、防烟楼梯间等方式进行连通。

故将库房周围监视环廊以及中间文物通廊设置为避难走道，连通各个防火分区。避难走道功能上等同于疏散楼梯及消防电梯。以地下三层为例，共 11 个防火分区，理论设置 12 部疏散楼梯、11 部消防电梯。平面布局将被打乱，经过优化避难走道，最终布置 4 部疏散楼梯、5 部消防电梯。

2. 基于展储合一特殊功能需求的博物馆建造关键技术

（1）创新点一：8400m² 藏品库房六管制恒温恒湿空调系统

针对文物库区高精度的温湿度控制要求，采用六管制恒温恒湿空调系统，在热盘管前增设一组再热盘管，对除湿后的过冷空气进行加热。其主要特点为：大系统能效比较高；增加再热段，阀组对应管道直径较小，电动阀门控制精度高；夏季利用免费热水作为再热源，低碳节能。见图 1 和图 2。

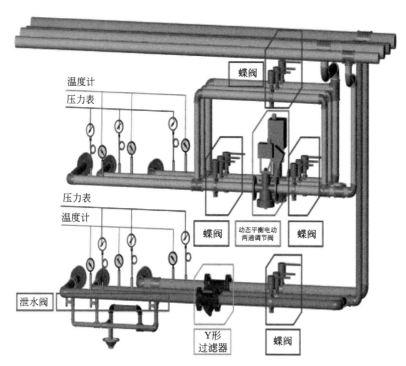

图 1 空调机组水管阀部件设置

对六管制恒温恒湿空调系统进行可靠易用性深化设计。全面校核，针对风量、冷热湿负荷等主要参数，使用软件模拟校核空气处理结果，精确核对产品选型参数，保证恒温恒湿效果；对空调系统进行人体工程学优化设计。应用人体工程学原理分析常用阀门、设备等安装及检修间距，保障检修空间。见图 3 和图 4。

本创新技术解决了传统恒温恒湿系统中因加热量和再热量不同导致系统控制精度下降的问题，更为低碳节能。

（2）创新点二：基于展储结合双工况条件下的热回收空调系统技术

针对库展结合展厅观展人员数量多、新风量需求大、负荷扰动明显的特点，将空调系统按恒温恒湿和舒适性双工况设计。将同一房间礼品文物展览、存储功能进行组合设计，白天观展，夜间存储。采用

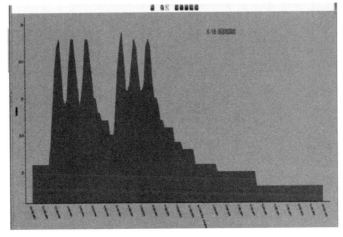

图 2　运行分时温度数据

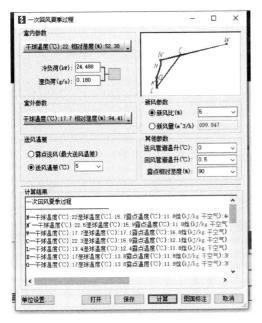

图 3　室内空气处理计算

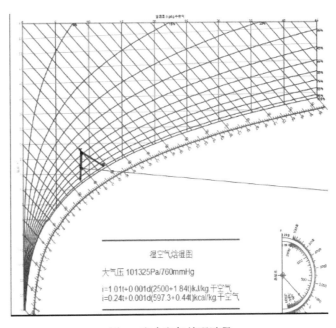

图 4　室内空气处理过程

带热回收的一次回风恒温恒湿全空气空调系统。见表1。

双工况设计　　表1

工况	夏季		冬季		新风量
	温度(℃)	相对湿度(%)	温度(℃)	相对湿度(%)	m³/(h·p)
恒温恒湿	22±2	55±5	22±2	55±5	微正压(5Pa)
舒适性空调	25～27	45～60	18～22	35～50	20

　　同一个空调系统实现双工况运行，并根据室外温湿度条件自动调节新风比并通过热回收实现系统节能。

　　（3）创新点三：结合应急管理运维平台的智能应急响应技术

　　针对高级别安保运维要求及对突发事件的处置要求，开发了基于运维平台上的智能应急响应系统。通过统一的信息平台实现高度集成，形成具有信息汇集、资源共享及优化管理等综合管理功能的系统。见表2。

	安防系统	门禁系统	视频监控	楼宇自控系统	消防系统	智能应急	GIS地图	AI数字预案	智能调度	资源数据库	可视化能耗报表
传统运维平台	√	√	√	√	×	×	×	×	×	×	×
本平台	√	√	√	√	√	√	√	√	√	√	√

表2 上方标题：**本平台优势**

该平台包括跨系统联动、基于大数据的数字化预案、基于AI模型下的突发事件数字化培训演练、BIM模型纵向扩展下的资源保障管理、基于BIM的绿色节能低碳运维平台。建立了能够实现集管理、服务、处置、联动为一体的智能应急响应系统，满足了建筑功能的特殊需求。

3. 基于红色文化传承的博物馆高品质装饰建造关键技术

（1）创新点一：宽17.45m、高7.78m超大手工彩石镶嵌壁画制作技术

针对中央大厅17.45m×7.78m超大壁画《志合越山海》，研发了超大手工彩石镶嵌壁画制作技术。壁画采用彩石镶嵌工艺制作，在画面中添加来自世界各地的彩石进行镶嵌。区别于传统的大型壁画手绘施工，本工程壁画安装采用数字化放模加纯手工镶嵌工艺。既体现了传统的中国美学，又兼具创新包容和合之意。见图5和图6。

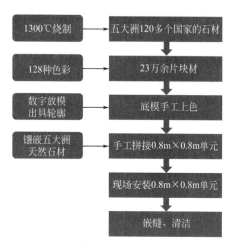

图5　工艺流程

图6　加工厂内制作0.8m×0.8m单元

目前，博物馆类建筑大型壁画一般采用沥粉手绘工艺完成。本工程136m²超大面积壁画全过程纯手工制作，为国内外首例。数字放模与手工工艺相结合，现代技术与传统工艺相辅相成，使壁画完美地呈现了设计效果，解决了传统沥粉彩绘工艺防潮性差、耐久性不足、易受光照影响而褪色的问题。

（2）创新点二：超高性能混凝土（UHPC）预制仿砖幕墙制作与安装技术

为与文保建筑四合院环境相协调，外立面幕墙设计为仿古、镂空的特点，研发了超高性能混凝土（UHPC）预制仿砖幕墙制作与安装技术。

仿砖单元幕墙上下单元之间采用机械连接＋胶粘方式连接，同时采用卡槽式咬合＋砂浆砌筑方式固定，墙体侧面辅以方钢固定，增加整体稳定性。

该创新技术解决了传统金属幕墙光泽过亮、耐久性差以及普通混凝土材料镂空抗压强度不足、密实性差的难题。见图7和图8。

（3）创新点三：超高性能混凝土（UHPC）双面造型镂空雕花制作与安装技术

针对外立面雕花构件镂空、双面造型、超大的特点，研发了超高性能混凝土（UHPC）双面造型镂空雕花制作与安装技术。UHPC镂空雕花构件尺寸5000mm×2050mm×200mm，构件分为内侧190mm厚超高性能混凝土和外侧5mm厚装饰混凝土。见图9和图10。

该创新技术解决了传统石材雕刻工艺强度不足、构件易断裂、耐久性差的问题，避免了天然石材的

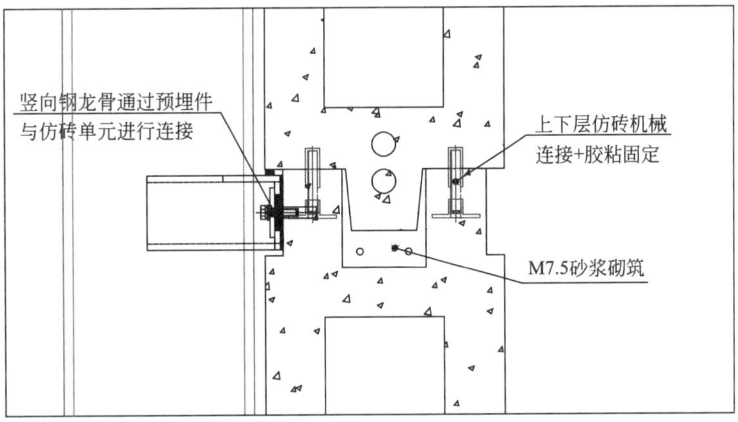

竖向钢龙骨通过预埋件
与仿砖单元进行连接

上下层仿砖机械
连接+胶粘固定

M7.5砂浆砌筑

图 7　仿砖单元连接节点详图

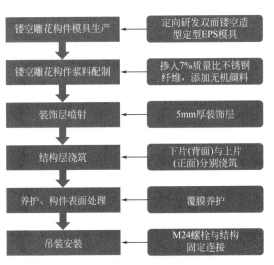

图 8　UHPC仿砖单元幕墙完成效果

开采，实现绿色、低碳。

镂空雕花构件模具生产 ← 定向研发双面镂空造型定型EPS模具

镂空雕花构件浆料配制 ← 掺入7%质量比不锈钢纤维，添加无机颜料

装饰层喷射 ← 5mm厚装饰层

结构层浇筑 ← 下片(背面)与上片(正面)分别浇筑

养护、构件表面处理 ← 覆膜养护

吊装安装 ← M24螺栓与结构固定连接

图 9　工艺流程

图 10　雕花构件

4. 短工期条件下博物馆高品质绿色建造关键技术

（1）创新点一：博物馆永临结合供暖系统提前施工、调试及节能运行技术

结合项目功能分布和空调系统特点，开发冲洗过滤快速切换系统、配电室电缆预排布及永临快速转换技术、调试电源快速转换技术和风量快速测量平衡技术等创新方法，实现永临结合供暖系统的高效施工及调试。大量减少临时管线和设备安拆，提前实现 11 月 15 日临时供暖节点，保障项目整体工期。见图 11、图 12。

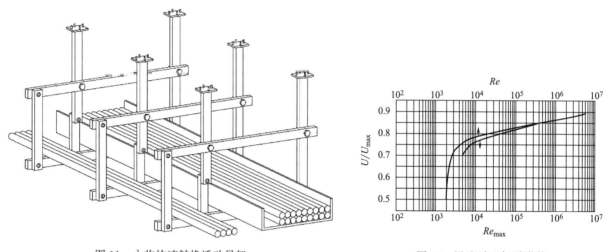

图 11　永临快速转换活动吊架　　　　　　　图 12　风速对比与雷诺数

通过自主研发的温压一体探测器，搭建流量监测系统，结合 MATLAB 流体力学模型，快速指导现场系统运行调试。运用温湿度智能监测技术，实现低温远程报警；建立负荷预测模型，与施工环境变化对比，调整机组运行频率，降低运行能耗。实现了温度实时监控，保障临时供暖系统安全、节能运行。

（2）创新点二：高密度高精度制冷机房离散式预制分布式施工技术

本项目制冷机房管线密度约为普通公建项目机房的 1.8 倍，焊接工作量大。创新采用多点离散预制，三组分布施工的方法，解决了整体工期短、系统与焊口多等困难，节省工期 75d。实现 38d 完成全部管道深化、预制和安装，机房整体质量一次成优。见图 13。

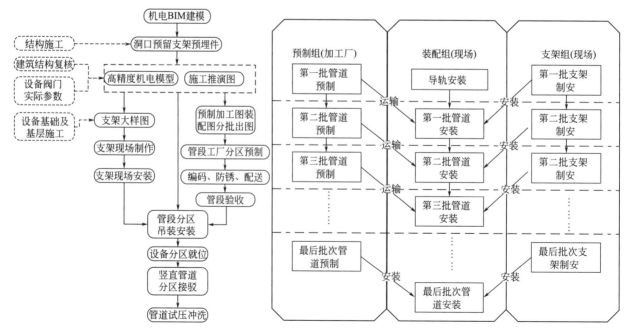

图 13　制冷机房离散式分布预制施工原理图

（3）创新点三：基于物联网全供应链的 BIM 技术

基于物联网全供应链的 BIM 钢筋技术：依托于云计算、物联网等先进技术，构建项目的数字化平台，提取钢筋参数，解决项目施工全周期所需钢材的可视化管理，监测钢筋的订单、加工、运输、施工等信息，实现空间冲突的减少以及效率的提升。

基于全供应链数字建造的幕墙高效施工技术：使用 Rhino＋Grasshopper 参数化编程，通过模型快速生成幕墙单元加工三视图，并导出 CAD 加工图纸和料单。

绿色建筑机电设备供应链 BIM 交付标准：细化机电系统设备分类及编码体系，明确设备数据单位和全设备数据表格绿色节能方向要求。解决项目之间信息断层的问题，极大的提高运维管理效率。

基于 BIM 的机电数字化预制技术：将 BIM 技术与数字化预制加工技术进行结合。对制冷机房外管道、风管、风盘阀组等进行预制，提升工作效率、改善作业环境、降低施工风险。

三、主要创新点

（1）建立了适用于抗震设防烈度 8 度区 100 年设计使用年限建筑的设计方法，保证了结构的安全性和可靠性。

（2）创建了基于超高性能混凝土（UHPC）的预制仿古幕墙和双面镂空造型雕花施工技术，研发了超大手工彩石镶嵌壁画制作技术，实现了建筑高性能、高品质目标。

（3）研发了基于物联网全供应链的 BIM 技术、永临结合供暖系统节能运行以及高密度制冷机房离散式预制分布式施工技术，实现了高效建造和绿色建造。

（4）研究开发了六管制超大面积恒温恒湿空调系统，提出了展储结合的设计方法，建立了能够实现集管理、服务、处置、联动为一体的智能应急响应系统，满足了建筑功能的特殊需求。

四、与当前国内外同类研究、同类技术的综合比较

见表 3。

综合比较 表3

序号	对比内容	本项目主要创新成果	国内	国外
1	高烈度区百年使用年限博物馆设计关键技术	高烈度区百年设计使用年限博物馆结构可靠性分析	100 年设计使用年限，抗震设防烈度 8 度	无
		"避难走道"在博物馆建筑中的设计研究与应用	无	无
2	基于展储合一特殊功能需求的博物馆建造关键技术	8400m² 藏品库房六管制恒温恒湿空调系统	四管制	无
		基于展储结合双工况条件下的热回收空调系统技术	无	—
		结合应急管理运维平台的智能应急响应技术	资源共享	—
3	基于红色文化传承的博物馆高品质装饰建造关键技术	宽 17.45m 高 7.78m 超大手工彩石镶嵌壁画制作技术	沥粉彩绘	金属框架板及水泥砂浆制作
		超高性能混凝土（UHPC）预制仿砖幕墙制作与安装技术	无	无
		超高性能混凝土（UHPC）双面造型镂空雕花制作与安装技术	无双面镂空造型	复合纸模板
4	短工期条件下博物馆高品质绿色建造关键技术	博物馆永临结合供暖系统提前施工、调试及节能运行技术	多为方案描述	便携式的高容量燃烧器
		高密度高精度制冷机房离散式预制分布式施工技术	整体装配式	无
		基于物联网全供应链的 BIM 技术	无三阶段两接口管理	RFID 技术

五、第三方评价及应用推广情况

北京市住房和城乡建设委员会组织鉴定委员会评定项目总体科技成果整体达到国际先进水平。其中，高烈度区 100 年设计使用年限建筑的设计技术达到国际领先水平。

本成果共获得发明专利 6 项，实用新型专利 22 项；总结形成省部级工程建设工法 6 项；发表中文核心期刊论文 8 篇。项目获得中国建设工程鲁班奖、全国建设工程施工安全生产标准化工地、中国安装工程优质奖（中国安装之星）、中国建筑工程装饰奖、北京市绿色安全样板工地、北京市结构长城杯金奖、北京市建筑长城杯金奖。获得北京市保密工程首个"双示范工程"：通过北京市建筑业新技术应用示范工程验收，达到国内领先水平；同时，通过北京市建筑信息模型（BIM）应用示范工程验收。

六、社会效益

工程实现了设计阶段绿色、低碳的设计理念，施工阶段安全、高效、低碳的施工过程，推动了创新技术的研发与应用，取得了较好的经济效益、环境效益和社会效益，为今后类似工程的实施提供了重要的示范和科学的指导依据。

本工程是全国唯一且专门展示中央礼品文物的场所。2021 年 7 月 16 日，党和国家领导人前往中心参观"友好往来 命运与共——党和国家领导人外交活动礼品展"，并给予高度评价。

宋式美学元素建筑现代施工关键技术研究应用

完成单位：中国建筑一局（集团）有限公司、中建一局集团东南建设有限公司
完 成 人：董清崇、张　东、杨　斌、叶　梅、王依列、王春红、魏伟聪

一、立项背景

1. 依托工程建设意义重大

研究课题依托的工程北京雁柏山庄项目定位为"中外领导人双边会晤中心"、国家级非正式会晤接待空间，是中国首次打造"庄园外交"的里程碑项目。本工程在建设伊始便被北京市政府定义为打造"世界文化遗产级"的精品工程。

2. 特色设计元素丰富，需对传统工艺进行现代化方式的改良，以实现建筑效果，匹配建设意义

项目方案设计为世界级大师作品，独居匠心，包含多种体现宋式美学风格的特色设计元素，意在通过多种传统工艺表达中国本土建筑的生态及人文特色，彰显中国文化背景。

3. 特色设计元素所呈现的外观效果无固定标准，施工过程、验收内容在当前行业缺乏相应的标准、规范

特色设计元素呈现的外观效果无固定标准。在满足规范的前提下，精益求精地达到高标准的建筑外观效果，实现设计师的设计及艺术理念，给项目建设带来极高的挑战。

二、详细科学技术内容

1. 艺术杂砌设计与施工关键技术研究

包含艺术杂砌墙面及屋面两个内容。创新研发了一种杂砌仿古墙体结构及其施工方法，以及一种景观房杂砌仿古屋面系统及其施工方法。该技术将不同的材料元素、文化元素、艺术元素运用在大面积杂砌体系中，研究运用现代化施工技术呈现宋代传世名画"千里江山图"的核心主题，展示中国文化元素。见图1～图3。

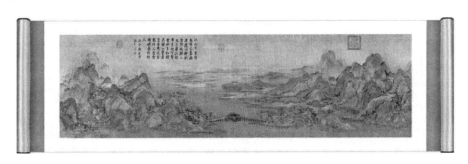

图1　千里江山图

（1）艺术杂砌墙设计关键技术

研究利用现浇钢筋混凝土衬墙及均匀分布的混凝土暗托作为墙体整体的承重支撑结构，解决杂砌砌体本身的承载力的不可控性，不适合作为承重结构的问题。提出利用保温板与杂砌墙体之间设置配筋灌注细石混凝土层，以解决外层杂砌墙体的安全稳定性的问题，将传统3～5m的砌筑高度推进至30m。见图4。

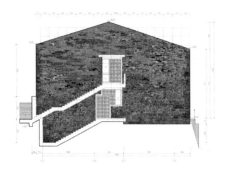

图 2　艺术杂砌墙面局部设计彩图

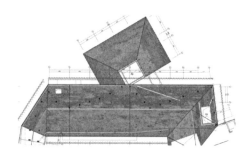

图 3　艺术杂砌屋面局部设计彩图

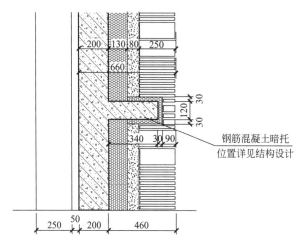

图 4　艺术杂砌外墙节点示意图

（2）艺术杂砌屋面设计关键技术

本项目坡屋面坡度大概在18°～35°的坡度范围，屋面构造创新利用"屋面结构板防滑移墩＋细石混凝土层＋不锈钢挡石框"三重保障措施，实现杂砌砌体在坡屋面上的稳定。

（3）艺术杂砌体系施工关键技术

针对艺术杂砌体系施工，基于江浙一带瓦爿墙传统施工工艺，创新性改良研发了一整套艺术杂砌体系施工关键技术。砌筑时，杂砌面层与混凝土拉结层同步施工，随砌随灌，确保了杂砌面层的整体稳定性。间隔1m设置琉璃砖皮砖带，使混合砌筑的外饰面乱而有序，增加观赏性。利用BIM＋MR混合现实技术，将设计彩图与结构实体相关联，指导管理人员严格按照设计彩图区域划分进行砌筑。见图5～图7。

图 5　杂砌面层随砌随灌

图 6　皮砖设置

图 7　MR 设备应用

2. 宋式美学元素仿古坡屋面关键技术研究

包含钢木组合屋架系统及仿古青砖坡屋面系统两个内容。创新研发了一种景观建筑的钢木屋架体系，一种景观房仿古青砖屋面体系及其施工方法，很好地把中国传统文化和现代施工技术融合在一起。

（1）宋式美学元素钢木组合屋架关键技术

将传统木结构与现代钢骨架相融合，采用高强度螺栓的连接方式，在钢骨架外辅以木材装饰，新创而成钢木组合屋架结构体系，即作为室内装饰构件，又作为屋面系统的承重结构构件，表达中国传统木构文化意境的同时，充分发挥钢构件受力优势。见图8、图9。

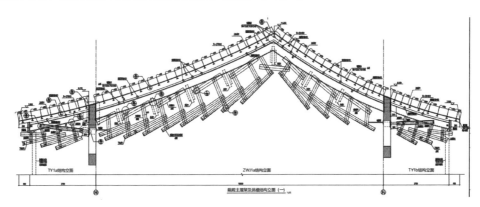

图 8　工字殿前殿钢木屋架立面图

针对钢木组合屋架系统，创新性研究了一整套施工关键技术，利用 Hololens 以三维全息形式呈现的 BIM 模型与现实环境的交互动作，使设计师掌握构件的尺寸与空间观感。BIM 技术辅助深化设计，并为工厂数字化加工钢构件、木杆件提供依据。采用三维扫描及放样机器人技术，对结构进行校核，辅助钢木组合屋架安装定位。见图10～图13。

（2）仿古青砖坡屋面关键技术

钢木组合屋架的屋面采用仿古青砖进行装饰，青砖尺寸 400mm×400mm×45mm，这种类型的青砖以往是用于室内地面，在本项目中首次应用于人字形破屋面系统。

针对仿古青砖固定的问题，创新提出采用不锈钢骨架挂瓦体系，设计金属搭扣，将青砖搁置在挂瓦条与搭扣之间，既满足屋面最终呈现的美学效果，又能够保证青砖安装的牢固性。见图14和图15。

图 9 工字殿前殿钢木屋架三维模型模拟室内效果

图 10 MR 设备辅助深化设计

图 11 微缩整体样板及 1∶1 实体样板

图 12 MR 设备应用

图 13 钢木组合屋架整体吊装

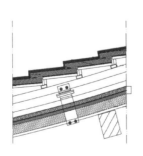

图 14 青砖坡屋面构造做法

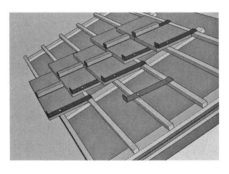

图 15 屋面青砖及下部构造连接示意模型

针对屋面系统的防水问题，在采用两道三元乙丙防水卷材作为防水主体的基础上，创新性提出在防水层及保温层上设置一道金属板作为防水加强措施，为坡屋面防水体系提供一种新的思路。见图16。

图16　保温层上设置金属板防水加强措施

为解决仿古青砖坡屋面的排水以及防雷问题，研究提出屋面防雷及金属饰面一体化关键技术，将屋脊金属装饰板、檐口金属雨水沟以及侧檐口金属封檐板这几部分功能需求进行了一体化设计，从而保证达到预期的外观效果及功能。

3. 生土建筑施工工艺改良技术研究

包含夯土墙施工关键技术改良及抹泥墙施工关键技术改良两个内容。创新研发了一种景观建筑的围墙系统及其施工方法，把我国早在远古时期的造屋技术重新改良，更具有中国本土特色。

（1）夯土墙施工关键技术改良

夯土墙主要作为工字殿庭院的围墙，充分体现了"庄园"氛围。为保证夯土墙成型效果及稳定性，对夯土墙实用的土、砂、石进行分析，锁定最优配比，夯土材料配合比应严格控制在粉碎土∶砂∶碎石∶水＝6∶5∶2.2∶0.6，为我国北方夯土用材标准提供依据。

利用现代混凝土模板体系作为夯土模具，施工高效、便捷。现代粉碎机、搅拌机械对原材进行拌合，形成夯土用拌合土，搅拌更均匀，级配合理。同时，现代机械夯锤取代简易木质夯锤，由人工转向机械化，施工效率大为增加，提升夯实品质，为同类夯土建筑提供参考。施工前制作实体样板，在压实度及肌理效果前寻求平衡，确定最优压实次数，实现夯土墙高品质艺术效果的表达。

（2）抹泥墙施工关键技术改良

工字殿室内外墙面装饰采用抹泥墙元素，在如此重要的空间内使用抹泥墙元素，对抹泥墙施工工艺成型效果带来更大的挑战，同时也是抹泥墙面装饰做法首次在北方干燥环境下使用。

为保证抹泥面层不开裂及面层细度，对抹泥墙采用的土、砂、进行分析，锁定最优配比，抹泥底层土、砂体积配比为1∶2；面层为1∶（2.8～3），为我国北方抹泥用材标准提供依据。

运用现代机械搅拌抹泥原材，施工高效、级配均匀。采用加气混凝土砌块或双层水泥压力板作为抹泥墙基层载体，保证抹泥墙基层稳定，解决基层扰动致抹泥面层开裂的问题。用现代高强水泥进行基层拉毛，加强抹泥面层与基层墙体连接，施工便捷，面层不开裂。

4. 浅木纹肌理清水混凝土施工技术研究

木纹肌理清水混凝土是装饰清水混凝土的一种，利用混凝土的拓印特性在混凝土表面形成自然木纹肌理图案，使清水混凝土有了更深层次的表达，具有良好的装饰效果。

（1）浅木纹肌理现浇清水混凝土施工关键技术

为在混凝土面层上实现木纹肌理的原始状态，摒弃以往使用木纹贴纸或炭化木纹板的方式，创新研发天然实木板内衬模＋普通覆膜多层板双层模板体系。通过采用橡木、加松、榄仁木和胡桃木四种硬质实木制作实体样板，确认采用打磨处理后的橡木实木板作为内衬模，使呈现的木纹肌理更自然，彰显建筑设计师融于自然的设计理念，为装饰型清水混凝土增加了新的装饰做法。见图17。

图17 模板内衬模选择试验

（2）大块面木纹肌理预制清水混凝土挂板关键技术

针对清水混凝土结构构件节能保温的问题，将传统的混凝土现浇技术与现代工业化预制挂板体系相结合，创新研发大块面浅木纹肌理预制清水混凝土挂板挂接体系。研究利用方钢骨架＋面层钢筋网片的形式，解决7m长、800mm宽、60mm厚的超大块面预制挂板面层不开裂的问题。见图18、图19。

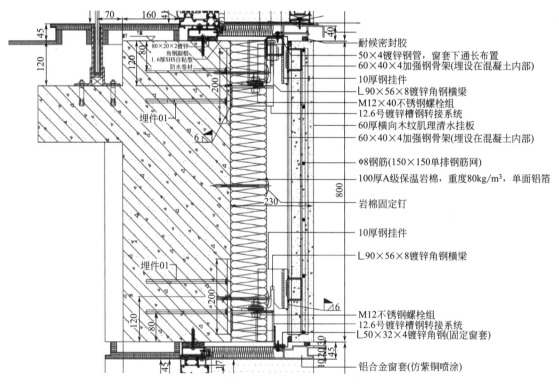

图18 大块面清水混凝土挂板挂接体系

三、发现、发明及创新点

1）研究优化模板选型与混凝土配比，形成浅木纹肌理现浇清水混凝土与预制挂板成套施工技术，

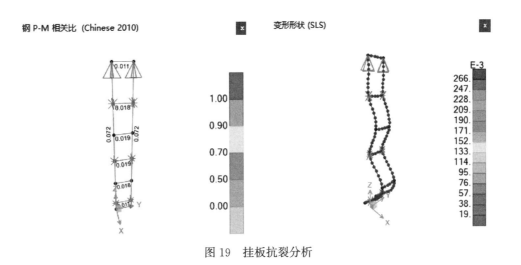

图 19　挂板抗裂分析

实现清水混凝土的高质量饰面效果；发布集团级工法《浅木纹肌理清水混凝土施工工法》；QC 成果《提高清水混凝土木纹肌理一次成型合格率》获得工程建设管理小组活动成果二等奖。

2）创新研发了艺术杂砌墙面、屋面施工技术。利用回收的建筑砖瓦、当地石材等材料，并采用墙体内拉结层、屋面抗滑移墩、挡石框等构造措施，实现了传统建筑艺术饰面效果，为建筑装饰增加一种新型的表达方式；授权发明专利《一种杂砌仿古墙体结构及其施工方法》《一种景观房杂砌仿古屋面系统及其施工方法》《一种杂砌仿古屋顶的观景步道系统的施工方法》；授权实用新型专利《一种杂砌屋面的截水沟结构》《一种杂砌屋面的观景天井结构》《一种杂砌外墙的散水体系》《一种杂砌屋面的变形缝结构》《一种杂砌墙檐口的节点结构》《一种杂砌坡屋面的通风口结构》《一种屋顶步道的护栏结构》《一种便于穿过杂砌墙体岩棉的拉结结构》；编写企业标准《艺术杂砌墙施工技术规程》；形成集团工法《艺术杂砌墙施工工法》。

3）创新研发了青砖坡屋面施工技术。采用屋面结构基层防水卷材、不锈钢板两道防水措施结合桐油青砖面层，美观大方；利用不锈钢顺水条、挂瓦条与结构预埋钢板焊接，形成青砖固定体系，保证结构安全、可靠。授权发明专利《一种景观房仿古青砖屋面体系及其施工方法》。

4）创新研发了木构件饰面的钢屋架施工技术。将传统木结构与现代钢骨架相融合，连接构造新颖，造型独特。授权发明专利《一种钢木屋架体系及其施工方法》；授权实用新型专利《一种钢木屋架与山墙的连接结构》《一种景观建筑的钢木屋架体系》《一种景观建筑围墙的雨棚结构》。

5）研究改进传统夯土墙、抹泥墙施工工艺，实现了面层的美观、质朴，使夯土墙、抹泥墙传统施工工艺绽放第二春。编写企业标准《夯土墙施工技术规程》《抹泥墙施工技术规程》两项，授权发明专利《一种景观建筑的围墙系统及其施工方法》。

四、与当前国内外同类研究、同类技术的综合比较

宋式美学元素建筑现代施工关键技术中通过三项国内外查新取得了如下重要突破：浅木纹肌理清水混凝土施工技术、艺术杂砌墙体系施工技术、仿古青砖坡屋面施工技术，经国内科技查新文献中未见与其特点的相同报道；

该项研究的其他成果内容由于体现宋式美学元素代建筑效果，例如抹泥墙、夯土墙等特色工艺内容，其工艺体现中国古代特色，故在国外基本很少有与其相似及相同的特点。

五、第三方评价、应用推广情况

1. 第三方评价

2022 年 3 月 23 日，北京市建筑业联合会主持召开了"宋式美学元素建筑现代施工关键技术研究应用"科技成果评价会。评价委员会专家审阅了相关资料，听取了技术成果汇报，经质询与讨论，评价委

员会认为该成果整体达到国际领先水平，同意通过评价。

2. 推广应用

该成果已成功应用于北京雁柏山庄项目、景德镇紫晶国际会议中心项目等，将传统工艺与现代化施工技术相融合，保证了工程质量，表现了中国传统建筑文化艺术与价值。工程荣获北京市结构长城杯金质奖、建筑长城杯金质奖，经济效益、社会效益与环境效益显著。

六、社会效益

1）通过本课题各项成果的应用，建筑实体上的效果均达到了权威老师的要求，获得权威老师的极大赞扬；同时，由于项目的重视程度，项目多次接受北京市政府等多位领导的数次检查，给公司带来良好的社会效益。

2）项目将传统工艺与现代化施工技术相融合，保证了工程质量，表现了中国传统建筑文化艺术与价值，获得多项科技和质量奖项。竣工后，通过外交部及北京市领导多次试住任务，被选为 2022 年度冬奥会期间接见俄罗斯普京使团备选场地，深受各级领导关注，创造了良好的经济效益，具有良好的应用前景，对展示国家形象、弘扬中国传统文化具有重要意义。

3）课题利用科技创新手段实现了工程设计理念，保护了原有文化遗产；而且，利用原建筑拆迁遗留的残砖断瓦，就地取材，实施绿色施工和环保节能技术，与大自然融为一体，最大限度地减少了建筑垃圾对城市环境、文明程度造成的影响。既传承了历史文化遗产，也让废弃物再生利用，是一种可实现降本增效、节能环保的绿色施工技术。

国家大型地震模拟研究设施工程施工技术

完成单位：中国建筑第八工程局有限公司
完 成 人：孙加齐、冯国军、于海申、杨　敏、李富强、肖林林、黄志昕

一、立项背景

国家发改委批准建设"十三五"重大科技基础设施建设项目——国家大型地震工程模拟研究设施（NFEES），建成后将成为国际一流、规模最大、装备最先进、综合度高、高度智能化、开放共享的地震科学研究中心。有利于从减少地震灾害损失向减轻地震灾害风险转变，全面提升抵御自然灾害的综合防范能力。

工程设计具有"尺寸大""功能强""振动频"的特点，具体如下：

1. 尺寸大

（1）结构尺寸大：整体地下 3 层，底板厚度 1.25m、2m、5m，因工艺完整性要求，不允许设置基坑支护临时构件，软土地区深大基坑无内支撑支护建造变形控制难。混凝土最大叠加厚度 17.5m，最大结构连续长度 144m，模架设计及混凝土裂缝控制面临严峻考验。

（2）工艺埋件规格大：148 个作动器埋件，包括面板（厚 350mm）和矩阵式栓杆（2579 根，长 3.5m）；造流泵法兰 48 组，单内径 1600mm，方口边长 1900mm，长 3150mm，构件制作安装难度大。

2. 功能强

大型振动台台面尺寸 20m×16m，最大载重 1350t，最大加载超过 9 度设防烈度。水下振动台台面尺寸 6m×6m，最大载重 150t，试验水池尺寸为 95m×69m×4m，最大工作水深 3m，建成后具备实现高度 30m 以下多、高层建筑足尺模型、千米级水利枢纽、桥梁、隧道等大型工程多点多维大比尺模型地震工程模拟实验能力，具备实现全断面造波造流等复杂水动力环境模拟，并配合水下振动台实现地震－波流耦合模拟实验和高性能仿真模拟能力。为精准反馈实验数据，对结构和群组工艺埋件的安全性、精准度控制挑战大。

3. 振动频

大型振动台 5～8 次/年，工作频率 0.1～25/50Hz，水下振动台 20～30 次/年，工作频率 0.1～60Hz。每年振动台最大工作时长 1800h，累计振动 3.888 亿次，混凝土耐久性控制难度高。

为保证工程优质、安全、高效建造，企业于 2020 年进行课题立项，针对上述难点开展系统研究应用，为后续类似工程建设提供借鉴。

二、详细科学技术内容

1. 地震模拟设施埋件及结构高精度控制技术

创新成果一：作动器重型埋件高精度制作及精准预埋技术

（1）研发了定位组对装置，实现耳板间距 0.3mm 高精度组对，合理优化焊接顺序，焊前预热焊后热处理减少焊接变形，消除内部残余应力，保证超厚板焊接质量，实现作动器基座板高精度加工。

（2）发明长细杆机加工辅助夹紧装置保证 3.5m 长螺杆两端螺纹同轴度 0.1mm，创新采用螺杆调质处理后 4 遍校正，每边校正后静置 7d 的方法，充分释放杆内残余应力，实现螺杆直线度 0.1mm。

（3）发明了作动器套管螺杆固定架，保证套管组装精度及后锚固板上螺纹孔整体加工精度，实现套

管螺杆在加工厂快速精准组装。

（4）发明了作动器套管组支撑架体，实现了148组作动器套管螺杆组（1782根螺杆）高精度组装及现场成组快速安装。见图1。

图1 作动器螺杆组支撑架体

（5）发明了三方向调节装置，实现作动器套管螺杆组快速精准调节。见图2。

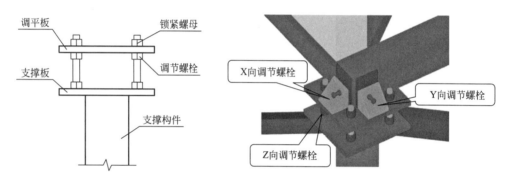

图2 三向调节装置

（6）研发一种可调节支撑＋顶推滑移装置的安装方法实现重型作动器水平向基座板在狭小混凝土凹槽中高精度侧向就位。见图3。

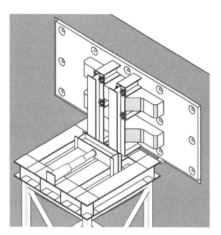

图3 作动器水平向基座板安装

创新成果二：应急医院洁污分区，卫生通过创新设计技术

发明了一种通过模块化套架成组安装群组盲孔埋件技术，实现了埋件地面快速精准组装成组，采用精调装置调节各组之间位置精度，提高了安装效率，混凝土浇筑完成达到强度后拆除套架，保证埋件在混凝土浇筑及凝结硬化过程中不发生移位，实现2587个盲孔埋件最大偏差1.1mm。见图4。

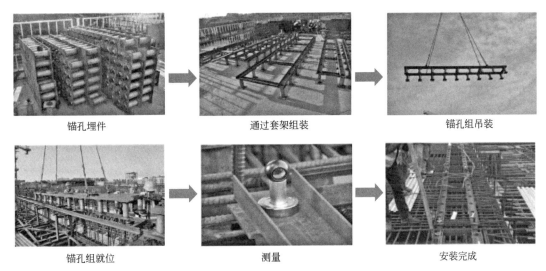

| 锚孔埋件 | 通过套架组装 | 锚孔组吊装 |

| 锚孔组就位 | 测量 | 安装完成 |

图 4　盲孔安装示意图及现场照片

创新成果三：造流泵法兰组合埋件高精度同轴异位预埋技术

发明一种借助设备连接管增加技措管将异位预埋的造流泵法兰埋件连成整体，采取底部设置支撑架的方式支撑，采用三向精调装置顶推管托工装方法调节造流泵预埋法兰三方向位置，实现两段造流泵预埋法兰同心、同标高、同位置，安装偏差在 1.5mm 范围内。见图 5。

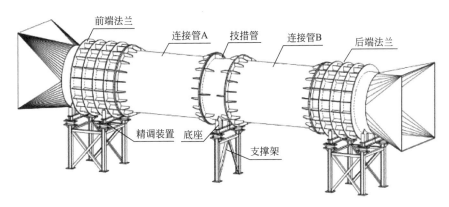

图 5　施工阶段造流泵法兰埋件

创新成果四：9.4m 深高精度振动设备坑壁叠加单侧模板加固技术

结合竖向分层高度，整体设计、分段支设，角部盲区 φ48 盘扣架"立杆横用"，保证其刚度和整体性。结合模拟变形值 9.7mm，分级预补偿 5mm。按照设备坑整体设计，分次浇筑，分段支设模架，根部采用预埋螺栓固定。见图 6 和 7。

创新成果五：基于 LeicaTS60 的群组埋件测控技术

研发一种高精度群组锚杆相互位置精度测量装置，基于 LeicaTS60 的群组埋件测控施工技术，采用固定于振动台基础结构内的测控站，利用工程桩作为强制对中基准点整体布网，研发作动器埋件栓杆式测量靶标和盲孔埋件内套丝式测量靶标，结合 BIM 放样复核，实现埋件快速精准定位。见图 8。

2. 高频强震作用下大体积混凝土裂缝控制技术

创新成果一：承受高频强震作用的大体积混凝土裂缝控制技术

采用钙镁复合混凝土膨胀剂，结合不同材质的补偿混凝土收缩反应速率和膨胀能，动态调整掺和比例，实现跨季度（春夏秋冬）温度差异条件下大体积混凝土全生命周期的收缩补偿。

通过混凝土应变计、千分尺及非接触收缩仪分别对未添加膨胀剂、添加钙镁双组分膨胀剂（两个厂家）三组清水混凝土试样进行了自然养护条件下的体积变形监测。

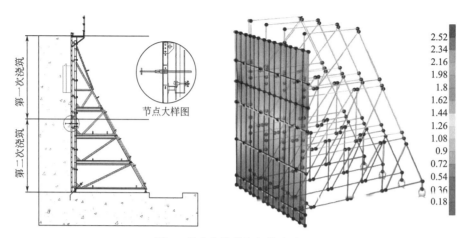

图 6 分次浇筑模板架体应变图

 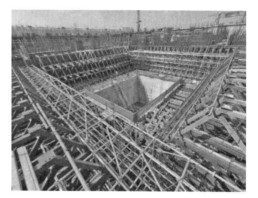

图 7 盘扣架体对顶实施

图 8 固定于结构内部的多功能测控桩

创新成果二：多组分外加剂复配技术

使 C30 混凝土入泵扩展度达到 600mm 以上，5h 经时损失小于 30mm，提高水泥浆体对砂石骨料的握裹能力，保持混凝土的工作性能和体积稳定性。见图 9。

创新成果三：基于多物理场耦合评估的混凝土温差控制技术

首次提出了基于多物理场耦合建模分析的大体积混凝土温度梯度（20K/m）监测方法，在避免混凝土产生有害裂缝的前提下，解决了超厚大体积混凝土里表温差（超过 25℃）控制难的问题。见图 10。

创新成果四：夏季高温天气下混凝土低温控系统控制技术

组合使用"骨料冷储＋拌合水加冰＋降温隔热运输＋泵管反光隔热"等系列措施，实现了夏季 38°气温条件下，2 万 m³ 大体积混凝土入模温度均不大于 30℃。见图 11。

图 9　混凝土工作性能照片

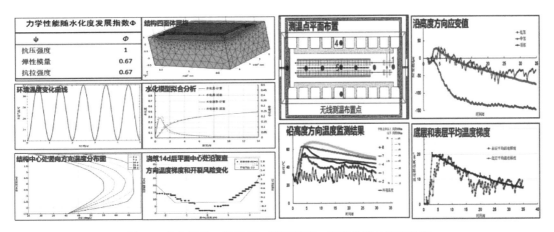

图 10　水化度场、温度场、温度梯度、应变检测与模型分析

图 11　混凝土温度控制

3. 软土地区基坑工程自稳型无内支撑支护技术

创新成果一：软土地区深大基坑多级无内支撑支护体系设计技术

发明了基坑空心支护桩及其施工方法以及基坑支护结构。通过对比悬臂支护体系的极限支挡深度、基坑变形及环境影响、桩体变形、桩体弯矩等参数，研发了软土地区超大规格基坑无内支撑支护体系。

与悬臂型支护结构对比，自稳型无内支撑支护体系最大位移减小 2～5 倍，极限支挡深度最大可提高 50%，降低造价 20%～40%，缩短工期 15～60d。

研发了一级支护斜直交替空心矩形桩（角度为 0°＋20°）为具备"斜撑、刚架、重力、减隆"的自稳支护体系，二级支护长短交替应力分散型旋喷桩锚，降低多级支护耦合迭代引起的桩锚体系连续倒塌的风险。与常规悬臂型支护结构对比，自稳型无内支撑支护体系最大位移减小 2～5 倍，极限支挡深度最大可提高 50%，降低造价 20%～40%，缩短工期 15～60d。见图 12。

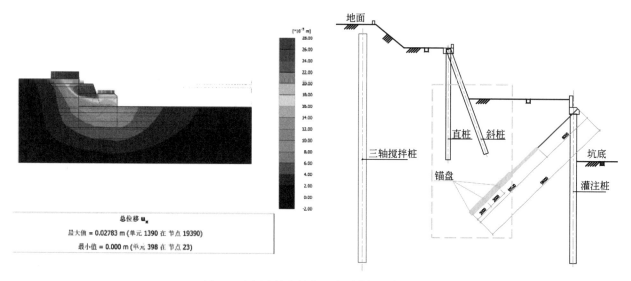

图 12　多级支护交界位置变形分析及剖面图

创新成果二：预制矩形桩多角度静压施工技术

预制矩形桩施工过程中，角度控制及标高控制是支护体系发挥斜撑效应的关键，采用 YZY800XJ 斜搅拌桩机，可调角度夹桩器固定并调整压桩角度，压桩油缸活塞杆液压沉桩，实现斜直交替矩形桩的差异角度同步施工。见图 13 和图 14。

创新成果三：超前反压支撑变形控制技术

针对基坑"时空效应"，根据开挖顺序设置加厚垫层，土方开挖后，根据基坑开挖顺序，支护桩向基坑内 8m 范围内，垫层厚度由 100mm 增加至 200mm，内设单层双向 ϕ12 钢筋、间距 250mm，与工程桩锚固并和周边支护桩支顶，超前支护。见图 15。

创新成果四：空心支护桩应力及变形监测技术

研发了空心支护桩应力计固定结构，采用砂浆与砂交替布设的方法，实现了最大限度不增加桩体刚度前提下的精准监测。见图 16 和图 17。

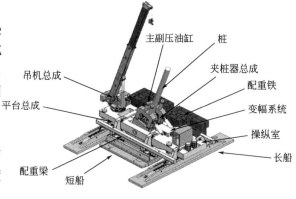

图 13　斜直桩工作原理及构件图

三、发现、发明及创新点

（1）发明了重型埋件和密集群组埋件高精度制作及预埋技术，研发作动器套管组支撑架体及三维调节装置，实现了 148 组作动器套管螺杆组（1782 根螺杆）偏差仅 1.3mm。发明了群组盲孔埋件模块化施工技术，实现了 2578 个盲孔埋件高精度预埋。发明了造流泵法兰组合埋件高精度同轴异位预埋技术，实现了 48 组造流泵法兰同心偏差仅 1.5mm。发明了 9.4m 深高精度振动设备坑壁叠加单侧模板加固技术，解决了安全及结构面高精度难题。研发了基于 TS60 全站仪的高精度测量控制技术，发明了固定于结构内部的多功能测控装置，解决了群组埋件快速精准定位测量难题。

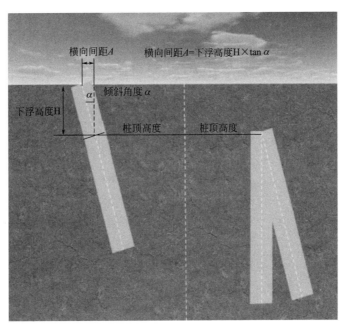

图 14　斜桩定位剖面示意图

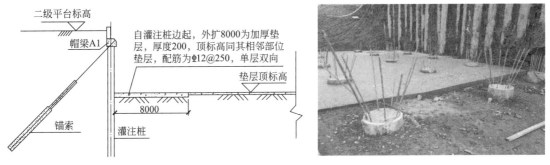

图 15　加厚垫层施工大样图及施工照片

图 16　钢筋应力计固定实景图

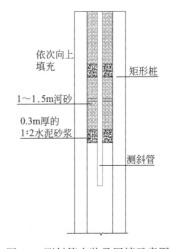

图 17　测斜管安装及回填示意图

（2）创新采用钙镁复合膨胀剂动态补偿混凝土全生命周期的收缩当量，实现了跨季度（春夏秋冬）温度差异条件下大体积混凝土裂缝有效控制。首次提出了基于多物理场耦合建模分析的大体积混凝土温度梯度（20K/m）监测方法，解决了超厚大体积混凝土里表温差（超过 25℃）控制难的问题。创新组合使用"骨料冷储＋拌合水加冰＋降温隔热运输＋泵管反光隔热"等系列措施，实现了夏季 38℃ 气温条件下，2 万 m³ 大体积混凝土入模温度均不大于 30℃。

（3）发明了软土地区超大规格基坑无内支撑支护体系及其施工方法，优化多级支护迭代耦合作用下变形控制能力。研发空心支护桩应力及变形监测技术，解决支护桩刚度不增加前提下精准监测。

（4）在国家大型地震工程模拟研究设施项目建造过程中形成了授权发明专利 6 项，实用新型 23 项，省部级工法 2 项。成果经专家鉴定整体成果达到国际先进水平，工艺埋件及混凝土相关技术均达到国际领先水平，经济效益 2314.91 万元。

四、与当前国内外同类研究、同类技术的综合比较

较国内外同类研究、技术的先进性在于以下几点：

（1）首次提出"套管锚杆固定架＋支撑架＋三向调节装置"安装技术，148 组作动器（1782 根栓杆），最大定位偏差仅 1.3mm；首次提出"密集锚孔埋件模块化安装技术"，2587 个盲孔精准就位，最大偏差 1.1mm；首次提出"造流泵法兰组合埋件高精度同轴异位预埋技术"，48 组大口径长轴距异位安装造流泵预埋法兰，同心度控制在 ±1.5mm 内；发明了"分段式强化单侧钢模板＋角部盲区水平支撑＋精准反向预调＋超前补偿偏差"的结构精度控制方法，9.4m 深高精度设备坑，精度控制在 2.6mm。

（2）创新了跨季度温度差异条件下大体积混凝土全生命周期的收缩补偿技术，采用钙镁复合混凝土膨胀剂，动态调整掺和比例；创新采用 C30 混凝土采用多组分外加剂复配技术，使 C30 混凝土入泵扩展度达到 600mm 以上，5h 经时损失小于 30mm；首次提出基于多物理场耦合建模分析的大体积混凝土温度梯度监测方法，大体积混凝土温度梯度（20K/m）监测方法，在避免混凝土产生有害裂缝的前提下，解决了超厚大体积混凝土里表温差（超过 25℃）控制难的问题。

（3）发明了软土地区无内支撑基坑支护体系，首次提出预制空心支护桩监测方法，解决了软土地区深大基坑无内支撑施工难题。

本技术通过国内外查新，查新结果为：在所检国内外文献范围内，未见有相同报道。

五、第三方评价、应用推广情况

1. 第三方评价

2021 年 10 月 23 日，天津市钢结构协会组织召开了由中国建筑第八工程局有限公司完成的"大型地震工程模拟研究设施工艺设备埋件及钢结构施工技术"的科技成果鉴定会，与会专家审阅资料，听取汇报，经质询讨论，形成如下鉴定意见：评委会一致认为，该成果总体达到国际领先水平。

2021 年 12 月 25 日，天津市科学技术评价中心组织召开了由中国建筑第八工程局有限公司、中建西部建设北方公司完成的"国家重大科技基础设施项目大体积混凝土研究与应用"的科技成果鉴定会，与会专家审阅资料，听取汇报，经质询讨论，形成如下鉴定意见：评委会一致认为该成果总体达到国际领先水平。

2022 年 4 月 13 日，天津市建筑业协会组织召开了由中国建筑第八工程局有限公司完成的"国家大型地震工程模拟研究设施关键技术研究与应用"的科技成果鉴定会，与会专家审阅资料、听取汇报，经质询讨论，形成如下鉴定意见：评委会一致认为该成果总体达到国际先进水平。

2. 推广应用

国家大型地震模拟研究设施工程关键技术的成功应用，可单独适用超深超大基坑、大体积混凝土、高精度工艺埋件及群组埋件测量定位安装、超厚结构板施工、超深坑侧壁施工等专业工程，关键技术已经应用于天津康汇医院项目、北京城市副中心项目、顺丰物流园项目等，具有广泛的应用推广价值。

六、社会效益

通过该技术在本工程的应用，项目施工质量得到极大提升，业主对此非常满意，多次组织观摩，

2020 年 9 月承办了全国无内支撑基坑观摩及天津市建筑业"质量月"观摩。

课题形成了国家大型地震工程模拟研究设施项目施工的成套技术，填补了我国在此领域的空白，确保企业处于国际领先水平。

本成果关键技术的研究为工程的安全、质量、工期实现提供了可靠保障，为今后类似工程的施工提供了借鉴，获得了良好的经济效益和社会效益。

复合地层 EPB/TBM 双模式掘进关键技术及工程应用

完成单位：基础设施事业部（中国建设基础设施有限公司）、中国建筑第五工程局有限公司、中国科学院武汉岩土力学研究所、中建南方投资有限公司

完成人：石红兵、雷 军、刘 滨、刘少然、黄 兴、潘晓明、李继超

一、立项背景

根据全国主要城市轨道交通线网近远期规划，区域快线及城市轨道交通的进一步融合发展，区间隧道埋深、长度不断增加，地质条件和施工环境日益复杂，单个区间隧道需要多种工法组合分段施工，对施工组织管理、风险管控及造价造成严重影响，因此复合地层双模式或多模式盾构应运而生。

深圳地铁 13 号线全长约 22.45km，其中留仙洞站—白芒站区间（全长 4.6km）和白芒站—应人石站区间（全长 2.3km）穿越地层复杂多变，基岩起伏大，为全断面硬岩和软弱地层交替分布的典型复合地层。以留仙洞站—白芒站区间为例，硬岩段占比约 70％，强度 100～170MPa，其余为软土或上软下硬段，单一模式盾构无法按预期工效或无法独立完成区间隧道施工，解决方案有单模式盾构＋矿山法、增加施工竖井＋多种单模式盾构、双模式盾构，综合考虑工效、安全、环保、成本等因素，双模式盾构成为应对该区间及类似工程实施的首选。

然而，目前国内外尚无成熟的类似工程借鉴，缺乏适宜长距离复合地层隧道双模式盾构高效掘进技术和工程经验。对深圳地铁 13 号线乃至全国其他类似工程复合地层双模式隧道盾构的合理选型、高效破岩（掘进参数决策调整）和模式安全快速转换挑战性极高。主要体现在：

（1）选型设计难：选型设计缺乏理论方法，单模式适用的边界条件难确定；

（2）高效掘进难：掘进效率低、速度慢，掘进参数决策主要依赖作业团队施工经验，参数优化调整耗时长；

（3）模式转换难：模式决策困难，模式转换耗时长，缺乏配套装备。

因此，为解决复合地层双模式盾构选型、适应性设计评价、掘进参数优化决策、模式快速转换与高效施工等理论与技术难题，确保长距离复合地层双模式盾构安全高效施工，亟需开展"复合地层 EPB/TBM 双模式掘进关键技术及工程应用"研究。成果可为深圳地铁 13 号线安全生产、工程质量、工期控制提供技术保障，也为今后在复合地层中双模式盾构施工提供重要的工程经验和技术积累，积极响应国家"双碳""智能建造"政策，在行业、社会、国家层面均具有重要的现实意义。

二、详细科学技术内容

1. 单区间长距离复合地层双模式盾构选型与适应性设计评价方法

创新成果一：单区间长距离复合地层双模式盾构选型方法

创新提出了基于模糊综合评价和层次分析法的双模式盾构选型方法，实现了泥水/土压模式与单护盾/双护盾/敞开模式选型的不确定性指标定量表征和评价，克服了传统选型设计缺乏理论方法且单模式适用的边界条件难确定的问题，并与传统方法相互补充印证。见图 1。

创新成果二：复合地层双模式盾构适应性设计

为了使所选双模式盾构刀盘刀具及其主控系统能够适应复合地层掘进，创新性的对其进行了适应性设计与改进。形成了双模式盾构适应性设计与改进方法，提高了掘进效率、掘进安全性，增强了地层适

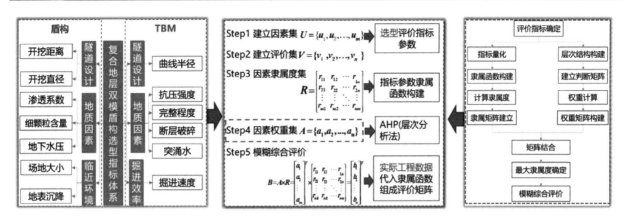

图 1　双模式盾构选型方法

应性，减小了刀具磨损。见图 2～图 5。

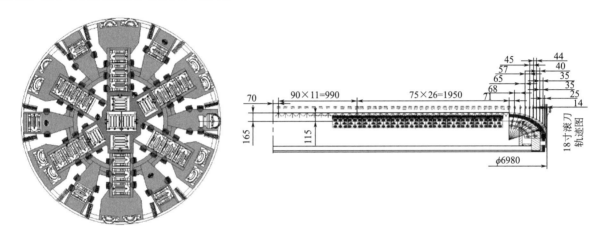

图 2　刀盘刀具适应性设计

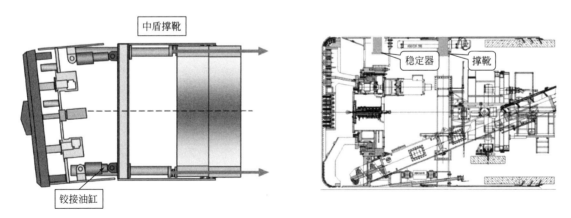

图 3　盾体适应性设计

图 4　主驱动与管片拼装机适应性设计

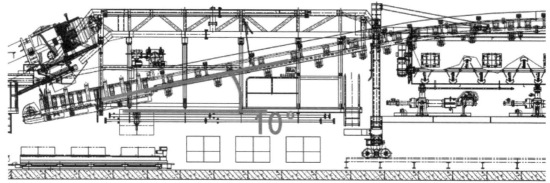

图 5　EPB 模式螺旋输送机和 TBM 模式主机皮带机适应性设计

创新成果三：基于"信息熵"的双模式盾构适应性评价方法

针对 13 号线复合地层双模式盾构适应性问题，创新采用了基于熵权法的双模式盾构适应性评价方法，发展了针对不同地质条件的 EPB/TBM 掘进适应性"信息熵"评价方法。见图 6。

2. 复合地层双模式盾构高效破岩及掘进参数智能辅助决策技术

创新成果一：复合地层双模式盾构切削特性与高效破岩技术

针对 13 号线复合地层特征，创新采用了模拟盾构破岩的滚刀贯入试验、线性切削试验和数值模拟试验相结合的方式以获取复合地层中盾构切削特性。通过现场岩石强度、脆性指标确定最优推力，进而确定最优贯入度，指导掘进参数优化。

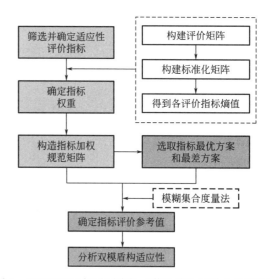

图 6　EPB/TBM 掘进适应性"信息熵"评价方法流程图

创新成果二：复合地层双模式盾构掘进参数适应性选取方法

基于掘进过程中不同强度岩石刀盘扭矩和推力之间的操作特性关系，创新性的制定并采用了复合地层双模式盾构掘进参数适应性选取原则与方法，有效指导了双模式盾构在软土地层、硬岩地层、软硬交替复合地层的掘进参数选取。见图 7。

创新成果三：复合地层双模式盾构掘进控制参数智能辅助决策方法

以盾构掘进过程中的掘进参数、机电液和地层信息为输入，引入围岩等级、软硬复合比和复合强度表征地层变化，创新采用人工智能算法构建了多算法融合的复合地层双模式盾构掘进控制参数预测模

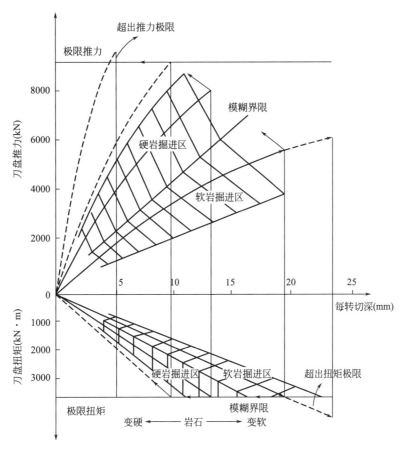

图 7　不同强度岩石刀盘扭矩和推力间的操作特性关系

型，实现了对不同地层条件、不同模式、不同地层贯入度与刀盘扭矩的预测，并建立了超前预测模型，为下一环掘进控制参数是否调整提供理论依据，形成了一套掘进参数智能辅助决策技术，有效指导了深圳地铁 13 号线复合地层双模式掘进参数的决策。见图 8。

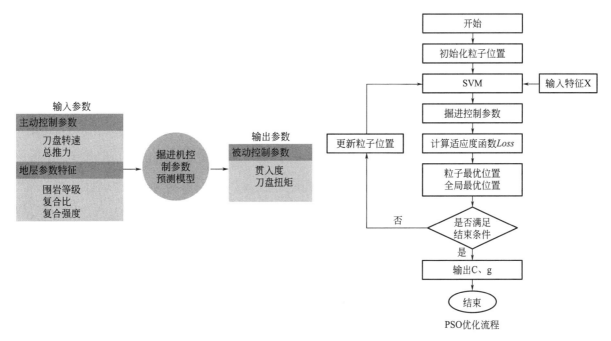

图 8　EPB/TBM 掘进参数实时预测方法

3. 复合地层 EPB/TBM 掘进模式快速转换成套关键技术及装备

创新成果一：复合地层 EPB/TBM 掘进模式决策方法

创新性提出并采用了基于地层稳定性风险、工期与综合效益多因素约束的 EPB/TBM 模式转换位置决策方法：

（1）尽量减少模式转换次数；

（2）在软弱地层选取 EPB 模式，硬岩地层采用 TBM 模式，上软下硬地层为保证上部软弱层自稳性与施工安全，一般采用 EPB 模式；

（3）在 300m 以下短距离软硬交替地层中，一般不建议转换模式进行掘进。掘进模式决策与现场实际模式转换位置吻合度高，决策方法具有良好的参考价值。见图 9。

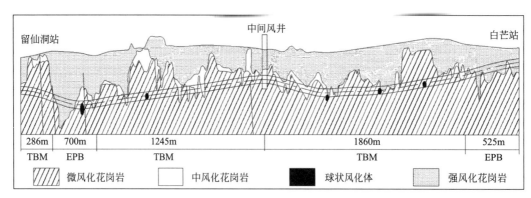

图 9 掘进模式决策简图

创新成果二：复合地层 EPB/TBM 掘进模式转换标准化工艺流程

从时间和空间上合理分配，对模式转换流程进行科学优化，创新性的制定了以出渣方式转换为核心的模式快速转换标准化工艺流程，将模式转换工作分为土仓内作业和盾体内作业，模式转换时土仓内作业和盾体内作业同时进行，形成了复合地层 EPB/TBM 掘进模式快速转换技术体系。见图 10。

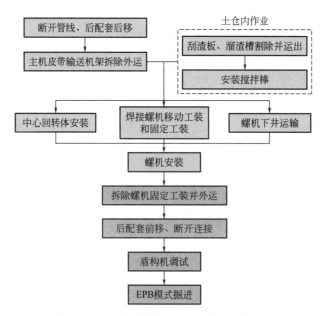

图 10 TBM 模式转换为 EPB 模式技术流程

创新成果三：复合地层 EPB/TBM 掘进模式转换辅助工程装备

创新性地优化了螺旋输送机安装吊点和后配套皮带机前端总成拆装栓接等工艺流程，减少螺旋输送机安装时间，提高了吊点转换安全系数及模式转换效率；进而研发了安全、快捷的可移动式螺旋输送机门式安拆吊装系统、滚刀防松脱装置、刀具快速更换装置和盾构主皮带防漏渣装置等配套装备，解决了吊点转换安全系数低、刀具安装拉紧块极易松动、刀具掉落情况频发、吊带吊装刀具安全系数低、主皮带漏渣等问题。见图 11。

 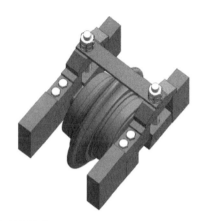

图 11　模式转换配套装备

三、发现、发明及创新点

（1）单区间长距离复合地层双模式盾构选型与适应性设计评价方法：提出了基于模糊综合评价和层次分析法的长距离复合地层双模式盾构选型方法，确定了本工程典型复合地层区间采用 EPB/TBM 双模式掘进；提出了 EPB/TBM 双模式主控系统的适应性设计与针对不同地质条件的 EPB/TBM 掘进适应性"信息熵"评价方法，提高了双模式盾构在长距离复合地层中的适应性及行业双模式盾构装备的研发水平。

（2）复合地层双模式盾构高效破岩及掘进参数智能辅助决策技术：针对本工程地层特征开展了盾构破岩物理和数值模拟试验，获取了复合地层中盾构切削特性，揭示了岩石强度、岩性变化、掘进模式对盾构破岩效率的影响规律；采用人工智能算法构建了基于 SVR-PSO 多算法融合的复合地层双模式掘进控制参数实时预测模型，提出了基于比能最小的掘进控制参数优化决策方法，实现了深圳地铁 13 号线复合地层双模式盾构掘进参数智能辅助决策，掘进效率提升了 30%以上。

（3）复合地层 EPB/TBM 掘进模式快速转换成套关键技术及装备：提出了基于地层稳定性风险、工期与综合效益多因素约束的模式转换位置决策方法；研发了可移动式螺旋输送机门式安拆吊装系统、主皮带防漏渣装置、刀具快速更换装置、滚刀防松脱装置等配套装备，制定了模式转换的标准化工艺流程，形成了双模式盾构模式快速转换技术体系，成功指导现场掘进模式快速转换，创造了全国双模式盾构模式转换的最快纪录。

（4）本项目已取得发明专利授权 5 件、软件著作权 3 项，形成工法 3 项，发表论文 17 篇。

四、与当前国内外同类研究、同类技术的综合比较

1. 单区间长距离复合地层双模式盾构选型与适应性设计评价方法

当前国内外现有盾构选型、适应性设计和评价缺乏量化分析方法，难以为既有选型设计经验提供理论辅助。该关键技术提出了基于模糊综合评价和层次分析法的长距离复合地层 EPB/TBM 双模式选型方法，建立了 EPB/TBM 主控系统的适应性设计方法，发展了针对不同地质条件的 EPB/TBM 双模式掘进的适应性"信息熵"评价方法，显著提高了 EPB/TBM 双模式适应性和装备研发水平。

2. 复合地层双模式盾构高效破岩及掘进参数智能辅助决策技术

当前国内外复合地层掘进参数的控制与调整缺乏系统的理论方法。该关键技术构建了多算法融合的复合地层 EPB/TBM 双模式掘进控制参数预测模型，提出了主动掘进控制参数优化决策方法，形成了一套先进的掘进控制参数智能辅助决策技术，掘进效率提升了 30%以上。

3. 复合地层 EPB/TBM 掘进模式快速转换关键技术及装备

当前国内外掘进模式决策主要为定性判断，模式转换缺乏标准流程和配套装备。该关键技术提出了复合地层 EPB/TBM 双模式掘进模式决策方法，构建了 EPB/TBM 双模式掘进模式快速转换技术体系，制定了模式转换标准化工艺流程，研发了系列配套装备，创造了国内双模式盾构模式转换的最快纪录。

经检索并对相关文献分析对比，结果表明上述成果明显优于国内外相似成果，特别是在深圳地铁 13 号线复合地层条件下，成果应用在留仙洞站—白芒站区间及白芒站—应人石站区间，直接保障了 EPB/TBM 双模式掘进施工安全，提高了掘进效率，节约了施工成本，保证了工程质量。

五、第三方评价、应用推广情况

1. 第三方评价情况

（1）权威查新

2022 年 5 月，委托教育部科技查新工作站对本项目成果进行查新，在检索出的国内外相关文献中，未见有与本查新项目研究的内容和采用的技术完全相同的文献报道，成果具有创新性。

（2）成果鉴定

2022 年 6 月，由广东省土木建筑学会组织，由中国工程院院士担任专家组组长的评价专家委员会对成果进行了鉴定，得到了专家的一致好评。专家一致认为，本项目成果总体达到国际先进水平，其中智能辅助驾驶决策技术达到国际领先水平。

（3）业主评价

业主单位（深铁建设第二分公司）认为本项目研究成果取得了如下成效：通过成果的应用，保障了深圳地铁 13 号线 2 个长大区间双模盾构施工安全、提高了施工效率、节约了施工成本，为深圳地铁四期调整线路、城际铁路项目盾构选型及高效掘进提供了重要的理论指导与技术支撑，取得良好的经济效益和社会效益。

2. 应用推广情况

（1）应用情况

本项目成果主要应用于深圳地铁 13 号线留仙洞站—白芒站和白芒站—应人石站两个长大区间，上软下硬地层掘进工效提升了 25%，微风化花岗岩地层掘进工效提升了 29%，TBM 模式转 EPB 模式施工效率提升 173%，EPB 模式转 TBM 模式施工效率提升 138%。成果应用工程承接大型观摩十余次，承办了多次双模盾构技术交流会，培养了博士和硕士研究生十余名，储备了一批应用新技术的技术骨干；能耗降低约 20%，资源利用率提高 15%。本项目成果应用取得了良好的经济效益、社会效益和环境效益。

（2）推广情况

按照深圳→广东→全国推广的思路，目前正在在建的深圳地铁和城际铁路等双模盾构隧道项目进行推广。今后，将在广东省后续中标的双模/三模盾构隧道项目进行推广，逐步在全国后续中标的双模/三模盾构隧道项目进行推广。

六、社会效益

本项目在技术引领、观摩交流、人才培养等方面的社会效益显著，具体如下：

技术引领方面：本项目提高了双模式隧道掘进机装备研发水平，促进了地铁隧道智能掘进技术的发展，解决了模式转换耗时长、风险大等难题，研究成果可为后续类似工程提供有力参考和借鉴，推动了盾构施工行业的发展。

观摩交流方面：本项目应用的深圳地铁 13 号线两个长大区间 EPB/TBM 双模式工程承接了大型观摩十余次，承办了多次双模盾构技术交流会，获得业主、监理、盾构机生产厂家等单位的一致好评。

人才培养方面：本项目研究开展专家咨询和论证等会议近二十次，培养了参与科研的博士和硕士研究生十余名，储备了一批应用新技术的技术骨干，为全面提高双模盾构高效智能掘进水平奠定了基础。

七、环境效益

本项目符合国家战略需求，环境效益显著，具体如下：

首先，本项目提出的掘进参数智能决策减少了盾构掘进时地下水的排放量，极大降低了对地层的扰动，保持了水土的稳定，防止了市政道路管线破坏及市政道路坍塌等安全事故。

其次，通过成果应用，盾构机在上软下硬及全断面微风化硬岩中分别提高了 25％和 29％的工效，能耗降低约 20％。通过对双模盾构刀盘刀具的优化、掘进智能化以及模式转换合理决策，减少了仓内渣石的过度破碎，提高了碎石完整性，降低了石粉产量，资源利用率提高 15％。因此，本技术有力助推国家"双碳"目标的实现，符合国家践行绿色发展的理念。

八、经济效益

（1）通过建立复合地层双模盾构破岩机理及掘进控制参数智能决策方法，提升了上软下硬和微风化花岗岩地层的刀具破岩效果，从而提升了盾构掘进效率，且有效保护了刀具，降低了刀具损耗，共计节约费用 2805 万元。

（2）通过研发复合地层 EPB/TBM 双模盾构模式转换成套关键技术及装备，实现了盾构机安全快速模式转换，共节约工期成本 272 万元。

综上所述，通过应用"复合地层 EPB/TBM 双模盾构选型设计及高效智能掘进关键技术"，合计产生经济效益 3077 万元。

预制装配式桥梁构造体系力学性能与施工关键技术研究

完成单位：基础设施事业部（中国建设基础设施有限公司）、中建八局第一建设有限公司、中建山东投资有限公司、山东建筑大学

完成人：曾银枝、于　科、孟凌霄、孙中华、付　涛、贾俊峰、许英东

一、立项背景

自改革开放以来，我国桥梁以飞快的建设速度向前发展，截至目前，我国的公路和城市桥梁多数仍采用传统的建造方法，并且主要以现浇混凝土施工为主体，这些传统的施工方法虽然较为成熟，工艺相对简单，但也存在诸多缺点。如施工生产效率低，现场施工人员多，现场作业产生的大量施工粉尘、灰霾、污水、建筑垃圾、噪声、振动等影响环境，对交通影响较大。

预制装配式桥梁设计与施工技术在国外的研究起步较早，2001 年美国的 Linn Cove 桥采用了全预制装配式桥梁施工技术，德国、日本在这方面也开展了广泛的研究。我国在这方面起步较晚，目前装配式桥梁上部结构发展较为成熟，装配式桥梁下部结构发展尚处于初级阶段，普及面不广，装配式桥梁施工设计和施工规范仍不完善，装配式桥梁结构体系的力学性能研究尚显欠缺。全预制装配式桥梁更符合以工业化、标准化、智能化和绿色建造为特征的桥梁全产业链创新体系，具有传统桥梁建造方法无法比拟的诸多优点，更具长远意义的是，近年来我国政府陆续出台了关于绿色建筑的发展政策体系，提倡和推崇绿色建筑，绿色桥梁作为绿色建筑的一部分，是未来桥梁的发展方向，全预制装配式桥梁符合绿色桥梁的节约资源、保护环境的理念，是现代绿色桥梁设计与施工不可或缺的一部分，符合我国桥梁建筑业绿色可持续发展的大趋势。

开展预制装配式桥梁构造体系力学性能与施工关键技术研究不但是响应国家对建筑企业在绿色建造技术、智慧建造技术、建筑工业化技术等方面要求的需要，而且对于中建集团业务的发展，对重点业务、重大工程的技术的拓展以及预制装配式桥梁方面企业技术标准的建立具有重大意义。

本课题以中建基础科技研发项目、国家自然科学基金项目、山东省自然科学基金项目为依托，以济宁内环高架连接线项目和淄博快速路等为工程背景，进行了预制装配式桥梁构造体系力学性能与施工关键技术研究，成果可为预制装配式桥梁结构设计、理论分析和工程应用奠定基础，以期促进预制装配式桥梁的推广应用。

二、详细科学技术内容

1. 研发了新型钢-UHPC-NSC 组合梁构造体系，揭示了钢-UHPC-NSC 组合梁抗弯和抗剪破坏及承载机理，提出了钢-UHPC-NSC 组合梁抗弯及抗剪承载力计算公式

基于超高性能混凝土（UHPC）的优异性能与钢混组合梁的性能优势，本项目创新性地提出了一种装配式钢-UHPC-NSC 新型组合桥梁结构。该种组合梁混凝土翼板由 UHPC 上层结构与普通混凝土下层结构组合而成。装配式钢-UHPC-NSC 组合梁具有如下特性：在耐久性方面，可利用 UHPC 层的高耐久和低渗透性直接承受荷载及环境作用，从而减轻桥面板的劣化损伤，延长结构使用寿命；在受力性能方面，可利用 UHPC 层的高抗压强度提高结构正弯矩区承载力，也可利用 UHPC 层的高抗拉强度及高韧性提高结构负弯矩区开裂荷载，减缓裂缝扩展；在经济性方面，对比整体 UHPC 桥面板，利用普通混凝土层增强结构整体及局部刚度，显著减少了 UHPC 用量；在应用性方面，即可应用于新建工程，

也可应用于普通混凝土桥面板的修复养护与加固工程。

（1）装配式钢-UHPC-NSC组合梁抗弯性能研究

针对提出的装配式钢-UHPC-NSC新型组合桥梁结构，设计制作不同界面糙化程度及连接方式下钢-UHPC-NC组合梁开展抗弯性能试验研究。采用凿毛糙化和界面抗剪钢筋连接处理UHPC-NSC界面的钢-UHPC-NC组合梁具有良好的UHPC-NSC界面协同工作性能。钢-UHPC-NSC组合梁可显著提高构件弹塑性阶段抗弯刚度及极限承载力，采用凿毛糙化和界面抗剪钢筋连接处理UHPC-NSC界面的钢-UHPC-NSC组合试验梁可较UHPC-NSC组合梁试验梁极限抗弯承载力有显著提高。见图1。

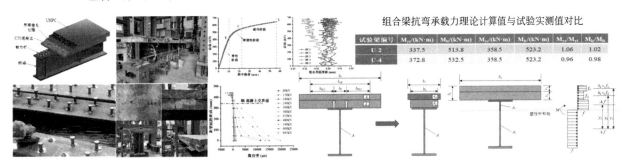

图1　钢-UHPC-NSC构造体系与抗弯性能研究

（2）装配式钢-UHPC-NSC组合梁抗剪性能研究

针对提出的钢-UHPC-NSC新型组合桥梁结构，设计制作不同界面糙化程度及连接方式下钢-UHPC-NC组合梁并开展抗剪性能试验研究。通过试验表明设置UHPC薄层可显著提高装配式钢-UHPC-NSC组合梁抗剪承载能力。基于实验结果提出的钢-UHPC-NSC组合梁抗剪承载力公式。既考虑了钢梁翼缘对抗剪承载力的贡献，又考虑了混凝土翼板对抗剪承载力的贡献，公式计算值与试验值吻合较好，可用于钢-UHPC-NSC组合梁极限抗剪承载力计算分析。见图2。

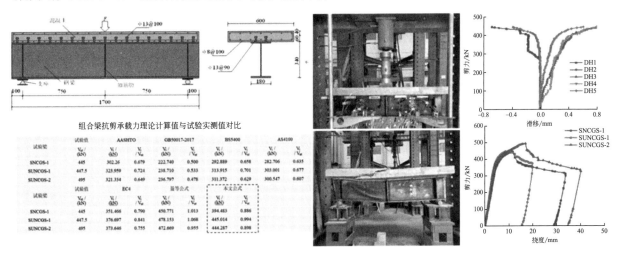

图2　钢-UHPC-NSC抗剪性能研究

2. 研发了高性能套筒灌浆料，提出了以此灌浆料作为粘结介质的HTRB600E高强度钢筋建议锚固长度，得出了HTRB600E高强度钢筋预制装配式桥墩地震破坏模式和等体积代换、等强度代换对其抗震性能的影响规律

（1）高性能灌浆料研发与性能试验

基于最小密实度原理研发了高性能套筒灌浆料，对其抗压强度、抗折强度、流动度、抗冻、抗渗性能和粘结性能进行了研究，通过试验验证其具有卓越的力学性能和耐久性能。见图3。

（2）HTRB600E高强度钢筋灌浆套筒连接力学性能研究

制作了采用不同配合比灌浆料和不同锚固长度的HTRB600E级高强度钢筋灌浆套筒连接构件，通

图 3　高性能灌浆料的研发和性能试验

过单向拉伸试验，得到了其灌浆套筒钢筋连接接头荷载-位移曲线、钢筋和套筒应变等力学参数，拟合了以此高性能灌浆料作为粘结介质的 HTRB600E 级高强度钢筋粘结强度经验公式为 $\tau = (15.6837d/l_a + 6.6720)f_{cu}^{0.25}$，建议高强度钢筋的临界锚固长度应不小于 $7d$。见图 4。

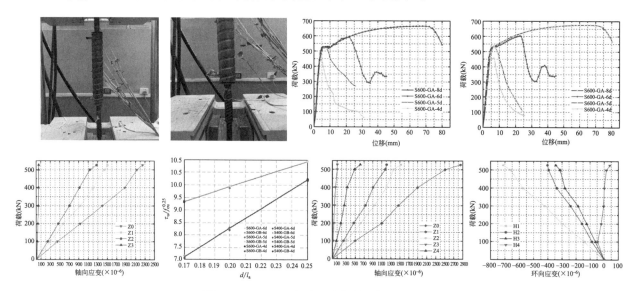

图 4　HTRB600E 级高强度钢筋试件试验结果

（3）配置 HTRB600E 高强度钢筋预制装配式空心桥墩抗震性能研究

针对传统预制装配式桥墩墩身质量大，墩身核心混凝土发挥作用有限的问题，通过在预制装配式桥墩墩身内配置 HTRB600E 高强度钢筋，对墩身截面核心混凝土进行掏空，设计了配置 HTRB600E 级高强度钢筋预制装配式空心桥墩。墩身内配置 HTRB600E 高强度钢筋，可显著提高桥墩在低周循环往复荷载作用下的水平抗弯承载能力和墩身整体刚度，增强桥墩抵抗变形的能力，减少墩身塑性变形，具有较好的耗能能力。随着中空率的增大，桥墩水平抗弯承载力有所减小，整体刚度持续下降，墩身塑性变形能力进一步增强，桥墩位移延性有所增强。但过大的中空率对桥墩滞回耗能产生消极影响，不利于进一步提升预制装配式桥墩整体抗震性能，配置 HTRB600E 高强度钢筋预制装配式空心桥墩中空率建议取为 20%。见图 5。

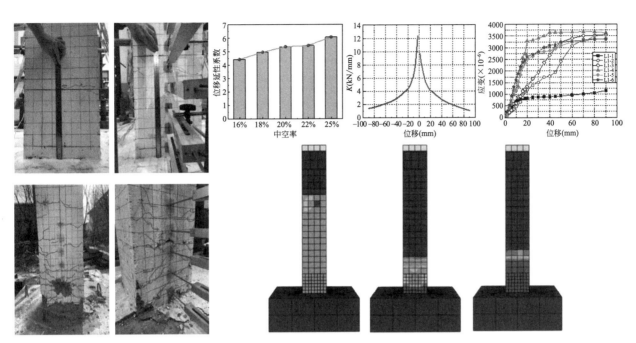

图 5　配置 HTRB600E 级高强度钢筋预制装配式空心桥墩抗震性能研究

3. 提出了基于灌浆套筒连接的新型钢管约束混凝土和中空夹层预制装配式桥墩构造体系，揭示了新型预制装配式桥墩地震破坏机理，得出了不同构造参数对新型预制装配式桥墩抗震性能的影响规律

（1）钢管约束混凝土预制装配式桥墩构造体系和力学性能

为了满足高烈度地震区抗震需求，改善高烈度地震区预制装配式桥墩灌浆套筒设置过密和耗能能力不足的问题，在高烈度地震区推广预制装配式桥墩结构，提出了基于灌浆套筒的预制装配式钢管约束混凝土桥墩构造体系，墩柱与承台之间采用灌浆套筒进行连接，在装配式钢筋混凝土墩柱外包裹钢管，钢管在桥墩与承台连接处断开。通过拟静力试验发现钢管约束混凝土桥墩墩身破坏现象较轻，外包钢管能够降低墩身的损伤程度，试件破坏时外包圆钢管无明显局部屈曲现象。

增设外包钢管可以显著提高预制装配式混凝土桥墩的抗弯承载力、总变形能力和累计耗能能力。与传统装配式钢筋混凝土桥墩相比，装配式钢管约束混凝土桥墩试件滞回曲线更饱满，滞回耗能能力更优，强度与刚度退化相近，具有较好的延性性能。钢管约束混凝土装配式桥墩具有抗震性能优越、接头连接形式简单、施工速度快等优点。通过实桥抗震性能分析，在低周循环往复荷载作用下，钢管约束装配式混凝土实桥桥墩滞回曲线饱满、耗能能力强、抗弯承载力高，具有比现浇桥墩和装配式钢筋混凝土桥墩更好的抗震性能，可将钢管约束装配式混凝土桥墩应用在高烈度地震区。见图 6。

（2）新型中空夹层装配式桥墩构造体系和力学性能

针对传统预制装配式桥墩整体吊装质量大，核心混凝土发挥作用有限的问题，基于钢材与混凝土良好的协同工作性能，通过墩身内预埋钢管，提出了中空夹层预制装配式桥墩构造体系。新型中空夹层预制装配式桥墩墩身内预埋中空夹层钢管，充分发挥钢管延性好、变形能力强、刚度退化慢等特点，提高了墩身延性，增强桥墩整体耗能能力，延缓墩身刚度退化，对桥墩整体抗震性能产生积极影响。钢管高度不变的前提下，增大钢管直径，外包钢筋混凝土对钢管径向约束作用有所减弱，对桥墩各项抗震性能指标没有产生较为明显影响。钢管直径不变的前提下，随着钢管高度的增大，墩身刚度变化更加连续、钢管刚度大等优势进一步凸显，桥墩水平抗弯承载能力进一步增强，对桥墩整体抗震性能产生积极影响。由于墩身底部预埋灌浆套筒，使得套筒段具有较大的刚度，墩身内通长设置钢管对套筒段刚度影响较小，通长设置钢管的桥墩与套筒以外墩身区段设置钢管的桥墩各项抗震性能较为接近，故中空钢管宜在墩身非套筒段内通长设置。通过拟静力试验和实桥分析表明：内设中空钢管的预制装配式实桥桥墩在往复荷载作用下表现出较好的滞回耗能能力和墩身变形能力，桥墩整体抗震性能较优异。见图 7。

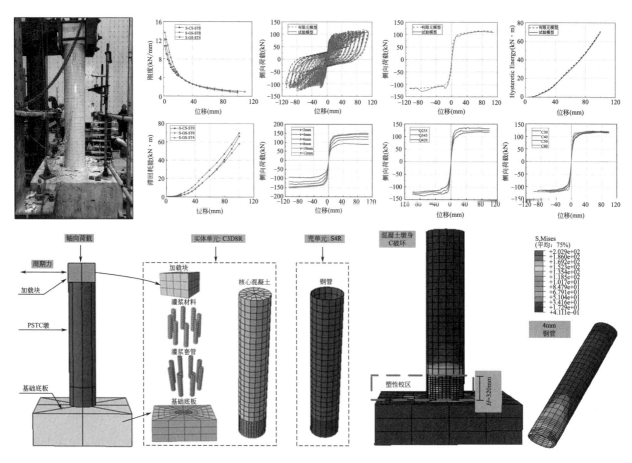

图 6 钢管约束桥墩墩试验现象、曲线对比及有限元模拟

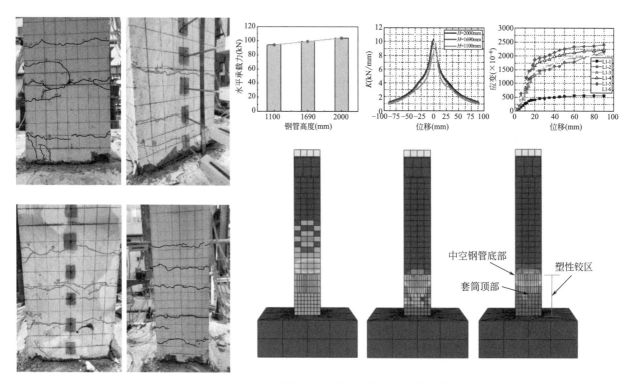

图 7 新型中空夹层装配式桥墩构造体系和力学性能

4. 研制了预制装配式桥墩精准定位施工成套工装及工艺，研发了全预制装配式桥梁力学性能与施工工艺实验仿真系统

（1）预制装配式桥墩精准定位施工成套工装及工艺

建立了预制装配式构件运输、吊装、拼装的成套施工工艺，提出了预制构件现场精确定位、拼装控制技术和安全保障措施，根据预制装配式桥梁施工特点，总结了预制装配式桥梁下部结构标准化施工化流程，形成了成套的预制装配式墩柱、盖梁构件高精度预制生产技术。见图8。

图 8　预制装配式构件施工工艺

（2）全预制装配式桥梁力学性能与施工工艺实验仿真系统。

研发了预制装配式桥梁力学性能与施工工艺虚拟仿真试验系统，工程技术人员可以通过实验的学习，掌握预制装配式主梁抗弯试验和抗剪试验、预制装配式墩柱抗压试验和拟静力试验的试验流程和数据处理方法。掌握预制装配式桥梁构件上部结构和下部结构制备和安装全过程，通过交互性实验步骤操作以及参数设定等步骤，加深工程技术人员对力学试验和装配式桥梁施工工艺的认知和理解，提升工程技术人员的综合施工能力。见图9。

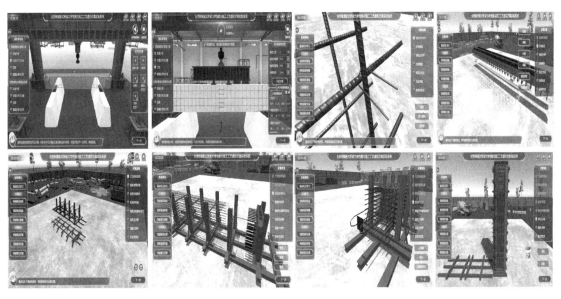

图 9　全预制装配式桥梁实验仿真系统

三、发现、发明及创新点

（1）研发了新型钢-UHPC-NSC组合梁构造体系，揭示了钢-UHPC-NSC组合梁抗弯和抗剪破坏及承载机理，提出了钢-UHPC-NSC组合梁抗弯及抗剪承载力计算公式。

（2）研发了高性能套筒灌浆料，提出了以此灌浆料作为粘结介质的HTRB600E高强度钢筋建议锚固长度，得出了HTRB600E高强度钢筋预制装配式桥墩地震破坏模式和等体积代换、等强度代换对其抗震性能的影响规律。

（3）提出了基于灌浆套筒连接的新型钢管约束混凝土和中空夹层预制装配式桥墩构造体系，揭示了新型预制装配式桥墩地震破坏机理，得出了不同构造参数对新型预制装配式桥墩抗震性能的影响规律。

（4）研制了预制装配式桥墩精准定位施工成套工装及工艺，研发了全预制装配式桥梁力学性能与施工工艺实验仿真系统。

四、与当前国内外同类研究、同类技术的综合比较

见表1。

综合比较　　　　　　　　　　　　　　　　　　　　　　表1

主要成果	本项目创新	国内同类技术	国外同类技术
新型装配式桥梁上部结构组合梁力学性能研究	研发了钢-UHPC-NSC新型组合梁构造体系，揭示了钢-UHPC-NSC组合梁抗弯和抗剪破坏形态及响应规律，提出了钢-UHPC-NSC组合梁抗弯和抗剪承载力计算公式	目前国内尚未对此种新型组合梁开展研究	目前国外尚未对此种新型组合梁开展研究
高性能灌浆料研发与HTRB600E钢筋灌浆套筒连接力学性能试验	基于灌浆套筒连接的预制装配式桥梁连接节点性能需求，研发了具有卓越性能的高性能灌浆材料，提出了以此灌浆料作为粘结介质的HTRB600E高强度钢筋建议锚固长度，为HTRB600E高强度钢筋应用于基于灌浆套筒连接的预制装配式桥梁结构提供了理论依据	国内目前预制装配式桥梁结构普遍采用普通灌浆料和HRB400E级钢筋，针对高性能灌浆料和HTRB600E高强度钢筋的相关研究匮乏	国外学者主要针对普通灌浆料和HRB400E钢筋的连接力学性能进行研究，针对高性能灌浆料和HTRB600E高强度钢筋与研究匮乏
配置HTRB600E高强度钢筋预制装配式桥梁下部结构抗震性能研究	分析了配置HTRB600E高强度钢筋装配式桥墩地震破坏模式、分析了采用纵筋和箍筋等体积代换和等强度代换对其抗震性能的影响规律。为HTRB600E高强度钢筋在预制装配式桥墩的推广应用奠定了理论基础	国内目前HTRB600E高强度钢筋主要应用于现浇桥墩结构。尚未开展配置HTRB600E高强度钢筋预制装配式桥梁抗震性能的相关研究	国外目前HTRB600E高强度钢筋主要应用于现浇桥墩结构。尚未开展配置HTRB600E高强度钢筋预制装配式桥梁抗震性能的相关研究
新型预制装配式桥梁下部结构构造体系与抗震性能研究	为减轻预制装配式桥梁下部结构吊装重量，提升结构抗震性能，提出基于灌浆套筒连接的钢管约束混凝土装配式桥墩和中空夹层装配式桥墩。基于拟静力试验研究了新型预制装配式桥墩构造体系抗震性能，分析了设计参数对其抗震性能的影响，为新型预制装配式桥墩的推广应用奠定了理论基础	目前国内尚未对此类基于灌浆套筒连接的新型预制装配式桥墩开展研究	目前国外尚未对此类基于灌浆套筒连接的新型预制装配式桥墩开展研究
预制装配式桥梁下部结构施工关键技术与施工仿真平台	提出了预制装配式桥墩预留钢筋精确定位及坐浆装置，提出了预制装配式墩柱精确安装连接控制技术；研制了一种便于拆卸可移动的操作平台，形成高空拼装盖梁张拉控制技术；研发了全预制装配式桥梁力学性能与施工工艺实验仿真系统	国内针对基于灌浆套筒连接的预制装配式桥墩精准定位施工成套工装及工艺研究尚不成熟	国外在基于灌浆套筒连接的预制装配式桥墩精准定位施工成套工装及工艺研究尚不成熟

五、第三方评价、应用推广情况

1. 第三方评价

2022 年 4 月 28 日，中国公路学会通过视频会议形式组织召开了"预制装配式桥梁构造体系力学性能与施工关键技术"项目成果评价会。评价委员会听取了项目组的成果汇报，审阅了相关技术资料，经质询讨论，认为项目研究成果总体达到国际先进水平。

2. 推广应用

本技术于淄博快速路、京台高速改扩建、济宁内环高架及连接线项目－任城大道、京沪高速改扩建和滨莱高速改扩建中成功应用。相关应用表明，本研究技术切实可行，经济效益可观。

六、社会效益

随着经济的发展，现代基础设施施工要求施工快速、减少对周围环境的干扰。本项目提出了新型预制装配式桥梁上部和下部结构构造体系，研发了成套施工工艺和虚拟仿真平台，实现了预制装配式桥梁结构的快速、高效、精准施工，取得如下社会效益：

（1）项目设计研发了钢-UHPC-NSC 新型组合梁结构体系，提出了结构体系正截面极限抗弯承载力和斜截面抗剪承载力计算公式，推动了组合梁结构理论创新和应用研究。

（2）项目研发了具有卓越性质的高性能灌浆材料，研究了以高性能灌浆材料作为粘结介质的高强度钢筋灌浆套筒连接构件的工作性能，推动了装配式结构连接节点灌浆材料的创新与研发。

（3）项目设计研发了新型预制装配式桥墩结构体系，研究了结构体系抗震性能，并对其进行参数分析，推动了新型装配式桥梁下部结构的创新和应用研究。

（4）项目研发了成套关键施工工艺和虚拟仿真模拟平台，实现了精准、高效施工和施工全过程仿真模拟，提升了劳动生产效率和质量安全水平，推动了预制装配式桥梁技术的推广和应用。

地铁工程设计施工一体化优化提升关键技术

完成单位： 中建工程产业技术研究院有限公司、北京中建建筑科学研究院有限公司、中国建筑第五工程局有限公司、中建三局基础设施建设投资有限公司

完 成 人： 晁　峰、郭小红、王长军、刘医硕、王　晋、卢智强、贾瑞华

一、立项背景

截至 2021 年 3 月，我国城市轨道交通运营总里程达到 7747km，在建里程达到 6800km，规划里程超过 7000km，建设规模达到历史最高。在城市轨道交通飞速发展的过程中，中建集团深度参与，先后承担了约 600km 的轨道交通投资建设任务。但由于涉足地铁工程时间短、管理经验缺乏、核心技术不明显，并且地铁建设环境复杂多变、建设模式多样，导致一些项目面临严峻的施工安全及效益亏损风险。设计施工质量、安全、效率亟待提升。目前，地铁工程设计施工仍然存在以下技术难题：

（1）地铁工程地形地质条件及周边环境复杂，其设计施工未能考虑地层物理力学参数多变、施工条件复杂等全域全过程的影响，不能开展施工过程中支护结构安全有效评价，导致地铁工程设计施工的质量、安全、效率提升难度大。

（2）地铁工程暗挖车站的开挖断面较大，尚存在设计施工相互衔接性差、施工工序复杂、施工风险高等难题，影响到地铁项目建设质量、效率及安全。

（3）地铁通风空调系统是运营阶段的"能耗大户"，通风空调系统负荷计算未能充分考虑外部环境影响，导致部分车站通风空调系统利用率低、能耗损失严重。

（4）在地铁工程建设过程中，中建集团未能建立较为完备的设计管理制度体系，尚未建立有效的地铁设计施工一体化的协同提升技术，导致设计施工质量、效率得不到有效提升。

基于以上问题，为确保集团承建的地铁项目达到技术先进、安全高效的目标，针对地铁工程区间结构、暗挖车站、深基坑以及通风空调系统等方面的质量、安全与效率提升关键技术开展研究。

二、详细技术内容

1. 地铁工程土建结构设计施工一体化优化关键技术

（1）隧道支护结构全域全过程承载能力分析计算方法

基于温克尔弹性地基梁假定和支护结构叠合承载理论，建立了隧道支护结构全域全过程承载能力分析方法。该方法将隧道结构分为系统锚杆、初支拱架和二衬三个部分，分别给出了承载能力计算方法并考虑不同的地层抗力系数、侧压力系数进行迭代计算，可给出隧道支护结构承载能力曲线。见图 1 和图 2。

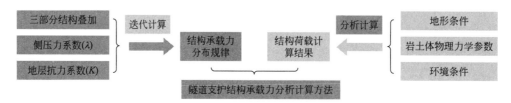

图 1　基于隧道支护结构承载力分析计算方法

（2）地铁隧道结构设计施工一体化提升关键技术

以重庆地铁 9 号线为依托，由于其地质条件变化多样，单一的物理力学参数分析难以代表其支护结构的承载力。通过分析了不同地层物理力学参数条件下隧道初支、二衬结构的承载力分布规律，在此基础上给出了不同围岩级别条件下开挖跨度在 7～24m 区间隧道支护参数建议，有效提升了该工程暗挖区间隧道支护结构设计施工的质量和效率。

（3）明挖基坑围护结构设计施工一体化提升关键技术

桩墙合一技术将基坑围护桩和主体结构外墙共同考虑，作为正常使用阶段的挡土结构，能够有效地降低工程造价，同时也能增加地下建筑内部的使用空间。针对地铁基坑围护结构可以通过多方案比较分析，选用合理的基坑围护结构类型。在确定合理的基坑围护结构类型后，也对具体的围护体系进行比选。

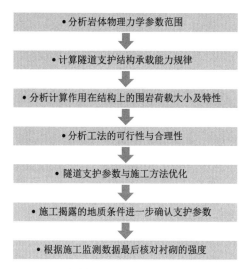

- 分析岩体物理力学参数范围
- 计算隧道支护结构承载能力规律
- 分析计算作用在结构上的围岩荷载大小及特性
- 分析工法的可行性与合理性
- 隧道支护参数与施工方法优化
- 施工揭露的地质条件进一步确认支护参数
- 根据施工监测数据最后核对衬砌的强度

图 2　基于隧道支护结构承载力的分析优化流程

2. 暗挖地铁车站结构设计施工一体化提升关键技术

（1）超大断面暗挖地铁车站断面形状优化

针对超大断面隧道处于Ⅳ级或更差围岩条件时，开挖轮廓线及初期支护为直墙拱形断面，洞室围岩的稳定不易保证，存在边墙失稳的风险，给出了超大断面车站断面采用曲边墙支护方案，外臌量取值范围为 20～40cm。

（2）超大断面暗挖地铁车站施工工法优化

针对双侧壁导坑法工序多、各工序衔接性差、初支不圆顺易引起应力集中、施工安全性较差等特点，提出了单层初支拱盖法优化方案。通过分析不同围岩参数条件下土压力的规律，结合承载力规律，给出了基于单层初支拱盖法的安全高效的超大断面暗挖地铁车站支护参数，提供了拱盖法施工步序及拱盖基础承载力保证措施，并在重庆地铁九号线宝圣湖站、红岩村站成功应用。见图 3。

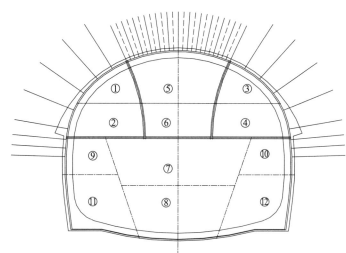

①双侧壁导坑法开挖上半断面，并施作第一层初支及拱部系数锚杆；
②上半断面成形后施作第二层初支，拱架与系统锚杆端部焊接；
③施作拱脚锁脚锚索；
④锚索达到设计强度后，中台阶拉槽开挖；
⑤中台阶左右两侧开挖，不多于2榀格栅，预留200～300mm厚人工凿除岩层(高2～3m)；
⑥人工凿除拱脚预留岩体，中台阶左右两侧边墙锚杆及钢架施作；
⑦下半断面中间拉槽；
⑧下半断面两侧开挖(不多于2榀格栅)；
⑨下半断面拱架及锚杆施作；
⑩仰拱开挖，仰拱防水层施作，每次3～5m；
⑪仰拱二次衬砌施作；
⑫拱墙防水层施作

图 3　单层初支拱盖法及施工步序

3. 地铁工程通风空调系统绿色节能提升关键技术

（1）地铁通风空调系统站内空调绿色节能提升技术

通过对国内不同城市多个地铁车站的屏蔽门气密性、车站公共区不同类型设备的测试及分析，确定了公共区空调负荷计算方法及负荷指标，为空调负荷设计计算提供了依据。选取 2 个代表气候区共 4 个典型地铁车站（包括寒冷气候区 2 个和夏热冬暖气候区 2 个），对地铁车站实际空调负荷进行现场实测验证。对比分析设计负荷与实测负荷的组成，降低车站空调负荷的关键措施是动态、精准控制车站内的新风量，并给出了相应的控制建议。见图 4。

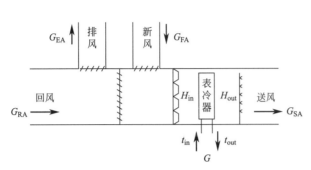

图 4　空调箱冷量测试方案及现场测试

（2）地铁通风空调系统冷源方案绿色节能提升技术

通过对广州市地铁四号线与五号线换乘站车陂南站进行了为期十天的站内热环境及能耗监测，提出实时反馈的自动控制方案；根据站内人流变化快速调整送风方案，对其冷源系统的运行进行了优化。

提出了通风空调冷源系统绿色节能优化措施：

① 在系统设计计算中，以动态负荷计算代替稳态负荷计算；

② 实施基于客流量数据的空调系统运行进行实时反馈调节；

③ 根据气候区特征进行地铁通风空调系统冷热源优化（对于干燥地区，推荐采用蒸发冷凝技术供冷；对于水资源丰富地区，推荐采用水源热泵技术）。

（3）地铁通风空调系统轨道排风系统绿色节能提升技术

以昆明地铁、北京地铁、广州地铁为例，采用地铁环境模拟软件（SES）对轨排风井绿色节能提升技术进行研究，得到了不同条件下开启轨排风井后隧道温度变化规律。夏热冬暖地区仅需在远期早、晚高峰期间开启排风机，可降温 4～5℃，降温效果明显。寒冷地区设置轨排风机进行通风降温，温度降幅在 1℃左右，降温效果不明显。

4. 地铁工程设计施工一体化管理的质量与效率提升技术

（1）地铁隧道支护结构综合性能提升方法

地铁隧道支护结构性能提升是基于支护结构承载力开展的支护结构专项评价，可以归纳为如下几个步骤：根据隧道地质勘察报告，分析与结构承载能力相关的物理力学参数的变化范围；根据岩体的物理力学参数计算隧道支护的承载能力及其特性；根据地形地质条件及支护结构参数分析计算作用在结构上的围岩荷载大小及特性；分析推荐的施工方法的可行性与合理性；根据支护结构承载能力特性优化隧道支护参数与施工方法；根据施工过程中揭露的地质条件进一步确认支护参数；根据施工监测数据最后核对衬砌的强度。

（2）地铁工程设计施工一体化提升策略

地铁工程设计施工的安全、质量、效率提升，应首先明确质量、安全、经济、效益、工期的五大目标，综合考虑地铁工程区间隧道、车站结构等所处的地质条件及周边敏感建筑物条件等，提出一体化提升的初步方案，并采用隧道支护结构全域全过程承载能力分析计算方法，开展地铁隧道支护结构综合性能提升专题研究，最终形成各方认可的一体化提升方案。

（3）地铁工程土建结构设计施工一体化提升技术要点

提出了地铁工程暗挖车站结构、暗挖区间隧道支护结构、明挖深基坑围护结构等设计施工质量、安全、效率一体化提升要点。基于资料调研、分析总结，项目编制了《地铁设计优化典型案例汇编》《地铁工程设计优化指南》。见表 1。

土建结构优化技术要点 表1

序号	提升对象	优化提升要点
1	地铁线路	• 关注车站、区间的线路埋深 • 关注线路平面上渡线的设置 • 关注多条线路大断面隧道是否可分离设置成小断面隧道 • 关注线路与周边敏感建构筑物关系
2	车站建筑	• 关注车站及附属的平面位置与周边环境关系 • 车站功能区与区间隧道接口布置方案 • 关注车站出入口是否可取消或分期实施 • 车站布置方案、长度与地区平均水平对比 • 车站附属与周边建构筑物代建等
3	区间隧道	• 钻爆法隧道应注重超前支护、初期支护、防水方案等优化 • 盾构隧道应关注管片配筋、始发到达预加固、地表预处理措施等优化 • 明挖隧道应关注结构形式、结构尺寸等优化 • 特殊地质地段、浅埋地段隧道等应关注处置措施的优化
4	车站结构	• 明挖车站优化要关注地质条件和环境条件对围护结构的影响,周边条件不允许时,应充分对比盖挖法和半盖挖法、盖挖逆作法等优缺点 • 大跨度暗挖车站优化应关注超前支护、初期支护、合理施工方案等,其中合理的施工方案是优化重点 • 特殊车站施工方法的优化重点是合理的施工方法,可选方法有掘进机法、管幕预筑法、PBA法等 • 车站优化应关注地质条件、地下水渗流对地铁车站施工方案、工法的影响
5	基坑围护结构	• 关注地质与围护结构方案的相互影响 • 关注地下水渗流对基坑支护方案的影响 • 关注基坑基底加固方案的影响 • 临近环境对基坑围护结构的影响
6	临近工程保护	• 关注临近保护工程选取合理的保护指标,保护指标应根据其地质条件、保护对象重要性、与工程的空间位置关系等综合判定 • 关注敏感环境直接保护方案及隧道内的保护间接方案 • 临近工程的监控量测方案

（4）地铁工程设计施工一体化管理制度

设计管理是地铁建设工程管理的重要环节，也是技术管理工作的关键内容。针对地铁施工设计管理存在的信息共享滞后、专业接口混乱、设计质量低下等主要问题，通过梳理地铁工程初步设计阶段、施工图阶段、工作内容及工作重点，给出了综合考虑内外部因素的设计管理质量、效率提升建议，编制了相应的设计管理制度，并形成了《地铁工程设计管理指南》。

三、主要创新点

（1）首次建立了隧道支护结构全域全过程承载能力分析方法，提出了基于支护结构承载能力的地铁工程设计施工一体化优化提升策略；

（2）首次提出了基于高强初支拱架和拱脚稳定技术的超大跨度暗挖车站单层初支拱盖法，实现了大断面暗挖车站的高效、安全施工；

（3）首次提出了典型气候地区精准确定动态新风量方法及夏热冬暖地区轨排风系统开启策略，实现了地铁车站通风空调系统的绿色、节能；

（4）首次提出全面考虑项目内外部影响因素及全过程管理特点的地铁工程设计施工一体化的管理方法，实现了地铁工程建设的安全、绿色、高效管理。

四、与当前国内外同类研究、同类技术的综合比较

较国内外同类研究、技术综合比较，其先进性体现在以下四点：

（1）本项目建立了隧道支护结构全域承载能力分析计算方法，提出了考虑隧道分段地形地质、邻近环境及施工条件的区间隧道支护结构的质量效率提升方法，为首次在地铁工程建设领域形成的技术成果。

（2）大断面暗挖车站存在断面形状不合理、设计施工衔接性差、施工步序复杂工序转换多等缺点，按原设计施工会导致线路关键工期节点滞后。通过优化断面形状、支护参数及施工工法，首次提出了安全高效的超大断面暗挖车站单层初支拱盖法并在宝圣湖站、红岩村站成功应用。

（3）首次建立了地铁车站公共区域空调系统动态精准负荷计算模型，并提出了地铁车站通风系统、冷源系统及车站轨排风井的动态控制措施，实现了通风空调系统的绿色节能。

（4）首次提出了地铁车站、区间隧道、深基坑等优化提升措施，形成了综合考虑各类影响因素的设计施工一体化管理方法，首次编制了《地铁工程设计优化指南》《地铁工程设计优化典型案例汇编》《地铁工程设计管理指南》等制度标准体系，实现了技术与管理质量效率的协同提升。

五、第三方评价、应用推广情况

1. 权威查新

2022 年 4 月，在交通部科学研究院进行了查新，查新结果表明成果具有创新性。

2. 成果鉴定

2022 年 5 月，由中国建筑集团有限公司组织了成果鉴定会，专家一致认为，本技术成果整体达到国际先进水平，部分技术成果达到国际领先水平。

3. 成果情况

本项目形成发明专利 3 项，实用新型专利 11 项，软件著作权 7 项，论文 22 篇，省部级工法 4 项，省部级设计一等奖 1 项，企业标准 4 项。

4. 推广应用

地铁工程土建结构设计施工一体化提升关键技术在重庆地铁九号线、徐州地铁一号线等项目成功应用直接为工程节约投资 3000 万元，重庆地铁九号线宝圣湖站、徐州地铁一号线彭城广场站等关键节点工程工期节约超过 3 个月。《地铁项目设计管理指南》在重庆地铁九号线成功应用，有效地促进了设计优化成果的落地。

地铁通风空调系统优化技术，在广州、北京等多个地车站成功应用，每年可节约电费 100 万元。

六、社会效益

本项目与国家基础设施发展战略相一致，通过研究，形成了设计管理方法、创新技术、专利等系列科技成果，已广泛应用于中建系统内的多个地铁工程中，取得了显著的社会和经济效益，并具有广阔的推广应用前景。与此同时，在国内召开了多次以地铁工程设计优化为主题的学术交流会和技术培训会，有力地促进了行业的科技进步，在地铁工程领域起到了重要的引领和示范作用。

基于地源热能量桩的桥面除冰系统关键技术及应用

完成单位：中国建筑第七工程局有限公司、中建七局第四建筑有限公司、河南理工大学
完 成 人：王永好、高宇甲、黄延铮、张文明、莫江峰、赵玉敏、魏金桥

一、立项背景

黄河流域及华北地区桥梁冬季下雪结冰期较长，由于桥面积雪结冰而引发的交通事故逐年增加，造成严重的人员伤亡和经济损失。目前，国内外桥面除雪常用的方法是撒工业盐，"盐化"现象、地下水污染、桥梁结构耐久降低等问题严重。为解决传统桥面除冰工艺存在的高能耗、环境污染等问题，课题组采用清洁、可持续发展的浅层地热能，对绿色环保型能量桩技术进行可行性研究，目前国内对于基于大直径能量桩技术的桥面除冰鲜有研究，能量桩方向的相关研究主要为中小型桩，而大直径灌注桩研究较少，对于大直径的长桩的能量桩施工工艺有所欠缺，缺乏大型的现场试验相关报道，冷热循环的工作模式研究、能量桩热力学特性研究少，除冰融雪期间的桩-土-桥面之间的热力学规律仍需进一步探索研究，不同设计条件下的桥面最优换热有待总结，桩身应变规律不清晰。

课题从以上问题出发，通过参研各方联合攻关，经多年攻关，突破了基于能量桩的桥面除冰关键技术，形成了原创性成果并进行总结推广。

二、详细科学技术内容

1. 构建了能量桩桥面除冰理论及试验检测体系

创新成果一：首创了弹性理论耦合荷载传递的能量桩力学特性分析方法

首创了弹性理论法和桩-土界面荷载传递法对能量桩的力学特性耦合分析方法，并结合现场试验结果对能量桩的承载力进行了理论计算与试验验证。创制了能量桩有限长圆柱面热源模型进行理论分析。

创新成果二：推导了实际应变剩余量计算理论

为使不同桩顶情况的试验有更清晰的对比，在《桩基地热能利用技术标准》JGJ/T 438—2018 基础上规定该公式，用表1所示公式表示。

桩体实际应变剩余量公式 表1

自由应变	实测应变	实际应变剩余量
$\varepsilon_{\text{free}} = \alpha_c \Delta T$	$\varepsilon_{\text{obs}} = \varepsilon_i - \varepsilon_0$	$K_h = \dfrac{\varepsilon_{\text{free}} - \varepsilon_{\text{obs}}}{\varepsilon_{\text{free}}}$

创新成果三：研发了桥面-能量桩系统试验检测技术

突破了多向加载的桩基模型试验技术，集成了不同桩型的模型试验的加载装置，创新了受荷桩基结构检测技术，降低了现场受荷桩基结构检测成本，发明了既有受荷工程基桩检测结构措施的施工技术，通过减少基桩隔断长度，保证试验安全，降低检测成本。见图1和图2。

2. 首创了大直径灌注能量桩施工技术，揭示了荷载叠加原理

创新成果一：研制了U形布管形式的钻孔灌注能量桩，采用符合现场施工的"预绑扎、后拼接"的施工工艺，减少了换热管轴向受力，可充分利用地热资源；验证了能量桩桩身无应力突变，换热效果优良。

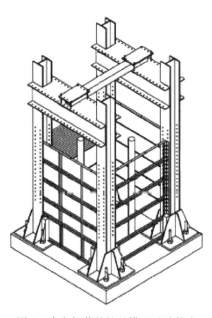

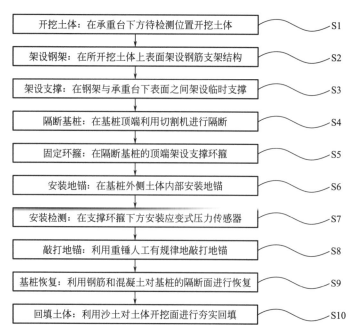

图 1　多向加载的桩基模型试验技术　　　　　图 2　既有受荷工程基桩检测结构措施的施工技术

试验结果表明：冬季工况下桩身应力变化相对较小，换热管布置密集区与非密集区没有拉应力突变现象；夏季工况换热管布置密集区与非密集区最大压应力差约达到 0.5MPa；夏季工况下桩身应力表现为压应力，最大压应力差约为混凝土抗压强度的 2%（C25 混凝土抗压强度为 25MPa），对桩体结构影响较小。见图 3。

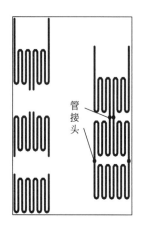

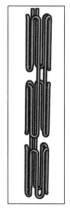

图 3　新 U 形布管能量桩示意图

创新成果二：建立了桩顶荷载试验系统，解决了能量桩热力响应分析难题

研究了单桩、单桩＋荷载、承台约束型群桩、承台约束型群桩＋荷载试验热致应力规律，揭示了约束、荷载叠加原理，解决了能量桩热力响应分析难题。研究表明：在单桩无荷载、无荷载承台群桩约束、单桩逐级加载、恒载承台群桩约束条件下，实际应变剩余量（K_h 值）分别为 28.6%、37.8%、43.2%、71.4%，呈递增的趋势。见图 4～图 7。

创新成果三：突破了冷热循环下 PHC 能量桩热力响应试验方法

研发了冷热循环温度作用下 PHC 能量桩的热力响应特性试验方法。首创了能量桩高换热效率的间歇工作模式技术，开发了不同开停比下桥面能量桩系统最优换热技术，揭示了热致应力、桩侧摩阻力及换热性能等变化规律。见图 8 和图 9。

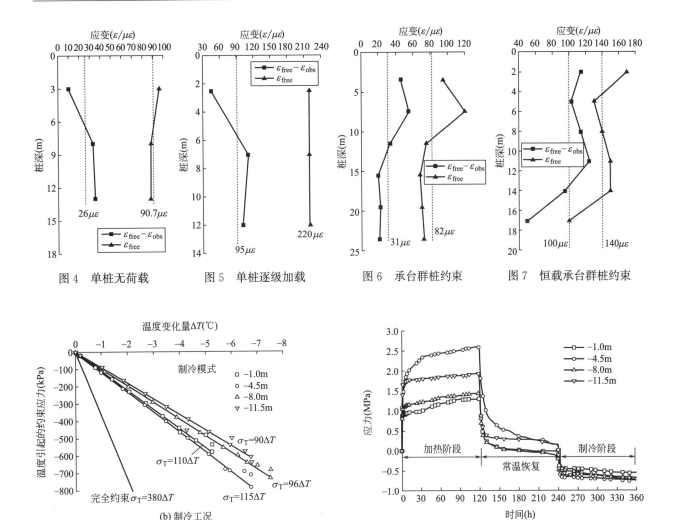

图4 单桩无荷载　　图5 单桩逐级加载　　图6 承台群桩约束　　图7 恒载承台群桩约束

图8 温度变化量与约束应力的关系　　图9 冷热循环作用下桩身应力随时间变化曲线

创新成果四：首创了路堤荷载-温度联合作用下能量桩试验监测技术

研究了能量桩上部施加路堤荷载作用下进行热交换过程中的热力响应特性，揭示了桩身应变规律及不同流速下的单位换热量分析。研究表明：试验场地下 23.5m 处温度常年处于 15℃ 左右，越靠近桩身中部温度逐渐增大。

创新成果五：研发了 W 形热交换管预制管桩施工技术

W 形热交换管预制管桩施工技术，有效解决了埋管深度的控制问题，操作简单，工作效率高，所需费用少，可沿桩身通长布置且埋管存活率高。见图10。

创新成果六：研发了基于冻结法的人工挖孔扩底桩施工技术

基于冻结法的人工挖孔扩底桩施工技术，利用冻结技术形成冻结壁后再进行人工挖孔，桩周冻结壁一次成形，免去传统护壁衬的复杂工序，施工效率高，安全性好。见图11。

3. 研发了能量桩桥面除冰系统施工技术

创新成果一：研发了桥面铺装换热管安装技术

桥面铺装换热管安装技术是将传热管进行穿插绑扎，紧贴纵向钢筋平行布置，使其不额外增加高度，确保钢筋保护层厚度。研发了湿接缝预留孔技术进行换热管埋设，在管道及传感器埋设完毕后，将预留口底部粘住，铺装层混凝土浇筑时便可将预留孔重新弥补，减少结构开洞风险及造价。见图12。

创新成果二：发明了冬季除冰融雪、夏季桥面降温的桥梁地源热泵换热系统

利用新型布管形式的钻孔灌注能量桩及桥梁地源热泵换热系统，通过桩基布置的换热管及内部导热

图 10　W 形预制管桩施工技术

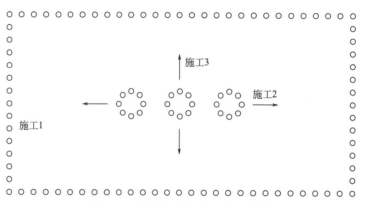

图 11　人工挖孔扩底桩冻结施工技术

液，将地热引到上部结构。该技术冬季用于桥面除冰融雪，夏季进行桥面降温，减少因铺装层热膨胀过大而影响结构的稳定性。见图 13。

创新成果三：创制了吸塑声测管能量桩施工技术

研发了吸塑声测管能量桩施工技术，将声测管制作为能量桩用来除冰。见图 14。

创新成果四：建立了不同热管密度、多模式下的桥面除冰温控系统

研发了桥面不同热管、不同热功率下的桥面除冰温控系统，揭示了桥面不同热管下的最优换热；创制了不同循环模式下的能量桩桥面除冰系统，研究了串并联系统、间歇工况、多桩串联等模式下的桥面换热分析。见图 15。

4. 揭示了能量桩桥面除冰系统多孔介质传热规律

创新成果一：研发了极端天气下导热沥青铺装施工下的快速除冰融雪技术

利用导热系数大的导热沥青代替常规桥面沥青铺装，增大了桥面顶板的导热率，使地热能更有效地传递至桥面顶板，攻克了极端天气下导热沥青铺装优化施工下的快速除冰融雪技术。研究表明：试验区域无光照、风速大的护栏侧部仍可进行除冰，试验期间采用桥面板预加热模式，大大降低了除冰融雪所需的时间。见图 16。

创新成果二：首创了不同热管密度下桥面除冰现场试验研究技术

建立了桥面不同布管密度的多个试验区，进行了不同条件下的现场试验。试验得出：试验区 1 温降效果最明显，温降后最低温度为 8℃；25cm 布管间距从热效率上来讲最优，但是 20cm 布管间距所带来的温度最高。

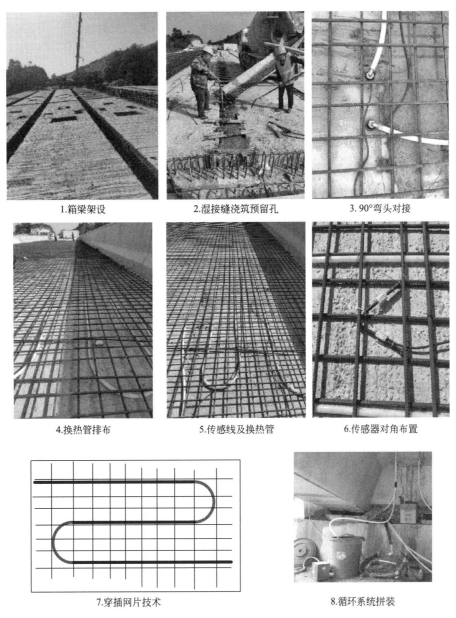

1.箱梁架设	2.湿接缝浇筑预留孔	3.90°弯头对接
4.换热管排布	5.传感线及换热管	6.传感器对角布置
7.穿插网片技术	8.循环系统拼装	

图 12　桥面铺装优化施工及监测设备埋设

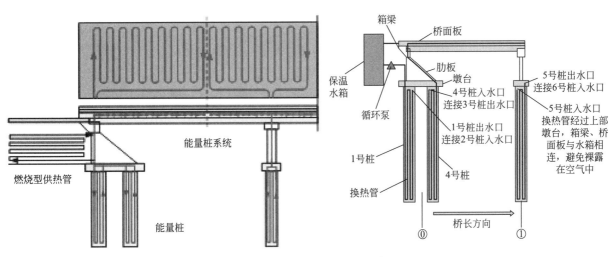

图 13　桥梁地源热泵换热系统

图 14 吸塑声测管能量桩施工工艺

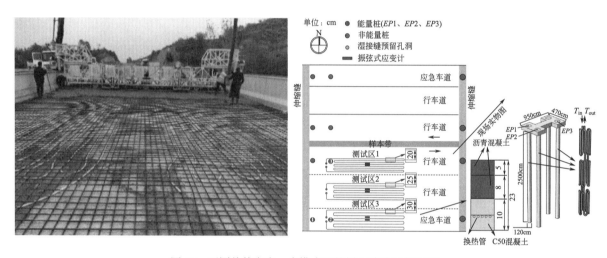

图 15 不同热管密度、多模式下的桥面除冰温控系统

图 16 极端天气下导热沥青铺装施工下的快速除冰融雪技术

创新成果三：研发了极端天气条件下桥面除冰 COMSOL 数值模拟技术

建立了极端天气条件下桥面除冰 COMSOL 数值模拟技术，模拟初步得出 G310 底董桥地热储量并用于试验设计，计算了桥面换热管埋设长度，探讨了隐式热通量、潜在热通量、对流热通量对模型分析的影响，并通过模拟分析得出单位面积桥面板除冰所需的热通量，用以指导现场施工设计。通过模拟得出在我国华北地区的天气，在提前预热状态下，除冰只需要 13h 便可以完成，同时桥面板应力增大了 0.5MPa。

创新成果四：建立了能量桩-土体-桥面本构模型分析技术，推导了能量桩-土体-桥面板除冰系统多介质传热规律，揭示了岩土体-混凝土间的多孔介质传热机理。

建立了桩-土-桥整体模型，分析了服役期间桩周土体的温降效果以及桥面除雪的进展情况。研究表明：大雪、暴雪天气下不同管间距的桥面板温度均在 0℃以上，且随着管间距增大温度有所降低；中、小雪天气下 20cm、25cm 间距的桥面板温度均在 0℃以上。系统除冰期间能量桩桩体温度有所降低，降幅在 2.5～3℃范围，桩周土体温度有微小降低；不同深度下桩-土接触面积的换热量有所差异；随着管间距的增大，桥面板热通量呈降低趋势。

三、发现、发明及创新点

（1）突破了多向加载的桩基模型试验技术，集成了不同桩型的模型试验的加载装置，创新了受荷桩基结构检测技术，降低了现场受荷桩基结构检测成本，首创了弹性理论法和桩-土界面荷载传递法对能量桩的力学特性耦合分析方法，并结合现场试验结果对能量桩的承载力进行了理论计算与试验验证。创制了能量桩有限长圆柱面热源模型进行理论分析，揭示了潜隐、对流热通量及导热系数对能量桩系统除冰的影响规律，提出了实际应变剩余量计算公式，构建了能量桩桥面除冰理论及试验检测体系。

（2）首创了 U 形布管形式的钻孔灌注能量桩，减少换热管轴向受力，验证了能量桩桩身无应力突变，换热效果优良，构建桩顶荷载试验系统，揭示了约束、荷载叠加原理，解决了能量桩热力响应分析难题。研发了冷热循环温度作用下 PHC 能量桩的热力响应特性试验方法，首创了能量桩高换热效率的间歇工作模式技术，开发了不同开停比下桥面能量桩系统最优换热技术，揭示了热致应力、桩侧摩阻力及换热性能等变化规律。提出了 W 形热交换管预制管桩施工技术，研发了基于冻结法的人工挖孔扩底桩施工技术，发明了桩内换热管吊升系统，研发了无桩顶荷载下的承台式能量桩现场热力响应试验技术，推导了桩身应变规律及不同流速下的单位换热量分析。

（3）发明了冬季除冰融雪、夏季桥面降温的桥梁地源热泵换热系统，该技术冬季用于桥面除冰融雪，夏季进行桥面降温，减少铺装层热膨胀过大影响结构稳定性。自主研发了桥梁能量桩换热系统及桥面湿接缝无痕穿管施工技术，创制了桥面铺装换热管制作安装技术，避免换热管穿越伸缩缝施工、后期运维困难等问题，研发了吸塑声测管能量桩桥面除冰施工技术，将声测管制作为能量桩用来除冰；建立了不同热管密度、多模式下的桥面除冰温控系统，研制了兼具桥面钢筋结构性及热输送的钢管道施工技术。

（4）研发了极端天气下导热沥青铺装施工下的快速除冰融雪技术，攻克了极端天气下导热沥青铺装优化施工下的快速除冰融雪技术，首创了不同热管密度下桥面除冰现场试验研究技术，研发了极端天气条件下桥面除冰 COMSOL 数值模拟技术，用以指导现场施工设计，建立了能量桩-土体-桥面本构模型分析技术，推导了能量桩-土体-桥面板除冰系统多介质传热规律，揭示了岩土体-混凝土间的多孔介质传热机理。

（5）该课题授权发明专利 4 项、受理 5 项，实用新型 15 项；发表 SCI、EI 期刊论文 4 篇、中文核心论文 3 篇；获批省部级工法 3 部。成果获河南省工程建设科学技术成果特等奖、中施企协首届工程建造微创新技术大赛一等成果、陕西省职工先进操作（工作）法。

四、与当前国内外同类研究、同类技术的综合比较

较国内外同类研究、技术的先进性在于以下五点：

（1）首创了弹性理论耦合荷载传递的能量桩桥面除冰力学特性分析方法，揭示了潜隐、对流热通量及导热系数对能量桩系统除冰的影响规律，提出了实际应变剩余量计算公式，构建了能量桩桥面除冰理论体系。

（2）发明了"预绑扎，后拼接"式 U 形布管形式的钻孔灌注能量桩，提出了 W 形热交换管预制管桩施工技术，创建了冻结法桩基施工技术，形成了大直径灌注能量桩施工技术，揭示了约束、荷载叠加原理，建立了桩顶荷载试验系统。

（3）研发了冷热循环温度作用下 PHC 能量桩的热力响应特性试验方法，揭示了热致应力、桩侧摩

阻力及换热性能等变化规律。首创了路堤荷载-温度联合作用下能量桩试验监测技术，揭示了桩身应变规律及不同流速下的单位换热量分析。

（4）研发了桥梁地源热泵换热系统及吸塑声测管能量桩桥面除冰施工技术，冬季用于桥面除冰融雪，夏季进行桥面降温，减少铺装层热膨胀过大影响结构稳定性。

（5）攻克了极端条件下导热沥青桥面快速除冰融雪技术，并首次进行了不同热管密度除冰效果的现场试验，推导了能量桩-土体-桥面板除冰系统多介质传热规律，揭示了岩土体-混凝土间的多孔介质传热机理。

本技术通过国内外查新，查新结果为：在所检国内外文献范围内，未见有相同报道。

五、第三方评价、应用推广情况

1. 第三方评价

2021年3月20日，经河南省工程建设协会组织专家对课题成果进行鉴定，专家组认为该项成果整体达到国际先进水平。

2. 推广应用

项目研究成果已应用于国道三一零南移工程、焦作市东海大道工程、焦作中原路、西咸新区秦汉新城上跨铁路工程等重大工程中成功应用，有效解决传统除冰中的质量缺陷与环境污染的难题，大幅降低建筑能耗，提高施工质量，保证施工和运维安全。

六、社会效益

首创的基于绿色清洁地热能源的桥面除冰能量桩系统关键技术，填补了能量桩桥面除冰系统技术的空白，为中国北方首例，通过理论体系创新、关键技术突破、相关装置研发和工程应用验证，首创了桥面除冰能量桩系统关键技术体系，成果推动了科学技术的进步，贯彻了习近平生态文明思想，符合国家碳中和、减碳政策，取得了显著的经济效益、社会效益和生态环境效益，发挥了技术和创新在全球发展中的推动作用，推动全球绿色、低碳、可持续发展。

盾构法城市综合管廊精益建造技术研究

完成单位：中国建筑第六工程局有限公司、同济大学、长安大学、上海建工集团股份有限公司
完 成 人：贾建伟、焦　莹、李建军、任　力、邵武涛、王会刚、刘晓敏

一、立项背景

随着我国城市的发展，综合管廊建设在我国各大城市全面铺开，然而受老城区现状道路交通量大、地下管线多等因素的限制，采用明挖施工建设综合管廊的难度极大，因此，非开挖施工工法的应用十分必要。目前，沈阳、西安、成都、广州等城市均在老城区采用非开挖（盾构）施工综合管廊。

沈阳市地下综合管廊（南运河段）工程是国内第一条在老城区采用盾构法施工的管廊工程。老城区施工环境条件差，各种建筑、地下管线交错，施工场地狭窄，进行地下综合管廊施工有一定难度，无法采用明挖开槽施工。

2016年，西安被陕西省选为修建综合管廊的实验城市，西安由于存在着很多地裂缝加之湿陷性黄土的特殊性，在修建综合管廊的施工时将会有很多难题，地裂缝这一特殊的地质灾害成为当前西安地下综合管廊建设面临的最重要的技术难题，严重影响建设进程。

基于西安市地下综合管廊建设PPP（政府和社会资本合作）项目Ⅰ标段科技八路地下综合管廊工程、沈阳市地下综合管廊（南运河段）工程，研究过程中综合运用理论分析、有限元数值模拟、工程监测等方法对盾构管廊大角度斜穿地裂缝施工技术、狭小空间小半径曲线盾构分体始发技术等进行研究。该项技术对西安及沈阳城市综合管廊工程施工起到了指导作用，创造了良好的社会效益和经济效益，能够为国内同类型盾构施工提供借鉴，提高中建六局、中建集团乃至国内盾构管廊穿越地裂缝、老城区盾构管廊施工水平，为我国基础设施建设贡献力量。

二、详细科学技术内容

1. 盾构管廊大角度斜穿地裂缝施工技术

西安管廊项目横穿f7地裂缝，是西安地裂缝出露最长的一条，与管廊相交夹角为66°，20世纪80年代中后期活动强烈，最大活动速率达到50mm/a。为应对盾构管廊斜穿地裂缝的不利施工条件，形成了"先盾后井再矿山"的创新施工工艺，同时总结了地裂缝环境下不同工程结构接口以及地下空间防水的施工新技术。

（1）盾构管廊"先盾后井再矿山"施工技术：在地裂缝环境影响下，"先盾后井再矿山"施工技术为先采用盾构快速安全通过施工区段，而后施工完成工作井，最后在地裂缝区域内采用矿山法施工，通过对地裂缝垂直错位量分析，地裂缝区域内采用增大断面，预留净空，分段分缝。见图1。

（2）先盾后井施工

首先工作井围护结构通过采用玻璃纤维筋围护桩，解决了盾构穿越工艺井的技术难题。其次通过增加混凝土支撑来增强基坑支撑体系，解决了基坑在开挖过程存在的安全风险。最后对管片进行拆除，在盾构施工时预留通缝拼装条件便于拆除，降低了管片拆除的安全风险，同时也提高了施工效率。见图2、图3。

（3）矿山法扩挖

盾构贯通后对暗挖段进行矿山法扩挖，盾构隧道扩挖后管片拆除难度大，受净空、管片重量和拆除

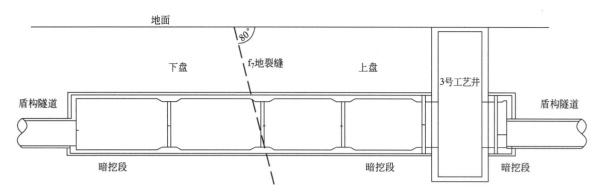

图1 "先盾后井再矿山"法结构示意图

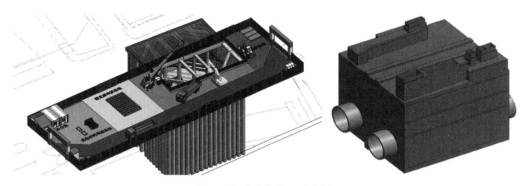

图2 先盾后井施工示意图

工程量影响，采用常规技术无法拆除。将施工方法进行创新，采用台阶法加内支撑工艺，同步进行扩挖及管片拆除。

（4）地裂缝环境下不同工程结构接口技术

在暗挖与盾构接口部位的管片采用预埋钢板的特殊管片，盾构管片与暗挖隧道接口处设堵头墙，初支采用工字钢水平布置。矿山法与竖井结构接口采用防水混凝土，在刚性接头中设置柔性填缝材料，施工缝设置遇水膨胀止水条，以形成洞门防水结构，并注入密封剂，增强防水效果。分段设缝加柔性接头，局部接口以衬砌加强等措施处理。

（5）地裂缝环境下地下空间结构防水技术

隧道分段设缝后，结构应力释放，受力明显减小。受地裂缝影响，特殊变形缝段防水薄弱，防水压力相应增加，由于地裂缝活动会导致结构错位进而引起防水失效。采用变形缝处除附加外包"加强"防水层外，设两道止水带，即外侧设置"且"字形止水带，形成一道封闭的防水线；内侧设置U形止水带，形成第二道封闭的防水线。在变形缝两侧增加两道多次注浆管。该施工技术研究防水效果显著，耐久性长，抵抗变形的能力较大。

2. 狭小空间小半径曲线盾构分体始发技术

盾构井内部空间长度均为51.6m，并位于半径300m的圆曲线上，采用狭小空间小半径曲线盾构分体始发技术，通过增加管路方式、不增加管路方式解决了盾构井内部空间长度不足问题；结合半环始发，解决了由于施工场地不足、在完成盾构分体始发第二阶段前的下料及出渣只能利用后期出土口进行下料及出渣，效率较为低下的问题。本技术提高了掘进效率，加快施工进度，为管廊盾构机顺利始发掘进提供了重要保障。见图4～图7。

3. 盾构管廊连续大曲率过站技术

节点井均位于区间线路半径300m的缓和曲线及300m的圆曲线上，盾构距离结构间隙小，无法设置反力架，始发、接收基座无法安装，连续过站多，曲线接收、始发偏移位置大，盾构姿态基座上无法调整。

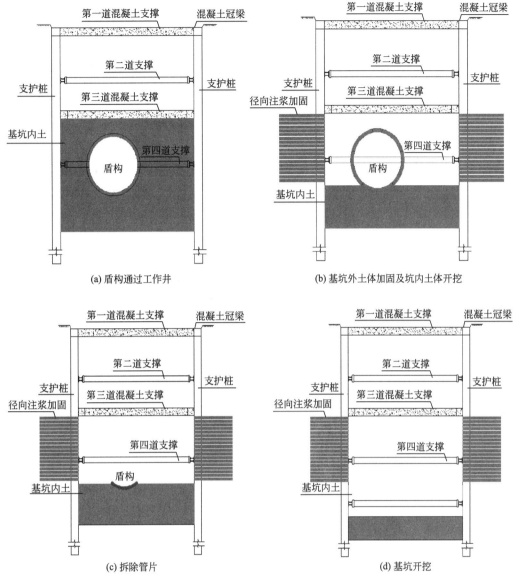

(a) 盾构通过工作井   (b) 基坑外土体加固及坑内土体开挖

(c) 拆除管片   (d) 基坑开挖

图 3   先盾后井施工流程图

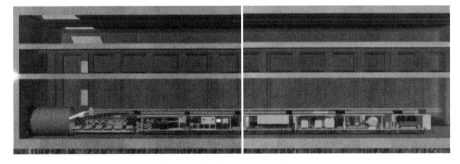

图 4   盾构整体始发示意图

（1）线路设计

通过优化接收、始发曲线调整始发方式，盾构过站通过采用软件进行管片选型模拟，确定接收、始发曲线为割线，满足规范要求。在此基础上，选过站曲线时取原 300m 半径的内曲线，拟合连接两侧割线的曲线，可以通过。见图8。

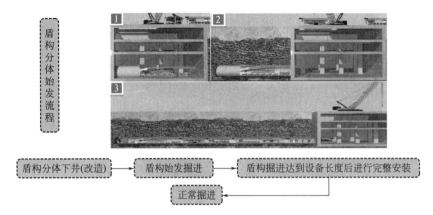

盾构分体下井(改造) → 盾构始发掘进 → 盾构掘进达到设备长度后进行完整安装 → 正常掘进

图 5   管廊工作井剖面

图 6   分体始发管线布置

图 7   负环管片半环拼装施工

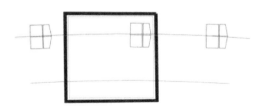

图 8   过站线平面

（2）管片拼装模拟

根据选定的过站曲线，确定曲线长度，科学、合理地进行管片选型，保障了管片姿态，根据设计转弯环的楔形量，配合直线环，确定过站时，转弯：直线＝1：4，并用软件进行管片排版模拟。见图9。

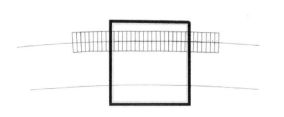

图9　管片拼装模拟

（3）盾构基座设计

通过 BIM（建筑信息模型）技术进行钢基座位置模拟，对基座尺寸及位置进行优化及模块化设计，使用四个小基座预留间隙契合曲线。初步定基座长度 5m。四个基座，每个基座间隙 5cm，满足盾构行进。盾构铰接 1.5°，行程差 18cm。模块化设计，法兰连接，方便安拆，既能满足过站，后期又能两套一拼成为始发、接收架。见图10、图11。

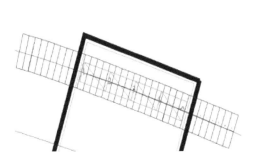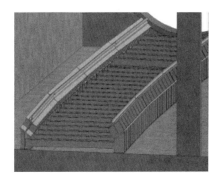

图10　基座布置图

4. 盾构管廊近接敏感建筑沉降控制技术

盾构区间在富水砂卵石地层内穿越的老城区，涉及多栋年代久远部分已开裂的砖混敏感建筑物、无桩基桥梁等，对沉降控制要求极高，其中盾构管廊下穿摩尼宝饭店和万泉桥。

建筑基础探测技术：项目使用美国 GssI 公司生产的 GPR 系列中最新地质雷达，低应变法为辅助，投入低应变动力检测的目的是对桥梁扩大基础、桩基础进行探测。探测桥台基础底板埋深，查明有无桩基础；对房屋建筑物底板埋深进行探测，房屋建筑物为桩基础及条形基础。

盾构掘进施工控制技术：盾构穿过前对建筑物进行超前注浆加固处理，总结前 50m 推进的施工参数、调整掘进姿态、盾构机参数，保证盾构机顺利通过。在推进

图11　基座构造图

到距离风险源影响范围前 10m 左右时，根据地面沉降等各种反映出的变化，不断地调整推进参数，达到推进的理想参数配置，为真正穿越风险源取得试验数据。盾构机推进时速度不宜过快，设定为 10～30mm/min，扭矩保持在 2500～3300kN·m，刀盘转速设置在 1r/min，掘进中适当增加泡沫、高分子聚合物的注入量。

克泥效触变泥浆技术：在盾构机掘进的同时，采用克泥效浆液（克泥效与水混合）和催化剂（水玻璃）两液，混合后从前盾左上与右上部的径向注浆孔注入。混合后的液体呈黏稠状，可以及时充填盾构机掘进时盾体与土体的间隙。见图12。

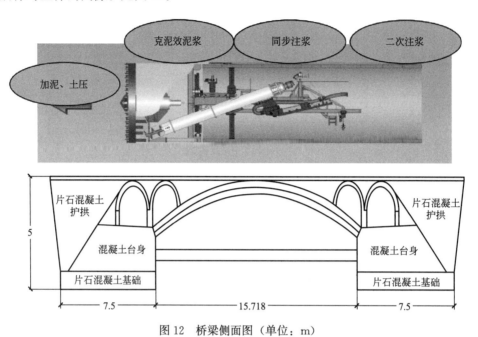

图12　桥梁侧面图（单位：m）

5. 富水卵石地层超浅覆土盾构上跨既有地铁线施工技术

沈阳管廊盾构工程上跨既有地铁10号线矿山法隧道区间，上跨区覆土最浅处约5.2m，与车站围护结构距离约5.3m，与10号线距离约3m，均小于隧道掌子面一倍直径。且属于临河施工工况，受南运河河水侧向水力补给，施工地层为全断面砂卵石地层，具有高渗透性与易坍塌性。

（1）盾构施工控制

1）土体加固：在上跨地铁隧道前，对既有线区间左、右线周边盾构掘进影响范围内的土体进行地面袖阀管注浆加固，对既有线与管廊盾构区间土体加固利用盾构管片预留注浆孔进行注浆加固，加固范围为上跨部分前后各6m，注浆浆液采用双液浆。

2）渣土改良：利用高分子聚合物以改善渣土性能，增加渣土的黏滞性，改善刀盘的工作环境，增加土仓的密封和便于渣土的运输。经过改良后的渣土可防止地下水导致的土体黏度下降，抑制喷发，实现稳定掘进，提高速度。

3）二次注浆环箍防水：二次注浆采用双液浆，每10环打设一环箍，1时、15时方向各1m³。

4）优化盾构掘进参数：在上跨地铁隧道前50m建立试验段，优化参数。掘进过程中，尽量使盾构机切口的位置保持在施工轴线的+10～+20mm范围内，确保盾构机以抬头的姿态推进。盾构掘进参数如表1所示。

盾构掘进参数　　　　表1

掘进模式	扭矩(kN·m)	刀盘转速(r/min)	穿越时土仓压力(MPa)	出渣量(m³)
土压平衡	2500～3300	1.0	0.5±0.1	41～44.5

（2）盾构施工智能监测技术

监测系统（图13）是基于测量机器人的有合作目标（照准棱镜）的变形监测系统。在测站上装置测量机器人、数字气压与温度计（用于对气压、温度影响进行实时改正）、电源和通信等装置。在每一期自动观测时，首先进行基准网的观测，基准网是由测站点和基准点组成的距离角度后方交会网，观测水平角、垂直角和距离，通过实时平差计算，提供实时动态基准。

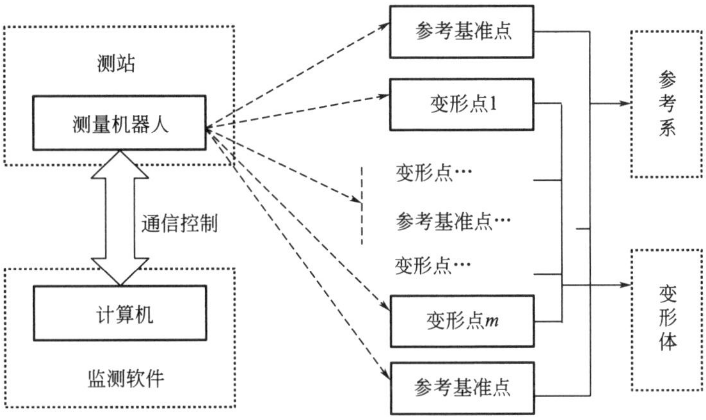

图 13　监测系统组成

6. 偏压荷载作用下管廊节点井支护技术

管廊盾构始发井基坑临近既有基坑距离较近约 4m，且已开挖深约 10m，导致施工过程中存在偏压问题，临近既有基坑引起的偏压荷载对拟建基坑是十分不利的，不仅会引起较大水平位移，同时基坑存在向既有基坑侧整体倾覆的趋势，降低了基坑安全稳定性，施工风险很高。本技术通过双排桩基＋桩顶联梁＋两道锚索支护施工以及监测措施，解决临近开挖深基坑工况下，进行管廊节点井深基坑施工的难题。

7. 盾构管廊区间长距离拱形钢筋混凝土分仓结构施工技术

盾构管廊隧道结构内分仓较多，且仓室空间狭小。目前公知的非开挖工法城市综合管廊内部分仓结构因传统施工方法（满堂支架现浇方式）工序烦琐、工期长、作业环境差，且人、材、机一次性投入大，不利于施工机械、材料的周转、工程质量的保证。采用传统满堂支架施工，工序相对复杂，浇筑侧拱墙混凝土时，木模板不满足设计要求强度、刚度，科研小组研发了一种用于隧道综合管廊分仓结构的快速、绿色、低成本施工临时支撑体系，中层板采用木模板，拱墙模板采用预制定型钢模板，与地锚筋固定，抵抗浇筑混凝土时拱墙的侧向力，解决了盾构综合管廊分仓结构的施工难题。

三、发现、发明及创新点

（1）优化盾构管廊穿过地裂缝段掘进参数，提出了工艺井盾构管片拆除方式转换，增加临时横撑及竖撑将隧道开挖方式转换为 CRD 施工方法，设置外"且"内 U 形橡胶止水带，解决了盾构管廊大角度斜穿地裂缝的一系列难题。

（2）研发并首次采用三种分体始发接收方式，首次提出节点井内曲线空推转弯并应用连续始发接收技术，解决了盾构空推过狭小空间内小半径曲线始发、大曲率连续过站等难题。

（3）针对工程特点研发克泥效触变泥浆以充填盾体与土体的间隙，利用高分子聚合物改善渣土性质，优化盾构管廊下穿、上跨敏感建筑物掘进参数，降低了盾构管廊近接敏感建筑时的地面沉降。

（4）研发双排桩悬臂门架式结构支护体系，优化偏压基坑施工顺序，采用信息化监测预警措施，降低了偏压荷载作用下管廊节点井的安全风险。

（5）研发了一种用于暗挖综合管廊分仓结构的快速、绿色、低成本施工临时支撑体系，解决了非开挖工法下综合管廊分仓结构施工复杂、操作空间狭小等问题，可明显提高传统分仓结构的施工效率，从经济、工期和质量等方面做到更科学、合理。

四、与当前国内外同类研究、同类技术的综合比较

综合管廊是 21 世纪新型城市市政基础设施建设现代化的重要标志之一，地下综合管廊对满足民生基本需求和提高城市综合承载力发挥着重要作用。管廊建成后，将有效解决马路拉链、线路"蜘蛛网"、雨水漫灌等问题，进一步打通城市地下脉络。国内目前包头、沈阳、哈尔滨、苏州、厦门、十堰、长沙、海口、六盘水和西安十个市成为全国 2015 年地下综合管廊试点城市。计划 3 年内建设地下综合管廊 389km，总投资 351 亿元。据初步统计，2015 年全国共有 69 个城市启动地下综合管廊建设项目约1000km，总投资约 880 亿元。

城市地裂缝对城市发展建设，尤其是地下空间结构建造有显著影响，造成了巨大的损失，对工程建设的安全、顺利进行提出了巨大挑战。为进一步加快施工速度并降低工程风险，综合管廊在国内外均采用了盾构法施工。管廊盾构法施工在这种复杂环境下相比传统的明挖法施工，无论是从经济上、工期上还是从安全风险管控上管廊盾构法施工都比明挖法施工有较明显的优势，且这种复杂环境下明挖法施工局限性比较大。遇到管线复杂、改迁难度大的区段，明挖法施工将会大大增加施工成本，延长施工工期，施工安全风险较高。

五、第三方评价、应用推广情况

1. 第三方评价

2022 年 5 月 15 日，天津市建筑业协会组织对课题成果进行鉴定，专家组认为该项成果整体达到国际先进水平。

2. 推广应用

本项申报技术在沈阳市地下综合管廊（南运河段）工程西安市地下综合管廊工程中得以推广和应用。可推广应用于城市轨道、地下综合管廊及其他地下工程项目。

沈阳市地下综合管廊（南运河段）工程，西安市地下综合管廊 PPP 项目 I 标段科技八路项目工程的盾构隧道施工中广泛采用本项技术，保证了工程质量，目前该线路已交付并开始试运营。

六、社会效益

本科研课题针对盾构法城市综合管廊精益建造技术研究，进行多方案对比筛选，创新地提出了相应的解决思路和施工方法。缩短了施工工期，降低了对周边环境的影响，保证了工程的有序进行，践行绿色施工的理念，为国内同类型盾构管廊施工提供借鉴，填补了盾构管廊建设领域的技术空白，提升了国内盾构管廊穿越地裂缝、老城区综合施工水平，为我国基础设施建设贡献了力量。

农村生活污水治理集约增效与智慧调控
关键技术与应用

完成单位： 中建生态环境集团有限公司、中建环能科技股份有限公司、中建智能技术有限公司、南京大学宜兴环保研究院

完成人： 张　翀、王哲晓、吴　迪、刘晓静、耿金菊、张云富、肖　波

一、立项背景

农村在我国社会经济结构中占有重要的地位，是全面建成小康社会的关键环节。目前，我国农民生活条件日益改善，生活方式也发生了转变，农村居民用水量和污水排放量大幅增加。以人均用水量 83L/d、排放系数 0.8 来计算，农村生活污水年排放总量约 121 亿吨，占在全国排污总量的 31%，总量庞大。但截止到"十三五"末，农村生活污水治理率仅达到 25.5%，远落后于城市生活污水治理率，每年大约有 80 亿吨未经处理农村污水直排河道，导致农村水域水质急剧下滑，严重影响农村居住环境，危害村民健康。现有的治理技术也存在与农村生产生活生态实际结合不紧密、处理效果不稳定、长效运行管护机制不适合等问题。农村生活污水不能达标排放导致的环境现状已经是农村人居环境最突出的短板，成为关系我国社会经济可持续性的重大问题，受到政府和社会各界的广泛关注。

党中央、国务院高度重视农村生活污水治理，自 2018 年中央一号文件《中共中央国务院关于实施乡村振兴战略的意见》起，就明确以绿色发展引领乡村振兴，以污水治理为主攻方向，推进农村人居环境突出问题治理。近年来，中国建筑积极参与乡村振兴战略和美丽乡村建设，承接了多个农村污水治理项目。本技术瞄准农村生活污水短板弱项，推进农村生活污水治理技术体系建设，抓住技术与运维等关键环节，以现有技术存在问题为切入口，提出了农村生活污水治理集约增效及智慧调控系统解决方案，并依托浦口、江阴、溧阳等项目开展更深入的研究试验、技术研发和验证示范，取得了显著的治理效果。

二、详细科学技术内容

1. 农村生活污水源头分离负压协同收集技术

针对农村生活污水管道收集系统未重视源头分离，同时收纳黑水和灰水，导致后端处理设备脱氮除磷去除难度大，能源消耗高，并且浪费了农业需要的氮磷、资源回用率低等问题，开发了一种源头分离负压协同收集技术，通过设备集成和协同控制，利用一套负压管道和设备将黑水和灰水从源头上进行分质收集和输送，降低工程量和投资，提高处理效率和资源利用率，实现无人值守和远程控制。见图 1。

2. 脱氮微生物富集强化陶瓷膜 MBR 处理技术

目前，农村生活污水治理 MBR 处理技术多采用有机膜，存在易损坏、产生不可逆污染、日常维护管理复杂等缺点；此外，农村生活污水水质波动大、排放点分散而引起的脱氮微生物流失，处理效果不佳等问题也不容忽视。针对以上问题，本技术以实际农村生活污水为研究对象，在传统 MBR 技术的基础上，对其进行了优化与改善，并进行了工程化应用探索，其主要方案为将传统无机膜材质改为陶瓷膜，并在膜内接种经富集培养后的脱氮微生物菌剂，开发了一种脱氮微生物富集强化陶瓷膜 MBR 处理技术。见图 2。

3. MagBR-MBBR 磁性悬浮载体一体化处理技术

针对现有农村生活污水一体化处理设备内部结构复杂、污泥上浮、出水稳定达标率低且能耗较高等

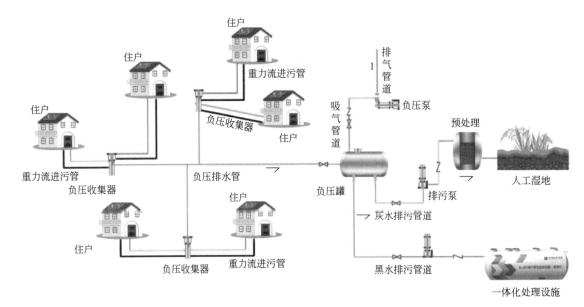

图 1 源头分离负压协同收集技术原理图

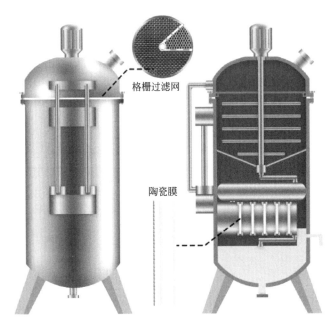

图 2 改良型多级陶瓷膜装置原理图

问题, MagBR-MBBR 磁性悬浮载体一体化处理技术在传统 MBBR 生物移动床工艺基础上, 创新开发出的高效复合床法水处理技术, 将生物膜、化学除磷、斜板沉淀、过滤进行了高度集成化, 并在悬浮填料改良和智能控制优化等方面进行了技术革新。新型磁性悬浮载体一体化处理技术主体工艺为"A_2O+MBBR", 污水经预处理后提升至反应器内, 先进入厌氧反应池进行厌氧氨化与释磷反应, 再自流进入缺氧池, 与回流的硝化液进行反硝化反应。缺氧池出水自流进好氧池, 在好氧池中通过好氧生化去除有机物, 同时利用磁性填料膜上硝化菌将氨氮转化为硝酸盐, 达到去除氨氮的作用。好氧池出水自流进膜生物反应池, 通过自吸泵从膜组件中抽吸出水, 实现泥水分离。出水稳定达到地表准Ⅳ类水。见图 3。

4. 微动力厌氧池集成模块化人工湿地分散处理技术

针对我国农村部分农户居住分散、无法集中收集处理, 而现有分散处理技术污水处理设备完好率低, 亟需占地更小、耗能更低、更容易运行管理的分散处理技术的现状开发而来。通过改进三格化粪池内部结构, 改良设计成三格厌氧池, 并通过筛选人工湿地的最优基质与植物配置, 实现农村生活污水生

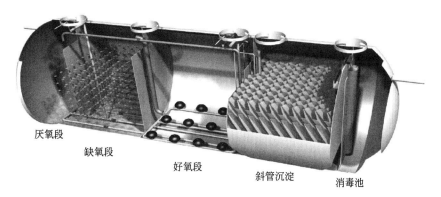

图 3　MagBR-MBBR 磁性悬浮载体一体化处理技术原理图

物和生态技术的联合处理。形成一套农村生活污水微动力厌氧池集成模块化人工湿地分散处理技术，减少分散农户污水对周边环境的污染影响。

5. 农村生活污水智能恒进水技术

主要针对农村生活污水水质水量波动大，导致后端生化系统污泥老化、出水水质无法达标等问题，智能恒进水技术是利用硬件、软件、大数据、人工智能等手段把管网中无序和波动的污水流量，调整为相对稳定的生化系统进水流量的综合调节系统，为生化和后续处理系统提供比较理想的预处理过程。智能恒进水技术通过收集水量信息，累积大数据并进行分析和深入学习，预测进水水量，计算和制定"一村一策"定制化的运行方案。见图 4、图 5。

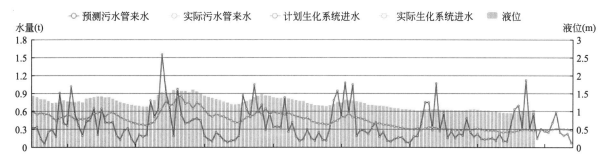

图 4　预测来水量和计算生化池进水量对比图

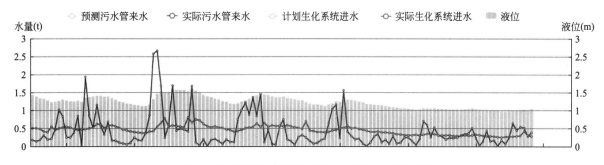

图 5　站点实际来水量和恒进水调控进水量对比图

6. 农村生活污水智慧运维管理平台技术

针对我国农村污水站点位多分散，工艺设备种类多、数量大，运维人工成本高、效果差，缺乏对设施的实时调控，设备维护滞后严重等问题，采用大数据、云计算、人工智能等数字技术，开发了一种农村生活污水智慧运维管理平台建设技术。对分散站点进行集中监管，远程控制设备启动、停止，修改运行参数，提供管网和设备的各项记录和台账；实现站点的远程运维和设备的智慧控制、海量运维数据的自动统计分析，基本实现无人值守和智慧运维。见图 6、图 7。

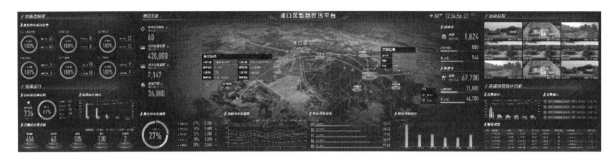

图 6 可视化大屏首页

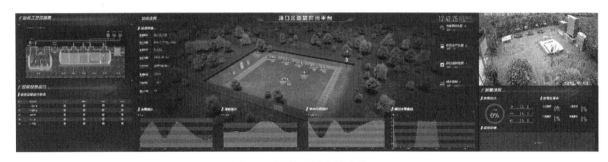

图 7 可视化大屏之站点管理

三、发现、发明及创新点

关键技术创新点如下：

（1）研发了农村生活污水源头分离负压协同收集技术，改变了传统污水收集方式，通过设备集成和协同控制，利用一套负压管道和设备将黑水和灰水从源头上进行分质收集和输送，降低工程量和投资，提高处理效率和资源利用率，实现无人值守和远程控制。

（2）研发了脱氮微生物富集强化陶瓷膜 MBR 处理技术，将多级陶瓷膜与强化脱氮微生物有机结合，利用多级陶瓷膜处理技术使污水依次经过多级过滤净化，并在接种于膜区内部的微生物制剂作用下完成氨氮及氮氧化物的去除，进一步强化了农村生活污水 MBR 工艺的生物富集量，实现了占地面积少，投资低，剩余污泥量少，处理效率高等目的。

（3）利用在好氧段投加磁性生物填料，在斜板沉淀池设置自动定期浮泥排泥管、填料清洗、污泥重力回流等措施，研发的 MagBR-MBBR 磁性悬浮载体一体化处理技术将生物膜、化学除磷、斜板沉淀、过滤进行了高度集成，提高了处理效率，实现了出水的稳定达标。应用智能化控制系统对一体化处理设备在农村生活污水治理的不同场景实现自动切换、智能调控，降低了运行能耗，实现了智慧化控制。

（4）通过增加圆弧形隔板、倾斜隔板、滤网和气体鼓动器等装置，改进了农户化粪池内部结构，减轻了水流对于化粪池池底的冲击，改善沉淀过程，使厌氧发酵反应更完全。结合模块化人工湿地，形成一套农村生活污水微动力厌氧池集成模块化人工湿地分散处理技术，结构简单，没有额外动力源，减少分散农户污水对周边环境污染的影响。

（5）农村生活污水智能恒进水技术采用大数据、云计算、人工智能等数字技术，将农村生活污水管网中不规则的来水流量数据进行累积、分析和深度学习，在预测来水流量的基础上对提升泵的输送水量进行周期性调度和工艺设备的联动，实现最大时变化系数降低至 1.5 以下，降低了后续设备的冲击负荷。

（6）农村生活污水智慧运维管理平台技术实现了分散站点的集中监管，可以远程控制设备启动、停止，修改运行参数，提供管网和设备的各项记录和台账；支持对巡检过程的全流程记录，实现站点的远程运维和设备的智慧控制，基本实现无人值守；基于海量运维数据的自动统计分析，实现农村生活污水项目的智慧运维,促进运行管护规模化、专业化、智能化,辅助各类设施长效、稳定达标运行。

本项目共申请专利 66 项,其中发明专利 25 项,已授权 49 项,其中发明专利 8 项;发表论文 17 篇,其中国内核心期刊 4 篇,SCI/EI 共 3 篇;发布标准 10 部,其中国家标准 1 部,地方标准 1 部,行业标准 2 部,团体标准 6 部;编写国家标准 1 部;发布软件著作权 10 部。

四、与当前国内外同类研究、同类技术的综合比较

较国内外同类研究、技术的先进性在于以下六点:

(1)本农村生活污水源头分离负压协同收集技术仅利用一套管道系统协同收集黑水和灰水,实现源头分离,埋设深度仅为 0.6～0.9m,建设投资较传统模式可减少 30% 以上,提高处理效率和资源利用率。

(2)国内外常规 MBR 工艺一般采用有机膜,膜易损坏、难维护、能耗高,日常维护管理复杂。本技术能够强化 MBR 工艺的生物富集量,能耗(曝气、碳源)低,脱氮效率显著增强(NRE>85.3%),微生物持留率提高,机械强度大,结构稳定且维护简单。

(3)国内外同类一体化处理技术往往内部结构复杂,设备能耗高,出水不易达标。本 MagBR-MB-BR 磁性悬浮载体一体化处理技术具有流程短、处理水量大、占地面积小、出水水质好等特点,出水可稳定达到《城镇污水处理厂污染物排放标准》GB 18918—2002 一级 A 标准,整机集成度高,相较于其他技术,产品可节省占地面积 15% 以上,污泥回流、硝化液回流和搅拌均使用气动,吨水能耗降低 10% 以上。

(4)国内外现有分散处理技术往往设备完好率低、占地面积大、不易维护、出水水质差。本技术通过改进化粪池内部结构和优化人工湿地最优基质与植物配置模式,占地面积小,结构简单,无额外动力源,更易于运营维护。

(5)农村生活污水智能恒进水技术作为国内外首创,将传统人工操作升级为智慧调控系统,利用硬件、软件、大数据、人工智能等手段,通过收集水量信息,累积大数据并进行分析和深入学习,预测进水水量,实现工艺稳定进水,降低时变化系数至 1.5 以下,告别农村污水晒太阳工程。

(6)国内外现有运维管理平台多用投入传感器等监测硬件进行各方数据信息采集或进行软件整合,本技术集成功能全面,建立统一的数据中心,对海量数据进行分析与处理,起到预警、预测等效果,实现了精细化、智能化管理,实现了无人值守、少人值守。

本技术通过国内外查新,查新结果为:在所检国内外文献范围内,未见有相同报道。

五、第三方评价、应用推广情况

1. 第三方评价

2022 年 5 月 18 日,中科合创(北京)科技成果评价中心组织对项目成果进行鉴定。专家组认为,该项成果整体达到国际领先水平。

2. 推广应用

本技术已在南京市浦口区农村人居环境整治提升项目、江阴市村庄生活污水治理项目、余杭农污改造一体化终端设计及运行维护项目、溧阳市农村生活污水综合治理项目、崇州市黑臭河渠治理——农村生活污水治理项目、厦门市同安区后坂村智慧化改造工程中成功应用,解决了 19.78 万农户的农村生活污水问题,取得了显著的环境和社会效益,具有推广应用前景。

六、社会效益

本项目落实工程实际需求,对我国农村污水治理理念和关键技术进行研究紧紧围绕建设"强、富、美、高"的总体目标的重要举措,践行"绿水青山就是金山银山",推进农村生活污水处理达标排放,以治污"小成效"推动农村"大变样",使乡村更宜居、群众更幸福;进一步提升农村人居环境治理水

平，以农村人居环境提升"小切口"推动乡村振兴"大战略"，为加快农村现代化、建设美丽中国提供有力支撑。农村生活污水集约增效与智慧调控技术可广泛运用于全国各类农村污水处理项目中，通过各项技术的研究和应用，改善农村水环境质量，保障农村水安全，推进农村地区生态文明建设，助力国家乡村振兴战略，全面支撑美丽乡村建设。

七、环境效益

项目包含的农村生活污水处理集约增效与智慧调控关键技术已成功解决 19.78 万农户的农村生活污水问题，治理水量约 2737 万 t/a，项目所在地农村生活污水得到全面治理，处理设施运行率达 95%，出水水质满足排放要求，CODcr 削减量达到 3759t/a，有效减少污染物排放量，大大降低周围及下游水污染的风险，饮用水源得到有效保护，农村的人居环境也得到极大程度的改善，为农村水环境的持续改善奠定坚实基础。通过数字化智能调控和运营系统实现电力、药剂、车辆燃油等多方面的节能降耗，与传统模式相比，年运营成本降低约 30%，年度二氧化碳减排约 1048.74t。

大型地震工程模拟研究设施混凝土工程关键技术研究及应用

完成单位：中建西部建设北方有限公司、中国建筑第八工程局有限公司
完 成 人：罗作球、于海申、陈全滨、高 建、孙加齐、丁路静、孟 刚

一、立项背景

大型地震工程模拟研究设施国家重大科技基础设施项目是我国地震工程领域首个国家重大科技基础设施，建成后将成为目前世界最大、功能最强的重大工程抗震模拟研究设施，对我国乃至世界地震灾害研究领域具有重要意义。同时，将会对全世界开放，实行设施、数据、成果共享，大幅提升我国工程技术领域的创新能力和水平，为重大工程安全保驾护航，对我国工程科技进步发挥重要作用。这也是党的十八大以来，继贵州"天眼"（FAST）、广东散裂中子源、上海光源线站等之后，我国投入巨资打造的又一"国之重器"。

大型地震工程模拟振动台能够更加准确的模拟工程结构地震反应和破坏原理，在工作时激振力很大，一般通过大质量基础来减小振动，通常会采用混凝土块体基础，振动台基础在提供振动台支撑的同时，也会在反力作用下产生振动，因此基础混凝土应具有足够的强度、稳定性和耐久性。

为使地震模拟研究试验获得的数据能更真实地反映地震破坏机理，模拟足尺试验尤为重要，该试验需要足够大的反力支撑，因此振动台基础结构规格尺寸超大，属典型大体积混凝土。振动台埋件"多""大""厚""精"，混凝土工作性能要求高；项目所处地质环境对混凝土结构具有腐蚀性（腐蚀介质：SO_4^{2-}、Cl^-），混凝土耐久性能要求高。混凝土最厚截面 17.5m，水化热高，温度裂缝产生风险大；大型振动台试验 5～8 次/年，水下振动台试验 20～30 次/年，超过 9 度设防加速度，在此高频强"震"作用下混凝土裂缝控制难度大；水下振动台在长期水冲击环境下大体积混凝土结构抗裂抗渗要求高。大体积混凝土浇筑工期包括夏季和冬季，天津夏季日平均气温在 27～35℃之间，最高温度达到 37℃，冬季日平均气温 2～−5℃，最低达−17℃，混凝土浇筑历时时间长，原材料性能要求高进场组织复杂等困难，在诸多不利条件下大体积混凝土的温度控制和性能保持是一大难点。

上述难点问题对大型地震工程模拟研究设施国家重大科技基础设施项目的实施带来了极大的挑战，针对以上问题，项目组开展了相应研究取得了本项目成果，对振动台大体积混凝土的应用提供技术支撑，为同类项目施工提供实施经验。

二、详细科学技术内容

1. 振动台基础低碳低水化热低收缩高耐久性大体积混凝土技术

氧化镁类混凝土的膨胀性能可以根据混凝土不同收缩类型设计产品，控制氧化镁的反应速率和膨胀性能，从而实现混凝土全生命周期的收缩补偿，而传统硫铝酸钙膨胀剂反应速率快，早期膨胀大，可补偿早期（1～3d）混凝土塑性及沉降收缩，结合两种膨胀剂特点设计了以氧化镁为主要膨胀源，同时适量复配硫铝酸钙复合型膨胀剂组成的抗裂膨胀剂，通过有限元模拟分析收缩应变、现场试验对比分析抗裂膨胀剂的补偿数值，结果显示掺加 8％抗裂膨胀剂充分发挥在混凝土变形全周期内收缩补偿，为低收缩混凝土配置提供了理论依据。

采用低水泥用量、大掺量矿物掺合料制备技术结合胶凝材料体系水化放热特性研究，设计低碳低水化热胶凝材料体系。通过低水泥用量大体积混凝土实验室性能研究和实体试验柱现场样板试验研究，开

发了低碳低水化热低收缩高耐久性的大体积混凝土。

2. 振动台基础大体积混凝土温度控制综合技术

以开裂风险系数作为评价依据,通过对不同入模温度、不同内外温差的大体积混凝土进行开裂风险计算,结合有限元技术对基础混凝土模拟分析,确定了混凝土内部最大温度<70℃、开裂风险<1为控制标准,以及混凝土绝热温升≤35℃,高温条件下入模温度≤30℃的控制参数。通过对各结构部位的大体积混凝土进行开裂风险评估,制定裂缝防控方案。

针对振动台基础大体积混凝土夏季高温环境下浇筑施工,混凝土出机温度和浇筑温度高的问题,开发了干冰辅助降温混凝土技术,以及一种大体积混凝土温控用保温结构及温控方法和一种拌合水的降温方法和大体积混凝土夏季施工温度控制方法,形成了适用于夏季的高温环境下干冰辅助降温混凝土成套技术,实现无冷却水管降温,大体积混凝土内部实测最高温度65℃。

针对振动台基础大体积混凝土冬期施工混凝土温度难保持问题,开发了长距离的混凝土输送管道加热保温装置,结合混凝土原材料温度控制技术、运输过程的温度控制技术以及大体积混凝土养护措施,形成了从生产到施工全过程的冬期施工温度控制技术,保障了振动台基础大体积混凝土在冬季的顺利施工。

3. 振动台基础大体积混凝土裂缝控制技术

(1)大型振动台17.5m超厚基础跨季节施工裂缝控制技术

大型振动台基础建造过程中涉及17.5m超厚基础的施工,且在满足工期的要求下需要跨季节进行大体积混凝土的浇筑施工作业,混凝土裂缝控制难度大。施工中采用了叠合楼板式分层浇筑技术、大体积混凝土收缩变形试验检测技术、大体积混凝土综合测温技术和高强耐久性混凝土施工技术,以及针对夏季高温环境下大型振动台基础混凝土裂缝控制制定了专项技术措施,解决了高频强震荷载作用下超厚大体积混凝土裂缝控制的难题。见图1。

图1 大型振动台拆模后效果图

(2)水下振动台超长结构基础混凝土抗裂抗渗技术

水下振动台基础混凝土结构超长,远超规范设置伸缩缝的要求,开裂风险高。施工中采用混凝土连续浇筑长度优化技术、混凝土开裂风险模拟分析技术、低收缩混凝土配置技术、低收缩混凝土系统温控监测及养护技术等系列措施,实现长期水冲击环境下混凝土对的高强耐久性,解决了施工阶段及实验中混凝土裂缝产生的风险。见图2。

4. 振动台基础大体积混凝土跨季节施工技术

制定专项施工组织及质量控制方案,通过施工组织关键点、混凝土浇筑关键点和质量控制关键点对混凝土施工关键技术进行研究,形成了一种大体积混凝土长周期施工应用技术,建立了一种大体积混凝

图 2 水下振动台成型

土施工质量保证体系。实现了跨越北方地区夏季高温与冬季寒冷，混凝土总方量 11 万 m^3，单次最大浇筑 2 万 m^3 的成功应用。见图 3、图 4。

图 3 基础混凝土浇筑现场

图 4 基础混凝土结构浇筑完成图

三、发现、发明及创新点

（1）首次创新性设计了一种基于膨胀源优化的混凝土全生命周期抗裂膨胀技术和低碳低水化热胶凝材料体系，通过系统研究与实体样板模拟分析，开发了低碳低水化热低收缩高耐久性的大体积混凝土。

（2）国内外首次形成了适用于夏季的高温环境下干冰辅助降温混凝土成套技术。开发了干冰辅助降温混凝土技术，提出了夏季施工混凝土从生产到浇筑养护全过程温度控制技术，实现无冷却水管降温，大体积混凝土内部实测最高温度 65℃。

（3）形成了一种大型振动台基础大体积混凝土长周期施工应用技术，建立了一种大体积混凝土施工质量保证体系。实现了北方地区跨越夏季高温与冬季寒冷，混凝土总方量 11 万 m^3，单次最大浇筑 2 万 m^3 的成功应用。

四、与当前国内外同类研究、同类技术的综合比较

见表 1。

国内外同类技术的对比 表 1

创新点	对比点	国内外现有技术	本项目成果
创新点 1：研发了振动台基础低碳低水化热低收缩高耐久性大体积混凝土	大型振动台基础大体积混凝土的胶材组成和温控措施	混凝土水泥用量高（水泥：220～336kg/m^3）、矿物掺合料占比少（20%～40%），混凝土水化热、收缩无检测数据，单次浇筑方量最大 1400m^3，春/秋季施工，采用冷却水管降温，实测内部最高温度 66℃	显著降低水泥用量（水泥：150～170kg/m^3），提升矿物掺合料用量（50%～60%），7d 绝热温升 34.74℃，28d 自收缩率 166×10^{-6}，低碳、绿色，单次浇筑最大方量 20000m^3，夏季施工（平均施工温度 31.8℃，最高 37℃），无冷却水管，实测最高温度 65℃
创新点 2：国内外首次形成了适用于夏季的高温环境下干冰辅助降温混凝土成套技术	混凝土降温的方式途径及效率等	采用冰、液氮、冷却水管降温，或在冷却水管中加干冰降温，冰降温效率慢，液氮降温成本高且对混凝土性能有影响，冷却水管会影响混凝土结构	明确用量范围，能够快速精准控温，对混凝土性能无影响，成本较低；适用范围广且推广应用前景广阔
创新点 3：形成了一种大型振动台基础大体积混凝土长周期施工应用技术，建立了一种大体积混凝土施工质量保证体系	大体积混凝土浇筑工期及质量保证	多在春季或秋季施工，浇筑工期在单一季节，混凝土质量控制简单	浇筑工期跨越夏季与冬季，形成长周期混凝土施工质量控制技术

通过天津市科学技术信息研究所对国家重大科技基础设施项目大体积混凝土研究与应用进行了国内外查新，查新结果显示未见与本成果相同报道。

五、第三方评价、应用推广情况

1. 第三方评价

2021 年 12 月 25 日，天津市科学技术评价中心组织评价"国家重大科技基础设施项目大体积混凝土研究与应用"，整体达到国际领先水平。

2. 推广应用

本技术在大型地震工程模拟研究设施国家重大科技基础设施项目、秦商国际中心项目、绿地能源国际金融中心项目等工程项目应用，将本成果进一步总结和集成，使其更加具有推广应用价值。

六、社会效益

大型地震工程模拟研究设施国家重大科技基础设施项目是中国首个地震工程大科学装置项目，也是天津建设的首个国家重大科技基础设施，是全球规模最大、功能最全、装备最先进的国际一流地震工程科学中心。项目建成后将成为继贵州天眼（FAST）之后的又一"国之重器"，对全世界开放，实行设施、数据、成果共享，可以吸引世界上更多的科学家和工程技术专家来这里共同工作，为科学技术发展做出贡献。

大型地震工程模拟研究设施国家重大科技基础设施项目振动台基础混凝土施工采用了本项目的研发成果，保障了混凝土施工的顺利进行，浇筑过程质量良好，成型的混凝土放热量小，内部温升得到有效控制。施工过程中，混凝土的工作性能优异、匀质性好、施工效率高，既满足了施工质量要求，又达到了工期进度要求，能够保障大型地震工程模拟研究设施国家重大科技基础设施项目顺利完工，具有显著的社会效益。

钢-混凝土组合结构设计若干关键创新技术研究与应用

完成单位：香港华艺设计顾问（深圳）有限公司
完 成 人：曾德光、梁莉军、陈　勤、张　伟、刘　俊、严力军、江　静

一、立项背景

大城市和超大城市的数量在迅速增长，寸土寸金成了城市居民之间的共识。大力支持高层结构技术的应用与发展是最有经济效益的必然发展途径。钢与混凝土组合结构由混凝土、钢材两种材料组合而成，既充分发挥彼此优势，又能弥补各自缺点。应用与发展钢-混凝土组合结构已成为高层建筑特别是超高层建筑、大跨度结构、巨型结构的首选。

组合结构设计已颁布相关标准，但由于钢-混凝土组合结构的力学性能和构造措施复杂，实际工程中很多设计、施工方面的难点问题，现有规范和技术成果都不能很好地解决，现场施工困难，施工质量更难以保证。比如：

（1）钢管混凝土组合柱＋钢筋混凝土梁的组合，由于会受到柱内钢管影响，梁内纵筋在组合柱内的锚固常规采用焊接、钢筋混凝土环梁等措施。但是，焊接质量难以保证，且钢筋排数只能限制在一排，可使用情况大大受限；钢筋混凝土环梁本身加工复杂，梁柱传力极不直接。

（2）型钢混凝土由两种不同特性材料的组成，组合结构的设计计算，特别是大震作用下的弹塑性变形特性难以准确模拟。

（3）目前，钢-混凝土组合结构主要研究在构件层次，大规模的结构体系的研究尚在初期，如果选择合理的组合结构体系同样是当前急需解决的问题。

针对以上情况，项目组织技术中坚力量进行科研攻关。

二、详细科学技术内容

1. 钢-混凝土组合结构节点创新研究

（1）钢管混凝土柱-钢筋混凝土梁连接节点

针对钢管混凝土柱-钢筋混凝土梁的连接节点开展了试验和理论研究。对这种节点提出了四种连接方式进行对比分析研究，具体如下：

1）不开洞钢管混凝土柱-钢筋混凝土梁节点；

2）设置三、五个加强箍的开洞钢管混凝土柱-钢筋混凝土梁节点；

3）设置加强混凝土环梁的开洞钢管混凝土柱-钢筋混凝土梁节点。试件的示意图分别如图1～图4所示。试验结果表明：补强后的钢管混凝土柱节点能确保其性能。见图5。

四种连接方式试件的钢管荷载-应变曲线如图6～图11所示。

（2）钢管混凝土组合柱-钢筋混凝土梁连接节点

本课题发明了一种贯通型钢管混凝土组合柱-钢筋混凝土梁连接节点，在钢管混凝土组合柱对应钢筋混凝土梁相交部位的钢管上开孔，钢筋混凝土梁在组合柱对应的梁上下纵位置各开两个矩形倒角方孔，共四个开孔；梁内纵筋从四个开孔中穿入管内。分别在开孔的上、下部位各设置一道环向加劲板，在相邻孔之间的管壁上设置竖向加劲板，组成若干个矩形加劲肋。此节点能有效控制管壁开孔之间的应力集中，同时补偿对开孔管壁的削弱作用，节点抗震性得到有效保证。节点示意图分别如图12、图13所示。

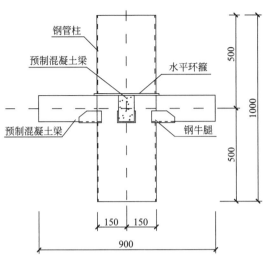

图1 不开洞钢管混凝土柱-钢筋混凝土梁节点

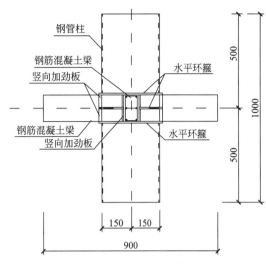

图2 设三加强箍的开洞钢管混凝土柱-
钢筋混凝土梁节点

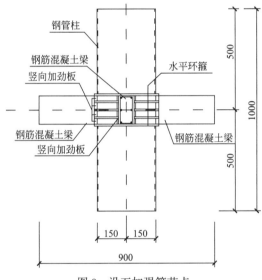

图3 设五加强箍节点

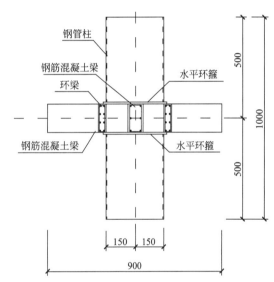

图4 设置加强混凝土环梁的开洞钢管
混凝土柱-钢筋混凝土梁节点

图5 试验加载装置照片

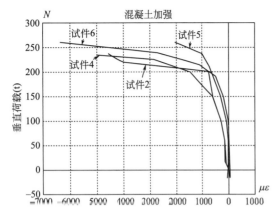

图 6 设置加强混凝土环梁的钢管荷载-应变曲线图

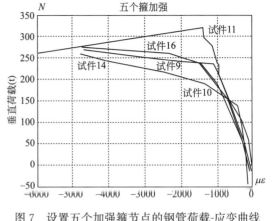

图 7 设置五个加强箍节点的钢管荷载-应变曲线

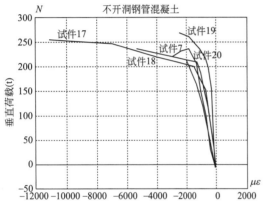

图 8 不开洞节点的钢管荷载-应变曲线

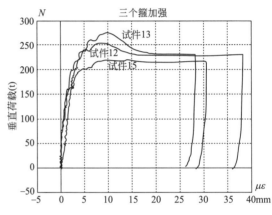

图 9 设置三个加强箍节点试件变形能力曲线

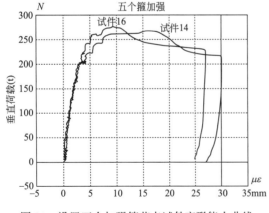

图 10 设置五个加强箍节点试件变形能力曲线

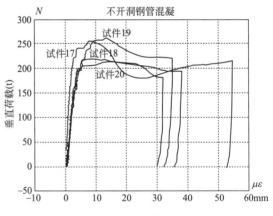

图 11 不开洞节点试件变形能力曲线

（3）钢管混凝土组合柱-钢筋混凝土柱过渡节点

已有的过渡节点形式不同程度地均存在钢筋绑扎和定位困难、混凝土浇捣不密实的缺点。本课题研发一种新型钢管混凝土组合柱-钢筋混凝土柱过渡节点，其目的在于针对超高层建筑框架柱在下部楼层采用钢管混凝土组合柱，而上部楼层采用钢筋混凝土柱的情况，设计一种由钢管混凝土组合柱向钢筋混凝土柱之间的过渡节点，使其能避免刚度和承载力突变、便于施工、工程质量能得以保证。如图 14、图 15 所示。

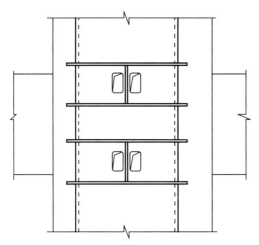

图 12 钢管混凝土组合柱-钢筋混凝土
梁节点部位的开孔详图

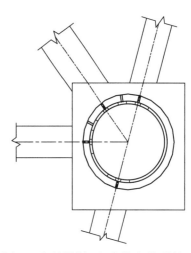

图 13 钢管混凝土组合柱-钢筋混凝土
梁节点的平面详图

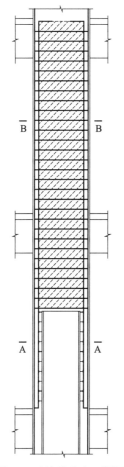

图 14 过渡节点立面详图

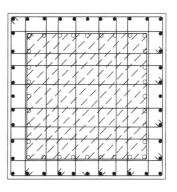

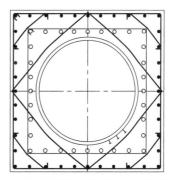

图 15 在过渡层设置钢管 2 和无钢管时的
柱截面过渡节点详图

此项新技术适用于超高层建筑中钢管混凝土组合柱向钢筋混凝土柱的过渡，在确保结构体系具备优良抗震性能的前提下，充分考虑施工的可实施性。

2. 钢-混凝土组合结构构件计算方法创新研究

钢-混凝土组合结构承载力高、延性好具有优良的力学性能，但是钢-混凝土组合构件的力学参数却难以定义。研发了钢管混凝土组合柱和钢板混凝土组合剪力墙的承载力验算和弹塑性分析模型，对钢-混凝土组合结构的竖向抗侧力构件的计算方法进行了创新研究。

钢板混凝土组合剪力墙（以下简称"组合墙"）作为一种新型剪力墙形式，在具备良好延性的前提下，可有效提高剪力墙抗剪承载力，在超高层建筑结构中有广阔的应用前景。本课题以某一组合墙工程实例为研究对象，采用通用有限元软件 ABAQUS 进行组合墙的精细有限元建模和弹塑性分析，基于现有试验研究成果和混凝土力学理论，提出 PERFORM-3D 程序中组合剪力墙的剪切材料弹塑性本构关系确定方法。采用两种软件，分别选取不同的钢板厚度和高跨比，对组合墙进行静力弹塑性推覆分析，两者计算结果吻合，从而验证所提出本构关系的合理性。

对比分析结果表明，采用所开发的组合墙剪切材料本构模型用于整体结构计算分析能达到较好的准确性要求，可广泛应用于此类结构构件的工程抗震性能验算。见图16、图17。

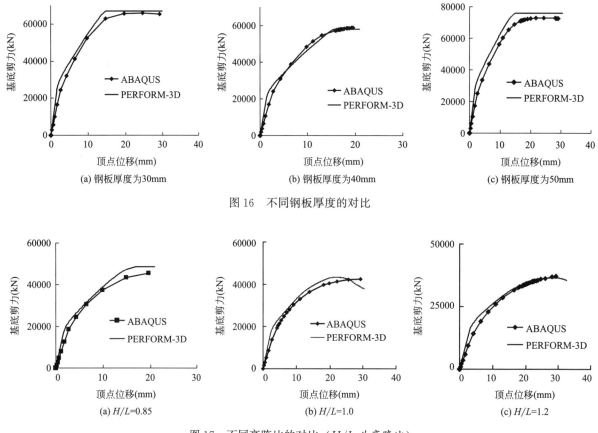

(a) 钢板厚度为30mm　　(b) 钢板厚度为40mm　　(c) 钢板厚度为50mm

图 16　不同钢板厚度的对比

(a) H/L=0.85　　(b) H/L=1.0　　(c) H/L=1.2

图 17　不同高跨比的对比（H/L 为高跨比）

3. 钢-混凝土组合结构体系创新研究

（1）双向大跨钢桁架-钢混凝土组合结构

针对工程案例发明一种钢混凝土组合结构-四角筒体双向大跨钢桁架混合体系，其平面布置如图18所示。结构平面呈矩形，筒体设置于四角。双向大跨度柱网之间通过钢桁架连接。与大跨度柱网相邻的柱网之间采用钢梁或型钢混凝土梁连接，支撑钢构件区域的框架柱为型钢混凝土柱。大跨度区域楼盖压型钢板组合楼板。本结构体系安全可靠、经济合理，能有效解决建筑物受到市政规划和建筑功能的多重要求而形成双向大跨度的结构设计难题。

图 19 为在纵向所设置钢桁架4的结构立面示意图，适用于图18中纵向边跨跨度较大的位置，其两侧为支撑钢桁架的筒体。

图 20 为在横向设置钢桁架结构立面示意图，在跨中的两个节间下部区域未设置斜腹杆和竖向腹杆，属于桁架创新，以满足建筑功能设置门洞和走道的需要，该区域可形成相对较大跨度空间。桁架与相邻

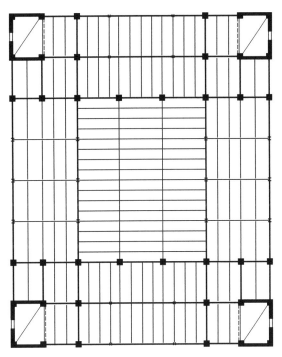

图 18　典型楼层结构平面布置图

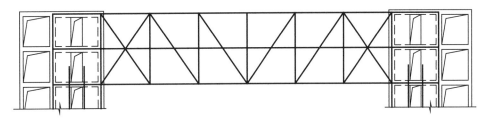

图 19　钢桁架 4 立面详图

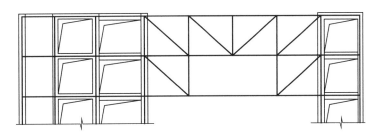

图 20　钢桁架 5 立面详图（配合设置门洞需求）

结构抗侧力竖向构件的连接方式与上述钢桁架 4 相同。

（2）钢-混凝土组合柱大跨钢桁架转换结构

研发了以钢桁架为转换结构将不落地组合柱内力通过桁架传递于下部竖向构件的新方法，转换钢桁架如图 21 所示。

进行整体结构在小震、中震和大震地震作用分析、转换桁架部位结构的抗倒塌连续分析及转换桁架关键节点的精细有限元分析。分析表明：

（a）结构整体分析满足规范的各项抗震性能指标；

（b）大跨桁架具有抗连续倒塌能力；

（c）节点有限元模拟分析结果表明，转换桁架节点的传力明确，应力分布较均匀，能实现等强连

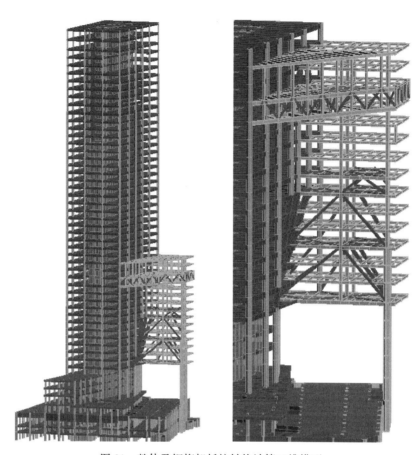

图 21　整体及钢桁架托柱转换计算三维模型

接，钢管及混凝土之间共同工作性能良好。

以上创新研究成果已成功应用于实际工程项目的设计，工程项目的设计和施工应用验证了研究成果的合理性与可行性。

三、发现发明及创新点

（1）针对钢-混凝土组合结构构件连接开展创新研究，研发了新型钢管混凝土柱-钢筋混凝土梁连接节点，钢管混凝土组合柱-钢筋混凝土梁连接节点和钢管混凝土组合柱向钢筋混凝土柱的过渡节点。节点施工工艺简便，易于推广应用。

（2）针对钢-混凝土组合结构构件的计算分析难点，本课题研发了钢管混凝土组合柱和钢板混凝土组合剪力墙的承载力验算和弹塑性分析模型。

（3）针对高层、大跨复杂钢-混凝土组合结构设计中面临的建筑功能、立面造型等多重需求，本课题基于实际工程，提出了一种双向大跨钢桁架-钢混凝土组合结构体系，解决了底部楼层双向大跨度和上部楼层对大空间的要求。提出一种设置双向钢桁架的钢管混凝土组合柱高位连体结构，采用双向钢桁架形成具有可靠刚度、空间利用率的连接体系。研发了一种双向悬臂-大跨度钢-混凝土组合结构体系，能满足转换层下部的大空间要求，结构形式新颖，而建筑功能适用性强。

四、与当前国内外同类研究、同类技术的综合比较

（1）新型钢管混凝土柱-钢筋混凝土梁连接节点：在钢管壁上、梁柱节点相交位置开尺寸同梁截面大小的预留孔，混凝土梁钢筋、混凝土在节点区直接贯通。该项目成了深圳市推广项目，该方法系国内首创、国际领先。

（2）钢管混凝土组合柱-钢筋混凝土梁连接节点：在钢管壁上、混凝土梁上下纵筋对应位置集中开设 4 个大孔，上下纵筋从大孔深入管内或在管内拉通。该做法已编进项目组人员参与编制的国家最新规范《钢管混凝土叠合柱结构技术规程》T/CECS 188—2019，系国内首创，国际领先。

（3）钢管混凝土组合柱和钢板混凝土组合剪力墙的承载力验算和弹塑性分析模型：提出 PER-FORM-3D 程序中组合剪力墙的剪切材料弹塑性本构关系确定方法，系国际领先。

（4）双向大跨钢桁架-钢混凝土组合结构体系：形成并完善了四角为混凝土筒，中间大跨度桁架的新型结构体系，运用该体系的结构，已获得广东省建筑结构专项奖二等奖，为国际先进。

（5）设置双向钢桁架的钢管混凝土组合柱高位连体结构：将钢管混凝土组合柱组合墙用于高位复杂连接连体结构，充分利用钢管混凝土组合柱高延性的特性，该技术已经申请为专利，系国际领先。

（6）双向悬臂-大跨度钢-混凝土组合结构体系：竖向主承重构件采用钢与混凝土组合墙，配合双侧大跨度悬挑桁架建筑造型。运用该体系建筑已经获得深圳市优秀设计一等奖、中国勘察设计行业协会三等奖，系国内先进。

五、第三方评价、应用推广情况

1. 第三方评价

（1）科研技术认定

该科研技术主要成果于 2017 年 6 月 20 日经"中科合创（北京）科技成果认定中心"进行了相关认定。专家一致认为，该技术具有广阔的推广和应用前景，总体达国际先进水平。

（2）广东省勘察设计行业协会评价

该技术主要组成部分于 2018 年《钢-混凝土组合结构设计若干关键创新技术研究》课题获得广东省工程勘察设计行业协会科学技术奖二等奖。

（3）规范组专家评价

清华大学为《钢管混凝土叠合柱结构技术规程》T/CECS 188—2019 规范组主编单位，本公司为该规范组的参编单位。修订会上，规范组专家一致认可本公司提出的"钢筋混凝土梁-钢管混凝土组合柱连接节点"做法。最终，该节点做法被原版收录进规范。

（4）深圳市建设局验收组专家评价

2021 年 5 月 28 日，深圳市住房和建设局验收正式发文，《钢-混凝土组合结构设计若干关键创新技术研究》作为"深圳市'十三五'工程建设领域科技重点计划（攻关）项目（第一批）"通过验收。

2022 年 1 月 18 日，"新型钢管混凝土柱－钢筋混凝土梁连接节点技术"被收录进《深圳市建设工程新技术推广目录（2021 年）》，向全市推广。

2. 推广应用

以上创新研究成果先后应用于中海油大厦、深圳湾科技生态园四区、前海交易广场、艺展天地展示中心（A408-1099）、广铝、远大总部经济大厦、太子湾望海大厦、深圳嘉汇新城、莱蒙国际大厦、南京雨润国际广场、深汕湾科技园等项目，验证了研究成果的合理性和可行性。

六、社会效益

（1）新型梁柱节点通过改进梁柱节点连接方式，极大地简化施工难度，避免了以往传统该类节点钢筋锚固不便、焊接工作量大、工程质量和施工进度均难保障等问题，应用前景广泛。其中"钢管混凝土组合柱－钢筋混凝土梁连接节点"被收录进《钢管混凝土叠合柱结构技术规程》T/CECS 188—2019 加以推广；"管混凝土柱－钢筋混凝土梁连接节点"被收录进《深圳市建设工程新技术推广目录（2021年）》，向全市推广。

（2）给出了钢管混凝土组合柱的混凝土复合材料本构关系准确定义，钢板混凝土组合剪力墙剪切材料弹塑性本构关系确定方法。将促进组合结构体系进行精细大震弹塑性分析工作的推广应用，推动该项分支学科的发展。

（3）提出一种设置双向钢桁架的钢管混凝土组合柱高位连体结构、一种钢-混凝土组合柱设置大跨钢桁架转换结构。由于研发的结构体系不仅让复杂、大跨度结构获得较轻巧的造型，而且承载力高、地震作用下延性好。这大大拓展了底层单向大空间向双向大空间发展、等跨度大空间向不等跨度大空间发展的结构体系需求，为建筑师的独特立面创意提供了更为广阔的想象空间。

产业园规划及建筑设计专业集成技术研究

完成单位：香港华艺设计顾问（深圳）有限公司、北京中海华艺城市规划设计有限公司
完成人：陈日飙、林　毅、陈　竹、解　准、尚　慧、张康生、张　欣

一、立项背景

我国的产业园伴随改革开放的步伐产生和发展，是国家对外开放、招商引资、管理创新、科技发展的重要空间载体，在全国范围内得到从政府及各界产业企业的重视并快速推进，促成经济活跃城市和地区大量的、多样的产业园区建设。近年来，在新一轮科技革命和产业变革影响下，我国的产业函待转型升级，产业园的规划与建设也面临新思维、新技术和新业态的挑战，相关研究仍存在欠缺：

1. 产业园区大量快速建设，然而相关系统研究仍欠缺

由于发展时间短，国内如火如荼的产业园开发建设大量存在追求短期经济效益与粗放式建设的问题。园区缺乏系统、专业的科学规划，急需系统性的策略指引，然而相关研究存在普遍欠缺：首先，产业规划相关理论缺失；其次，产业园规划策划研究欠缺；第三，针对产业园规划与建筑设计有直接实践指导作用的研究仍然欠缺。为此，有必要对影响产业园从规划到建筑设计的核心因素和关键策略进行系统研究，从理论及实践层面梳理总结、集成成果，以指导规划建设。

2. 产业园研究针对新思维、新技术、新业态领域的研究略显滞后

近年来，我国科技不断发展，助推传统产业转型升级，我国产业面临深化供给侧结构性改革。产业园区的规划建设需要应对产业发展新形势下的新需求，相关研究仍然滞后。

3. 围绕国家新时期绿色、双碳、智慧战略及理念的研究不足

十四五期间，我国建筑业面临深度转型。党中央、国务院把生态文明、绿色双碳、智慧建造提高到了战略性高度。产业园建筑作为能耗和环保大户，需从追求速度规模到集约高效的可持续发展方向转型，与此同时，与市场环境相匹配的生态低碳与绿色建造等可持续发展目标的落实然需要不断摸索。

本研究针对目前在城市中进行的、面大量广的产业园区建设项目，探索产业园区发展建设过程中实际存在的问题，把握面向未来的产业园区发展趋势，分门别类地对六大产业类型进行研究和梳理。从产业园建设的全程：前期策划、规划设计、建造运维各个层面进行研究，总结产业园在规划与建筑设计上的原则和普遍规律，集成系统性的产业园规划与建筑设计知识成果，并提出面向未来发展的策略体系，填补了国内外相关领域的空白。见图1。

二、详细科学技术内容

1. 集成创新：构建了行业首个针对"产业园规划及建筑设计"的集成技术体系

贯穿规划与建筑设计全过程。本次研究最突出特点，是在建筑行业内，首次系统形成了针对产业园规划与建设的设计集成技术体系，贯穿从设计前期的开发模式与产业策划，到规划与建筑设计原则策略，设计实施操作流程和各专业设计管理要点控制指引。见图2。

创新成果一：建构了前期策划与产业规划流程体系

建立规划体系，建构→基础资源及环境分析→产业定位及战略策划→产业规划策略→空间规划→运营管理策略等基本流程进行前期策划与产业规划判断。见图3。

创新成果二：形成了空间规划设计体系：建立规划与建筑设计的原则与模式，建立规划与建筑设计

图 1　本研究专著——《现代产业园规划与建筑设计》（中国建筑工业出版社 2022 年出版）

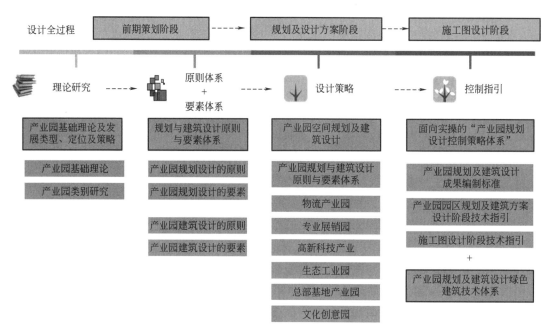

图 2　产业园规划及建筑设计集成技术体系，贯穿规划与建筑设计全过程

图 3　产业园前期策划与产业规划体系流程图

的要素体系。见图 4。

2. 理论创新：建立了以循环要素划分的产业园类型分类理论研究方法

基于"产业聚集理论"，建立了"循环要素"划分的类型学分类研究方法，创新性地提出了"符合产业聚集规律的产业园空间组织方式"的理论基础及分类研究。针对目前国内产业园类型繁多现状，本次研究通过理论梳理，提出了基于产业聚集理论的，以循环要素划分的产业园类型分类研究方法。此方式一方面弥补了目前国内产业园研究上对于产业园类型及概念上的缺失，另一方面为探寻"符合产业聚集规律的产业园空间组织方式"提供了分类研究的基础，拓展了产业园的理论框架。见图 5、图 6。六类产业园空间聚集模型为：生态产业园产业聚集网络模型、物流园产业聚集网络模型、专业展销园产业聚集网络模型、高新技术园产业聚集网络模型、总部基地产业聚集网络模型、文化创意园产业聚集网络

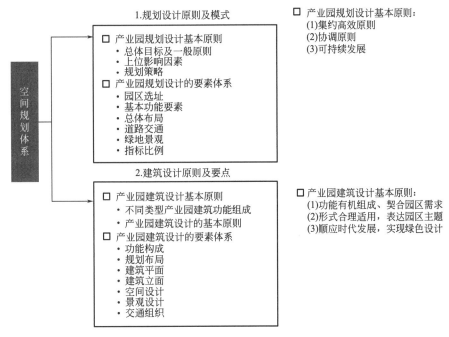

图 4　规划与建筑设计要素体系

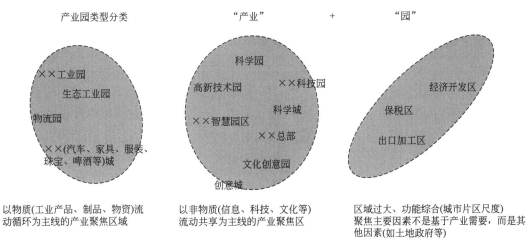

图 5　现状产业园区类型繁多、定义不清

模型。

3. 方法创新：案例研究的广度和深度

见图 7。

针对每一类产业园区，从概述与发展、规划与建筑的上位影响因素、规划与建筑设计策略、发展趋势与典型案例四个维度，每一维度又包含相应的影响要素，归纳出一套系统的规划及设计策略分析及设计方法。

在产业策划研究方面，提炼产业策划到空间规划的科学流程，包含对园区产业现状与发展进行梳理；对园区产业未来规划进行策划；建立产业策划与空间规划模式图。

在建筑设计案例研究方面，本书搜集了国内外近 20 年近 500 个产业园项目建设情况进行比较，对近百个典型案例进行了解析。案例分析分为五个层次：以数据分析对园区现状趋势分析；以图表法分析列举基本建设信息；以图示方式分析案例的主要要素特征；以不同深度的案例解析对典型案例进行剖析；最后以实践设计项目来全面展现规划设计策略的实施运用。

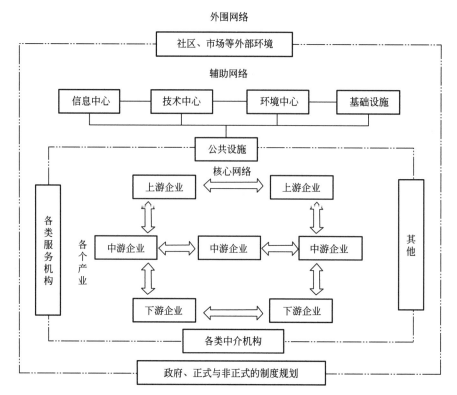

图 6　基于产业聚集网络结构图的产业园定义及分类方法

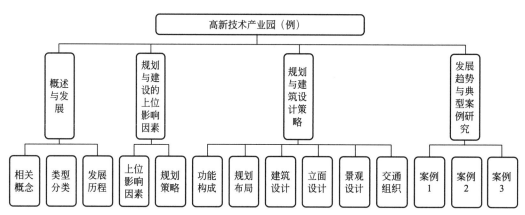

图 7　系统性的规划及建筑要素研究与策略体系（以高新技术产业园为例）

4. 前瞻创新

提出了"产业园规划及建筑设计绿色技术评价及策略体系"，系统梳理和整合了关于绿色减碳、智慧建设、装配式施工方面的评价体系及设计策略，以前瞻性眼光，应对园区未来绿色建造领域可持续性发展。面向未来的产业园规划设计趋势与关键技术中，关键技术成果内容包括：绿色产业园区；产业园装配式技术；迈向数字信息时代智慧园区。

5. 应用创新

形成针对设计落地管控的关键技术"产业园规划设计控制策略体系"相关标准指引，搭建了"产业园规划与建筑案例数据平台"包括案例和政策资料库，通过以上方式，即构建企业标准体系和搭建信息化平台，不断支持企业完善高层次技术引领，持续推进产业园的生产和技术研发，切实促进生产效率提升。自 2016 年来，本研究技术在公司 26 个实践项目中进行了广泛应用，提高了生产效率和市场竞争力。

三、发现、发明创新点及与当前国内外同类研究、同类技术的综合比较

本研究建构了一套从一般性到面向设计操作层面的控制策略和方法集成,填补国内外相关研究的空白,产出了具有理论性、系统性、实践性、前瞻性的集成创新成果。

研究的科技创新成果在与国内外相关技术比较方面具有的特点如表1所示。

本项目技术特点   表1

内容	描述	本项目技术特点
技术比较(一)	产业园规划及建筑设计专业集成技术	首次系统形成了针对产业园规划与建设的设计集成技术体系,贯穿从设计前期的开发模式与产业策划,到规划与建筑设计原则策略,设计实施操作流程和各专业设计管理要点控制指引。研究覆盖面广,涵盖了量大面广的产业园类型,与国内外的相关研究及著作成果比较,其在规划建筑设计领域研究的体系性、集成性,达国际先进水平
技术比较(二)	以循环要素划分的产业园类型分类理论	体系性地梳理并总结产业及产业园发展的国内理论,提出了基于产业聚集理论的,以循环要素划分的产业园类型分类研究方法。此方式一方面弥补了目前国内产业园研究上对于产业园类型及概念上的缺失,并厘清历史研究中,产业园定义杂乱及模糊问题,另一方面为探寻"符合产业聚集规律的产业园空间组织方式"提供了分类研究的基础,拓展了产业园的理论框架
技术比较(三)	产业园规划案例研究方法及设计策略体系	针对国内产业园研究中普遍存在的理论研究与实践指导脱节的情况,本次研究建立了一个跨越理论—指标体系—方法论—技术措施的系统知识体系。全文研究了国内外近20年经典案例500个,为国内研究最为全面和广泛的,并总结一套具有普适性的设计策略,包括: 1. 建构一套产业园产业规划与前期策划方法、体系。 2. 建立一套对于产业园建设有普遍指导意义的"规划与建筑设计原则与要素体系"。针对六类主要产业园,归纳规划及建筑设计的设计方法以及策略。 3. 形成一套面向实操的产业园规划设计控制策略体系: a. 产业园规划及建筑设计成果编制大纲; b. 产业园园区规划及建筑方案设计阶段技术指引; c. 施工图设计阶段技术指引。 相关设计原则策略的建立,建立在对国内外理论研究和实际建设案例的总结分析上;相关的实际操作管控要点,充分融合设计企业较为复杂的制度、流程、设计标准、项目管理指引内容加以提炼,并通过华艺公司设计实际过程进行理论到实践的验证,具有很大的可操作性
技术比较(四)	面向未来的产业园规划及建筑设计绿色技术体系	针对产业园未来建设面临的绿色健康、节能减碳、智慧建设、装配式施工等问题展开进行了系统性的评价体系归纳与核心策略梳理,形成一套面向未来产业园规划及建筑设计绿色技术体系,覆盖产业园规划与建筑设计的全程,在国际处于先进水平

四、第三方评价、应用推广情况

1. 第三方评价

(1)科技成果鉴定

2018年5月,中科合创(北京)科技成果评价,获得国际先进评价,评语如下:

"1. 建立了一个"产业园规划及建筑设计"的集成技术体系,贯穿了产业园规划与建筑设计的全过程;提出了"理论研究—原则体系—要素体系—设计策略—控制指引"为一体的园区建设融合理论;

2. 基于"产业聚集理论",建立了"循环要素"划分的产业园类型分类研究方法,提供了分类研究"符合产业聚集规律的产业园空间组织方式"的框架结构;

3. 建立了产业园规划与建筑案例资料数据库,并可不断完善和更新,为企业后续产业园研究及建设实践提供了数据与案例基础,有效的支持企业生产。"

(2)科技查新报告评语

"1. 建立了产业园开发前期策划和产业规划方法;

2. 建立了产业园规划与建设的控制指标要素体系;

3. 形成了适应不同类型与开发环境需求的产业园规划设计方法论与技术措施，国内外均未见与上述创新点相同的文献。"

（3）研究成果《现代产业园规划与建筑设计》专著获得高度评价

① 获得了院士的行业高度评价。

"本书梳理了国内外产业园（区）发展的主要历程及理论，结合对国内近20年的产业园（区）发展实践研究，整理了国内外500多个产业园典型案例，对近百个典型案例进行了分析解析，并通过四个典型设计实践案例实证了产业园规划与建筑设计的方法策略。书中呈现的理论研究和方法体系，来自于基于实际产业园项目建设的实际需求，融合了持续5年的课题研究成果及多年的实践经验总结，是一部理论与实践结合的专业著作。"

"本书产生于长期从事设计实践，并始终保持理论研究与科技创新精神的建筑师从业者，也产生于改革开放的前沿城市深圳如火如荼的产业园区建设发展的大环境。该书中呈现的理论研究和设计方法，对于丰富我国产业园的设计研究成果，提升产业园设计实践与建设水平，具有重要的指导和借鉴意义。"

"本书融合了产业园相关理论成果以及近20年来国内大量建设案例研究分析，为读者呈现一套较为完整的产业园规划及建筑设计方法。不仅如此，本书还将建筑设计的方法建立在对产业经济规律性认知的基础上，涵盖产业园前期策划与产业规划的内容，体现了跨学科融合的成果，使得本书的内容在系统性和丰富性上达到一个较高的水平，可以为当下城市产业园的规划与建筑设计实践提供借鉴，同时也可作为高校建筑学院师生学习研究资料。"

② 著作获得"AT建筑技艺""CA当代建筑"的微信公众号新书推荐，研究获得《南方都市报》《深圳特区报》等主流媒体的报道及高度评价。

2. 推广应用

2016~2019年，研究成果在公司26个项目中应用（详见应用情况），获得较高评价。其中，深汕湾科技园生态园、深港国际科技园、天健科技大厦等项目的甲方开具了相关应用证明，对研究为项目带来的作用给予了较高评价。

五、社会效益

近年来，我国产业园区大量快速建设，然而相关系统性研究仍较为欠缺。"产业园规划及建筑设计专业集成技术研究"课题成果可以广泛运用到的产业园的规划与建筑设计行业各领域，对设计院、房地产、广大院校等行业从业者，具有较高的参考借鉴价值，产生可观的社会效益。

1. 研究提供了一套丰富的产业园案例数据及大数据样本

研究园区覆盖面广，针对目前在城市中进行的、面大量广的产业园区建设项目，探索产业园区发展建设过程中实际存在的问题，把握面向未来的产业园区发展趋势，分门别类地对六大产业类型进行研究和梳理。案例涉及500多个，数据丰富，分析全面，提供了一套全面的基础性研究资料。

2. 研究内容贯穿产业园建设的全程，可全流程指导实践

从产业园建设的全程：前期策划、规划设计、建造运维各个层面进行研究，总结产业园在规划与建筑设计上的原则和普遍规律，集成系统性的产业园划与建筑设计知识成果。

3. 研究拓展前瞻性研究，针对党中央、国务院把生态文明、绿色双碳、智慧建造提高到了战略性高度，为未来产业园建设提供新思路、新方法、新技术

在我国科技不断发展，助推传统产业转型升级，产业面临深化供给侧结构性改革的背景下。课题拓展研究应对产业发展新形势下区规划建设的新思路，新技术、新理念，其方法在应对未来产业园生态文明、绿色减碳方面，具有较高的参考价值。

课题研究填补了国内外相关领域的空白，在指导行业设计实践方面，具有集成性、实践性及前瞻性特点，在应对产业发展变革、产业园建设如火如荼的环境中，具有广阔的推广应用前景。

基于墩梁一体化智能架桥机的装配式高架桥建造关键技术

完成单位： 中建八局第三建设有限公司、中建八局浙江建设有限公司、中国建筑第八工程局有限公司

完成人： 马　俊、马明磊、黄　峰、程建军、刘常泉、李　磊、熊克威

一、立项背景

城市装配式高架桥智慧快速路工程，地处闹市区，线路较长，交通车流量大，沿线跨越多条河道，周边环境复杂，横向道路较为密集。然而当下，装配式桥梁多采用大型履带起重机（或履带起重机＋汽车起重机）吊装施工，吊车占用场地大，对地基承载力要求高，操作不当易发生安全事故，同时施工前需中断交通，部分位置需拆除临时围挡，施工不便，安全风险大。

采用架桥机施工机械，作为一种安全、高效的桥梁施工方式，可以减少对周边交通环境影响等难题，但现有公路架桥机存在如下几点问题：

（1）仅能吊装吨位小、幅度窄的整片式盖梁，无法吊装用于宽幅的分片式盖梁，现多为现浇施工，由此制约着预制拼装技术在市政桥梁工程中的应用；

（2）仅能适用于逐孔架梁施工，无法进行空跨过孔、跳孔安装作业；

（3）仅能通过线上运输作业，需增设提梁点，增加施工成本，对于市政公路既有便道利用率不足；当市政公路两侧地下管线较多，对于设置提梁点的路段不适用，无法实现线下墩柱、盖梁的吊装作业；

（4）吊装作业程序较多，操作相对复杂，目前还是人工手动操作，一些关键工艺无法实现自动化；

（5）应用的监控系统平台仅能提供运行数据，无法进行三维数据化运行模型展示，不便于管理者在远程端直观、清晰地了解现场施工中造桥机的机况。

针对上述痛点问题，在桥梁装配式工程中，亟需一种大型装备，既能完成预制构件一体化架设安装，又能实现少人化、智能化，为此墩梁一体化智能架桥机的研发势在必行。该装备的落地应用，不仅减少了大量施工临时用地和对周边交通环境的影响，现场施工的碳排放达到要求，而且契合绿色建造、智慧建造，还能进一步助推预制装配式技术的发展。

二、详细科学技术内容

1. 研制墩梁一体化智能架桥机（IABM）

创新成果一：研制了蜂窝式主梁结构

架桥机主梁采用双梁组合，由联系框架等结构连接。主梁主体钢材采用 Q355B，双主梁单边由 9 节组成，包括导梁 2 节（每节 10m），标准节 7 节（每节 5 段共 10m）。主梁为蜂窝式主梁结构形式，标准节采用 A 形断面，每节长 10m，销轴连接；导梁采用 A 形变截面设计，销轴连接组装，结构质量轻。见图 1。

创新成果二：分片式盖梁吊具

分片式盖梁吊具通过一根横向调节油缸和两根纵向调节油缸，可实现纵横向两个自由度调节，此适用于重心偏差较小的场合；在横桥向预留±300mm 吊具调整范围，适用于重心偏差较大的场合。该吊具设有旋转机构，可在吊起盖梁之后近 90°方向旋转，适用于该结构不对称的分片式盖梁吊装作业。见图 2。

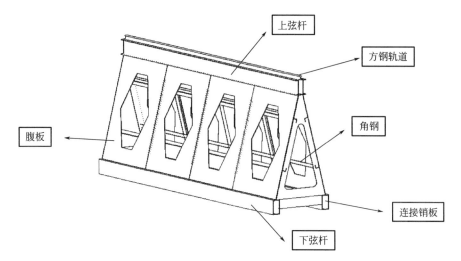

图1 蜂窝式主梁结构设计

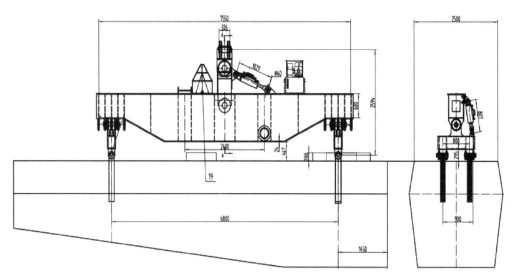

图2 分片式盖梁吊具设计

创新成果三：落地式前支腿

落地式前支腿由托架、内、外套管、连系横梁、横移轮箱总成、横移轨道、斜撑、固定装置、夹轨器、液压油缸及销轴等组成，总质量约35t。前支腿是架桥机的重要前端支撑。利用液压油缸和内外套管可实现支腿的0～3m伸缩升降。见图3。

创新成果四：自动化吊装控制系统

采用RTK定位技术，利用全站仪读取预制墩柱、盖梁和箱梁起始吊装点坐标位置、落放终点坐标位置和造桥机首尾两端点的坐标值，将参数输入到设备交互界面，根据已设定好的计算方法，将吊装构件的坐标位置置入到造桥机的控制坐标系中，坐标值转化为前后左右移动指令，再进行信号输出给执行机构，按照先起升再前进最后横移的顺序进行预制墩柱、预制分片式盖梁和预制箱梁的吊装作业。基于物联网的数字化控制系统，研发出预制构件吊装工序自动化控制技术，实现了桥梁装配式构件关键吊装工序的自动化。

创新成果五：基于BIM可视化的主动安全控制技术

在程序算法上，设置检测信号优先级，将信号分为预警和报警状态两种，预警是声光报警提示驾驶员；对于报警信号，设备识别后自主停机，系统进入主动安全控制，不得再继续向风险较大的方向行进，系统允许进行反向操作以降低目前安全风险。主动安全控制实现防超载起升、防超高起升、防超限

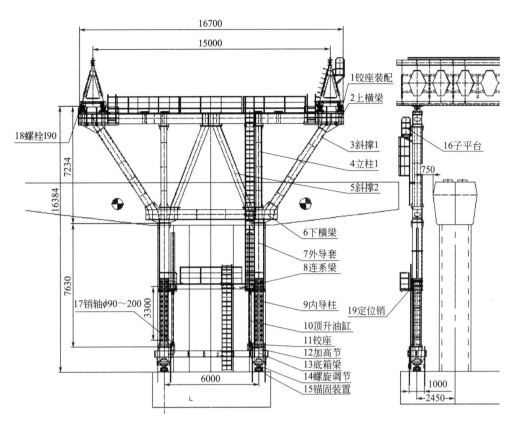

图 3 落地式支腿结构设计

行走、横移防倾覆、边梁防倾覆、支腿插销防护、天车防撞保护、支腿防撞保护、过孔防倾覆九大功能。例如，横移防倾覆控制，在 2 号支腿和 3 号支腿横梁上安装水平传感器，检测横向水平度，当大于预警值时，系统给出报警提示，避免横移运行时失衡。再例如，支腿穿销防护控制，通过在支腿伸缩套的销轴孔处，安装接近开关，当检测到销轴未穿到位时，设备在接收到起升指令时报警提示。见图 4。

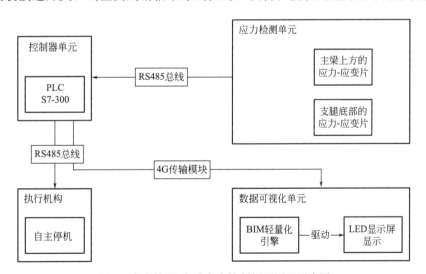

图 4 应力检测-主动安全控制闭环原理示意图

2. IABM 智能装配造桥机架设桥梁施工技术

创新成果一：分片式盖梁工况下的一体化架设施工技术

盖梁注浆等强后，利用在盖梁和承台上已事先预埋的精轧螺纹钢，起到过孔作业临时锚固点位，再通过造桥机支腿底部装置与精轧螺纹钢临时锚固以作防倾覆措施，前后天车随着过孔作业流程按要求进行纵向移动，起到悬臂调衡的作用，通过整机自平衡和临时锚固支撑体系，完成在未架箱梁的情况下进行整机过孔至下一跨，重复上述工作，同步对已安装完成的分片式盖梁进行湿接；直至造桥机将本线路墩柱盖梁安装后，调头反向架设箱梁。由此总结出造桥续一体化架设施工技术，可实现空跨过孔、跳孔安装作业，解决了因灌浆料等强时间长、施工效率低的问题。见图 5。

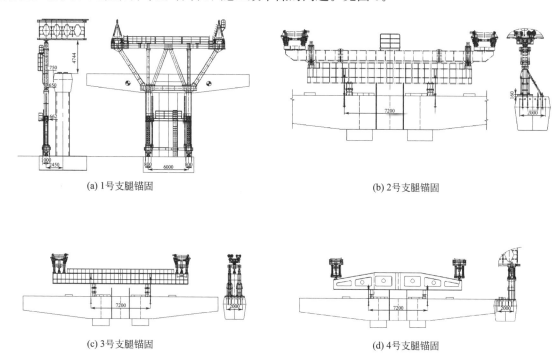

(a) 1号支腿锚固

(b) 2号支腿锚固

(c) 3号支腿锚固

(d) 4号支腿锚固

图 5　支腿锚固

创新成果二：利用城市既有道路下的一体化架设施工关键技术

传统架桥机架设小箱梁时，影响预制小箱梁高效安装的关键点为提梁机将小箱梁吊至运梁平车上→运梁平车运梁至架桥机尾部喂梁→架桥机提梁、纵移，架桥机横移，落梁三道工序，根据项目现场施工条件，进项方案优化，采用架桥机高低法架设小箱梁，省去了上述三道工序，省去了桥上运梁车及提梁机的投入，节约成本，使片小箱梁架设时间平均缩短了 2 个小时，加快了施工进度。造桥机线下与线上架设桥梁施工技术，解决了利用既有道路进行箱梁高低吊装的难题。

创新成果三：跨水域条件下的架设桥梁施工关键技术

对于常规陆地位置钢箱梁，多采用履带起重机或汽车起重机直接吊装；而对于跨海、跨大型水域的钢箱梁，多采用浮吊吊装；对于跨地面桥、小形河道的钢箱梁，多采用顶推、滑移等方法进行吊装。

设置临时盖梁，临时盖梁采用钢管桩入水作为桩基础，满足了架桥机过孔需要；钢箱梁临时节段支撑设置在既有地面桥盖梁上，通过老桥桩基础传递荷载至持力层；临时盖梁桩基础在老桥绿化带位置，整改架桥机吊装过程不会对地面老桥空心板结构产生结构破坏，保证了既有构筑物的安全。厂内钢结构加工与现场支架及临时盖梁同步施工，可以安全完成钢箱梁架设。由此总结出可先设置临时盖梁进行跨水域过孔施工技术，临时盖梁采用钢管桩入水作为桩基础，满足了架桥机过孔需要，解决了跨水域等障碍物时，线下无法运输至提梁点的难题。

3. 预制装配式桥梁辅助安装技术

创新成果一：承台中群束钢筋预埋关键技术

预制立柱高效拼装的关键点为预埋钢筋及预埋灌浆套位置精度的控制，预埋钢筋及套筒的安装精度严格控制在 ±5mm 范围之内，安装精度超出误差范围，预制立柱、盖梁将无法匹配安装，造成施工现场人员、机械窝工。降低拼装效率。为解决上述难题，研发了"一种装配式桥梁立柱与承台连接预埋钢筋用精确定位装置"，提高了安装精度，具有较好的综合效益，该装置与灌浆套筒定位盘采用同一厂家加工而成，配套使用。使用该装置进行预埋钢筋及预埋灌浆套筒预埋，预制立柱、盖梁拼装达到一次成优，预埋钢筋及预埋灌浆套筒安装精度达100%合格。见图6、图7。

图6 预埋钢筋用精确定位装置

图7 灌浆套筒定位盘

创新成果二：预制构件高效安装关键技术

研发了"一种分片式盖梁湿接缝快速组装作业平台"，提高了施工工效，降低了安全风险。在两侧节段盖梁拼接锚固后，利用轮胎式升降车，在已拼装节段上吊设模架和作业平台，连接接缝处盖梁主筋，安装盖梁箍筋，采用泵车浇筑湿接缝混凝土；湿接缝混凝土养护达到设计强度后，利用轮胎式升降车和张拉平台配合，按照设计要求分步骤、分批次张拉盖梁预应力和管道灌浆，与盖梁连接成整体。见图8。

创新成果三：预制构件注浆连接关键技术

项目研发了一种用于城市桥梁装配化盖梁吊装托

图8 盖梁湿接缝快速组装作业平台

架，使用该装置进行预制盖梁坐浆，预制盖梁拼接坐浆质量达到一次成优，坐浆饱满度100%合格。

项目研发了一种装配式桥梁灌浆套筒连接灌浆防浆液回流装置，在出浆口位置设置L形导管，使出浆口浆液高度高于出浆口高度，防止浆液流出，提高灌浆饱满度。使用该装置进行预制立柱、盖梁灌浆，解决了因灌浆不饱满而影响立柱与承台、立柱与盖梁连接质量的难题。见图9、图10。

图9 桥梁装配化盖梁吊装托架

图10 灌浆防浆液回流装置

三、发现、发明及创新点

（1）通过研制 IABM 智能装配造桥机，实现了市政桥梁工程中预制墩柱、盖梁和箱梁一体化架设施工、桥梁装配式构件关键吊装工序的自动化、安全控制可视化，解决了传统式吊装施工对城市交通环境的影响和上跨既有道路无法连续施工、造桥机安全姿态控制可视化的难题，确保装备本质安全。

（2）研发出造桥机一体化架设施工技术，实现了线下与线上架设桥梁施工、空跨过孔、跳孔安装作业，解决了因灌浆料等强时间长、施工效率低的问题。

（3）研发了"一种装配式桥梁立柱与承台连接预埋钢筋用精确定位装置""一种分片式盖梁湿接缝快速组装作业平台""一种用于城市桥梁装配化盖梁吊装托架"和"一种装配式桥梁灌浆套筒连接灌浆防浆液回流装置"，提高了安装精度和施工工效、降低了安全风险，解决了坐浆料不饱满、灌浆料浆液流出等问题，提高灌浆饱满度，坐浆灌浆质量达到一次成优，避免了对环境造成污染，保证了灌浆及外观质量，具有较好的综合效益。

（4）在绍兴二环北路项目、绍兴越东路北延项目建设过程中新形成了国家专利18项、软件著作权2项、省级工法2项，发表23篇。

四、与当前国内外同类研究、同类技术的综合比较

较国内外同类研究、技术的先进性在于以下三点：

（1）墩梁一体化智能架桥机的智能化技术，对预制墩柱吊装、预制盖梁吊装、预制箱梁吊装进行自动化控制，实现快速安装对位，提升了安装精度与安装质量，降低了安全风险。

（2）IABM智能装配造桥机架设桥梁施工技术，通过研制国内首台智能装配造桥机，可实现预制墩柱、预制分片式盖梁和预制箱梁一体化架设施工，施工效率提升38％，每公里架设施工成本可节约22％，利用新型支腿装置及其过孔工序，在承台和盖梁上方预埋精轧螺纹钢作临时锚固措施，以便在未架设箱梁的情况下，整机向前过孔，实现先安装墩柱盖梁，再调头架设箱梁。

（3）预制装配式桥梁辅助安装技术，通过研制城市智慧快速路盖梁湿接缝快速组装作业平台、盖梁吊装托架及临时支墩调平装置，实现了预制盖梁改分段吊装，施工精度在±5mm以内，施工现场节省工人40余人，机械租赁费减少40％。

本技术通过国内外查新，查新结果为：在所检国内外文献范围内，未见有相同报道。

五、第三方评价、应用推广情况

1. 第三方评价

2022年2月26日，专家组对"装配式墩梁一体化智能架桥机（IABM）关键技术研究与应用"成果进行鉴定，该成果针对城市高架桥装配式施工难题，开展装配式墩梁一体化技术研究与应用，成果总体达到国际先进水平，其中智能化技术达到国际领先水平。

2. 推广应用

本技术曾应用在二环北路及东西延伸段（镜水路—越兴路）智慧快速路工程（镜水路—越东路）项目、越东路（三江路—规划曹娥江大桥）智慧快速路工程项目、宁句城际项目、绿都大道项目等多项工程。

六、社会效益

通过各项关键施工技术的成功应用，可为今后采用高架桥预制拼装项目提供指导和借鉴，为桥梁装配化施工在我国的更好发展提供较好的示范效应，先后在项目组织省市级观摩6次，观摩人数达2000人。同时，IABM智能装配造桥机荣登中央电视台、新华网、浙江日报等媒体报道，对推动城市基础设施施工方式变革、减少污染物和废弃物排放、提高劳动生产率具有重要意义。

丙烷脱氢装置成套建造技术

完成单位： 中建安装集团有限公司

完 成 人： 刘福建、严文荣、李敬贤、叶茂扬、李　乐、王　丹、徐艳红

一、立项背景

丙烯是最重要的石油化工产品及聚丙烯主要原料，近年来全球丙烯需求快速增长，我国丙烯消费占全球 15% 以上且以每年超 4% 的速率递增。相比于深度催化裂化、甲醇制丙烯、高碳烯烃裂解等技术路线，丙烷脱氢制取丙烯在技术成熟度、资源和综合生产成本等方面具有领先优势。丙烷脱氢装置具有工艺流程复杂、设备大型化、管道设备化等特点，项目建造难度极大，具体表现在以下方面：

（1）固定床脱氢反应器为装置核心设备，运行操作温度为 550～630℃，运行工况复杂，并伴有交变载荷，结构复杂，设计、制造和安装要求十分严苛，该类设备主要依赖进口，设备采购周期长、成本高，亟须国产化替代。

（2）产品分离塔是丙烷脱氢装置中最高最重的设备，单台设备直径可达 11.9m、高度达 129m、最大壁厚达 90mm、最大质量达 2600t，现场制造、运输及吊装技术要求高。

（3）产品压缩机是装置的"心脏"，设备总质量达 670t，叶轮直径达 1.5m，属于技术密集型重大装备，其安装精度对设备的安全运行有着重大影响。

（4）装置区工艺管道最大直径为 2400mm，最大壁厚为 38mm，英寸口数多达 40 万英寸。其中，反应区高温管道材质为 TP321H，运行状态下应力复杂，质量要求高。

（5）装置最大电机功率达 22500kW，采用大功率变频励磁系统，操作联锁点多、系统复杂，缺乏单体静态校验至系统完整性调试关键技术。

二、详细科学技术内容

本项目从丙烷脱氢反应器制造安装、产品分离塔现场建造、大功率压缩机组高效安装、装置区工艺管道工业化建造和绿色高效检测调试五个方面 26 项关键技术进行研究，主要研究内容包括：

1. 脱氢反应器国产化替代技术

（1）反应器国产化设计技术。通过对国外 ASME Ⅷ-1 规范与国内 GB150 等规范的分析对比，结合国内材料标准，研究反应器国内外设计、材料等方面的差异性，分析国产化替代的可能性，并实现了反应器国产化替代设计。

（2）反应器制造工艺技术。研发改进了刨铣独立操作设备、自动行进式坡口机、环形坡口加工装置，有效提高板材加工效率和精度；提出了反应器接管与支腿现场组对工艺，使得各大型接管和支腿底板的水平度误差控制在 ±1.5mm 以内，高于设计要求，实现了反应器的高效精准制造。见图 1。

（3）反应器非标弯头成型技术。研制了反应器非标弯头压制模具，保证了装配精度；通过优化压制程序使弯头外表面与上、下模具内表面完全重合，消除了尺寸偏差，保证了非标弯头焊缝棱角度、弯头角度

图 1　青岛金能项目反应器制造成品图

及中心距半径等满足要求。见图2、图3。

图2 非标弯头半成品模具图

图3 非标弯头压制成品图

（4）奥氏体不锈钢S31008焊接工艺技术。通过对S31008焊接工艺研究，提出了国产焊材成分优化技术方案，制定了合理的焊接工艺和过程控制措施，将法兰密封面堆焊一次合格率由40%提升至100%，完成实现了进口焊材的替代。

（5）脱氢反应器仙人掌接管制造安装技术。开发复杂相贯线热卷钢管节点制作工艺，解决了锥体放样与预开孔、接管相贯线切割、虾米弯的放样等难题，保证了仙人掌接管制造精度；研发了快速锁紧的法兰定位器和埋弧焊接机械臂系统，提高了法兰定位精度，实现了厚壁法兰与筒体的高效焊接。见图4、图5。

图4 管口A与管口C组焊成型图

图5 仙人掌现场安装图

（6）五台成排关联反应器安装轴线控制技术。通过各个支点的预埋板精准定位、复核测量及限位装置的全过程控制，实现了预埋板标高允许偏差±3mm、水平度允许偏差2mm，保证反应器三大管系的共线精度。

（7）反应器钢结构框架模块化施工技术。根据结构形式和设备布局，采用Tekla深化软件开展结构深化预制加工，并通过模型分解确立若干模块实现整体吊装拼装。针对型钢混凝土劲性柱栓钉焊焊接检验效率低等问题，研发了一种栓钉弯曲试验的专用工装，满足了检测工期要求。

2. 产品分离塔现场建造技术

（1）大型设备的轻量化设计方法技术。创新分析设计方法对分离塔壁厚与封头厚度、壳体开孔补强和管口载荷开展了计算分析，节约材料10%以上。在保证设备安全、稳定的同时，降低了设备的加工制造难度。

（2）分离塔现场制造及热处理技术。通过对工装设计，优化筒体卷制、预组装等工艺优化设计，创新非标件自动化焊接加工系统，完成塔器局部结构焊接，提高了焊接的稳定性；建立了热处理有限元分析模型，对热处理温度状态下的热膨胀量进行精确计算，提出内部支撑和支撑底座滑动措施，解决了筒体在热处理过程中的简体变形、椭圆度超标难题。见图6、图7。

图6　封头拼焊及接管组对图

图7　分离塔现场简体制作图

（3）塔器及附属结构模块化施工技术。针对产品分离塔吊装模块附属管线施工技术难题，研制了专用液压顶升装置，确保塔器下部附塔管线顺利就位安装及焊接。

（4）产品分离塔现场整体运输技术。设计开发了专用运输鞍座，采用转向液压模块运输装置，通过其液压顶升系统实现超大型设备自装、自卸工作，确保顶升过程中设备整体的稳定性，实现大型设备装卸车无须大型吊车辅助，解决了大型化工装置场内超大设备短途运输就位的难题。见图8、图9。

图8　分离塔现场整体运输

图9　分离塔现场整体运输

（5）产品分离塔液压门吊整体提升及数值模拟技术。针对千吨级百米高产品分离塔安装环境特点，对液压门吊整体提升工艺进行了优化改进，并对吊装过程进行精细化模拟计算，实现了千吨级塔类设备的一次性安全、平稳就位。见图10。

图10　分离塔整体提升现场图

3. 大功率压缩机组高效安装技术

（1）670t 大机组快速就位施工技术。针对大机组体积大、质量大、空间受限等特点，创新研发了大型机组就位和调平工装，通过轨道尺的配合使用，实现机组底座轴向、径向调整，确保机组的精准就位。

（2）大型压缩机组减振施工技术。通过开展机组精找平找正、联轴器自制刚性表架"三表法"对中、环氧树脂灌浆料分仓浇筑、管道无应力配管及防喘振阀设置等大机组综合安装工艺的研发，消减了压缩机运行过程中产生的非正常振动，确保机组的安全平稳运行。

（3）大型压缩机组无应力配管施工技术。通过对机组连接管线系统分析，合理划分施工段、设置最终连接段等技术措施应用，有效减少管线施工产生的附加应力，避免造成机组轴承温度过高等问题，确保压缩机试车一次成功并运行稳定。

4. 装置工艺管道工业化建造技术

（1）大口径高温临氢 TP321H 不锈钢管道焊接技术。通过对管材可焊性和管道施工技术难点分析，提出了大口径 TP321H 埋弧自动化焊接、"对把焊打底、点对点保护"及焊缝铁素体控制等技术，有效保证了该类材质的耐高温性能。

（2）管道 BIM 技术＋工厂化预制技术。利用 BIM 对管道进行模块切割设计，建立了预制阀组、胀力弯和伴热站等模块，使作业人员直观地根据三维模型及图纸完成管道的埋弧自动焊接和模块化装配。

（3）大直径高温管道安装调整技术。TP321H 管道高温运行状态下管系会产生较大的热胀应力和位移变形，安装调试精度要求高，通过对弹簧支吊架的检验测试、安装精度、冷（热）态调试及预拉伸等工序的优化改进，发明了弹簧支吊架的冷热态组合调试技术，有效减少了管道运行中的热胀应力，保证了高温管道的安全运行。

（4）管廊模块化整体安装技术。确定了管廊模块划分方法，并对模块运输过程结构安全稳定性进行复核计算，研发了模块快速脱钩装置和一键锁紧装置，大幅提高了安装效率。见图 11。

（5）管道工程全过程信息化管理技术。针对工艺管道焊接施工过程中存在数据共享差、焊工管理效率低等问题，建立了管道焊接管理系统，实现了焊接工艺评定选用、焊接工艺编制及焊工资质管理等建造全流程信息的闭环管理。

图 11　管廊模块整体运输现场图

5. 绿色高效检测调试技术

（1）TOFD 检测技术。通过在设备制造过程中开展 TOFD 检测技术应用研究，提出了标准化的检测工序和评价参数，弥补了普通 X 射线检测壁厚薄、γ 射线辐射防护难度大、检测灵敏度低等技术缺陷。

（2）相控阵检测技术。通过在设备制造和管道安装过程中开展相控阵检测技术应用研究，解决了 TOFD 检测技术在 12mm 厚度以下检测受限以及复杂结构无法检测的技术难题，实现了设备制造的全过程绿色检测。

（3）大功率压缩机机组高效调试技术。通过比较国内外大功率压缩机机组各类试验方法，采用超低频耐压新技术，降低了试验电源容量，实现了调试仪器的轻量化，打破了相关企业在此类设备调试领域的技术垄断，提升了电气调试专业化水平。

（4）大型机组轴系仪表调试技术。研发了一套系统性的轴系仪表调试技术，明确了技术参数要求，从轴系探头的静态校验到整个回路的系统测试，实现了现场安装及调试的质量和效率的提高，保证轴系仪表系统的安全运行。

三、发现、发明及创新点

（1）发明了复杂相贯线热卷钢管节点的制作新工艺，实现了相贯线成型、接管卷制前的预开孔，有效保证了反应器关键部件的制造精度。

（2）发明了栓钉焊现场弯曲试验专业工装，通过设备和焊接工艺的改进，提升了检验工效。

（3）对反应器设备结构特点进行了分析和拆解，研发改进了刨铣独立操作设备，发明了一种复杂相贯线热卷钢管节点的制作方法，有效提高板材的加工效率和精度，实现了反应器的高效精准制造。

（4）研发了快速锁紧的法兰定位器和埋弧焊接机械臂系统，提了脱氢反应器仙人掌法兰定位安装精度，实现了厚壁法兰与筒体的高效焊接。

（5）发明了大直径高温管道安装调整技术，采用冷热态组合调零技术完成了弹簧支吊架荷重的调整，确保高温管系长时间的安全、稳定运行。

（6）本项目授权专利30项（发明5项），受理发明专利2项，形成软件著作权3项，参编行业标准1项，出版专著2部，发表论文7篇，获得省部级工法8项、科技创新类奖项2项、工信部"制造业全国单项冠军产品"1项，实现了科技研发和技术转化应用的良性循环。

四、与当前国内外同类研究、同类技术的综合比较

较国内外同类研究、技术的先进性在于以下五点：

（1）脱氢反应器整体建造技术，研发了具有优异性能的国产不锈钢焊接材料，摆脱了对国外进口焊材的依赖；发明了"先下料后卷制"的复杂相贯线热卷钢管节点的制作新工艺，提高了材料利用率及加工精度。

（2）分离塔现场整体制造技术，研发了塔器现场燃油内燃法＋数值仿真热处理工艺，设计了大型设备现场热处理位移滑块装置，保证热处理过程加热效率和均温效果；研发了非标件自动化焊接加工系统及工装夹具，提高焊接效率。

（3）670t大机组快速就位施工技术，提出了一种化工设备安装调平装置，实现了设备的快速就位和调整。

（4）大直径高温管道安装调整技术，提出了冷热态组合调零技术，通过对弹簧支吊架的检验测试、安装精度、冷（热）态调试及预拉伸等工序的优化改进，解决了弹簧支吊架的变量控制及调试难题。

（5）大型装置整体模块化施工技术，提出了设置运输支撑钢梁、斜撑、辅助钢梁辅助SPMT模块运输车顶升转运大型装置模块，利用有限元分析进行运输力学分析，通过模块重心计算与运输力学分析确定SPMT顶升托起位置的技术。

五、第三方评价、应用推广情况

1. 第三方评价
中国化工施工企业协会组织的科学技术成果评价（中化施协鉴字［2022］第011号），评价委员会认为，项目整体成套技术达到"国际先进水平"。

2. 推广应用
本项成果在12套同类装置中得到成果应用且效益明显，产生直接经济效益3247万元；同时，为公司实现超50亿元的营业收入，利润新增2亿元，在丙烷脱氢市场占据了垄断地位。

六、社会效益

本项成果具有装配化、智能化、绿色化等技术优势，在"四节一环保"方面环境效益显著。相对于油基、煤基产品，丙烷脱氢装置有着明显的环保优势和成本优势，其副产氢气可作为新能源利用，积极

响应了国家"碳达峰、碳中和"生态文明建设的战略目标。研发生产的工艺丙烷脱氢核心装置连续三年稳居全球第一，荣获工业和信息化部"制造业单项冠军产品"称号，填补了国内大型丙烷脱氢核心装置现场制造的空白。大型塔器、反应器现场制造能力在化工装备制造领域全国领先，形成的一批关键核心技术，打破了国外技术垄断，加速了丙烷脱氢装置国产化进程，推动了丙烷脱氢产业链高质量发展，提升化工装置工业化建造水平，助推行业"绿色建造"的发展。

行走式建筑 3D 打印机器人及其配套技术研发与应用

完成单位： 中国建筑第八工程局有限公司、中建八局装饰工程有限公司、上海中建东孚投资发展有限公司

完成人： 葛 杰、白 洁、杨 燕、韩立芳、黄青隆、连春明、冯 俊

一、立项背景

建筑 3D 打印技术是近年来土木工程领域的前沿热点之一，在房屋建筑、道路桥梁、地下工程等建造领域都有应用案例，并表现出巨大的发展潜力。

打印设备是建筑 3D 打印技术智能化的集中体现，决定了可打印建筑产品的尺度、精度、场地适应程度等。目前建筑 3D 打印设备有三种形式：门架式、伸臂式和机械臂式。门架式打印机体形庞大、安装场地要求高，更适用于工厂作业；伸臂式打印机可打印建筑尺度受设备提升高度和臂展范围限制。与前两种设备形式相比，机械臂式打印设备精确、高效、智能，小巧的体型和灵活的操作方式为现场打印工艺的升级提供了更多可能。目前，机械臂式打印机多采用固定式或轨道式底座，机动性不足，尚无法完成大尺度原址打印。

相比于工业制造领域，建筑场景下机械设备的作业范围广、定位精度高、工作环境复杂，加之 3D 打印工艺特殊的技术要求，采用无轨道的移动式机械臂进行打印作业时，将面临众多复杂的技术难题：①适应建筑施工环境的移动作业方式；②移动作业模式下的高精度集成控制；③符合建筑结构特性的切片算法；④移动式建筑 3D 打印工艺。

为进一步提升建筑 3D 打印工艺，实现"机器人直接打印建筑"这一目标，本项目针对行走式建筑 3D 打印的打印设备、导航定位、切片算法、行走式建筑 3D 打印工艺等进行研究。研发一款可直接用于现场打印的新型建筑 3D 打印机器人，在突破上述技术难点的基础上、形成行走式建筑 3D 打印新工艺，从而改变工厂打印＋现场拼装的作业模式，同时解决门架式 3D 打印机体量庞大、安装运输费工费时且打印建筑尺度受到门架跨度与高度限制等问题，拓展建筑 3D 打印技术的应用范围，提升建筑 3D 打印行业的智能化水平。

二、详细科学技术内容

1. 基于麦轮＋机械臂组合的行走式建筑 3D 打印机器人（M3DP-Rob）

基于行走式建筑 3D 打印工艺需求、打印构件和产品的规格尺寸，规划了能实现 1∶1 打印建筑产品的 3D 打印设备的设计方案，采用麦克纳姆轮式全向移动底盘＋六轴工业机械臂的形式。见图 1。

麦克纳姆轮全向移动底盘（OMV）为非标定制，经有限元受力分析和抗倾覆分析，底盘结构可以满足打印作业的承载力要求和稳定性要求。见图 2。

机器人配备远程遥控器，支持"自动"和"手动"两种运行模式。见图 3、图 4。

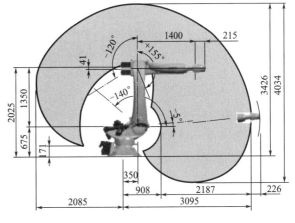

图 1 机械臂工作范围

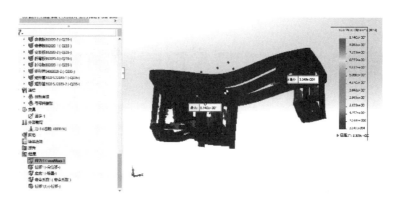

图 2　底盘架体应力分布图

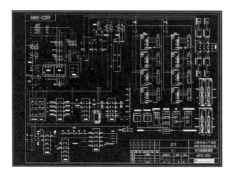

图 3　电气系统原理图

图 4　远程遥控器

按照上述设计方案进行加工制造，形成行走式建筑 3D 打印机器人 "M3DP-Rob"，经过整机调试、运动测试和功能测试等多个环节验证，通过了上海电气设备检测所有限公司检测认证。见图 5。

图 5　行走式建筑 3D 打印机器人实物图

2. 面向室外"自生长施工环境"的一体化导航定位控制技术

在室外空旷环境下进行现场 3D 打印作业时，采用反光柱的有返定位，高度区分现场环境信息；采用双 2D 激光传感器＋IMU 的硬件组合，2D 激光传感器在机器人的对角安装，覆盖机器人周围 360°，保证机器人能够扫描完整的环境信息，IMU 得到机器人的姿态信息，配合自主研发的导航定位算法，得到更精确的定位信息，更准确地实现自主导航至工作位置。见图 6、图 7。

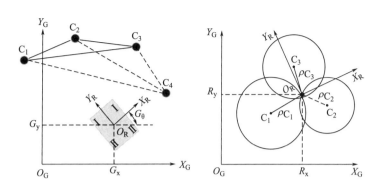

图 6　自主导航定位硬件安装示意图　　　　　　　图 7　机器人导航定位理论分析

为保证打印作业精度，研发了一套基于三点标定法的非接触式激光标定装置与方法。见图 8。

根据打印工艺流程、机器人作业流程以及导航定位算法，开发了上位机软件"ConRob3D 建筑机器人"，具备 3D 打印路径规划、轨迹规划、打印仿真等功能。上位机 ConRob3D 建筑机器人操作步骤为：工程创建→反光柱标定→图纸导入→站点规划→G 代码转录→行车路径验证。

3. 建筑 3D 打印切片算法

3D 打印工艺流程一般为"建模→切片→打印"，切片流程如图 9 所示。

首先，进行建筑模型前处理。根据输入模型的格式，选择三维正向切片（STL 格式）或二维逆向生成（DXF 格式）的方式。当非原址打印或受打印设备作业范围限制时，根据构件承载性、墙体完整性、设备可达性和吊装工艺要求将建筑模型拆分为若干个独立的待打印墙体构件。见图 10。

图 8　非接触式激光标定操作图

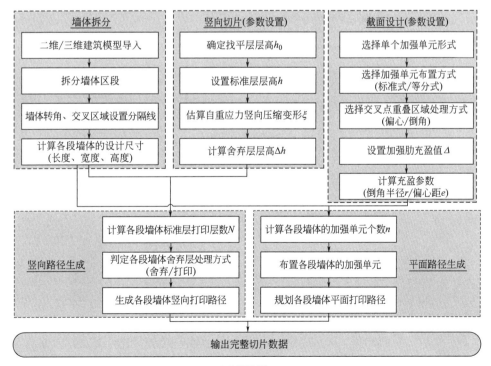

(a) 步骤分解

图 9　建筑 3D 打印墙体切片流程（一）

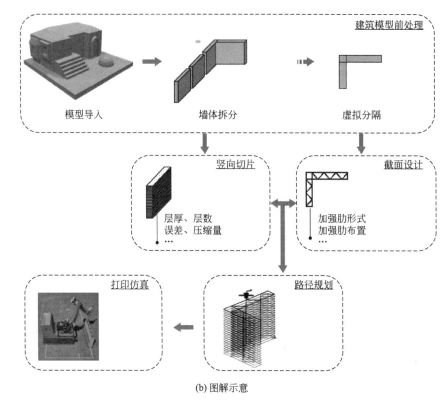

(b) 图解示意

图 9　建筑 3D 打印墙体切片流程（二）

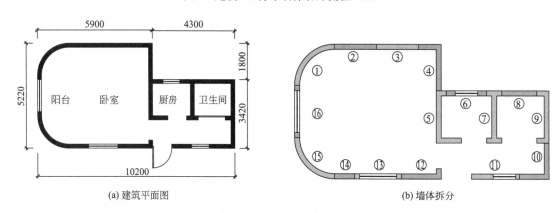

(a) 建筑平面图　　　　　　　　　　　　　　　(b) 墙体拆分

图 10　墙体拆分示意图

然后，进行竖向切片。3D 打印墙体的打印层分为找平层、标准层和舍弃层。见图 11、图 12。

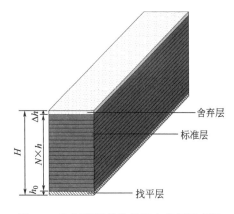

图 11　3D 打印墙体构件竖向分层示意图

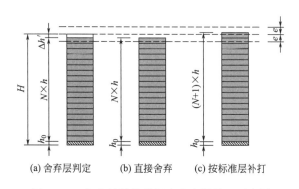

(a) 舍弃层判定　　(b) 直接舍弃　(c) 按标准层补打

图 12　3D 打印墙体构件竖向舍弃层处理示意图

随后，进行截面设计。主要内容是设置合理的内部加强肋。然后，根据不同的构件设计要求，选择不同的加强肋布置方式（标准式/等分式）；根据不同的加强肋形式，选择不同的交叉点充盈值控制方式（$e-\Delta$ 法则/$r-\Delta$ 法则）。见图 13。

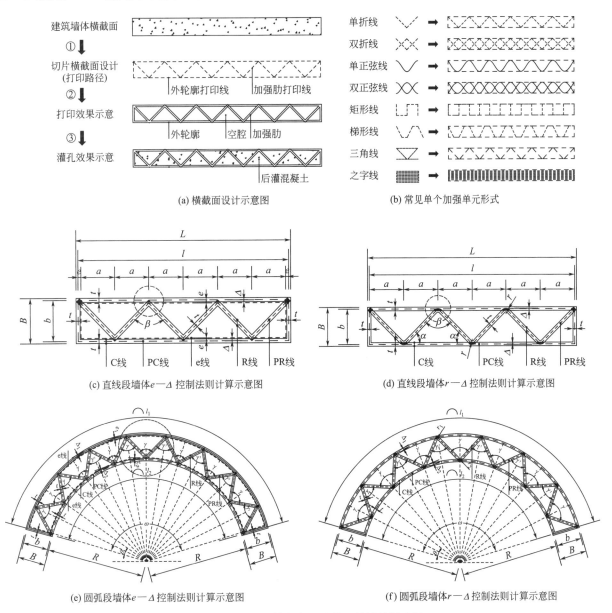

(a) 横截面设计示意图   (b) 常见单个加强单元形式

(c) 直线段墙体 $e-\Delta$ 控制法则计算示意图   (d) 直线段墙体 $r-\Delta$ 控制法则计算示意图

(e) 圆弧段墙体 $e-\Delta$ 控制法则计算示意图   (f) 圆弧段墙体 $r-\Delta$ 控制法则计算示意图

图 13   3D 打印墙体构件切片截面设计关键步骤

最后，进行打印路径规划。主要目标是减少断点和无效空行程。采用先外后内、一笔画和层间逆序设置等手段，实现构件平面和竖向的连续打印，提高打印作业效率，保证构件的整体性。见图 14。

基于上述算法，开发了建筑 3D 打印切片软件，实现了三维 STL 模型、二维 DXF 模型的自动切片和切片代码 NGC 文件的打印仿真。见图 15。

4. 面向空间多尺度的行走式建筑 3D 打印工艺

根据行走式 3D 打印机器人（M3DP-Rob）在单个站点的最大覆盖范围，将拟打印房屋拆分为若干子构件。采用自研切片软件生成各子构件的打印路径，并生成 NGC 切片打印程序，同时进行仿真碰撞检查。

根据拟打印房屋或构件的设计图纸，结合施工现场场地条件，确定打印材料仓储位置，布置供料系统、搅拌系统、行走式建筑 3D 打印设备和冲洗系统位置。

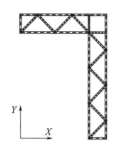 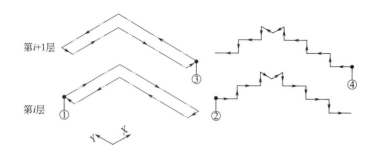

图 14　打印路径规划示意图

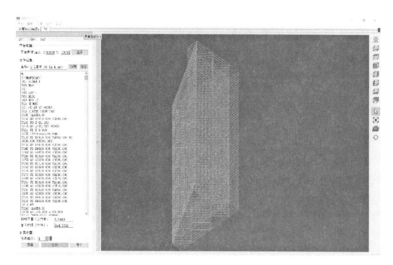

图 15　切片软件切片及仿真效果

　　基于"激光-雷达"融合定位原理，确定打印现场反光柱位置，建立定位导航地图和各打印站点位置，采用软件自动规划各打印站点路径，避免出现孤立或缺失站点。见图 16。

　　采用高性能低成本建筑 3D 打印材料制备技术，以硅酸盐-硫铝酸盐复合水泥和聚合物砂浆体系作为胶凝材料，通过调节水胶比和掺加剂，来调整打印材料初凝硬化时间、流变性能、触变性能和强度等级，使其符合连续打印和设计要求。见图 17。

　　供料系统可完成材料的搅拌、泵送和输送至打印头。材料的泵送需根据打印头存料容量、连续打印长度、用料量以及打印头空运行时长等因素，设定泵送及停止时长，实现自动启停泵送。

　　现场打印完成后，需将供料系统及打印头拆送至布置于现场的高压水冲洗系统快接 T. O. P 点处进行冲洗，保障设备的循环使用性能。

三、发现、发明及创新点

　　(1) 研发了由六轴工业机械臂、麦克纳姆轮全向移动底盘、双激光定位导航系统、混合支撑系统、末端供料系统、远程操控器等组成的行走式建筑 3D 打印机器人 (M3DP-Rob)，具备零转弯半径、全向移动和垂直提升功能，可在狭小空间范围内灵活作业、在已完成楼面标高继续打印上层建筑，解决了在复杂工况下实现室外原址大尺度建筑 3D 打印的难题。

　　(2) 研发了室外"自生长施工环境"下的一体化导航定位控制技术及无接触式激光标定装置，开发了上位机一体化控制软件 (ConRob3D 建筑机器人)，解决了室外时变环境下行走式建筑 3D 打印机器人打印过程中导航定位和实时标定的难题，形成了室外现场打印范围内机器人的多站点自动规划和全自动打印作业流程，实现了打印作业末端重复定位误差≤2mm 的精度控制目标。

　　(3) 首次提出了包含竖向切片、截面设计、充盈值设计和路径规划等内容的建筑 3D 打印切片算法，

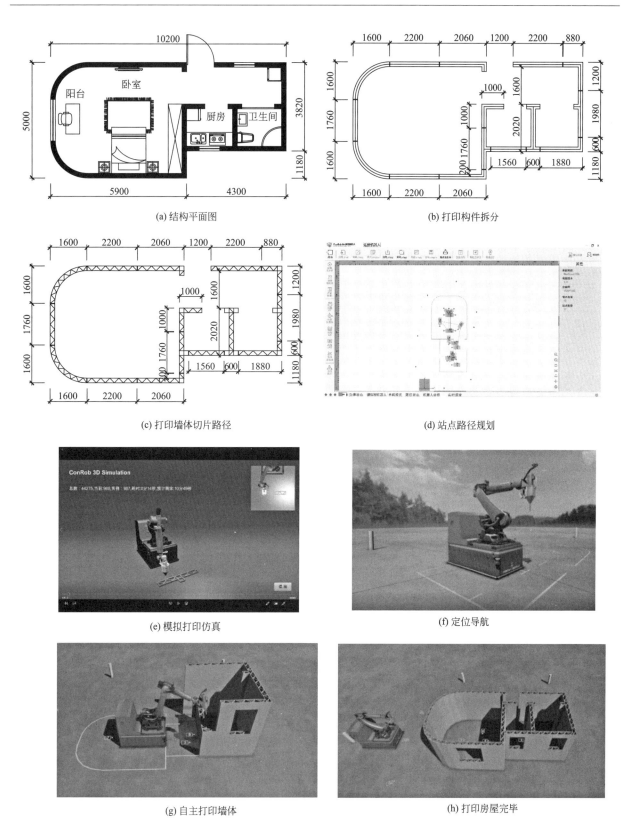

(a) 结构平面图

(b) 打印构件拆分

(c) 打印墙体切片路径

(d) 站点路径规划

(e) 模拟打印仿真

(f) 定位导航

(g) 自主打印墙体

(h) 打印房屋完毕

图 16　行走式建筑 3D 打印施工方法示意图

分析并推导形成了舍弃层处理规则、加强肋布置方式、e—Δ、r—Δ 控制法则的计算公式，开发了配套的建筑 3D 打印切片软件，实现了对打印构件高度误差、线段交叉点表观质量的精确量化控制，减少了打印断点、提高了打印效率，为建筑 3D 打印机器人施工的规范化和标准化提供支撑。

(a) 3D打印LOGO	(b) 3D打印座椅	(c) 3D打印花墙
(d) 3D打印楼梯踏步	(e) 3D打印编织墙	(f) 3D打印圆弧墙
(g) 3D打印阳光房	(h) 3D打印异形桌	(i) 3D打印房屋墙体

图17　3D打印构配件与建筑小品

（4）开发了面向空间多尺度的行走式建筑3D打印成套施工工艺，建立了打印参数实时控制方法，实现了打印材料、机械和施工工艺的高效协同，提高了建筑3D打印材料的现场环境适应性和建筑3D打印技术的应用范围，最终完成个性化、定制化的建筑结构打印。

（5）项目形成专利51项（授权发明26项，实用新型10项，外观1项，另有14项发明受理中），工法1项，论文6篇，授权软件著作权2项。

四、与当前国内外同类研究、同类技术的综合比较

委托上海浦东智产科技服务中心进行的国内外查新结论为：

（1）"基于麦轮＋机械臂组合的行走式建筑3D打印机器人'M3DP-Rob'"：未见本项目的提出的以麦克纳姆轮系底盘作为行走机构、以高精度机械臂、末端打印机构和输料体系构成打印执行机构的行走式建筑3D打印机器人的设计的报道，具有新颖性。

（2）"面向室外'自生长式'施工环境的一体化导航定位控制技术"：未见本项目提出的面向室外自生长式施工环境的一体化导航定位控制技术的报道，具有新颖性。

（3）"面向'宏观-细观'多尺度的行走式建筑 3D 打印成套施工技术"：未见本项目提出的基于行走式建筑 3D 打印机器人，形成包含材料制备泵送、机器人定位导航、打印路径规划、设备清洁冲洗等多个环节并面向"宏观-细观"多尺度的行走式建筑 3D 打印成套施工技术的报道，具有新颖性。

（4）"面向建筑 3D 打印技术的特色切片算法"：未见本项目提出的在考虑结构构件受力特点和 3D 打印工艺要求的基础上提出了一整套包括竖向切片的舍弃层处理规则、截面设计的加强肋布置规则、充盈值控制的 e—$\triangle$、r—$\triangle$ 法则等内容的切片算法的设计的报道，具有新颖性。

经文献比较分析，本项目研发了一款可直接用于现场打印的新型建筑 3D 打印机器人，形成行走式建筑 3D 打印新工艺，形成了自主知识产权保护。本项目的总体技术水平及应用效果达到国际先进水平，其中面向建筑 3D 打印技术的特色切片算法，其应用效果达到国际领先水平。

五、第三方评价、应用推广情况

1. 第三方评价

2021 年 1 月 25 日，经上海电器设备检测所有限公司鉴定，课题研制的行走式建筑 3D 打印机器人（M3DP-Rob）的安全防护、墙体打印、负载测试、运动控制、系统工况和系统设备等各项性能指标均达到设计要求，设备通过整机认证。

2021 年 12 月 23 日，经上海市土木工程学会鉴定，项目研究成果总体达到国际先进水平，其中建筑 3D 打印切片算法达到国际领先水平。

2. 推广应用

本项目研发的行走式建筑 3D 打印机器人（M3DP-ROB）先后亮相"2020 年上海国际城市与建筑博览会""2021 年度中国建筑科学大会暨绿色智慧建筑博览会"和第 18 届中国-东盟博览会等，引发业内关注，并被央视新闻、新华网、学习强国、中国日报、人民日报等中央媒体以及北京日报、天津日报等地方媒体报道。

研究成果应用于深圳市新华医院项目、上海轨道交通市域线机场联络线工程 JCXSG-10 标。首次实现了行走式建筑 3D 打印技术在项目园艺绿化中的应用，开拓了 3D 打印技术新的应用领域。根据项目所需异形复杂曲线建筑构件的需求，打印了中建 Logo、艺术座椅、艺术花墙等建筑小品，减免了高额模具费用，提高了施工效率，在广东省住房和城乡建设厅组织开展的"质量月"观摩交流活动、上海市交通行业"安全生产月"综合观摩活动中，行走式建筑 3D 打印机器人及其打印小品受到了行业专家的高度关注，取得了良好的社会效益。

此外，研究成果还应用于惠南民乐动迁安置房项目、厦门新体育中心（I 标段）施工项目、永诚大厦项目和郑州航空港区综合保障基地项目，根据项目的定制化打印需求，打印了阳光房、中建 Logo、装饰性花墙、异形花砖等建筑小品，并应用于装饰工程中，节约施工费用，提升构件质量，进一步验证和优化工艺效果，取得了良好的经济效益。

六、社会效益

行走式建筑 3D 打印机器人智能小巧、使用便捷、便于周转，先后亮相"2020 年上海国际城市与建筑博览会""2021 年度中国建筑科学大会暨绿色智慧建筑博览会"和第 18 届中国-东盟博览会等大型展会，并被央视新闻、新华网、人民日报等多家媒体报道，引发行业高度关注。

在"工业 4.0""中国制造 2025"等国家战略背景下，建筑行业转型升级需求尤为迫切。本项技术的产业化应用，可降低现场劳动强度、改善施工环境、升级生产方式、节约人力成本和创造新的岗位需求，具有良好的社会效益。

技术发明奖

金奖

具有测量定位结构的自动摊铺机系统

主要完成人： 陈长卿、何　军、佟安岐
推 荐 单 位： 中国海外集团有限公司

一、立项背景

沙田至中环线（沙中线）是香港政府规划的一条策略性铁路，连接大围至金钟，全长 17km，是一项跨越香港多区、连接多条现有铁路线的铁路项目。沙中线过海隧道建造工程为沙中线过海段，连接红磡站至会展中心站。项目包括 1663.5m 长的沉管隧道及 94m 长的开挖回填隧道，并已于 2014 年 12 月开工。沙中线沉管隧道隧址位于维多利亚港之间，维港全年通航，海运繁忙；隧址两侧高楼林立，北侧为红磡行车高架桥，同时拟建沉管隧道与既有红磡海底隧道平行并行，距离最小处只有 50m。隧址南侧为铜锣避风塘，毗邻中环-铜锣湾绕道，塘内私家船只众多，工程的建设面临多项重难点，尤其是对沉管管节施工精准度要求极高，比如碎石基础顶标高允许误差为 ±25mm、管节水平方向安装允许误差±50mm、竖直方向安装允许误差±20mm，而且对周围环境影响要尽量降至最小，碎石基础摊铺是其中的关键工序。

碎石垫层越来越被普遍地运用于海事构筑物的基础，为确保海事构筑物的结构底板能够得到均匀的承载，建造碎石垫层的整平精度要求相当高，一般达到厘米级。要在水深数十米的水底铺设平整的碎石垫层，这对施工技术和方法也有相当高的要求。现时能达到此精度的施工方法还包括浮式整平船和平台式整平船，但这两种方法各有其条件限制和缺点。前者铺设碎石垫层的整平精度受水流和波浪的影响较显著，在水流急或波浪大的水域并不适合；后者虽受水流及波浪的影响小，但此类平台式整平船体形一般相对较大且造价昂贵，施工前必须考虑其范围水域的局限性及成本因素。

中海集团沉管隧道建造创新团队组织中建集团级科技攻关，采取"产学研用"的研发思路，通过实验、数字仿真、现场试验、对比分析、装备研制和成果转化等措施，研发遥控式摊铺机水底碎石垫层摊铺技术，利用水底摊铺机在水下进行施工作业。经实际施工及证明，能够在一定程度上弥补上述两种方法的缺陷，达到安全、精准、高效、受波浪和水流影响小的施工效果。

二、技术新颖性、创造性与实用性

水底碎石垫层摊铺技术包括传统的刮沙法、刮石法，但是精度低、工效低；同时，材料损耗率高，现时能达到高精度的施工方法还包括浮式整平船和平台式整平船。但这两种方法各有其条件限制和缺点。前者铺设碎石垫层的整平精度受水流和波浪的影响较显著，在水流急或波浪大的水域并不适合；后者虽受水流及波浪的影响小，但此类平台式整平船体型一般相对较大且造价昂贵，施工前必须考虑其范围水域的局限性及成本因素。

本项技术成果申请了国家发明专利及欧洲专利，公开了一种具有测量定位结构的自动摊铺机系统（图 1～图 4）。本专利发明的具有测量定位结构的水底自动摊铺机系统，整体结构采用钢材制造，其主要组成部分包括：整平架（连浮力桩），液压支撑脚，台车轨梁，台车，布料斗，测量架等。摊铺机应用作业的步骤包括：摊铺机水平定位、高度调校、抛石及整平、铺设完成、悬吊移位、测量验收、进行下一仓铺设等。本技术已具备成熟条件，在香港地铁沙中线沉管隧道实际应用中已得到证明，安全、精准、高效、受水流及周围环境影响小，节约了大量工期，为香港地铁工程沙中线（南北线）过海沉管隧道项目整体工程缩短 282d 工期奠定了技术基础，保证了工程的顺利进行，成果体

现了良好的工程实用性。

图 1　摊铺机（陆上全景）

图 2　摊铺机（入水作业）

图 3　摊铺机控制室

图 4　摊铺机操控系统

　　此具有测量定位结构的自动摊铺机系统包括摊铺装置，该摊铺装置包括支撑结构，支撑结构支撑于水底面；运输结构，运输结构滑动连接于支撑结构；以及布料结构，布料结构连接于运输结构，并具有供物料通过的进料口和出料口，出料口朝向水底面延伸，运输结构带动布料结构于支撑结构移动，带动出料口进行落料；测量定位结构，测量定位结构包括测量架和至少一定位结构，测量架的一端转动连接于支撑结构，定位结构固定于测量架的另一端。本发明技术方案的自动摊铺机系统落料位置精确，在布料过程中受水流及波浪的影响较小，工作条件受工作区域限制小，性价比高。见图 5。

　　本专利发明的自动摊铺机主体结构设于水底，以四个液压支撑脚承托并调控其高度，只保留其测量架部分露出水面用作定位及测量，由于其主体位于已挖好的基槽内，同时其设计为阻水面积较小的构件，所受到水流作用较小，因此本专利发明的自动摊铺机保证了主体的相对稳定及施工作业精度高达 ±15mm，使当前全球 ±40mm 的碎石垫层摊铺精度大幅提升，系统居于全球领先水平。

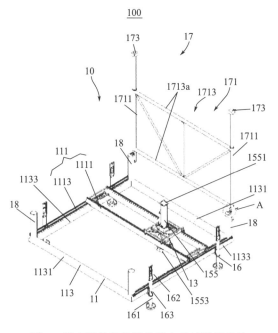

图 5　具有测量定位结构的自动摊铺机系统

三、技术原创性及重要性

具有测量定位结构的自动摊铺机系统发明专利属于水下作业自动化程度要求很高的专业化大型机械设备，其技术要点为利用安装于摊铺机测量架顶端的高精度 GPS（RTK）测量装置，结合整平架两侧横梁的高精度倾测仪（Inclinometer）进行水底定位，通过设置于驳船上的控制系统调节摊铺机的液压支撑脚冲程来调整整平架高度从而调整布料斗底口高程。定位完成后，向布料斗内填充石料并利用液压驱动装置依次纵向和横向移动布料斗台车和台车轨梁，达到抛石和整平同步进行，从而解决在水下安全、精准、高效摊铺的技术难题。在沉管隧道碎石垫层摊铺领域，实现碎石垫层摊铺自动化、无人化和高精度作业为本发明的显著原创性技术特征。

本项技术围绕自动摊铺机系统开发形成的 21 件专利（其中欧洲专利 1 项、国家发明专利 9 件、香港发明专利 1 件、外观设计专利 1 件和实用新型专利 9 件），为解决水下碎石垫层摊铺实现自动化、高精度和高安全性作业奠定了坚实的技术基础，为高耐久性抗震沉管隧道实现高精度建造铺平了道路。

四、与当前国内外同类研究、同类技术的综合比较

传统海底碎石摊铺技术主要为浮式整平船和平台式整平船，但这两种方法各有其条件限制和缺点。前者铺设碎石垫层的整平精度受水流和波浪的影响较显著，在水流急或波浪大的水域并不适合；后者虽受水流及波浪的影响小，但此类平台式整平船体型一般相对较大，且造价昂贵，受施工水域水深影响较大。本项技术有以下优势：

（1）本发明水底自动摊铺机，具有不受水深条件限制的技术优势。采用分体式架构：水底摊铺机和多功能驳船。多功能驳船集电脑控制、遥控操作、自动喂料、测量检查和浮移摊铺机等多项功能于一体，浮在水面。而摊铺机的主体结构则座于水底，以四个液压支撑脚承托并调控其高度，只保留其测量架部分露出水面用作定位及测量，因此可根据水深来更换水底测量调平仪器，从而达到不受水深条件限制的目的和施工效果。

（2）本发明水底自动摊铺机，具有施工安全的优势。采用水底自动摊铺机进行海底碎石基础摊铺，可利用在多功能船上的电脑控制室，遥控操作水底自动摊铺机进行水下作业，大大减少了潜水员深水作业的时间，全程只有后期处理尾料部分需要潜水员水下作业处理。大大提升了水下工程作业的安全系数和可靠性。

（3）本发明水底自动摊铺机，具有施工精准度高的优势。利用 GPS-RTK、水压探测仪、倾斜仪、高程测量仪等精密仪器的配合使用，自动动态调节待铺碎石基础顶标高，水下施工精准度达到了 ±15mm。

（4）本发明水底自动摊铺机，具有操作便捷、施工高效的优势。多功能驳船设于水面，与摊铺机之间以可分离式"脐带"作电力供应和液压操控，利用设置于驳船上的喷射泵系统经布料管对设置于摊铺机上布料斗进行石料供给。另外，驳船两侧设置的绞车系统用作浮吊摊铺机进行水平移位。摊铺机和多功能驳船之间的连接或分离可在半个工作天之内完成。整体施工效率是传统水底碎石基础摊铺法的 4 倍。

五、第三方评价、应用推广情况

1. 第三方评价

2021 年 6 月 21 日，中国公路学会在北京主持召开了"高耐久性抗震沉管隧道设计与施工关键技术研究与应用"项目成果评价会。专家一致认定，该成果整体达到国际先进水平，其中全浸式海底碎石自动摊铺技术达国际领先水平。

2. 推广应用

本技术应用于香港沙中线过海铁路隧道工程工程，沉管隧道段全长 1.67km，共安装 11 条钢筋混凝

土结构预制管节，其中 10 条管节 156m 长、1 条管节 103m 长，管节沉放时间为 2017 年 6 月份至 2018 年 4 月份，沉管隧道碎石基础垫层摊铺时间为 2017 年 4 月至 2018 年 3 月。

六、社会效益

沉管隧道的施工方法中，需要先在水底开挖基槽，后续将隧道的管段逐节沉放至预先挖好的水底基槽内，而该作为沉放管段基础的基槽在开挖成型后其底面为凹凸不平的，需要回填石料进行平整，改善地基承载力、控制其相关沉降，使得铺设成型的隧道每节管段受力均匀，使用效果好。

已有的基础处理方法主要为先铺法，包括刮沙法、刮石法、整平船法、整平台法等。传统先铺法必须进行水下铺放、水下整平两项施工，工效较低。为了提高基槽底面的平整性，现有技术中的作业船一般采用带定位桩的浮式整平船或平台式整平船，该带定位桩的浮式整平船利用锚缆系统和定位桩进行船舶定位，整平精度直接受水流及波浪影响，工作条件受到限制；平台式整平船利用桩腿支撑平台至水面之上，该结构下摊铺精度受水流影响较小，但其工作条件仍然受到限制。

应用自动摊铺机系统进行水底碎石铺垫的铺设，受水流及波浪影响较小，且能够适用于不同的水深要求。潜水作业明显小于一般做法，所需用料可循环使用。铺设效率高，在香港地铁沙沙中线沉管隧道建设过程中，设计最高速度达 150m³/h，这极大地提高了沉管隧道碎石垫层摊铺的效率，为传统机械摊铺效率的 4 倍之多，也为沉管精准安放提供了条件。应用自动摊铺机系统节省石料 5300m³，节约工期 5 个月，相比传统刮石法等摊铺方法相比，每一管节摊铺时间减少两周，节省材料 16%，产生经济效益近 2000 万港元。

本项技术成果在合约额 43.5 亿港元的沙中线跨海沉管隧道得以成功应用，以遥控式摊铺机水底碎石垫层铺铺技术为核心的高耐久性抗震动沉管隧道建造关键技术研究与应用为带来了巨大的社会效益。实践证明该技术建造速度快，提前 282d 完工，科技创效突出，净增利润高达 1.72 亿港元、经济效益高达 6.28 亿港元，同时对维多利亚港通航及两岸等周边环境影响较小，绿色建造创新技术应用成效突出，赢得了香港地铁质量、安全、环保、社区关顾多项金奖，成功夺得中建集团科学技术奖一等奖、英国工程师学会 NCE 隧道年度大奖，被认定为中国建筑第三批重大科技成果，赢得了香港及国际土木与建筑工程业界的广泛认可，新华网和香港文汇报进行了大篇幅报道，社会影响力巨大。

创新团队研发成果的顺利实施，也为中海集团及旗下中建香港在港澳地区与国际知名承建商同台竞争、脱颖而出并成功超越奠定了坚实的技术基础，中海集团及旗下中建香港通过项目设计与施工，积累了丰富的技术与实践经验，培养了一批沉管隧道建造技术与管理人才，为"一带一路"、国内外多项沉管隧道工程储备专项基础设施建设技术，为中国建筑拓展国内外海事工程市场领域奠定了相应的技术基础，进一步夯实了中国建筑行业核心竞争力，技术成果及经济效益与社会效益极其显著。

一种整体自动顶升迴转式多吊机集成平台

主要完成人：张　琨、王　辉、陈　波、李　霞
推荐单位：中建三局集团有限公司

一、立项背景

建筑业作为国民经济支柱产业，在全球气候治理的背景下，应积极推进行业绿色化、工业化和智能化发展，通过技术创新实现建造和组织模式根本性变革。在高层建筑施工中，吊机配置及运行方式直接关系到整个工程的安全、进度、效益等，当前仍存在以下突出问题：

1. 吊机功效低

高层建筑通常采用巨柱框架核心筒结构，重型吊装构件仅占吊装件的5%左右，但分布广——环绕于核心筒的周边，需配备多台大型动臂式吊机。大量的轻型构件仍采用大型吊机吊装，吊机功效未充分发挥，资源浪费大。见图1。

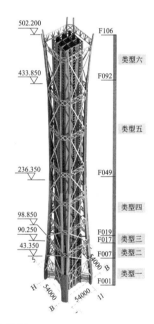

图1　中国尊项目吊机配置实景图

2. 爬升工艺复杂

传统吊机采用内爬或外挂固定形式，每施工三至四个结构层进行一次爬升。爬升时，多台吊机需错开独自爬升，且需其他吊机辅助作业。此外，吊机附墙埋件埋设、支承梁转运、焊接等工序复杂、占用大量工期、环境污染大。见图2。

3. 协同问题多

建筑施工中垂直运输设备伴随核心筒施工全过程。多台吊机与模架等设备设施在平面布置、协同施工中存在较多冲突，各类设备设施工效大幅降低。见图3。

针对上述问题，本单位发明了"一种整体自动顶升迴转式多吊机基座运行平台"。本专利是本单位在高层建筑施工领域的一项基础性发明专利，打造了具有多吊机集成、平台整体自动顶升、360°正反旋转等技术优势的高层建筑施工装备，为吊机智能化协同施工提供了基础平台，在资源节约、精益建造方

面具有显著优势，促进了高层建筑绿色化、工业化建造。

图 2　传统吊机附墙支承系统周转、固定及爬升实景图

图 3　吊机与模架冲突

二、详细科学技术内容

本专利提供的"一种整体自动顶升廻转式多吊机基座运行平台"（简称"廻转平台"），是采用空间桁架为受力骨架的沿高层核心筒墙体自爬升的吊机集成施工作业平台，包括吊机集成平台系统、支承顶升系统、廻转驱动系统三大部分。吊机集成平台系统集成多台不同型号吊机，共用一个基座；支承顶升系统安装在核心筒剪力墙体上，为廻转平台提供整体爬升动力，实现平台自动爬升；廻转驱动系统实现吊机集成平台的任意角度廻转，带动吊机群平面移位，扩大吊机吊装范围。见图 4。

廻转平台使用分为爬升状态和施工状态：爬升状态时，廻转平台通过顶升油缸进行顶升，一次顶升一个结构层高度，顶升时，第一道和第二道抗侧装置与墙体脱离，侧向滑轮伸出，可沿墙体向上滚动，并传递水平力。下支承架支承在微凸支点上承担竖向力，支承立柱连同吊机集成平台向上运动。顶升到位后，上支承架支承在上层微凸支点上，第一道和第二道装置小油缸在多个方向与结构墙体抵紧并提升下支承架。顶升油缸进行油缸回收，下支承架提升至上一层微凸支点。以此循环往复，完成顶升工作。

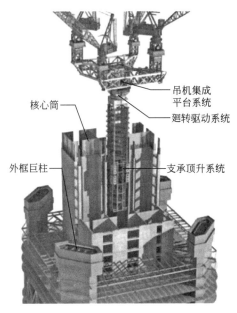

图 4　廻转平台组成及实景图

爬升就位后，廻转平台进入施工状态，制定相应的廻转规划，吊机集成平台旋转至合适位置，各吊机开始吊装工作。见图 5～图 7。

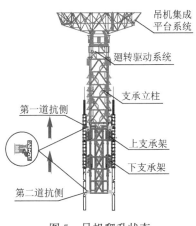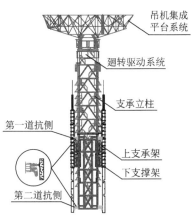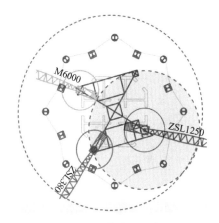

图 5　吊机爬升状态　　　　　图 6　吊机施工状态　　　　　图 7　吊装范围示意

本专利提出的一种廻转平台多吊机集成及吊机平台整体廻转吊装技术，革新了吊机群组在高层建筑施工的协同作业方式，具有以下 3 个关键技术：

关键技术 1：大净空多吊机自平衡集成技术。为提高吊机有效吊装范围、保障吊机运行安全，本专利提出大净空多吊机自平衡集成技术。设计了一种结构简洁的桁架式吊机集成平台，预留大范围吊装空间、可集成倾覆力矩达 2700t·m 的系列吊机，各吊机安装基座适应系列吊机安装，间距满足群塔作业安全、多吊机自重自平衡。通过多吊机基座平台整体廻转技术，扩大了吊机群的吊装范围，减小了吊机群作业安全风险，从根本上变革了传统吊机的选型配置、安装运行方式。见图 8。

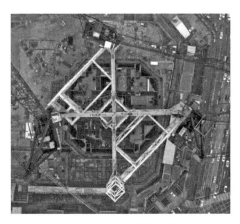

图 8　吊机集成平台实景图

关键技术2：受限平面高承载力抗倾覆附墙支承技术。为减少吊机支承顶升系统布置对核心筒平面的占用，优化传统吊机支承顶升方式，本专利提出了受限平面高承载力抗倾覆附墙支承技术，设计了一套多台吊机共用的支承顶升系统，满足多台吊机工作时传递的千余吨级竖向力、近万t·m倾覆力矩，一次顶升作业完成多台吊机爬升，彻底摆脱了传统吊机多点布置，独立爬升对建筑施工平、立面的大量占用以及爬升时间对工期的影响。同时采用可周转式爬墙承力结构替代附墙预埋件，大幅降低爬升成本。见图9、图10。

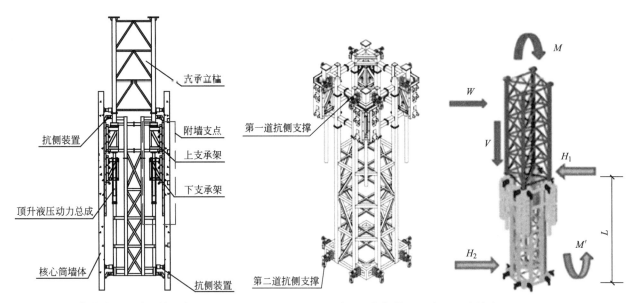

图9　集成支承顶升系统示意图　　　　图10　抗侧装置及支承顶升传力原理图

关键技术3：高可靠性低速大扭矩整体廻转技术。通过增加吊机集成平台平面廻转自由度及廻转动力，使平台上多台吊机自身产生圆周移位，增大其作业半径，实现少量或单一大型动臂式吊机对整个高层建筑施工平面的全覆盖。见图11、图12。

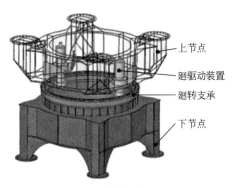

图11　廻转机构模型

图12　廻转机构实体

三、发现、发明及创新点

1. 多吊机集成基座平台

该平台平面呈X形，可灵活配置吊机型号和数量，扩大吊机群的吊装范围，减少其作业安全风险。多台吊机共用一个基座，实现多台吊机同步整体顶升。

2. 多吊机集成平台廻转系统

固定多台吊机的集成平台可绕平台中心360°廻转，增大吊机运载半径，最大限度发挥吊机运载功能，优化吊机配置。

3. 多吊机集成平台附墙支承系统

由支承架和微凸支点组成，改变传统吊机采用预埋件、支承梁（架）组成的附墙结构，可自动顶升并周转重复使用。

四、与当前国内外同类研究、同类技术的综合比较

较国内外同类研究，本专利技术的先进性在于以下四点：

1. 提升效率

通过多吊机基座平台整体廻转，提升吊机吊装半径，优化吊机配置，将部分大型吊机替换为小型吊机，运力发挥更充分；通过多吊机基座平台整体顶升，一次顶升作业可实现多台吊机同步爬升，大幅节省爬升工期。

2. 节能减排

采用可周转式爬墙承力结构替代附墙预埋件，大幅减少了吊机安装及爬升所需材料消耗；吊机配置的优化将部分大型吊机替换为小型吊机后，降低了吊机能耗水平及排放。

3. 改善性能

通过合理规划多吊机基座平台上各吊机点位布置，解决了吊机之间、吊机与其他设备设施在平面布置、协同施工中的干涉冲突，进一步释放吊机功效。

4. 提升品质

廻转平台将多台吊机集成后，利于项目集中管理，大大降低安全管控风险。

本技术通过国内外查新，查新结果为：在所检国内外文献范围内，未见有相同报道。

五、第三方评价、应用推广情况

1. 第三方评价

2020 年 1 月，由中国建筑工程总公司组织，经专家对该专利成果进行鉴定，鉴定委员会一致认为，该专利成果属于"全球首创"技术发明，达到国际领先水平。

2018 年 5 月，本专利技术通过湖北省科技信息研究院查新检索中心查新，查出国内外文献共 23 篇。经比对所检文献与本专利，所检索文献均未涉及本专利的关键创新技术，本专利在国内外未见相同的文献报道。

2. 推广应用

本专利已成功应用于成都绿地 468 项目，截至 2022 年 3 月已安全、高效完成全部顶升作业，经历了九寨沟 7.1 级地震、8 级大风、近 50t 重型构件吊装等多重考验；其部分专利技术（如高承载附墙抗倾覆技术）已应用于宜昌伍家岗长江大桥江北主塔、深圳城脉金融中心、武汉长江中心、重庆御湖壹号、珠海世贸、中建映成都等项目。

该专利关于多吊机集成、高承载抗倾覆附墙支承以及低速大扭矩廻转等方面的研究成果，在土木工程及工程机械领域有广泛的适用性，可重点推广至高层建筑，桥梁等领域。尤其适用于需要布置多台吊机，且吊机平面布置点位受限的情况。

六、社会效益

1. 社会效益

本专利技术在推广应用过程中取得了良好的社会效益：

（1）促进建筑业高质量发展。本项目通过施工装备及其工艺的重大创新，显著提升了高层建筑施工的绿色化、工业化与智能化水平。专利成果在西南第一高楼成都绿地 468 成功应用，由于其技术颠覆性及开创性受到社会各界的高度关注，对促进建筑业高质量发展及技术进步起到了显著的引领与示范作

用。截至目前，项目成果进行了数次论坛报告，数十次媒体报道，数百次现场观摩，学习交流人数达数万人，并荣登央视"大国建造栏目"，反响强烈。依托廻转平台专利技术等一系列高层施工领域技术优势，公司受邀参加世界第一高楼——迪拜港湾塔工程（1145m）竞标，有力彰显了"中国建筑"的国际品牌形象。见图13～图15。

图13 专利成果荣登央视"大国建造"栏目

图14 多家权威媒体报道

（2）推动高层建筑垂直运输装备的重大变革。廻转平台从本质上改变了传统吊机高层施工内爬、外挂塔式起重机爬升工艺。通过可周转使用的整体自动顶升平台系统，仅用6h即可一次性同步完成多台吊机整体顶升，不需要进行大量预埋件、钢梁的高空焊接、倒运工作，能耗低、污染少，降低工人的劳动强度及高空作业风险，显著提高了以复杂、长周期为特点的高层建筑施工效率及建造水平，有效提升了吊机这一重大施工装备的群控智能化管理水平。通过成都468高层项目实践，减少数百吨埋件投入，单个项目节约工期2个月以上，有效降低高层建造对城市交通、噪声、环境等方面的影响。

（3）促进新型建造方式专业技术人才培养。结合廻转平台技术的研发及应用，组织了数次研讨交流、技术交底及专项培训，培养了一批高层建筑绿色化、工业化及智能化建造的研发及专业技术人员，为行业技术进步及企业高质量发展起到良好的推动作用。见图16。

2. 行业影响力

廻转平台面向传统吊机配备不经济、功效发挥不足，附着爬升

图15 迪拜哈利法塔开发商艾马尔房地产公司调研成都绿地廻转平台

图 16　开展技术论坛、组织各类交流学习

工艺复杂、施工效率低及安全风险高等问题，提出一种颠覆性的吊机集成方案，为高层垂直运输难题提供了一种较好的解决方案，形成中国建筑在高层建筑施工领域新的技术优势与核心竞争力。本专利的成功应用引领了建筑业绿色低碳发展，推动了高层建筑传统施工方式的根本性变革，促进了建筑产业向绿色化、工业化和智能化转型升级的发展，加快了世界摩天大楼由"中国建造"向"中国创造"转变。

3. 政策适应性

廻转平台作为解决高层垂直运输问题的重大创新，从源头上实现资源节约、显著提升了整体施工效率、减少了环境污染、大幅提升了吊机使用功效与智能化管控，符合国家"双碳战略"及"十四五"规划中关于"推广绿色建造方式"和"加快智能建造与新型建筑工业化协同发展"的政策导向；通过该技术应用，从本质上改变了高层建筑的传统施工方式，更利于项目多台吊机的集中管理，大大降低吊机各自爬升高空作业的安全管控风险，符合国家"科技兴安"战略及"安全生产"基本国策，属于国家政策明确鼓励、支持的项目。

银奖

基于区块链的预制构件全生命周期质量追溯方法及系统

主要完成人： 曾 涛、郭海山、李黎明
推 荐 单 位： 中建科技集团有限公司

一、立项背景

在新时代建设质量强国的大背景下，建筑行业大力推进新型建筑工业化以及数字化转型升级，建筑企业如何提升建筑质量、加强建筑工程质量监督管理，以及建筑企业参与"一带一路"建设、参与国际竞争，如何以建筑质量助力企业赢得国际市场，是实施"质量强国""一带一路"的切入点和着力点。本专利发明了一种利用新一代信息技术解决质量追溯的方法，目标是建立面向工业数据连接应用场景的安全、轻量级、可追溯的可信数据解决方案，助力解决新型建筑工业化过程中质量追溯的标准、效率、信任、安全与监管问题，有助于提升工程安全、提高建筑质量和品质，较好地解决了本领域关键性、共性技术难题，对推动建筑业数字化转型和高质量发展具有重大意义。

二、详细科学技术内容

1. 自动识别与数据采集技术

创新成果一：工业级智能终端

开发了开发工业级的智能终端，实现数据高效采集。主要包括：数字一体化业务终端（工业级、指纹、人证合一、人脸识别、GPS、二维码/无源 RFID 读取等功能）；固定终端读写器（有源 RFID 读取功能）。见图 1、图 2。

图 1　数字一体化移动业务终端

创新成果二：数据载体技术

开发了新型复合集成标签（三合一，有源 RFID＋无源 RFID＋二维码），承载标识编码信息；供自动数据采集设备快速读取。见图 3。

创新成果三：软件及管理系统

开发移动平台上的预制构件管理软件，基于 RFID 技术实现对预制构件信息采集，在云平台上对构件的管理数据进行分析和整理，实现对构件生产、运输、存放、安装等施工全过程的实时动态管理。见图 4。

2. 区块链质量追溯与监管技术

创新成果一：核心专利＋系列专利布局

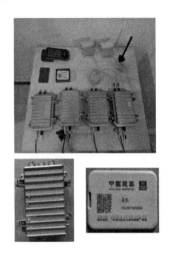 

图 2 固定终端读写器

图 3 复合集成 RFID（有源/无源＋二维码）

图 4 APP 软件（生产/运输/施工＋套筒灌浆）

在围绕基于区块链的工业化建造质量追溯技术布局的系列专利申请中，本专利是核心专利（图 5）。该系列专利的对象是"预制构件"，解决的关键共性问题是"预制构件质量追溯和各方监管高效模式"，聚焦场景是"工业化建造供应链和关键监管环节"，这也对应着公司系列专利布局。目前，已完成 1 项国家发明专利授权（基于区块链的预制构件质量追溯）、1 项 PCT 日本授权（基于区块链的套筒质量追溯），2 项 PCT 均完成美、德、日三个国家专利布局。

创新成果二：开发系列软件及系统

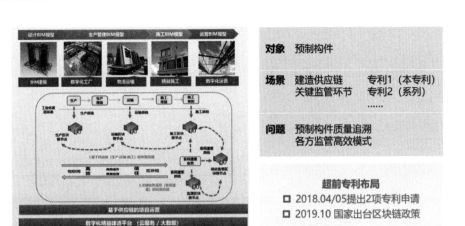

图 5　基于区块链的工业化建造质量追溯系列专利布局

围绕发明专利技术方案，陆续开发了"基于区块链的预制构件生产质量追溯管理系统 V1.0""基于区块链的预制构件施工质量追溯管理系统 V1.0""基于区块链的预制构件物流质量追溯管理系统 V1.0""基于区块链的套筒灌浆质量追溯管理系统 V1.0""基于区块链的节点隐蔽验收质量追溯系统 V1.0""面向区块链应用的套筒灌浆事件指纹算法"6 项软件著作权并获得授权，在"十三五"国家重点研发计划示范工程等多个项目中进行了试点应用，取得了良好效果。

创新成果三：各重要参与方、监督方之间的数据信任机制

针对现有模式存在的记录多为纸质、数据关联性差、易篡改、缺乏信任机制等问题，探索各方基于区块链的新模式，采用工业级终端以事件方式记录质量追溯相关数据；质量追溯数据加密为"事件指纹"上区块链；各方基于区块链平台进行质量追溯与监管，形成各重要参与方、监督方之间的数据信任机制。见图 6。

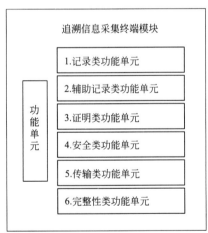

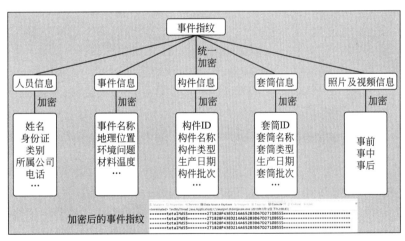

图 6　基于区块链的监管模式

3. 基于区块链的工业化建造质量追溯成套技术

本发明方法助力解决预制构件质量追溯的标准、效率、信任与监管问题，与传统质量追溯方法相比，具有：质量追溯信息标准化程度高、信息采集/存储高效、追溯信息防篡改、监管模式提升等优势。围绕发明专利并结合企业标准研编和软、硬件开发，通过理念、方法、工具、管理模式创新，逐步研发形成了基于区块链高效、可靠的工业化建造质量追溯成套技术，它是集成应用标准、RFID 芯片、工具、软件、系统为基础的，追溯与监管数字化方法的一种新模式，助力打造工业化建造质量追溯"新范式"。见图 7。

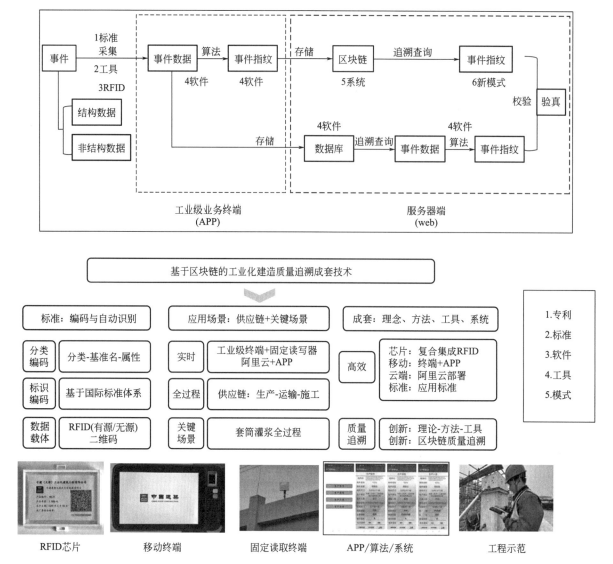

图 7　基于区块链的工业化建造质量追溯成套技术

三、发现、发明及创新点

（1）发明涉及国家大力倡导的新型建筑工业化领域的质量追溯，可有效解决工业化建造过程中质量追溯的标准、效率、信任、安全与监管问题，与传统质量追溯方法相比，具有：质量追溯信息标准化程度高、信息采集/存储高效、追溯信息防篡改、监管模式提升等优势。主要包括：

1）预制构件标识编码标准化和 RFID 等自动识别技术应用；

2）采用工业级终端和读取识别，实现追溯信息高效采集；

3）基于区块链的追溯信息防抵赖与防篡改；

4）各重要参与方、监督方之间的数据信任机制；

5）基于区块链信任机制的工业化建造质量追溯及监管的新模式。

（2）本发明可以支持工业化生产的房建类产品和基础设施类产品的质量追溯，具有很好的技术通用性。房建类产品包括：结构系统部品部件、外维护系统部品部件、设备与管线系统部品部件、外装修系统部品部件，基础设施类产品包括地下管廊、地铁管片、市政管道和装配式桥梁等。

（3）围绕基于区块链的工业化建造质量追溯技术布局的系列专利，已完成 1 项国家发明专利授权（基于区块链的预制构件质量追溯）、1 项 PCT 日本授权（基于区块链的套筒质量追溯），2 项 PCT 均完成美国、德国和日本三个国家专利布局；软件著作权授权 6 项，论文发表 1 篇，参加了工业互联网产业联盟组织的《基于区块链的工业化建造质量追溯成套技术测试床》项目，助力"十三五"国家重点研发计划课题绩效评价合格验收。

四、与当前国内外同类研究、同类技术的综合比较

本发明专利属于基础型的专利，在国家专利局网站相关关键词检索和"十三五"科技研发项目科技查新报告均未查询到相近的发明专利，本专利具有原创性。

专利局评审意见中未列出最接近的技术，所列对比文件是论文《基于区块链技术构建我国农产品质量安全追溯体系的研究》，该论文主要公开了区块链技术应用到农产品质量安全追溯体系的架构设想，并进一步公开了整体架构的层次，公开了数据层基础数据来源于农产品养殖、生产加工、包装、运输、销售的完整生命周期，基础数据传输到数据层，并遵循区块链格式、加解密算法和传递机制加上时间戳形成数据记录在区块链中。但未公开该基础数据在数据结构层面上的编码方式、数据传输方法，以及形成的数据如何放入区块链中等重要的技术实施细节。

与该论文以及传统的质量追溯方法（人工记录、纸质存档、相关追溯数据缺少关联、易篡改、追溯手段和监管模式低效）相对比，本发明公开的一种"基于区块链的预制构件全生命期质量追溯方法及系统"的技术方案显著不同，包括以下技术要点：

（1）对质量追溯系统性研究，包括质量追溯标准与方法；

（2）高效的追溯信息采集方法及采集设备；

（3）追溯信息的自验证、防抵赖与防篡改；

（4）各重要参与方、监督方之间的数据信任机制；

（5）基于信任机制的工业化建造质量追溯及监管的新模式，因而更具新颖性和创新性，相关技术未对本专利的新颖性和创造性构成实质性影响。

五、第三方评价、应用推广情况

1. 第三方评价

2020 年 6 月 12 日，"十三五"国家重点研发计划课题绩效评价验收中，"基于区块链和有源 Rfid 技术的预制构件自动识别质量追溯系统"成果被专家组评为达到国际领先水平。

2. 推广应用

本发明依托"十三五"国家重点研发计划平台，聚焦前沿技术和行业共性关键技术，形成了以区块链技术为基础的预制构件质量追溯成套技术，在"十三五"国家重点研发计划示范工程"北京张各长村住宅项目"和"十三五"国家重点研发计划示范工程"中建 PPEFF 体系综合示范"项目（五层足尺结构试验楼/中建科技徐州 4 号办公楼）等多个工程中得到了示范应用。据"十三五"国家重点研发计划示范工程"北京张各长村住宅项目"示范应用中的初步估算，围绕本发明专利的整体应用可有效提升工程质量和建造效率，折合可为项目新增利润达到项目总额的 0.3%，据此在该工程试点应用可以新增利润总计为 1080 万元。

六、社会效益

（1）以人工智能、区块链、物联网、大数据、云计算为代表的新一代信息技术正在成中国数字经济发展的新动能、建设科技强国的新引擎。区块链技术应用已延伸到数字金融、物联网、智能建造、智能制造、供应链管理、数字资产交易等多个领域，区块链有望为各个行业赋能，甚至带来颠覆性改变。

（2）区块链技术作为新一代信息技术，具有去中心化、信息不可篡改、集体维护、可靠数据库、公开透明五大特征，在市场化行为信任机制构建方面有着天然优势，工业化建造质量追溯领域引入区块链技术，通过理念、方法、工具、标准、管理模式的创新，以及区块链技术结合建筑行业特点的集成应用，将有助于建立工业化建造全过程、建筑全生命期的质量追溯。

（3）基于区块链的工业化建造质量追溯技术，可以提高预制构件的整个供应链透明度与管理质量，提升建筑全生命期管理水平，同时也助力中国建筑业走向国际市场、践行国家"一带一路"战略。

（4）依托"十三五"国家重点研发项目和工业互联网产业联盟区块链测试床项目，开展新一代信息技术与工程建设领域的融合创新，相关成果达到国际领先水平，为建筑业数字化转型和高质量发展做出了有益的探索和实践。

高层建筑逃生器及逃生方法

主要完成人： 张　琨、王　辉、刘志茂、叶智武、夏劲松、刘　彬、刘卫军、伍勇军、付晶晶、洪　健

推 荐 单 位： 中建三局集团有限公司

一、立项背景

近年来，高层、超高层建筑在各地兴起，其建造技术以及建筑结构正常运营管理技术得到了长足的发展。然而，高层、超高层建筑在建造过程中的紧急逃生通道，正常运营过程中的办公楼、住宅楼、商场等人员较密集区域高层建筑的消防设施、紧急情况安全逃生设施等建设一直没有得到很好的解决。

在高层建筑中，当发生火灾、地震及外力撞击等突发灾害，涉险人员需要逃生。当楼层较矮时，多通过缓降器、缓降绳等逃离，这些设备的使用限制条件较多，仅能在十几米或者几十米范围内使用，且存在一定的安全隐患；当楼层较高时，一般逃生人员先到达避难层等待救援，或由避难层通往疏散楼梯，从上至下沿楼梯进行逃离。除此以外，美国发明了一种摩天大楼逃生轮，该设备可实现从几百米高空平稳、缓慢地滑落地面。然而，使用该设备时不仅要克服心理恐惧，还要经过专门培训，对逃生姿势、臂力均有较为严格的要求，通用性不强。在日本、英国、德国等发达国家也只是少量地应用螺旋形室外滑梯，充气尼龙膜槽形倾斜滑道，通过齿轮、齿轨运动的运载器等逃生设施，较国内现有逃生设施虽有一定的改进，但结构相对复杂，逃生效率较低，突发灾害来临之时，不能在短时间内转移涉险人员。

在国内，市场上有较多种类的逃生产品在售，总结起来主要有两大类：一类是用于公共建筑的大型逃生设备，如逃生舱、柔性滑道、救生气垫等；另一类是家用的小型逃生设备，如逃生软梯、缓降器、逃生绳等。这些设备最大的问题在于其使用高度受限，不超过 60m，不适用于高层、超高层建筑的逃生；同时，较多逃生设备需要用电。然而，在火灾、地震等突发灾害下，往往不能保证建筑用电，因此，当前逃生设备的适用性受到一定的制约。

针对上述问题，申报单位创造性地提出一种高层、超高层高效便捷安全逃生装置。经过近四年的设计与试验研究，最终提出"高层建筑逃生器及逃生方法"。

二、详细科学技术内容

1. 磁力缓降逃生系统载重效率研究

创新成果一：采用磁阻力实现高层建筑安全逃生

创新基于楞次定律，通过依附在载人装置上的高强磁铁与导电性能良好的非铁磁性材料制成管路之间的相对运动，产生阻碍载人装置下滑的阻力，从而实现人员的安全逃生。

创新成果二：磁力缓降逃生系统速度匀速且可控

创新通过有限元模拟和试验对比分析得出对逃生管路的材质，磁铁的种类、形状、尺寸、布置形式等进行研究，确定磁铁的用量和最佳组合方式，最终与载有人员逃生器的重力达到平衡，使逃生人员匀速下落，速度 1~3m/s 可调可控，实现逃生过程。

创新成果三：磁力缓降逃生系统无须外部能源输入

创新依据楞次定律，当逃生器中配备数量充分、磁力强度相当的永磁体，并使磁体与非铁磁材料保持合理间距，则逃生器在下落过程中，非铁磁材料与磁体之间相对运动而切割磁感线，产生阻碍逃生器

333

下落的阻力，该阻力与下落速度成正比，不需要额外的能源输入就可实现逃生人员的匀速下落。见图 1、图 2。

  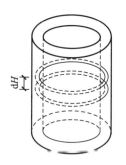

图 1 高楼逃生器主要技术思路和原理

图 2 逃生管路示意图

2. 磁力缓降逃生装置及附属设施研究

创新成果一：发明了系列高适应性载人逃生装置

创新通过动静态模拟分析、人体工学、受力安全、操作便捷性等角度，对载人装置、逃生管路、上下人平台等机构进行开发设计、试制验证，开发了多款基于人体工学的磁力缓降安全逃生装置，适用于不同人群、不同场景需求；通过磁铁间隙调整及不同材质管路组合实现变速下落，设置旋转和开合机构，实现从任意楼层快速逃生。

创新成果二：逃生装置不受高度限制

创新地依建筑设置竖向管路，管路分段固定，分段承力，坚实可靠，改变了超高层逃生装置逃生高度受限制、逃生人数有限以及线缆等逃生过程易摆动的通病，逃生高度不受限制，当有突发灾害发生，特别是在电梯限制使用时可快速疏散，保障人员的生命安全，同时减少逃生人员逃生过程中的不安全感。见图 3、图 4。

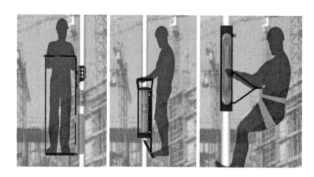

图 3 高适应性载人逃生器

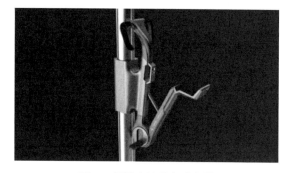

图 4 高层建筑载人逃生器

3. 研发了多重自我安全保障体系和逃生方法

创新成果一：研发了多重自我安全保障体系和逃生方法

创新研发设计自锁、限位、防脱等安全机构，确保逃生过程人员、装置、管路三位一体牢靠关联。开展足尺模型试验，现场对加工好的装置进行安装并进行载重、模拟载人、载人试验，根据现场装置的安装情况和载人试验结果，对磁铁的布置形式、载人逃生装置和附属装置进行优化，形成了比较完善的磁铁布置方案和附属装置设计方案。同时，针对不同结构形式，设计不同的逃生系统布置方式与逃生实施方案。

创新成果二：逃生方法简单且不受人数限制

创新装置轻巧，操作便利，逃生人员经过简单的培训就可实施安全逃生，降低了使用门槛；载人装置可实现手动开合，逃生人员可在管路的各个位置进行逃生，逃生人数不受限制。见图 5、图 6。

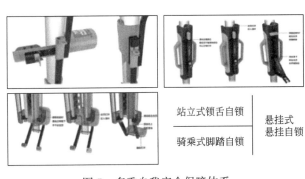

站立式锁舌自锁　悬挂式
骑乘式脚踏自锁　悬挂自锁

图 5　多重自我安全保障体系

当前行者距后行者达到一定安全距离后(2层)，后者可在前者未达一层时提前出发

图 6　逃生方法示意

三、发现、发明及创新点

（1）专利基于楞次定律，通过依附在载人装置上的高强磁铁与导电性能良好的非铁磁性材料制成管路之间的相对运动，产生阻碍载人装置下滑的阻力，从而实现人员安全逃生，改变了部分逃生装置需要外部能源的现状，从而实现在紧急情况下无须外部能源安全逃生。

（2）本专利依建筑设置竖向管路，管路分段固定，分段承力，坚实可靠，改变了超高层逃生装置逃生高度受限制、逃生人数有限以及线缆等逃生过程易摆动的通病，逃生高度不受限制，同时减少逃生人员逃生过程中的不安全感。

（3）专利研制了一套安全可靠的载人装置，装置轻巧，操作便利，逃生人员经过简单的培训就可实施安全逃生，降低了使用门槛；载人装置可实现手动开合，逃生人员可在管路的各个位置进行逃生，逃生人数不受限制。

四、与当前国内外同类研究、同类技术的综合比较

较国内外同类研究、技术的先进性在于以下三点：

1. 非机械摩擦阻尼自动控速法

该方法由缆绳、缆绳轮、变速器和流体阻尼机构或电磁阻尼机构组成，缆绳有序地绕在缆绳轮上，缆绳轮轴与变速器动力输入轴联结，整个装置通过其外壳上的安装环被安装在固定处。

2. 高层建筑应急逃生安全井道

该技术设置对应除底层楼外的建筑物每层楼的安全井道，井道设置有应急逃生门、双扇形缓降翻板以及位于双扇形缓降翻板下方的承接缓冲翻板；应急逃生门设置在各层楼进入到井道内的入口中，双扇形缓降翻板包括对称设置的两缓降翻板，承接缓冲翻板包括面板，面板的一侧通过铰链可转动地安装在井道壁上，面板的铰链侧的相对侧与井道壁以磁力缓降相结合。

3. 电磁制动逃生技术

该技术适用于高楼，逃生设备在建筑物上安装轨道，轨道上固定有永磁铁，逃生器具上有一套由电阻、线圈、电容组成的电路，逃生器具在下落过程中线圈产生电流对逃生器进行降速。

经检索并对相关文献分析，对比结果表明：在所检索到的中文、外文文献中，未见与本专利高层建筑逃生器及逃生方法相同或相近的实现方案。

五、第三方评价、应用推广情况

1. 第三方评价

经湖北省科技信息研究院查新检索中心（编号：2022-b22-1626）进行国内外查新，未见与委托课题项目提出的查新要点内容相同的报道。本发明属于打破传统的首创新技术，解决了本行业、本领域的重要技术难题，经湖北省技术交易所组织的专家评价，整体达到国际先进水平；其中，磁力缓降安全逃

生装置的控制技术达到国际领先水平。

2. 推广应用

目前，已在武汉中心、武汉绿地中心、沈阳宝能金融中心、长江航运中心、广州恒基中心、成都绿地中心等高层与超高层建筑人员应急疏散与逃生中使用，近期拟在深圳华富村、湖北科学岛及中建壹品开发的系列高层住宅项目中使用。

六、社会效益

高层建筑逃生器及逃生方法逃生高度不受限制、逃生效率高、操作简单，在多个超高层项目施工过程中得到了极好的应用，在业内取得了良好的口碑，为申报单位树立了良好的企业形象，扩大了企业的影响力，更好地促进企业在更多的超高层项目中应用推广该专利技术。目前，已和专业公司达成初步意向，将组织产品化认证，加速成果转化进程。

专利技术在推广应用过程中取得了良好的社会效益：

（1）引领行业技术进步，本项目通过逃生装置的重大创新，显著提升了超高层建筑施工的安全水平。项目成果在武汉、沈阳等多个城市的地标建筑中成功应用，引起行业内广泛关注。截至目前，项目成果进行了数次论坛报告，数十次媒体报道，数百次现场观摩，学习交流人数达数万人，并多次接待国外专家参观交流，反响强烈。

（2）高层建筑逃生器及逃生方法逃生高度不受限制、逃生效率高、操作简单，一改以往逃生装置逃生高度有限、逃生效率低等缺点，有效地解决超高层施工中人员的逃生问题，保障施工人员的安全，具有极大的社会意义。

（3）引起了工程技术人员对超高层施工安全的重视，促进专业人才培养，结合高层建筑逃生器及逃生方法的研发及应用，组织了数次技术交底及培训，为企业及行业技术进步起到良好的推动作用。

一种催化精馏规整填料模块化安装方法及装置

主要完成人：黄益平、岳昌海、秦凤祥、周俊超、刘　辉、陆晓咏、刘春江、徐义明、李凭力
推荐单位：中建安装集团有限公司

一、专利质量

1. 新颖性和创造性

（1）技术背景

催化精馏作为一种重要的化工过程强化技术，被广泛应用于工业化生产中。对于催化精馏技术而言，反应段催化剂床层的结构设计与安装是实现催化精馏技术工业化应用的核心。由于催化精馏过程中的催化剂既起到催化作用，又起到传质表面的作用，所以不仅要求催化剂模块结构有较高的催化效率，同时又要有较好的分离效率。目前，催化剂装填方式分为两类，即固定床式和规整填料式，均有成功的应用实例。

规整填料型催化剂装填方式更适宜于精馏操作，气液接触好，塔内不需要特殊构件，催化剂利用率高。但这种装填方式中的催化剂更换困难，需要停车后人工进塔更换。因此，开发一种装卸方便、内部阻力小、催化效率高的催化精馏规整填料安装方式是亟须解决的关键问题。

（2）本发明技术方案

为达到理想催化精馏填料气-液间传质分离能力高、施工周期短和安装效率高的要求，开发了一种模块化催化精馏填料及其安装方法，即本发明专利。

本发明公开一种催化精馏规整填料模块化安装方法及装置，包括塔体、填料支撑圈和催化精馏规整填料塔盘，催化精馏规整填料塔盘包括若干平行区域，若干平行区域分为单模块安装区域和多模块安装区域，单模块安装区域和多模块安装区域由填料模块安装构成，填料模块由若干模块单元构成，模块单元由交替放置的催化剂模块和开窗式填料片构成，催化剂模块包括催化剂和模块包，模块包由开窗式填料片与丝网焊接而成，催化剂填充于模块包内。本装置提出了模块化安装的创新理念，相比传统按部施工安装方式，一方面提高了塔内物系的气液传质传热效率；另一方面，缩短施工周期，很大程度上提高了安装效率。见图1。

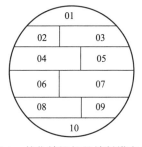

图1　催化精馏规整填料塔盘的模块划分平面示意图

（3）本专利的新颖性和创造性

本专利在实质审查阶段、专利权人委托国家知识产权局专利检索咨询中心进行的授权专利检索，以及专利权人进行的多次专利稳定性检索分析中，均未发现影响本专利新颖性/创造性的对比文件。与本专利相关的对比文件包括以下两篇（表1）。

对比文件列表　　　　　　　　　　　　　　　　表1

编号	专利申请号	专利名称	申请日期
对比文件1	CN02135488.X	一种催化蒸馏元件及催化剂装填结构	2002.9.20
对比文件2	CN201510034776.X	一种适用于大塔径催化精馏塔的催化剂装填结构及其应用	2015.1.24

对比文件1公开了一种催化精馏填料，对比文件2公开了一种催化剂装填结构，两者都没有公开其结构安装的相关内容。本专利与上述2篇相关对比文件相比存在本质不同，主要表现在：创新性地开发

了内置骨架结构的催化剂模块,解决了催化剂易堆积问题,提高了气液传质传热效率;提出了一种催化精馏填料的模块化安装方法,有效解决塔盘安装精度低等问题。由此可见,本专利具有较强的新颖性和创造性。

2. 实用性

本专利的模块化安装方法能在石化化工领域中使用,可广泛适用于 MTBE、轻汽油醚化、异丁烯叠合、叔丁醇脱水、甲缩醛等生产装置中,已在中石化、中石油、中海油以及地方石油化工企业推广应用,典型应用工程项目如表 2 所示。该方法对解决现有工业过程施工周期长、安装效率低等问题,具有重要的理论价值和实际意义。

本专利技术成功应用于山东东营华联石油化工厂 5 万 t/a 的 MTBE 装置和 28 万 t/a 的轻汽油醚化装置。其中应用在 MTBE 装置的催化精馏塔中,该塔规格为 $\phi1400mm\times51750mm$,填料总体积 18m³,应用在轻汽油醚化装置的催化精馏塔中,该塔规格为 $\phi1800mm\times55700mm$,填料总体积 31.1m³,见图 2。

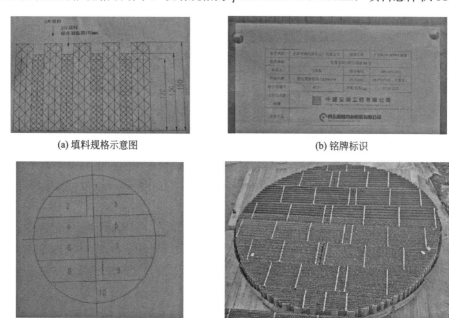

(a) 填料规格示意图　　　(b) 铭牌标识

(c) 填料分块模式　　　(d) 填料实物图

图 2　山东东营华联装置填料

本专利技术成功应用于浙江信汇 12 万 t/a 的叔丁醇脱水装置,叔丁醇再反应器分为三段,每段装填 15 层催化组件填料,一共 45 层催化组件填料,每层由 14 块拼接成高 200mm、直径 1785mm 的圆柱形。每一块催化组件填料都有自己相应的编号,例如编号 24-8,24 是层数、8 为顺序号,即 24 层催化组件填料的第 8 块,见图 3。典型应用项目见表 2。

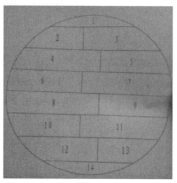

(a) 催化组件填料编号图　　　(b) 催化组件填料分块图

图 3　浙江信汇装置填料

典型应用项目 表2

序号	应用单位(项目)名称	应用情况
1	中国石油天然气股份有限公司大连石化分公司	异丁烯总转化率达99.66%,MTBE纯度达到99.3%
2	中国石化北海炼化有限责任公司	异丁烯总转化率达99.66%,MTBE纯度达到99.3%,在装置进料量大幅度提高时,MTBE产品及异丁烯转化率均能保持在较高水平
3	洛阳炼化宏力化工有限责任公司	异丁烯总转化率达99.58%,MTBE纯度达到98%以上,改造后装置能耗降低10%左右
4	石家庄鼎盈化工股份有限公司	异丁烯总转化率达99.66%,MTBE纯度达到99.3%,在装置进料量大幅度提高时,MTBE产品及异丁烯转化率均能保持在较高水平
5	大庆宏伟庆化石油化工有限公司	异丁烯总转化率达99.66%,MTBE纯度达到99.3%,在装置进料量大幅度提高时,MTBE产品及异丁烯转化率均能保持在较高水平
6	广饶华邦化学有限公司	异丁烯总转化率达99.66%,MTBE纯度达到99.3%,在装置进料量大幅度提高时,MTBE产品及异丁烯转化率均能保持在较高水平
7	淄博齐翔腾达化工股份有限公司	异丁烯总转化率达99.6%,MTBE纯度达到99%,在装置进料量大幅度提高时,MTBE产品及异丁烯转化率均能保持在较高水平
8	广西玉柴石化有限公司	异丁烯总转化率达99.3%,MTBE纯度达到99%,在装置进料量大幅度提高时,MTBE产品及异丁烯转化率均能保持在较高水平
9	中化泉州石化有限公司	催化轻汽油异戊烯转化率平均达到88%,比国外主导技术高出28%,此外还具有催化选择性好、能耗低、产品纯度高等特点
10	中国石油锦州石化分公司	C5活性烯烃总转化率平均达到95%以上
11	东明中油燃料石化有限公司	C5活性烯烃总转化率达到94.93%,醚化后产品甲醇含量大大设计指标要求
12	浙江信汇合成新材料有限公司	叔丁醇总转化率为99.11%,异丁烯选择性为99.66%,均高于设计指标,反应精馏蒸汽消耗量小,节能效果显著
13	宁夏宝丰能源集团股份有限公司	甲醇厂萃取精馏装置塔内件购置及安装

3. 文本质量

本专利共有权利要求7项,其中权利要求1为独立权利要求,限定了所要求保护的催化精馏规整填料模块化安装装置,权利要求2~3为权1的直接从属权利要求。权利要求4为独立权利要求,限定了所要求保护的催化精馏规整填料模块化安装方法,权利要求5~7为权4的直接从属权利要求。各权利要求之间的引用关系清晰、内容清楚,保护范围合理,具有良好的保护层次性;同时,说明书清晰完整、用词规范,实施例内容翔实,对技术方案充分公开。

二、技术先进性

1. 技术原创性及重要性

本专利为一种催化精馏填料模块化安装方法及装置的改进型专利,其解决的主要技术难题在于:气液传质传热效率低;施工周期长;安装效率低等。通过对精馏设备内发生的各种传递现象进行系统的理论和实验研究,提出一种构造传质效率更高的传递现象用于指导设备设计的思路,开发了一系列催化精馏设备内件。为了实现催化精馏设备内件工业化应用,本专利提出一种催化精馏填料模块化安装方法及装置,主要包含以下三个要点:

技术要点1:本发明专利通过对塔体流体力学模拟、工艺流程模拟以及填料冷热模试验得到的实验数据进行比对分析,提出催化精馏填料分块安装方法,在塔体内设置填料支撑圈,塔盘安装在填料支撑圈上,塔盘包括若干平行区域,若干平行区域分为单模块安装区域和多模块安装区域。最终,得到最优的分块形式、每块填料具体结构及其他塔内件的具体安装布局。

技术要点2：单模块安装区域和多模块安装区域均标识唯一的射频编码。确保模块产品在项目工程中的唯一辨识度，每个填料模块严格按照分块图安装，组装简单，连接灵活，有一定程度的可重复利用率，不仅节省人力和成本投入，而且极大地提高了安装精度和效率。

技术要点3：单模块安装区域为催化精馏规整填料塔盘两端的平行区域；多模块安装区域为单模块安装区域之间的平行区域，多模块安装区域由2～50个填料模块安装构成，填料模块中模块单元的组合方式为1～10层开窗式填料片加1～10层催化剂模块。

由此可见，本专利创新性地提供了一种模块化催化精馏设备内件安装方法及装置。通过调整催化剂装填量、催化剂模块与普通填料片的组合方法以及模块划分等方式，实现反应段规整填料的模块化安装，解决了传统催化设备内件连接复杂、安装困难、施工周期长和催化效率较低等问题。一方面，提高了塔内物系的气液传质传热效率；另一方面，缩短施工周期，很大程度上提高了安装效率；同时，本方法能够有效满足新型规整填料运输、吊装及塔内高质量安装的要求。

2. 技术优势

（1）与当前同类专利技术方案比较

截至目前，专利权人通过对公开文献进行检索，发现技术方案相对较优的同类专利有以下两篇（表3）。

专利对比技术　　　　　　　　　　　　表3

编号	专利申请号	专利名称	申请日期
对比文件1	CN201610817871.1	甲基叔丁基醚催化精馏塔填料结构及填充方法	2016.9.13
对比文件2	CN201921921318.8	一种用于催化反应精馏的新型高效规整催化填料模块	2019.11.8

对比专利CN201610817871.1：该填料结构由若干规整填料和若干散堆催化剂填料交替排布而成，散堆催化剂填料填充在相邻的规整填料之间的间隙中，先将一定高度的规整填料放置在塔内，再将散堆催化剂填料填充到规整填料中的空隙中，待散堆催化剂填料充满规整填料后，再放置一层规整填料，此层规整填料与上一层的规整填料成一定角度摆放，然后再在规整填料内填充散堆催化剂填料，如此往复直至达到所计填料床层高度。该催化剂装填方法虽然结构简单，但安装效率较低，不利于拆卸和催化剂更换。

对比专利CN201921921318.8：该实用新型专利公开一种规整催化填料模块，该模块由组件A和组件B构成，将组件A和组件B交替排列形成圆盘，圆盘外周用圆箍包围锁紧。该专利仅公开一种规整填料模块，并未对其安装方法进行描述。

通过与同类技术进行对比可以看出，本专利操作方便、适应性强、易实现工业化推广，具有较好的市场前景。

（2）第三方评价

1）科技成果鉴定

以本专利为核心创新点的技术成果"基于传递现象构造的催化精馏技术开发及工程化应用"已通过中国石油和化学工业联合会组织的鉴定（中石化联鉴字〔2020〕第215号）。专家组专家一致认为，该成果处于国际先进水平。

以本专利为核心创新点的技术成果已通过天津市高新技术成果转化中心组织的鉴定（津科成鉴字S〔2016〕第194号），专家组一致认为："该成果具有创新性，可有效降低平衡反应过程的能耗，提升反应精馏塔的通量，降低设备投资，同时提高产品转化率，具有重要的经济和社会意义，成果处于国际先进水平。"

2）新闻评价

2018年7月2日，《中国化工报》在科技创新专栏报道《催化轻汽油醚化精馏技术国产化》一文中写到"采用国产新型催化精馏模块技术的中化泉州石化 160 万 t/a 催化轻汽油醚化装置日前完成了连续 10d 的装置标定。标定数据显示，催化轻汽油异戊烯转化率平均达到 88％，比国外主导技术高出 28％。"…"具有更好的轴向扩散能力和径向扩散能力，以及较低的压降、较高的喷淋密度，在转化率方面可提高 30％～50％，节能 20％～50％，运行费用降低 40％～50％。"

3. 技术通用性

本专利技术已成功应用于 MTBE、轻汽油醚化、叔丁醇脱水和异丁烯叠合等多套生产装置中。此外，本专利还可推广应用于酯化、氯化、水解等装置中。基于本专利技术，获批立项 2021 年中国石油和化学工业联合会团体标准《催化精馏规整填料流体力学及传质性能测试规范》。

三、运用及保护措施和成效

1. 专利运用

本专利技术最早成功应用于 MTBE 和轻汽油醚化装置，目前 MTBE 和轻汽油醚化的国内市场占有率已超过 70％。已累积推广应用于叔丁醇脱水制异丁烯、甲缩醛和异丁烯叠合等多套装置。该专利的运用促进了高能耗产业的技术升级，推动我国炼油化工等高能耗产业技术水平的进步。

为了更好进行该产品和技术的转移转化，中建安装、天津大学和丹东明珠特种树脂有限公司三方签订了专利独占许可协议和战略合作协议，成立了产学研创新联盟，依托天津大学在催化精馏设备和技术人才、中建安装在研发、设计、采购、施工、制造、检测、运营等全产业链优势以及丹东明珠特种树脂有限公司在树脂催化剂方面的技术优势，积极开展模块化催化精馏填料产品及催化精馏技术在行业内的转移转化。

2. 专利保护

目前，围绕模块化催化精馏填料技术累计授权发明专利 10 项，涉及开窗导流规整填料片、模块化催化精馏填料、塔内液体再分布器、催化精馏塔和催化精馏成套技术，包括 MTBE、轻汽油醚化、甲缩醛、异丁烯叠合和叔丁醇脱水等过程。经过多年培育，形成从导流填料片、模块化催化精馏填料、液体再分布器、催化精馏塔等催化精馏设备内件技术到特定产品催化精馏成套工艺技术等环节的较为全面的知识产权保护。

3. 制度建设及条件保障和执行情况

公司建立了知识产权管理机构，严格按照国家知识产权管理体系标准要求，建立科学、系统、规范的知识产权管理体系，不断加大知识产权投入，畅通专利成果转移转化通道，持续提升公司知识产权管理水平和自主创新能力。

4. 经济效益

近 3 年累计新增销售额 129.99 亿元，累积新增利润 13.10 亿元。其中，为公司承揽能源化工板块 EPC 项目合同额 108.65 亿元，利润 10.86 亿元。

四、社会效益及发展前景

1. 社会效益状况

该成果为我国催化精馏技术打破国外垄断提供了技术支撑和引领，促进我国石化化工行业绿色低碳发展。本专利作为高效碳减排关键技术，从量级上减少碳排放，降低碳排放强度，提高能源资源利用效率；通过本专利技术的应用，能够有效降低三废排放，改善生态环境。

2. 行业影响力及政策适应性

该专利技术属于国家"十四五"期间着力打造的产品支撑技术类项目，受国家政策鼓励，是实现"碳达峰、碳中和"目标的关键碳减排措施之一。

五、获奖情况

以本专利为核心的成果先后获中建集团科学技术一等奖、中国建筑重大科技成果等多项省部级奖项。

复杂空间多曲面双层斜交混凝土网格结构的施工方法

主要完成人：杨　锋、赵　海、曹　浩、孙晓阳、陈新喜、李　赟、曹刘明、穆国虔、朱建红、
　　　　　　吴光辉、赵　旭、陈志伟
推 荐 单 位：中国建筑第八工程局有限公司

一、立项背景

本成果以国内首个"毗卢观音"外形为建筑形态的现代复杂佛教建筑——普陀山观音圣坛项目为载体，项目总建筑面积 10 万 ㎡，高度 91.9m，地上 10 层，融合了中国传统楼阁特色与现代高层建筑技术，集宗教、艺术、参学、观光和弘法于一体。具有如下特点、难点：

（1）"须弥山"形多曲面双层斜交空间网格清水混凝土结构，高 23.7m，底部直径 60m，上部直径 17m，镂空网格 15 种，纵向曲率 29 种，造型复杂，国内首例，建造难度大，品质要求高。

（2）"须弥山"空间异形双曲面铝合金网壳结构，高 32.65m，顶部直径 21.65m，腰部直径 7.6m，下部与须弥山型多曲面斜交网格清水混凝土融为一体，整体造型优美，曲线流畅。弯扭构造复杂，精度要求高，建造难度大。

二、详细科学技术内容

基于上述工程背景，从"须弥山"镂空网格清水混凝土施工、"须弥山"空间异形双曲面铝合金网壳结构艺术建造出发，形成 2 项关键技术与 5 个创新点。

1. 建立了多曲面双层斜交空间镂空网格结构模架施工技术体系

研发了三维空间点阵定位放线技术，通过在极轴坐标系上建立三维空间方格网，结构剖面轮廓匹配三维空间方格网，解决了多曲面双层斜交空间镂空网格结构模架空间定位难题。见图1、图2。

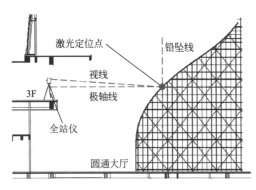

图1　定位放线示意

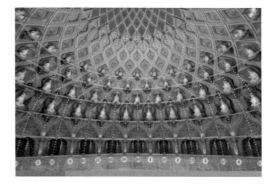

图2　三维空间点阵

发明了由固定径向及环向定位龙骨组成的球形模架体系及施工方法，研制出多曲率球壳体混凝土结构模架的曲率校准装置，解决了多曲率结构模架体系施工及曲率精准控制难题。见图3、图4。

2. 建立了斜交网格双模夹衬体系关键施工技术体系

针对异形多曲率造型、镂空网格尺寸大的特点，发明了多曲面造型衬模的模具及施工方法，研发了模具表面处理技术、用于多曲面造型衬模及其制造方法等，解决了多曲面造型衬模高精度高效施工的难题。见图5、图6。

图 3　球形架体实施效果

图 4　曲率校准装置

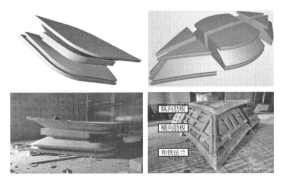

图 5　多曲面混凝土造型衬模模具制作

图 6　多曲面混凝土造型衬模

发明了胶合模板球形底模＋镂空网格处造型衬模＋外表面玻璃钢定制外模的组合模板体系及曲率校准装置，解决了 15 种 360 个样式各异的多曲面菱形镂空网格的施工难题。见图 7、图 8。

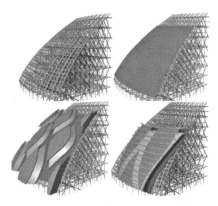

图 7　组合模板体系工艺 BIM 模拟

图 8　球形底模＋玻璃钢衬模组合施工

3. 建立了多曲面双层斜交网格结构施工技术体系

针对双层斜交镂空网格结构曲率多、造型、构造复杂等难点，发明了异形变截面柱状体钢筋绑扎施工方法，研发了混凝土多点提升振捣装置及施工技术，开发了单侧受载满堂支撑架及顶托结构装置，解决了变截面交叉节点混凝土施工的难题。见图 9、图 10。

针对复杂棱角造型空间混凝土品质控制难等，发明了高流态性、高抗裂性、耐腐蚀性清水混凝土，解决了狭小空间混凝土成型质量难题，确保了清水混凝土品质。见表 1。

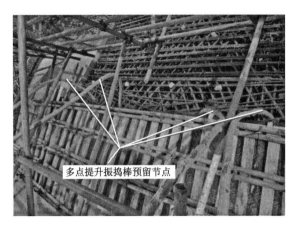

图 9 多点提升振捣棒预留节点

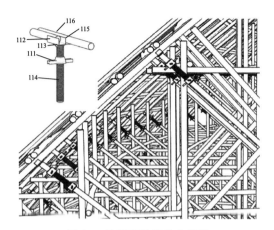

图 10 单侧受载满堂支撑架

C45 高流态性、高抗裂性、耐腐蚀性清水混凝土配合比 表 1

材料名称	水	水泥	砂	石子	粉煤灰	矿渣粉	外加剂
品种规格	饮用水	P. O42.5	中砂	5~20	Ⅱ级	S95	HB-V
配合比	0.45	1	2.04	2.89	0.12	0.31	0.023
砂率	41.5%	水胶比	0.31	重度(kg/m³)	2392	坍落度	180±30

三、发现、发明及创新点

1. 研发了多曲面高密度雕刻母模制作技术、多曲面衬模的模具装置制作及表面处理技术，解决了须弥山镂空网格复杂造型衬模受加工机械限制的难题，实现了多曲面清水混凝土结构复杂衬模的高精度多批次快速制作。

2. 设计了多曲面玻璃钢注塑衬模的构造、研发多曲面玻璃钢注塑衬模制作技术，大大降低了复杂造型衬模的生产难度，解决了复杂造型衬模的制作难题，实现了多曲面玻璃钢注塑衬模在复杂造型结构中的首次应用。

3. 国内外首次提出双层斜交网格双模夹衬模板，国内外首次提出高性能清水混凝土，解决了须弥山狭小空间混凝土成型的质量难题，确保了清水混凝土品质，实现了"须弥山"结构装饰艺术一体化的设计效果。

四、与当前国内外同类研究、同类技术的综合比较

较国内外同类研究、技术的先进性在于以下四点：

1. 应用空间点阵测量定位技术，简化复杂三维空间数据，提高后场计算及现场放样效率。

2. 创新研发多曲率异型模架体系，采用常规材料，提高球壳结构形态找形精度，极大地降低施工难度及成本。

3. 国内外首次应用了复杂造型玻璃钢注塑衬模作为反向造型模板，实现复杂多曲面镂空造型，加工工艺及安装方法简单，提高现场工效，降低措施投入。

4. 采用多点提升振捣技术，解决变截面钢筋密集情况下混凝土的振捣难题，确保混凝土振捣密实。

五、第三方评价、应用推广情况

1. 第三方评价

2020 年 6 月 11 日，以本专利为核心的科技成果《普陀山观音圣坛项目关键施工技术研究与应用》通过了评价委员会评价：总体达国际领先水平。

2. 推广应用

本技术在普陀山观音圣坛、日照天台山太阳神殿、山东尼山圣境等项目成功应用，具有高效施工、管理理念先进、绿色环保等优点，降低了材料损耗、提高了施工效率，保证了工程质量和安全。

六、社会效益

载体项目普陀山观音圣坛被浙江卫视、东方卫视、人民日报等媒体多次报道；累计接待上海市建筑业协会、浙江省建筑业行业协会、江苏省土木建筑学会等观摩百余场，国内外宾客游览观光 200 万余人次。

中国佛教协会副会长评价：普陀山观音圣坛"每一个构件都有典故，每一个故事都能入书"，是中国传统文化和中国式宗教的顶峰。

中央统战部副部长评价："传世经典，精美绝伦，举世无双，百年留芳"。

本专利在普陀山观音圣坛、江苏园博园、南京宪法公园、溧水无想山城隍小镇、南京金陵小城等项目取得成功应用，可推广应用于其他类似条件下复杂异形多曲面混凝土结构工程的建造。在我国建筑业新技术不断创新应用的背景下，该技术具有良好的推广应用前景。

一种全灌浆套筒自动成型机

主要完成人：蒋立红、王瑞堂、郭正兴、郭海山、黄东文、申继军、李志远、牛灿卫、陈欢欢、杨永胜、杨套全、吕远征、范月环

推荐单位：中国建筑第二工程局有限公司

一、专利质量

1. 新颖性和创造性

经检索，得到与本专利最接近的两个现有技术：CN201524908U（2010-07-14）、CN201186384Y（2009-01-28）。

（1）本专利具备新颖性：

对比文件1（CN201524908U），公开了一种旋压和热挤复合作用的金属成型设备，具有电机、主动轮、从动轮、液压装置、床身，电机通过万向联轴器与主动轮连接，主、从动轮分别与主、从动轮液压装置固结，左、右液压支撑安装在床身上；输送设备分别与感应加热炉、上下料机构及旋压热挤工作室连接，输送设备、感应加热炉、上下料机构以及旋压热挤工作室液压控制设备与自动控制设备连接，液压控制设备与主、从动轮液压装置以及左、右液压支撑液压部分相连。

本专利与对比文件1的区别在于：本专利还具有减速器、自动进给机构（图1），包括卡盘、导轨滑块、进给丝杠和进给支架，卡盘通过一根旋转轴设在滑块上，伺服电机通过进给丝杠驱动滑块实现自动进给功能；对比文件1并未完全公开本专利的技术内容；因此，与对比文件1相比，本专利具有新颖性。

对比文件2（CN201186384Y），公开了一种多功能微型数控机床，具有滑移立柱、圆转盘、限位导向滑块和滑移导轨位于卧式床身内腔，并且相互之间通过导向滑块、丝杠、定位槽及锁紧装置连接，最终形成立式铣数控机床。

本专利与对比文件2的区别在于：专利不仅可以自动进给，而且设计了专用齿轮传动装置（图2），齿轮传动装置的中心轮轴为中空结构。专利不仅可以实现自动进给滚压成型，而且两个辅助压轮经齿轮传动装置可实现与主压轮同步同向转动，进一步保证了工件的成型质量。成型后的产品可以直接从齿轮传动装置的中空传动轴中穿出，运送到齿轮传动装置的另一侧，大大提高生产效率。因此，与对比文件2相比，本专利具有新颖性。

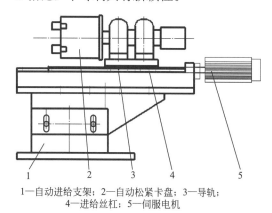

1—自动进给支架；2—自动松紧卡盘；3—导轨；4—进给丝杠；5—伺服电机

图1　自动进给机构结构图

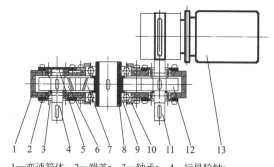

1—变速箱体；2—端盖a；3—轴承a；4—行星轮轴a；5—端盖b；6—行星轮a；7—中心轮；8—中心轮轴；9—轴承b；10—端盖c；11—行星轮轴b；12—行星轮b；13—涡轮蜗杆减速器

图2　齿轮传动装置结构图

（2）本专利具备创造性：

经新颖性比对分析可知，本专利与对比文件 1 的区别在于：本专利还具有减速器、自动进给机构。该区别技术特征主要解决的技术问题是：如何实现坯料的自动供给，如何保证不同凹槽深度的一致性。

经过同样的比对和分析，与对比文件 2 相比，本专利具有如下有益的技术效果：在实现坯料的自动供给的同时可保证不同凹槽深度的一致性，提高了成品率和生产效率。

综上，本专利相对于对比文件 1-2 的结合非显而易见、具有突出的实质性特点和显著的进步，具备《专利法》第二十二条第三款规定的创造性。

2. 实用性

专利技术已经应用实施并产生了显著的经济效益，专利权人利用专利技术实现滚压型灌浆套筒批量化供应市场，逐步形成了成套关键技术，已累计推广使用灌浆套筒 600 多万套，应用项目 300 多个，总建筑面积超 1200 万 m²，带动产值超过 40 亿元，相关技术被应用在北京、上海、广州、南京、西安等全国各地的装配式项目。见图 3、图 4。

图 3　北京城市副中心项目

图 4　南京一中项目

二、技术先进性

1. 技术原创性及重要性

（1）解决了国内外灌浆套筒铸造和切削加工产生的应力集中、局部变形、成本高的技术难题。

灌浆套筒的加工现有技术中通常采用铸造加工和切削加工两种：

1）采用铸造法可直接制造出带有内部凸环肋的灌浆套筒，但这种方法易产生铸造缺陷，加工成本高；

2）采用机械切削加工的方法制造灌浆套筒，切削加工量大，制造成本高，在加工过程中容易造成应力集中或局部变形，直接影响工件的力学性能。本专利技术实现了滚压型灌浆套筒高质量、高效率加工，解决了本领域亟须解决的关键性、共性的技术难题。

（2）本专利具有原创性，且属于本领域基础型专利，技术先进性在于：与铸造和机械切削加工相比，避免了对环境造成的污染和能源浪费，避免了对复杂工艺的依赖性；灌浆套筒生产效率提高 3 倍以上，提高了产品的一致性，提升了产品质量；加工过程中无去除材料，灌浆套筒原材料近"零"损耗，成本降低 30% 以上，降低了装配式建筑的节点造价，进而一定程度上降低了工程整体造价；滚压加工过程中，材料尾端在加工过程中处于自由旋转的状态，避免加工过程中应力的产生。

2. 技术优势

当前，灌浆套筒生产方式主要包括两种：一是铸造加工；二是机械切削加工。

铸造加工可以实现灌浆套筒一次铸造成型，但原材料昂贵、能耗高、生产过程中可能会产生大量污染物，不符合绿色建筑的发展方向，容易出现铸造缺陷、废品率高、质量控制难度高的问题。

机械切削加工生产灌浆套筒工艺复杂、加工效率低、材料利用率低，小直径套筒生产过程中的钢材损耗率超过 40％，而且加工过程中容易造成应力集中或局部变形，直接影响工件的力学性能。见图 5。

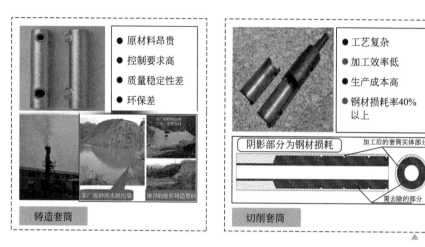

图 5　铸造和机械切削加工套筒

本专利采用无缝钢管滚压加工成型，避免了灌浆套筒生产加工对铸造和机械切削复杂工艺的依赖性，灌浆套筒原材料近"零"损耗，成本降低 30％以上，生产效率提高 3 倍以上，而且提高了产品的一致性，提升了产品质量。见表 1。

本专利加工方式与铸造及机械切削加工方式对比　表 1

对比内容	成型方式				
	铸造成型	本专利产品与铸造成型产品对比	切削加工	本专利产品与切削加工产品对比	本专利加工
原材料成本	45.6 元	−51.5％	24.9 元	约−11.2％	22.1 元
加工成本	约 16.5 元	−5.4％	约 26.3 元	约−40.7％	约 15.6 元
综合成本	62.1 元	约−41％	51.2 元	约−36％	37.7 元

3. 技术通用性

本专利技术在滚压型灌浆套筒生产加工领域具有通用性，专利公开的自动进给装置及三轮同步同向转动等技术特征可以被应用在机械加工和材料成型领域、圆管类沟槽加工中，可以提高生产效率，提升成型质量。

三、运用及保护措施和成效

1. 专利运用

截至 2021 年底，本专利全灌浆套筒自动成型机已经累计生产 683.46 万套，累计销售额达到 1.22 亿元，本专利技术还应用于"十三五"国家重点研发计划"高效施工"项目中，本专利技术生产的灌浆套筒给装配式混凝土结构节点带来了质量保障，本专利转化的设备生产过程以及全灌浆套筒产品见图 6。

2. 专利保护

以本专利为技术基础，布局 7 件系列专利，对本专利技术的专用齿轮传动箱、进给装置等进行保护，打造高价值专利组合，以本专利为核心打造了坚固的专利壁垒。见表 2。

图 6　全灌浆套筒自动成型设备及全灌浆套筒产品图

以本专利为核心的高价值专利组合　　　　　　　　　　　　　表 2

序号	专利名称	申请号	专利类型	授权日
1	一种全灌浆套筒自动成型机专用齿轮传动箱	CN201520357184.7	实用新型	2015.10.7
2	一种全灌浆套筒滚压成型用进给装置	CN201721818112.3	实用新型	2018.8.24
3	一种全灌浆套筒滚压成型用坯料推送装置	CN201721818110.4	实用新型	2018.8.24
4	一种钢管摆放整理装置	CN201821984482.9	实用新型	2019.9.13
5	一种钢管旋转送进装置	CN201821985155.5	实用新型	2019.9.13
6	一种用于钢管外圈凹槽挤压成型的工装	CN201921224145.4	实用新型	2020.6.2
7	一种用于轴向推送钢管的顶推装置	CN201921253359.4	实用新型	2020.6.2

3. 制度建设及条件保障和执行情况

（1）机构设置的完善

设置专门的专利管理部门，制订知识产权各类管理规定；划分各知识产权管理人员的管理范围与职责；指导、监督本单位业务部门的知识产权管理工作；负责办理、落实本专业领域其他知识产权事务。

（2）制度构建的完善

制订了各项专利管理规章制度，为开展专利管理工作提供保障，特别是技术档案资料保密制度，坚决杜绝在专利公开前的技术信息泄露。公司制定了《知识产权管理办法》，各部门对外发布信息前，由本部门负责人审查所发布信息是否涉及知识产权信息。

（3）人员配置的完善

由专人负责专利项目的申报；与国家知识产权局、专业代理机构的沟通以及本单位其他已获授权专利技术的维权；专利资产的综合评估与认定。

（4）知识产权经费的完善

设立用于专利申请、维权的专项经费；明确不同类型知识产权的费用额度和比例；建立专项经费申办、审批程序；定期撰写经费审计报告。

（5）职能履行的完善

进行专利技术的组织开发和系统内专利应用上的产品实施；专利库的建立及各项专利项目商务体系的形成；新专利项目资本和商业化所必需的前期包装及项目推广。

（6）建立专门的知识产权培训、宣传、奖励制度。

培训内容包括但不限于知识产权基础知识、专利挖掘与布局、专利新申请、专利管理等，以提高员工知识产权意识。制定了《科技成果管理办法》，表彰对技术创新与专利保护有重要贡献的发明人。

（7）积极参与行业标准《钢筋连接用灌浆套筒》JG/T 398 2019、团体标准《钢管滚压成型灌浆套筒钢筋连接技术规程》T/CECS 687—2020 的编制工作，为专利实施应用贡献巨大。

4. 经济效益

专利技术已经实施并产生了显著的经济效益，专利权人利用专利技术实现滚压型灌浆套筒批量化供应市场，在北京、上海、广州、南京、西安等地已累计推广使用灌浆套筒 600 多万套，总建筑面积超 1200 万 m^2，带动产值超过 40 亿元。2017—2021 年底，公司新增销售额 12183.51 万元，新增毛利 3637.28 万元。

四、社会效益及发展前景

1. 社会效益状况

（1）推动了灌浆套筒加工方式的现代化进程，促进了装配式混凝土建筑行业的发展。

近年来，装配式建筑因其绿色环保、施工周期短、建造质量高等优点，已成为中国建筑业高质量发展的必然选择。国内灌浆套筒通常采用铸造或机加工的方式生产，不仅会造成环境污染、能源浪费，生产效率还很低，价格居高不下，严重制约了行业发展。专利所保护的一种全灌浆套筒自动成型机，为自主知识产权的滚压型灌浆套筒奠定了自动化生产基础，并由专利权人自行实施，实现了产业化，促进了装配式混凝土建筑行业的发展。

（2）提升建筑工程标准化水平和质量，显著减少建筑垃圾排放，生态环境效益显著。

本项目的研究与产业化应用，促进了装配式建筑行业的发展，大量预制构件在工厂内制作，与传统施工方式相比，装配式混凝土建筑可减少 80% 的现场建筑垃圾和 60% 的材料损耗，并显著降低施工噪声和扬尘等，符合建筑行业绿色健康、可持续发展的需求，每年可节约环保处理费用和材料消耗约 30 亿元。

（3）培养了科技创新人才，创造了大量就业岗位。

该项目先后有上百名科技工作者参与，培养了大量科技人才，创造了大量就业岗位，减缓了社会的就业压力。

2. 行业影响力状况

（1）引领本行业技术发展

专利的实施革新了现有灌浆套筒的加工方式，极大地提高了我国灌浆套筒生产制造的自动化水平，促进了装配式混凝土建筑预制构件钢筋连接技术整体水平的提升，专利技术应用的项目获得中建集团科学技术二等奖和河南省科技进步三等奖。

（2）在多个重大工程中取得应用，在行业内拥有广泛影响力。

本专利技术应用的深圳长圳项目是全国最大的装配式社区，深圳裕璟幸福家园项目是全国装配式建筑领域第一个 EPC 住宅项目，是全国装配式建筑质量提升大会指定唯一观摩项目，入选中国建筑纪念改革开放四十年专刊。见图 7。应用到"十三五"国家重点研发计划"高效施工"项目的研究成果"中建 PPEFF 体系"中，完成了世界最大五层抗连续倒塌试验。见图 8。

图 7　深圳长圳项目

图 8　世界最大五层抗连续倒塌试验

3. 政策适应性

2016 年 9 月，《中共中央国务院关于进一步加强城市规划建设管理工作的若干意见》（中发〔2016〕6 号）和《关于大力发展装配式建筑的指导意见》明确指出，力争用 10 年左右时间，使装配式建筑占新建建筑的比例达到 30％。

2020 年，住房和城乡建设部、国家发改委等 13 部门联合印发了《关于推动智能建造与建筑工业化协同发展的指导意见》（建市〔2020〕60 号），提出要大力发展装配式建筑。

2021 年，国务院发布《2030 年前碳达峰行动方案》（国发〔2021〕23 号），要求推进城乡建设绿色低碳转型，大力发展装配式建筑，强化绿色设计和绿色施工管理。

五、获奖情况

参评专利应用的项目所获得的奖项如下：

（1）"新型钢管滚压成型灌浆套筒及钢筋连接成套技术研究与应用"获得 2020 年中建集团科学技术二等奖。

（2）"装配式预制构件钢筋连接套筒成套关键技术的开发和示范化应用"获得 2021 年河南省科学技术进步三等奖。

科技创新团队

肖绪文院士装配式建筑及智能建造创新团队

团队带头人：肖绪文、叶浩文、樊则森
推 荐 单 位：中建科技集团有限公司

一、团队简介

肖绪文院士装配式建筑及智能建造创新团队（简称"创新团队"）成立于 2016 年 6 月，依托中建科技集团有限公司（简称"中建科技"）院士工作站成立。创新团队成立的目的是在装配式建筑及智能建造领域开展技术研究，研发创新技术体系，培养造就高水平的科技创新人才，提升中建科技在建筑工业化和智能建造领域的龙头地位和持续快速发展能力，促进行业进步，引领建筑业转型升级。

创新团队自成立以来，在肖绪文院士的带领下，依托中建科技的科研和产业平台，包括住房和城乡建设部授牌运营全国唯一建筑工业化集成建造工程技术研究中心，2 个国家住宅产业化基地，全国各区域约 20 余个预制工厂等，积极开展各项研究工作；培养了大量科研和技术骨干，取得了丰硕的成果。团队自成立以来，主要成员由 10 人发展壮大至今 60 余人，研究内容由从以装配式混凝土结构为主，扩展到装配式建筑全产业链技术研究，包括智能设计和智能建造等领域。

创新团队在肖绪文院士带领下，以肖绪文、叶浩文、樊则森作为团队带头人，其他成员均为中建科技规划设计研究、智能建造研究方向的核心骨干人员，包括建筑设计、结构工程、工程施工、工程管理、信息化技术、智能制造等各个领域的专业技术人员。团队在中建科技院士工作站下运行，由中建科技的科技管理部进行日常组织管理工作。中建科技与创新团队带头人肖绪文院士签订了合作协议，约定了双方之间的合作模式。

中建科技内部制定了完善的科研立项、成果转化、科研人员激励等办法，对创新团队的研发工作进行规范和管理，并通过激励制度促进成果转化。创新团队通过组织各类培训、学习等活动，积极加强内部文化建设与学术道德建设工作，团队成立以来未发生过学术不端事件。

创新团队积极开展人才培养和对外合作工作。培养各类科研人员和工程技术人员超过百人，目前均成为建筑工业化领域的骨干技术人员。团队与同济大学、中国建筑科学研究院、清华大学、北京建筑大学等高校和科研机构积极开展合作，通过担任校外导师、合作研发、委托研发等方式，共同开展人才培养与技术研究工作。

二、创新能力与水平

创新团队始终致力于装配式建筑、智能建造等领域的技术研发与集成创新，助力我国建筑业转型升级。

1. 主要研究方向

（1）新型装配式建筑技术体系研究

包括竖向分布筋不连接装配式剪力墙结构、叠合剪力墙结构、钢-混凝土混合框架结构、高效施工装配式楼盖体系、模块结构等，致力于解决装配式结构设计和施工中出现的各种问题，提高装配式结构的建造效率和质量。

（2）全产业链一体化建造关键技术研究

创新提出的"全产业链一体化建造关键技术"，实现设计、生产、施工的有效融合，该技术被专家院士评定为"总体达到国际领先水平"。

1）提出了"建筑、结构、机电、装修一体化建造技术"。重点研究了建筑、结构、机电、内装各专业之间的协同设计关键技术，通过模数协调、模块组合、节点连接、统一接口标准等集成设计方法，实现建筑、结构、机电、内装系统及其他子系统的系统性装配；研发形成涵盖建筑、结构、围护、机电、装修各专业的系统解决方案。

2）提出了"设计、生产加工、施工装配一体化建造技术"。提出设计、生产加工、施工装配之间协同工作的技术要点；提出"钢筋大直径、大间距、少根数设计""叠合楼板四面不出筋密拼技术"等高效建造技术；提出装配式混凝土结构标准化、工具化工装技术；提出装配式混凝土结构全产业链质量控制与智能管理技术。

3）提出了"四个标准化设计技术"。创新提出工业化建筑四个标准化设计方法，即"平面标准化、立面标准化、构件标准化、部品标准化"，通过标准化设计减少预制构件和部品的种类，降低建造成本，提高生产与施工效率。

（3）数字化建造关键技术研究

开展的"数字化建造关键技术"研究，实现了全产业链数据贯通，提高了工程建造整体效率，为我国建筑工业化实现规模化、高效益和可持续发展提供了技术支撑。该技术被专家院士评定为"总体达到国际领先水平"。

1）开发了"中国建筑智慧建造平台"。将 BIM 技术、互联网技术、物联网技术、装配式设计、生产和施工技术等加以系统性的集成应用和创新，自主研发中国建筑智慧建造平台，实现设计、采购、生产、施工、运维各环节数据的融合贯通。

2）研发了"数字化设计关键技术"。自主研发 BIM 模型轻量化引擎，将设计阶段全专业、全过程的 BIM 模型数模分离，无损提取 BIM 设计数据，将工程建设过程中所有的资料以数字化的方式与 BIM 模型进行关联，在云端进行数据集成和应用，实现以 BIM 模型为数据载体的设计、施工、使用信息的有效传递和利用，提高设计信息在建筑各环节的传输效率和信息准确率，实现从设计到建造一体化的互联互通和"数字孪生"。

3）研发了"建造全过程数据高效采集与有效利用技术"。充分应用 BIM、物联网、大数据、机器视觉及 AI 算法等信息技术，通过人机交互、感知、决策、执行和反馈，重点研发了点云扫描机器人技术、无人机航拍及建模技术、构件全过程追溯技术、AI 图像识别技术，实现了工程建造全过程数据高效采集与有效利用，突破了各环节的数字化壁垒。

4）研发了"基于数据驱动的智能装备"。自主研发智能钢筋绑扎机器人，由工业机器人作为主体，融合了人机视觉技术、智能控制技术、机器人技术等高新技术手段，实现钢筋的自动夹取与结构搭建、钢筋视觉识别追踪与定位、钢筋节点的绑扎等智能化工作，以机器替代人工实现钢筋绑扎的自动化加工，具有识别智能化、操作简单化、生产效率化等特点。

2. 标志性成果简介

（1）论文《我国建筑装配化发展的现状、问题与对策》

本论文于 2019 年 10 月发表于核心期刊《建筑结构》，肖绪文院士为第一作者。建筑装配化是通过工业化方法将工厂制造的工业产品，采用机械化、信息化等工程技术手段，按不同要求进行组合和安装，建成特定建筑产品的一种建造方式，符合建筑业节能减排和可持续发展的要求。论文详细阐述了国内外建筑装配化发展现状，针对我国目前建筑装配化发展存在的装配化技术研究不成熟、标准体系不完善等问题提出相应的解决对策，指明了我国装配式建筑的发展方向。其主要思路也为创新团队的研发工作指明了方向。

（2）装配式建筑智慧建造系统研究与应用

装配式建筑智慧建造系统研究与应用主要依托于中建科技实际的工程项目，结合 BIM 技术、物联网技术、大数据等，建设了具有自主知识产权的一体化、智慧化的建筑智慧建造系统，包括设计、生产、施工、商务和运维五大模块的一体化协同，实现了项目的全生命周期管理。该成果应用于中建科技全部在建项目，代表性项目有深圳市燕子湖国际会展中心、长圳公共租赁保障性住房项目等。该系统的应用模式在国内属于首创，获得 2018 年度中建集团科学技术奖二等奖。见图 1。

图 1 "装配式建筑智慧建造系统研究与应用"科学技术成果证书与获奖证书

（3）专著《一体化建造——新型建造方式的探索和实践》

该书由叶浩文编著，2019 年 1 月由中国建筑工业出版社印刷出版。本书针对目前建筑业普遍存在的问题，如建造方式相对传统和粗放、工程建造品质不能满足人民群众日益增长的需求、工程组织方式不适应现代化的建造方式等，通过对建造方式变革进行深入研究和思考，提出了"一体化建造"的理论和方式，具有较强的系统性、理论性和创新性，对于我国建筑业转型发展、建造方式变革具有重要的指导意义。本书是"全产业链一体化建造关键技术"成果的集中体现。

（4）参编国家标准《装配式混凝土建筑技术标准》GB/T 51231—2016

该标准于 2017 年 1 月发布、2017 年 6 月实施。标准编制过程中，认真总结并吸收了国内外装配式建筑集成的相关技术和设计实践、吸收了近年来装配式建筑的新成果。标准中应用了"全产业链一体化建造关键技术"，突出装配式建筑的完整建筑产品、集成建筑特点。标准首次构建装配式建筑的四大建筑集成系统，首次提出装配式建筑的系统集成设计，首次将装配式混凝土建筑当作完整产品进行统筹设计，强调了装配式混凝土建筑全寿命期可持续的品质技术，并针对标准化设计、装配化施工、一体化装修、信息化管理和智能化应用提出了建造方式要求。

（5）参编国家标准《装配式建筑评价标准》GB/T 51129—2017

该标准于 2017 年 12 月发布、2018 年 2 月实施。标准按照"立足当前实际，面向未来发展，简化评价操作"的原则，提出以建筑为核心的单一关键指标——装配率，弱化过程中的实施手段，重在建筑这一最终产品的装配化程度考量，概念清晰，计算简单，便于操作与实施。标准的实施，解决了全国各地装配式建筑评价指标不一、计算方法各异的问题，有利于我国装配式建筑的健康发展。

3. 科技成就综述

创新团队具有良好的创新能力和优异的学术水平，在装配式建筑、智能建造领域具有雄厚的研究基础与丰富的研究经验。自成立以来，发表论文 103 篇，出版著作 5 部，授权专利 66 项（其中发明专利 27 项），发布技术标准 11 项，获得软件著作权 6 项，承担国家或省部级科研项目（课题）14 项（验收 8 项，在研 6 项），获得国家或省部级科技奖励 10 项；研发成果在几十项项目中得到应用，取得直接经济效益上亿元。见图 2。

三、学术影响与社会贡献

创新团队紧跟国家政策，认真贯彻新发展理念，以发展建筑工业化为载体，以数字化、智能化升级为动力，积极促进产业改革创新与转型发展。团队在新型装配式结构技术体系、全产业链一体化建造关键技术、数字化建造关键技术方面研发形成的普适性成果，既总结提炼了我国工业化建筑发展中的经验和教训，又面对我国即将迎来智能建造与建筑工业化协同发展的创新需求，填补了全行业在建筑工业化

图2 部分科学技术奖证书

领域全专业、全方位、全要素开展研究的空白，为建筑产业数字化夯实了理论和实践基础，指明了发展方向；同时，对建筑科技引领产业变革发挥了承上启下的重要作用，对国际、国内建筑工业化发展具有重大意义与贡献。

创新团队在取得丰硕科技成果的同时，在全国范围内根据不同地区、不同气候条件、城市特色和政策环境等因素，进行了关键技术的高效示范，研发成果转化为多个建设地的精品工程，有力推动了全国装配式建筑的发展。特别是装配式模钢结构建筑在各应急医院中的高效应用，解决了疫情期间应急医院紧缺的难题，带来了良好的社会影响，对装配式建筑的推广取得了很好的效果。同时，团队的创新成果在历届住博会、高交会、绿博会、全国科技周等高端展会上频频登台，获得业界的广泛好评。

建造方式创新方面，完成全球首创、具有自主知识产权的工业化、数字化、一体化的"装配式建筑智慧建造平台"，实现了"BIM数字设计—智慧商务管理—工厂智能加工—现场智慧管理"全流程管控，达到国际先进水平，被中建集团信息化"136"工程列为智能建造平台领衔建设单位；自主研发的点云扫描机器人、飘窗钢筋笼自动绑扎机器人工作站等智能建造装备，适用于工厂、工地等多元应用场景，显著提高建造效率与质量。奠定了团队在智能建造领域的行业领军地位。

本创新团队已经成为国内外建筑工业化及智能建造领域的领军团队，不仅提升了研发领域的理论水平，还通过标准编制和示范项目，为建筑行业的技术升级提供了支撑。创新团队持续获得国家和省部级科研项目的资金支持，并获得研究领域的多项国家和省部级奖励，具有很大的社会影响力。

四、持续发展与服务能力

创新团队将继续以中建科技为依托，立足中建集团赋予中建科技的"技术平台、投资平台、产业平台"定位，集中优势资源开展关键核心技术攻关，加大原创技术研究力度，加大智能建造在工程建设各环节应用，促进全产业链融合一体的智能建造产业体系的形成。创新团队后续重点研发方向规划如下：

（1）构建企业层面的模化建筑产品体系，用一套数据标准实现模块化建筑设计、制造、建造全过程数字化，基于模型的建筑产品定义数据集，实现模块化建筑的数字营造；

（2）持续研发适宜工业化建造、高品质的建筑产品体系，积极响应国家双碳战略，将低碳建筑材料、节能减碳关键技术等融入产品研发，提升建筑产品绿色节能水平；

（3）针对某些成熟的工业化建筑产品体系，研发装配式住宅产品的AI设计，实现建筑、结构的智能设计，并自动生成能正向驱动数字化生产线的数据集，驱动数字化生产线实现高效制造；

（4）发挥工业化建筑数字化定义优势，创新"智慧维保"业务，补全工业化建筑产品"售后服务"的产业链。见图3。

图3　"中建科技智慧维保服务平台"界面

中建科技作为创新团队的主要支持单位，其发展方向与创新团队的研究方向高度一致；将继续为创新团队的发展提供人员支持与研发资金支持，同时为创新团队的研发工作提供生产基地和示范项目，促进研发成果落地应用；支持创新团队在建筑工业化及智能建造领域做出更多成果，促进建筑业转型升级。

中建三局智能建造装备及先进技术创新团队

团队带头人： 张　琨、王　辉、王开强
推荐单位： 中建三局集团有限公司

一、团队建设情况

1. 团队介绍

本团队 2009 年依托于局技术中心成立，开展研发工作。根据中建三局转型发展的重大战略需求，2016 年改组成立工程技术研究院，巩固高端房建核心技术优势，开拓基础设施领域。为服务中建集团创新发展战略，2022 年进一步改组成立中国建筑先进技术研究院。见图 1～图 3。

图 1　2009 年依托局技术中心　　图 2　2016 年改组成立局工程　　图 3　2022 年成立中国建筑先进
　　　　成立团队　　　　　　　　　　　　技术研究院　　　　　　　　　　技术研究院

团队现有专职研发人员 88 人，涵盖结构、岩土、材料、机械、电气、自动化等专业，其中享受国务院特殊津贴专家 2 人，中建集团首席专家 1 人，中国建筑科技研发序列专家 2 人。硕、博占比 76.1%，高工以上占比 37.5%。见图 4、图 5。

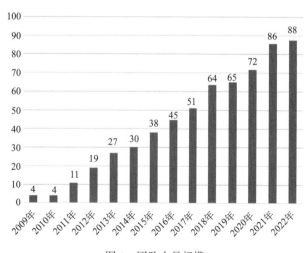 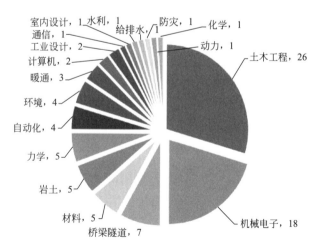

图 4　团队人员规模　　　　　　　　　　图 5　专业分部情况

团队带头人张琨长期致力于工程实践与科技创新，扎根科研攻关一线，带领团队开展装备研发、科技攻关、加工试制及试验等工作，攻克多项国际性技术难题。见图 6。

图 6　团队带头人

2. 团队介绍

团队带头人张琨，承担了 4 项国家课题、15 项省部级课题，主持了 CCTV 新台址，北京中国尊，火神山、雷神山医院等重大工程技术攻关，获国家科技进步二等奖 4 项，省部级一等奖 17 项，授权发明专利 62 项，获全国创新争先奖状、光华工程科技奖、全国劳动模范等荣誉。

团队带头人王辉，主持或参与国家、省部及中建股份科研课题 23 项，主持了武汉火车站、武汉天河机场、天津 117 大厦等重大工程技术攻关，获国家科技进步二等奖 1 项，省部级科技进步奖 22 项，授权发明专利 52 项，获湖北省有突出贡献中青年专家、湖北省新世纪高层次人才工程等荣誉。

团队带头人王开强，先后组织、参与了国家级、省部级、局级研发课题 30 余项，参与北京中国尊、宜昌伍家岗长江大桥、武汉东湖深隧等重大工程技术攻关，获省部级科技奖励 23 项，一等奖 10 项，授权发明专利 37 项，获中建集团"中国建筑工匠""红色先锋 优秀共产党员"等荣誉。

3. 组织管理

团队下设 5 个研究所及 3 个职能部门，在学术委员会指导下开展智能建造装备及先进技术研究。见图 7。

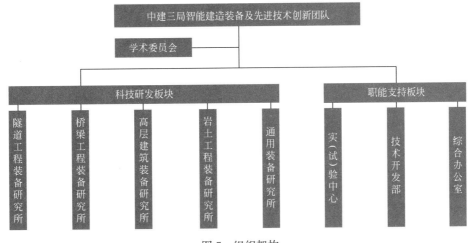

图 7　组织架构

4. 人才培养、文化建设及交流合作

近年来，团队重点打造"核心＋骨干"的中青年人才建设体系与模式，以行业技术专家为核心、以科研青年为骨干，开展师带徒、骨干培训、新员工入职培训、工程实践等多种培养活动。通过"我是创客""讲比争先""大家讲堂"的一系列活动，加强团队凝固力，发展青年骨干创新潜能，提高团队人才核心竞争力。同时，大力引进各领域专业人才，形成多专业、多领域人才团队，加强学科交叉融合，推动创新技术迭代升级。近年来，团队陆续向中建集团内部各系统输送人才近20人、多渠道引进创新人才50余人，形成人才流动发展机制，保持团队创新活力。见图8～图11。

图8 "争先之星"师徒培养协议签订

图9 中层干部及科研骨干培训

图10 "我是创客"科技创意大赛

图11 "讲比之星"活动

此外，团队与清华大学、同济大学、哈工大、武汉大学、中科院岩土所等一批高校建立了各级创新平台，形成长期交流合作关系，探索"产学研"一体化科研模式，提高团队的创新发展动力。见图12～图15。

图12 与清华大学合作交流

图13 与岩土力学研究所开展交流合作

图 14　与同济大学合作交流

图 15　与哈工大合作交流

二、创新能力水平

1. 研究方向

团队以绿色建造、智慧建造及工业化建造为方向，聚焦建造方式变革，重点围绕隧道工程、桥梁工程、高层建筑、岩土工程及通用装备五个领域，开展既有装备智能化升级及新型智能装备研制。见图16。

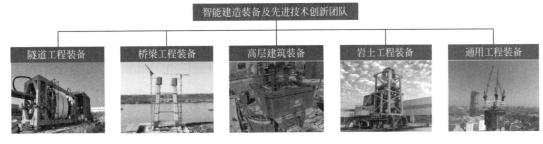

图 16　研究方向

2. 标志性研究成果

（1）首创"超高层建筑智能化施工装备集成平台"

针对超高层施工材料、装备众多，工艺繁杂，安全风险高，作业条件差等问题，研究各类施工平台（模架）及大型设备的运行特点，先后主持研发了以"模块化"、"微凸支点"、"塔机模架一体化"为特点的三代新型模架平台。首创"超高层建筑智能化施工装备集成平台"，该平台可承载超2000t，可抵抗14级大风，并首次实现了3000t·m级的塔机与平台集成。成功应用于北京中国尊（高528m）、武汉绿地中心（高475m）、沈阳宝能金融中心（高568m）等20余项重大超高层建筑工程中，被誉为"空中造楼机"。经湖北省科技厅和中建总公司组织评价，该成果整体达到国际领先水平，实现经济效益约4.15亿元。见图17、图18。

图 17　北京中国尊（高528m）

图 18　深圳华润湾（高400m）

（2）独创"整体自动顶升廻转式多吊机集成运行平台"

针对超高层施工塔机安全风险高、运力不足、大型塔机投入多且工效差等问题，独创"整体自动顶升廻转式多吊机集成运行平台"，将不同级别的多部塔机集成在一个可 360°廻转的自爬升平台上，通过平台廻转使不同级别的塔机满足建筑结构各施工区域的吊装要求，同等运力下该装备大幅优化塔机配置，简化塔机爬升工艺，成功应用于成都绿地中心（高 468m）项目。该成果经中建总公司组织评价，技术成果整体达到国际领先水平，产生直接、间接经济效益总计超 6000 万元。见图 19。

图 19　成都绿地中心（高 468m）

（3）独创"单导轨架多梯笼循环运行施工电梯"

针对施工电梯布置受限，长距离单导轨架双梯笼运行工效差的问题，团队独创"单导轨架多梯笼循环运行施工电梯"，发明导轨架旋转换轨机构，通过自主研制的集中智能群控系统，实现多梯笼循环高效运行。相比传统施工电梯，该装备垂直运力可提高 2～4 倍，成功应用于武汉绿地中心（高 475m）、深圳城脉金融中心（高 388m）、西安华润万象里（高 168m）等项目。经中建总公司组织评价，技术成果整体达到国际领先水平，直接经济效益超 3400 万元。见图 20。

图 20　武汉绿地中心（高 475m）

（4）独创"整体自适应智能顶升桥塔平台"

针对桥梁建设环境趋于复杂、施工安全风险提升，施工难度大，施工工期长等问题，提出并研制了

"整体自适应智能顶升桥塔平台"，独创角部智能支承系统、整体式全防护自适应平台结构、双模板循环施工工艺，能让塔柱施工在百米高空如履平地，可抵御14级大风，实现4.5d一个节段的施工速度。2019年9月，在中建集团首座千米级跨江大桥——宜昌伍家岗长江大桥主塔（高155m）成功应用；2021年12月，在亚洲第一高墩——渝湘复线高速公路重庆芦沟河特大桥高墩（高192m）成功应用，被誉为桥梁"造塔机"。该成果经湖北省建筑业协会组织评价，整体达到国际领先水平，累计产生经济效益2232万元。见图21、图22。

图21　宜昌伍家岗长江大桥

图22　重庆芦沟河特大桥

（5）研制国内首台"超深长距离曲线双管岩石顶管设备"

依托大东湖核心区污水传输系统项目，针对项目支隧工程具有直径小（$D=1650mm$）、距离长（单次顶进长度达927m）、间距近（两管之间净间距2.5m）、埋深深（埋深22～32m）、曲线复杂（管线呈S形双曲线）、地质复杂（穿越地层有粉质黏土层、黏土层、强风化粉砂岩、中风化粉质砂岩）等特点，自主研制国内首台"超深长距离曲线双管岩石顶管设备"，具有"复杂地层高适应性、长距离顶进高工效、人机交互高智能化"等特点，解决了工程中各项施工难题，完成全过程的安全顶进，累计产生经济效益800万元。见图23。

图23　武汉大东湖核心区污水传输系统项目

3. 主要科技成果

团队通过持续的科研攻关，产出了一大批具有代表性的相关成果。截至目前，共计获得授权专利159项（其中发明专利75项）。近5年，发表高水平论文35篇，获得国家科技进步奖3项，省部级科技奖29项，承担国家及省部级专项科研经费4360万余元。

4. 团队荣誉

团队多次荣获国资委、中建集团表彰奖励，2019年被授予"中央企业优秀科技创新团队"奖章。见表1。

团队荣誉 表 1

序号	授奖单位	荣誉名称
1	国资委	中央企业优秀科技创新团队
2		"高层建筑智能化集成平台（造楼机）"入选《中央企业科技创新成果推荐目录（2020年版）》
3	中国建筑	中国建筑青年创优集体
4		中国建筑青年创新创效大赛金、银、铜奖各1项

三、学术影响与社会贡献

1. 团队学术影响

团队成员凭借多年来在智能建造装备及先进技术创新领域的不懈努力，在行业内形成了较高的影响力，多次受邀参加重要国性学术会议并做特邀报告，受到了社会与媒体的广泛热议和好评。见表2。

团队学术影响 表 2

序号	时间	报告人	会议名称
1	2021.10	张琨	"时代精神耀香江"之"大国建造·筑梦未来"校园报告会
2	2019.08	王辉	高层建筑与都市人居国际论坛
3	2018.06	王开强	第五届中日韩高层建筑论坛
4	2017.10	李继承	斯里兰卡第三届结构工程师协会研讨会
5	2018.08	张琨	2018年超高层建造技术交流研讨会
6	2020.11	张琨	2020年工程建设行业绿色发展大会
7	2020.09	张琨	第六届工程建设行业互联网大会
8	2021.12	张琨	2021年度科学报告会
9	2019.11	王辉	第四届高层与超高层建筑论坛
10	2019.05	王开强	2019全国模板脚手架工程创新技术交流会

2. 团队科研成果重大作用

团队研发成果为国家、集团及局属重点项目提供了全方位的技术支持。高端房建方面，团队科研成果在北京"中国尊"、成都绿地中心、深圳城脉等近百个项目的实施，打造了一大批城市名片。见图24。

基础设施方面，团队科研成果成功服务于宜昌伍家岗长江大桥、武汉大东湖深隧、川藏铁路、成都地铁27号线、锦屏大设施Ⅱ标等10多个项目，打造了科技含量高、品质优异的一系列精品工程。见图25。

3. 社会效益

超高层创新技术集成，推动承建阿尔及利亚大清真寺、迪拜光热电厂等"一带一路"重点项目，支撑世界第一高楼（迪拜河港湾高塔）技术竞标，惊艳亮相国际舞台，赢得同行赞许。见图26。

成果荣登中央电视台《大国重器》《大国建造》、外交部湖北省全球推介会等重磅级平台数十次。见图27。

团队累计举办数百次观摩会，累计参观交流达数万人次。见图28、图29。

天津117大厦　　北京中国尊　　武汉绿地中心　　成都绿地中心　　重庆万科　　苏州国际金融

图 24　团队科研成果重大作用

伍家岗长江大桥　　　　　　武汉四环线　　　　　　大东湖深隧装备
(中建总公司第一座千米级跨径悬索桥)　　(设计时速100km/h)　　(里程长度21.475km)

图 25　基础设施方面团队科研成果

阿尔及利亚大清真寺(265m)　　　　　　迪拜河港湾高塔(>1170m)

图 26　社会效益

大国重器(CCTV2)　　　　大国建造(CCTV2)　　　　外交部湖北省全球推介会

深度财经(CCTV2)　　　　瞬间中国(CCTV1)　　　　中国舆论场(CCTV4)

图 27　媒体宣传

图 28 中国建筑科技大会暨绿色智慧建筑博览会   图 29 参观及交流

四、持续发展与服务能力

1. 科研任务

目前，团队承担国家重点研发计划课题 2 项，省部级课题 11 项。见表 3。

科研课题   表 3

序号	类别	课题名称
1	国家重点研发计划	2022YFC3802200—高层建筑自升降智能建造平台关键技术与装备
2		城镇建筑垃圾体系化规模应用关键技术研究与示范
3	省部级课题	同步切割浇筑混凝土连续墙技术研究
4		连续掘进同步拼装盾构设备研制与应用
5		基于 5G 的塔式起重机智能远程控制技术研究
6		高海拔地区适宜人居环境建筑群关键技术研究
7		普通超高层建筑智能化轻型施工集成平台研究与应用
8		加压成型混凝土技术的研究与应用
9		城市高密度建成区水环境综合治理关键技术研究与应用
10		基于阻尼器技术的塔式起重机振动控制研究
11		施工现场无人化物料运输机器人研究与应用
12		基于微粉活化技术的水泥基材料低碳化应用研究
13		建筑三相吸收式储能技术研究

2. 战略发展规划布局

隧道工程领域——着眼于隧道工程施工技术突破、智能化高端施工装备创新，重点围绕地铁盾构、顶管机、大直径盾构等，开展系列化创新。见图 30。

图 30 隧道工程发展规划布局

桥梁工程领域——服务于桥梁工程通用性技术重大革新、智能先进施工装备创新突破，重点围绕"高墩、深水、大跨"施工装备及工艺开展创新。见图 31。

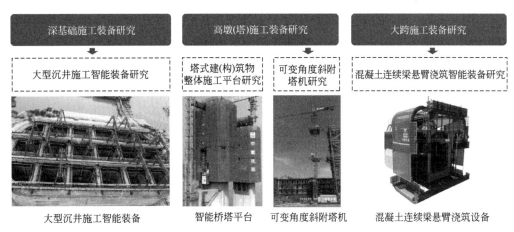

图 31　桥梁工程发展规划布局

高层建筑领域——聚焦典型高层建筑建造技术、智能装备的重大革新，重点围绕施工升降机、塔式起重机、混凝土输送设备等开展创新。见图 32。

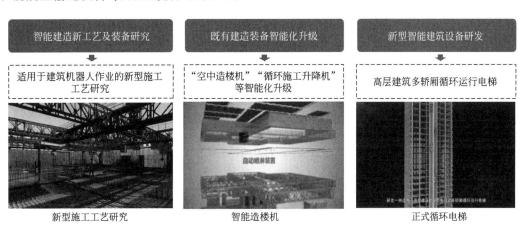

图 32　高层建筑发展规划布局

地下工程领域——探索建筑工程、综合管廊、地铁站房、地下污水处理厂等地下空间工程的重大技术革新及智能施工装备创新。见图 33。

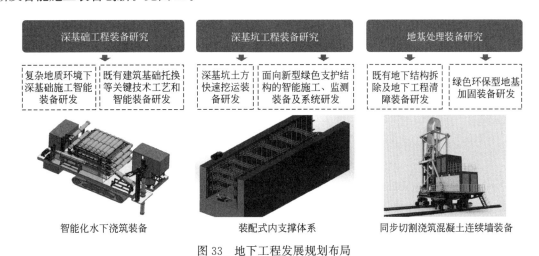

图 33　地下工程发展规划布局

通用工程领域——面向多工程领域的通用型施工装备及技术开展研发，致力在安全塔机、无人物料运输机器人、通用化结构构件等方面开展创新。见图34。

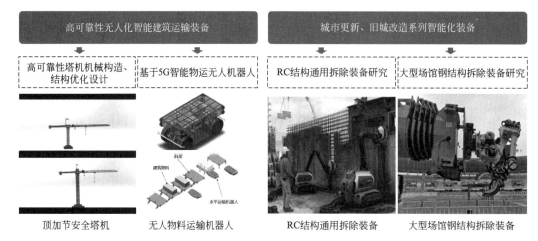

图34 通用工程发展规划布局

3. 支撑平台

积极推进"中国建筑智能建造工程研究中心（智能建造装备及先进技术）"等科创平台建设。见表4。

科创平台 表4

序号	类别	科创平台名称
1	国家重点实验室创新基地	精细爆破国家重点实验室中建三局创新基地
2		中国建筑智能建造工程研究中心（智能建造装备及先进技术）
3		中国建筑极端条件人居环境工程研究中心（高海拔地区人居环境）
4	省部级科创平台	超高层建筑结构施工技术湖北省工程研究中心
5		湖北省超高层建筑工程技术研究中心
6		钢筋工程产业化湖北省中试基地
7	省级技术交易所分站	湖北技术交易所中建三局分站
8		与中国广核集团共建"核电工程先进建造技术创新中心"
9	联合研发平台及制造基地	与南京工业大学共建"建筑领域碳中和研究院"
10		与中国长江动力集团共建"中国建筑先进技术研究院协同制造基地"

4. 研发投入

近五年，研发投入累计超过3.3亿元，研发经费年增长率超过30%。见图35。

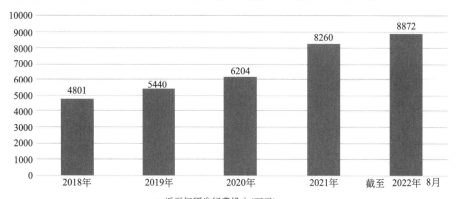

图35 近五年研发经费投入情况

5. 人才队伍

采用内部选拔、外部人才引进、校园招聘多种人才引进方式。有针对性帮助新员工融入团队、加速成长，制定专项培养方案，为团队发展提供人才保障。

6. 科研设施建设

"2+2+1"布局，即2个实体化运作的检测试验室、2个试验基地，1所土木工程试验中心（与武汉理工大学共建）。见图36。

图36 科研设施布局

中建钢构智能制造创新团队

团队带头人：冯清川、左志勇、肖运通
推 荐 单 位：中建钢构工程有限公司

一、团队简介

传统的钢结构制造业规模增长模式已显不足，以智能制造技术为核心，打造钢结构智能制造生产模式已成为其发展的必然趋势，同时，随着市场需求的增加，对产品质量及生产效率也提出了更高的要求。中建钢构顺应建筑工业化发展趋势以及公司发展需要，于 2015 年 1 月 1 日组建成立中建钢构智能制造创新团队（下称"团队"），全面致力于智能制造技术研发、数字化开发、装备设计、工艺研究、产线规划咨询等创新工作。

团队由广东省劳动模范、中建钢构工程有限公司副总工程师冯清川领衔，冯清川曾先后担任澳门威尼斯人金莎酒店、香港机场航天广场、巴基斯坦 BBIA 国际机场、台山核电站钢结构工程等工程项目经理。参与领导的工程荣获过中国建设工程鲁班奖、中国钢结构金奖、全国工程建设优秀质量管理小组一等奖、广东省优质工程奖、金匠奖等多项大奖。见图 1。

图 1　冯清川获评"中国好人"

团队拥有华中科技大学博士王朋为代表，涵盖工业工程、建筑工程、机械设计及其自动化、网络工程等多领域跨专业的 28 位高学历人才。

团队以中建钢构工程有限公司为支持单位，中建钢构工程有限公司是世界 500 强中国建筑股份有限公司的核心钢结构专业平台，成立于 1966 年，注册资本金 23800 万元，是中国最大的钢结构产业集团，国家高新技术企业。公司连续九年蝉联行业榜首，并获中国建筑钢结构行业科技创新优秀企业。

冯清川带领团队成员长期坚持在科研一线开展工作，2017 年主持立项"装配式建筑新材料智能制造建设项目"，获评 2017 年国家工信部智能制造新模式应用项目、广东省智能制造试点示范项目，项目根据"数字化、信息化、智能化"的设计理念，充分利用工业无源光网络（PON）、智能生产信息系统、信息物理系统平台（CPS）、大数据、云计算等先进技术，研发定制高档数控机床与工业机器人设备、

智能物流与仓储设备、智能传感与控制设备等先进智能制造设备。团队主导的该项目科技成果获评国际领先，并于 2020 年先后获得中国钢结构协会科学技术奖一等奖、中建集团科学技术奖一等奖、广东省钢结构协会科学技术奖特等奖，2021 年再获华夏建设科学技术奖一等奖。累计申请专利 79 项，其中已授权发明专利 4 项，已授权实用新型专利 46 项。

团队将项目成果实施科技成果转化，2018 年建成国际领先的建筑钢结构智能化生产线，测得生产效率提高 22.03%，运营成本降低 22.67%，产品不良率降低 28.15%，成功在深圳国际会展、深圳平安金融中心、武汉中心大厦等 100 多项重点工程中应用，降本增效显著，首次为国内对智能制造仍处于观望和摸索阶段的众多钢结构企业提供了一个成功的典型案例，并于 2021 年分别成功入选住建部智能建造新技术新产品创新服务典型案例清单（第一批），以及国家"十三五"科技创新成就展（中建集团仅 3 项）。团队项目成果为钢结构智能化制造技术的发展提供了可行的参考方向，是国内建筑钢结构智能化工厂建设中重要的试验田和数据库，提升了钢结构制造行业自动化水平。见图 2。

图 2　建筑钢结构智能制造生产线

团队立足于中建钢构生产实际需求，面向产业发展共性问题，在智能制造技术领域，加强研发活动，攻克关键核心技术问题，实现科技成果快速转化，推动行业发展，符合《国企改革三年行动（2020—2022 年）》指明的发展方向。

二、团队主要科技成就及发展情况

1. 团队建设情况

中建钢构智能制造创新团队，是立足于智能装备技术的发展前沿，面向钢结构实际生产过程中的重大需求，推进建筑制造业转型升级，开展战略性、前沿性、前瞻性的智能制造基础研究、应用基础研究，打造多学科高度融合的研发团队。

（1）团队定位与目标

统筹公司智能装备研发、基础工艺研究、数字化建设、制造产线升级等创新工作，建立具有前瞻性、先进性和国际影响力的先进制造技术研究团队。团队建设目标包括：

1）攻克一批 AI 人工智能关键技术，支撑钢结构产业智能制造技术，构建钢结构和 AI 人工智能高度交叉的技术体系；

2）攻克一批钢结构机器人和数字系统领域前沿核心技术，支撑国家重大科技工程的实施，引领我国建筑工业机器人技术的跨越式发展；

3）突破一批制约钢结构机器人和数字系统产业化的技术领域，促进科研成果的转化，提升国际竞争力；

4）培养和汇聚一批高端科技人才，促进地域和行业的创新发展；

5）致力于提升钢结构行业制造厂智能化水平，提供智能产线规划、设计、建设、运营、诊断的一体化解决方案，促进行业制造模式转型升级。

（2）团队组织架构

中建钢构智能制造创新团队目前总人数 28 人，其中以冯清川、左志勇、肖运通为团队带头人，牵头三个业务集体开展科技工作。见图 3。

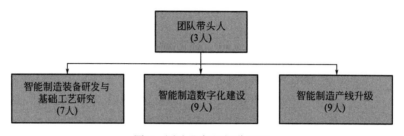

图 3　团队业务组织分工图

（3）团队研究方向

1）工业自动化 AI 智能控制技术研究；研究基于人工智能的模型的建立，研究智能优化算法、神经网络算法等各种算法，研究深度学习与训练，研究智能装备、智能产线甚至数字工厂的虚拟仿真。

2）基于工业制造场景的专用型机器人应用技术研究；研究基于各类功能款式的工业机器人，在各类传感装置的配合，实现工件自动定位、特征自动跟踪、运动路径规划、电气信号通信、软件系统控制等在工业切割、焊接、喷涂、搬运、检测等场景下的应用研究。

3）平台化的自动化集成技术研究；研究基于多现场总线结构及云边端架构的自动化集成平台，形成支持各种现场总线和工业通信方式、现场总线设备监控与控制、远程设备诊断与维护、工艺参数的调度与应用、数据分析与报表生成等一体的综合自动化集成平台。

4）3D 机器视觉技术研究；研究基于 3D 视觉的机器视觉、双目视觉、结构光三维视觉测量、三维重建、机器学习、深度学习、点云处理、SLAM 等方面的算法开发与技术研发，以及其在空间定位、尺寸检测、特征识别等方面的应用研究。

5）基于工业互联网平台的大数据分析和数字孪生技术研究。研究基于工业互联网平台的面向多源异构数据的数据采集与交换、数据集成与处理、数据建模与分析、平台决策与控制应用等四个层级的功能架构设计、大数据分析平台搭建与数字孪生技术研究。

6）针对在役建筑钢结构制造生产线自动化、数字化基础薄弱，智能制造就绪率偏低等问题，引导企业实施"设备换芯""生产换线"和"机器换人"，大力推动在役钢结构制造生产线智能化升级，研究在役建筑钢结构制造生产过程数字化升级技术与设备智能化升级技术，并开展技术集成与应用示范。

（4）团队战略发展规划

第一阶段（2021—2022 年）：基础建设期

推进制造厂智能化升级第一阶段落地，在单点工序、局部产线研制先进智能装备、数字化系统，提升单点工序及局部产线自动化、数字化水平。发布第一代智能装备产品和数字系统产品，为团队技术产业化做好技术储备。

第二阶段（2023—2024 年）：巩固发展期

推进制造厂智能化升级第二阶段落地，大幅提升中建钢构五大钢结构制造基地智能化水平，形成各类智能化示范产线。研发形成具有自主产权的第二代智能装备和数字化系统，产品基本覆盖各制造场景，产品序列逐步完善。

第三阶段（2025 年）：快速增长期

完成制造厂十四五智能化升级，形成行业示范的智能化工厂。研发形成具有自主产权的第三代智能装备和系统，打造完整产品序列，覆盖各个制造场景，形成稳定的智能制造外部订单，确立在钢结构智能制造核心领域的权威地位。

2. 创新能力与水平

团队历时 5 年，对建筑钢结构制造智能装备、信息化关键技术、智能焊接成套工艺进行了系统地开发，建成了国内首条建筑钢结构行业智能制造生产线，实现了从零到一的突破，解决了产线建设的核心技术难点。创新成果如下：

（1）研制了系列钢结构制造智能装备

研制了全自动切割机、卧式组立机、焊接机器人等22种智能制造设备；提出了建筑钢结构离散型智能制造新模式，开发了"无人"切割下料、卧式组焊矫、机器人总装焊接等一体化工作站；装备了首条建筑钢结构智能制造生产线，实现了80％工序中智能装备的联动应用，全面提升了智能化制造的效率和质量水平，填补了行业空白。见图4。

图 4 钢结构制造智能装备

（2）开发了钢结构制造信息化关键技术

创新应用了边缘网关MEC新场景，创建了新型数据采集、传输和处理系统，实现了全过程的数据采集、分析及反馈；开发了建筑钢结构首个工业互联网大数据分析与应用平台，开创了建筑钢结构工业互联网协同制造新模式；建立了钢结构行业工业互联网标识解析二级节点标准体系，实现了在建筑钢结构行业的首次应用。见图5。

图 5 信息化制造管理平台

（3）研发了智能焊接成套钢结构制造先进工艺

研发了"无人"切割下料，卧式组焊矫等一体化自动加工工艺；构建了一套三位一体数字化物流仓储的体系，开发了钢结构部品部件物流仓储过程中定向分拣、自动搬运、立体存储等新技术；提出了中厚板全熔透免清根机器人焊接方法，建立了机器人焊接工艺数据库，研发了焊接机器人参数化编程系统，实现了焊接程序的批量化生产。见图 6。

图 6　钢结构制造先进工艺

　　智能产线研发项目成果经鉴定总体上达到国际领先水平，并申报国家专利 32 项，其中发明专利 14 项，获得软件著作权 12 项，发表科技论文 5 篇，形成企业标准 2 部，为我国钢结构智能制造技术的发展提供了有力支撑。

　　智能制造产线生产的钢构件已成功应用于中央援港河套医院、深圳国际酒店、深圳市第三人民医院应急院区、巴布亚新几内亚布图卡学园等 100 余项国内外工程中，取得了显著的经济效益和社会效益，具有广阔的推广应用前景。

　　近年来团队深耕智能制造技术研发，共获得 4 项发明专利和 46 项实用新型专利授权，获得"中国建筑集团科技奖一等奖""中国钢结构协会科学技术奖一等奖""2021 年度华夏奖一等奖"等三项省部级奖励，创新能力与水平得到普遍赞誉。见图 7。

3. 学术影响与社会贡献

　　中建钢构智能制造创新团队以"智能装备创新""数字管理创新""先进工艺创新"为核心的三大关键创新，首创了钢结构制造行业"智能化切割下料技术""机器人高效焊接技术"等十项先进技术。2018 年，建成投产国内首条装配式建筑钢结构智能制造生产线，并

图 7　中建集团科学技术奖"一等奖"

向社会、同行积极输出运营过程中的宝贵经验，社会影响广泛，为国内钢结构行业的发展变革做出了巨大贡献。目前，团队智能制造技术成果已应用于中央援港应急医院、深圳应急医院、巴新布图卡学园、深圳国际会展中心、大疆天空之城项目等近百项国内外工程。同年，智能制造技术的研发历程登上 CCTV10 的"中国建设者"栏目，其事迹成果也被新华社、中央电视台、南方工报等媒体多次报道。见图 8。

　　2018 年，团队获"广东省工业工会劳模创新工作室"称号。

　　2019 年，该智能工厂入选中国首部 CPS 应用案例集《信息物理系统（CPS）典型应用案例集》。

　　2020 年，团队带头人冯清川受邀参加中国钢结构大会暨山西省钢结构论坛。做了题为《从 0 到 1 中建钢构智能制造探索与实践》的主题演讲，分享总结钢结构智能制造经验，增强示范功能，放大品牌效应。见图 9。

　　团队吸纳了包括焊接、机械、电气控制、机器人应用、信息系统等领域的专业人才，形成研究、学

图 8　技术成果应用项目

图 9　冯清川受邀参加 2020 年中国钢结构大会学术演讲

习、培养相结合的传帮带方式。同时，团队也孵化了劳模创新工作室、党员示范岗位等一批基层蓝领工人，通过师带徒、定期培训、技能轮岗等方面培养工人对新工艺、新技术、新设备的运用技巧，更新他们的制造理念，持续输出人才，为推动钢结构行业发展发挥引领作用。

4. 持续发展与服务能力

中建钢构工程有限公司制定多项研究开发及激励管理制度和管理办法，支持了团队科研工作的有效监督与规范运行，并对有贡献的研发人员依相关制度进行激励与奖励，以保持研发人员的团队稳定与持续研发。

团队设立有独立的研发实验室，拥有多台专用于研发活动的工业机器人，同时依靠中国建筑智能建造工程研究中心平台，规范研发课题的立项与管理，明晰经费预算，具备承担重大科研任务的能力。

团队将以国家工信部"十四五"智能制造发展规划和中建钢构"十四五"战略规划为指引，强化中建钢构可持续的技术创新和行业竞争内核，孵化拓展科技板块新业务模式。向多元化产品系列研发扩展，以"集成控制平台、AI智能算法、核心工艺数据"为三大核心，提供手眼脑一体的多元化机器人综合解决方案。聚焦制造管控系统的不断迭代升级，贯通从设计到制造再到管理的数字链条，在数字化全覆盖基础上，实现各区域一体化的智慧数字化管控。

团队将面向中建钢构乃至全国钢结构企业发展的重大需求，开展前瞻性智能制造技术研究，建立快速响应的科技成果转化机制，形成一批用于钢结构生产的智能制造装备、生产管理系统，在全国范围内形成一批智能制造生产线升级改造的典型案例，孵化出可持续发展的高科技企业，成为推动科技创新和行业发展的重要载体。